JN424537

자동차 공학개론

정구섭 · 정용욱 지음

도서출판 WisdomPL

머리말

우리나라 자동차 산업은 2020년 현재 세계 자동차 생산량에서 다섯 번째로 세계에서 가장 발전된 자동차 생산국 중의 하나가 되었다. 자동차 생산에서부터 디자인, 퍼포먼스, 기술 측면에서 그 능력을 입증받고 있고 자동차 산업을 선도하고 있는 위치에 이르게 되었다.

이 책은 자동차공학에 대하여 관심을 갖고 있는 초보자, 전공하는 대학생, 일반인을 대상으로 알기 쉽게 각 장치들의 작동 원리와 역할을 중심으로 집필하는데 노력하였다.

본서에서는 크게 3부분으로 나누어 기술하였다. 전반부에서는 자동차용 내연기관을 중심으로 엔진 전반에 대한 이해와 엔진 신기술 등 새로운 기술에 관해서 순서에 맞도록 설명하였다. 또한, 저자 개인의 대학에서의 강의 내용과 여러 문헌을 참조하여 내연기관의 기초와 실제를 이해하기 쉽도록 엮는데 노력하였다.

중반부에서는 자동차 새시부분에 대한 이론과 실체에 대하여 기술하였다. 또한, 후반부에서는 현재 출시되고 있고 머지않을 미래에 대중화 될 친환경자동차인 하이브리드자동차, 플러그 인 하이브리드자동차, 배터리 전기자동차, 연료전지자동차에 대한 개요, 구조, 원리, 개발동향, 전망 등에 대하여 알기 쉽게 기술하였다.

제1장에서는 자동차의 총론에 대하여 초보자들도 알기 쉽게 설명하였고, 2장~4장에서는 자동차용 가솔린엔진에 대하여, 5장에서는 디젤엔진 및 커먼레일 분사장치, 6장에서는 배출가스와 그 대책, 7장~9장에서는 자동차 새시장치인 동력전달장치, 조향, 현가장치, 제동장치, 10장에서는 친환경 자동차인 하이브리드 자동차에서부터 전기자동차, 연료전지자동차의 구조 및 작동원리 등을 설명하였다. 따라서, 본서는 처음 자동차를 접하는 기초자에서부터 자동차 전공자에 이르기까지 이해하기 쉬운 교재나 참고서로 적당하리라 사료된다.

필자는 독자 여러분에게 보다 쉽고 알찬 내용으로 엮고자 노력하였으나 부족한 점이나 오류가 있을 것으로 생각되며 서슴없는 지도와 편달을 바랍니다. 또한 계속적인 보충과 보완을 해 나갈 것임을 약속하는 바입니다.

끝으로 본서를 엮음에 있어서 많은 인용 문헌 저자 제현에게 많은 관용 있으시기를 바라며 또한 애심으로 감사를 드립니다. 또한 교재출판에 도움을 주신 도서출판 GS인터비전 임직원, 집필기간 중 조언과 격려를 해주신 여러 선생님과 산업체 인사께 깊은 감사를 드립니다.

저자 씀

차례

1장 총론

1.1 개론

1.1.1 자동차의 정의 및 개요

자동차의 정의는 자동차관리법 제2조 제1호의 규정한 "자동차"라 함은 원동기에 의하여 육상에서 이동할 목적으로 제작한 용구 또는 이에 견인되어 육상을 이동할 목적으로 제작한 용구(이하 "피견인차"라 한다)를 말한다. 도로교통법 제2조의 정의에서는 "자동차"라 함은 철길 또는 가설된 선에 의하지 아니하고 원동기를 사용하여 운전되는 차로서 승용자동차 및 건설기계관리법 단서의 규정에 의한 건설기계를 말한다. 다만, 2륜자동차나 모터사이클, 스쿠터는 자동차라 부르지 않는다. 따라서 **일반적인 정의로는 자동차란 차체에 설치된 엔진의 동력을 이용하여 레일에 의하지 않고 도로상을 자유롭게 주행할 수 있는 운반기구를 말한다.** 크게 원동기가 장착된 차량(Motor-Vehicle)과 원동기가 장착되지 않은 차량(Trailer)으로 구분한다.

자동차는 기관의 동력을 이용하여 육상에서 이동할 목적으로 제작된 기계로서 **보디(차체)와 섀시로 구성**되어 있다. 보디는 자동차의 외피에 해당하는 것으로 엔진룸, 차실, 드렁크 룸, 도어팬더 등으로 구성되어 있으며, 섀시는 바디를 제외한 모든 부분을 말하는 것으로, 자동차가 주행하는데 직접 필요한 모든 부품이다.

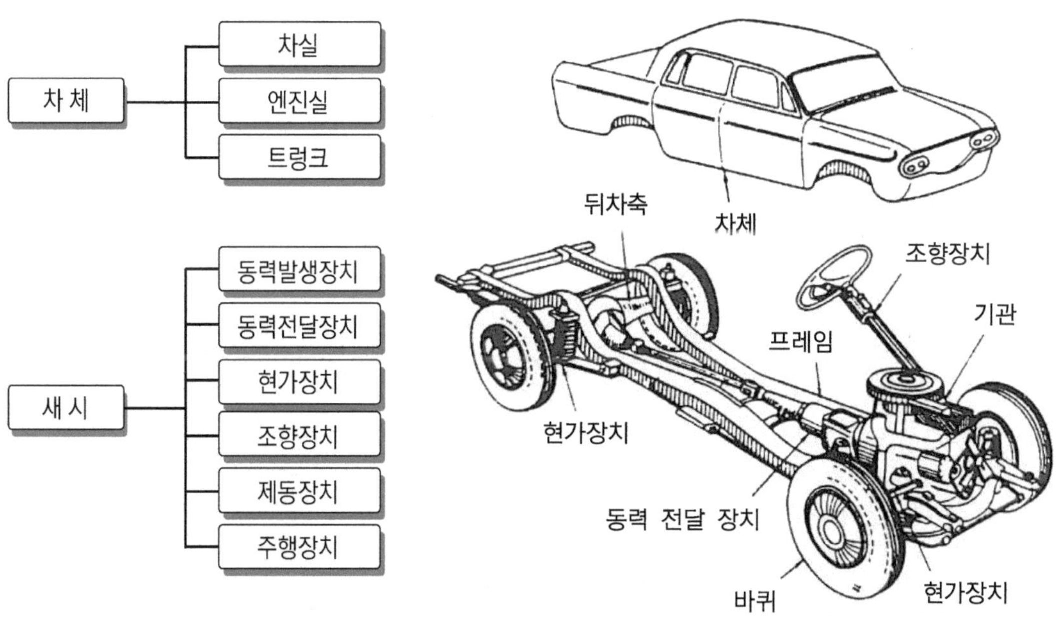

그림 1-1 자동차의 구조

1.1.2 자동차의 기본구성

섀시는 자동차에서 보디를 제외한 나머지 부분을 말하며, 주행의 원동력이 되는 엔진을 비롯하여 동력전달장치, 조향장치, 제동장치, 현가장치, 프레임 등으로 구성되어 있다.

1) 엔진

엔진은 자동차가 주행하는데 필요한 동력을 발생하는 장치이며 혼합기를 압축하여 전기적인 불꽃으로 연소하는 가솔린 엔진(LPG엔진 포함)과 공기를 압축한 다음 연료를 분사하여 자기착화 연소하는 디젤엔진으로 구분된다.

엔진은 기관 본체를 비롯하여 윤활장치, 연료장치, 냉각장치, 흡·배기장치, 점화장치 등으로 구성된다.

2) 동력전달장치

동력전달장치는 기관에서 발생한 동력을 구동 바퀴까지 전달하는 장치로서 클러치, 변속기, 추진축, 종감속장치 및 차동기어장치, 구동축, 구동바퀴 순으로 동력이 전달된다.

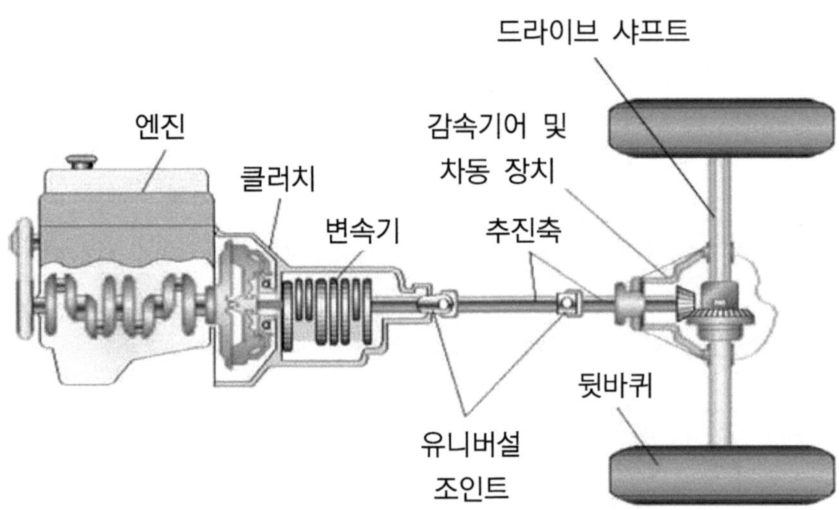

그림 1-2 동력전달장치

3) 조향장치

조향장치는 주행 방향을 임의로 바꾸는 장치로서 앞바퀴를 조향하는 구조로 되어 있다. 구성 장치는 **조작기구, 기어장치 및 링크기구의 3가지 기구로 구성**되어 있다

작동방식에 따라 기계식 조향장치(Manual Steering)와 오일의 압력을 이용해서 조향 조작력을 가볍게 하는 동력식 조향장치(Power Steering), 전자제어 동력 조향장치(EPS; Electronic control Power Steering)가 있다.

기계식 조향장치의 구성부품은 조향 휠(핸들), 조향 축, 조향기어 하우징, 피트먼암, 드래그 링크, 너클암, 타이로드, 조향 너클 등으로 구성되어 있고, 동력식 조향장치의 구성부품은 조향 휠, 조향기어 하우징, 동력 실린더, 오일펌프, 타이로드, 조향 너클 등으로 구성되어 있다.

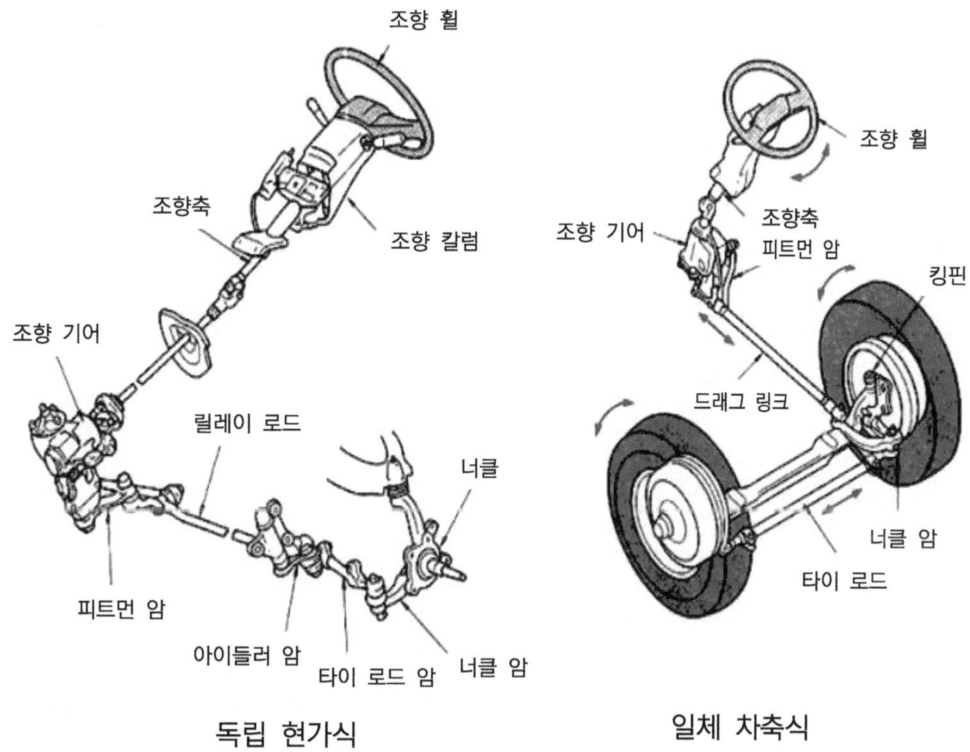

그림 1-3 조향장치

4) 브레이크 장치

주행중인 자동차의 속도를 감속 정지시키거나 정지중인 차량의 자유 이동을 방지하는 장치로서 **풋 브레이크, 핸드 브레이크, 감속 브레이크**로 구분된다. 풋 브레이크는 브레이크 페달의 조작력을 유압으로 바꾸는 마스터 실린더, 유압을 기계적 에너지로 바꾸는 휠 실린더, 마찰력에 의해 브레이크 드럼을 압착하는 브레이크 슈, 바퀴와 함께 회전하는 브레이크 드럼, 오일의 통로인 브레이크 파이프 등으로 구성되어 있다.

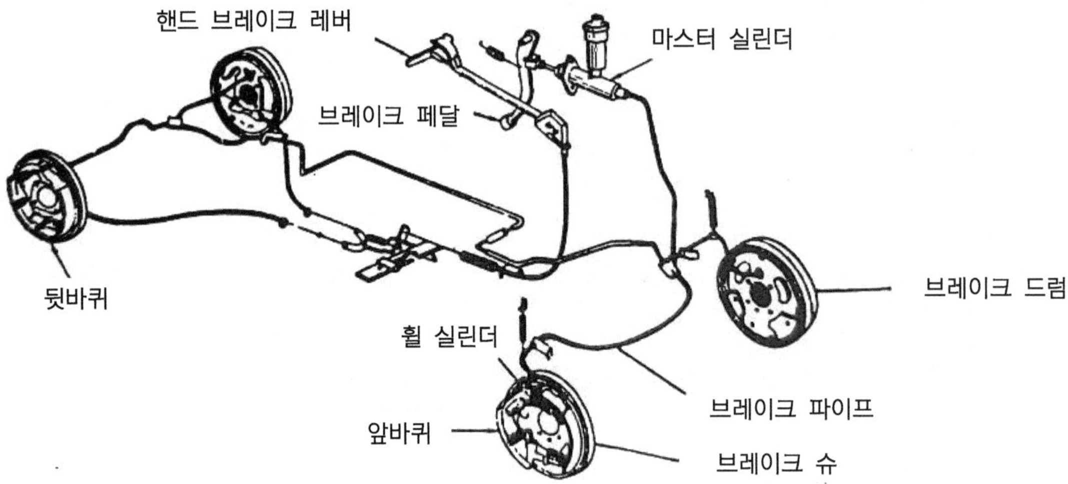

그림 1-4 브레이크 장치

5) 현가장치

자동차가 노면을 주행시에 발생되는 충격을 완화하여 차체, 엔진 부품 및 승객에 직접 전달되는 것을 방지하는 것으로 일종의 충격 흡수장치이다. 따라서 현가장치는 승차감과 자동차의 안전성을 향상시키는 장치로서 섀시 스프링, 코일 스프링, 쇽업쇼버(Shock Absorb), 스태빌라이저(Stabilizer) 등이 있다.

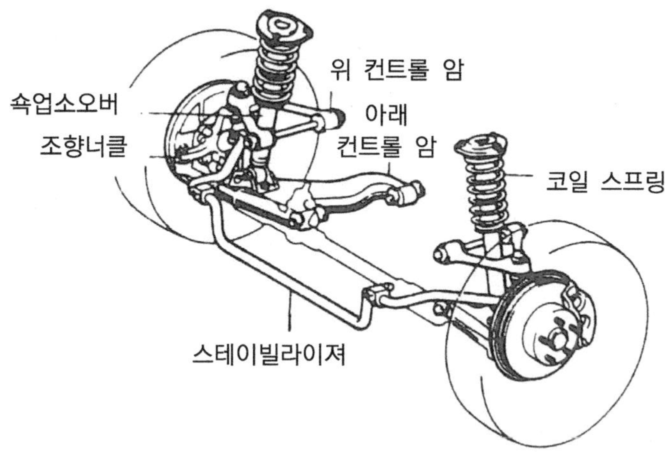

그림 1-5 현가장치

6) 프레임

자동차의 엔진 및 섀시부품들을 장착할 수 있는 **뼈대**로서 노면에서 전달되는 충격과 휨 및 비틀림에 충분히 견딜 수 있는 강성과 강도가 있어야 한다. 보통 승용차에는 모노코크 보디라 하는 일체구조형 프레임을 많이 사용하고 있다. 이것은 프레임과 차체가 일체화 된 것으로 차체 전체로서 하중을 분담하도록 한 것이다. 이 방식은 차체의 중량을 경감시킬 수 있으며 강성이 뛰어나 외부 충돌시 충격을 흡수하여 분산시킴으로써 탑승자에게 전해지는 충격을 최소화할 수 있는 등의 이점을 가진다.

그림 1-6 프레임(모노코크 보디)

1.2 자동차의 분류

자동차에는 여러 가지 종류가 있으며 그 사용 목적이나 원동기의 종류 또는 구동방식에 따라 다음과 같이 분류할 수 있다.

1.2.1 원동기 종류에 따른 자동차 분류

원동기의 종류에 따른 자동차의 분류는 다음과 같다.

- ▶ 기솔린 기관 자동차
- ▶ 디젤 기관 자동차
- ▶ 로터리 기관 자동차
- ▶ 액화가스 기관 자동차
  - LPG 기관
  - LPI 기관
- ▶ 천연 가스 기관 자동차
- ▶ 알코올 기관 자동차
- ▶ 가스터빈 기관 자동차
- ▶ 전기모터 자동차
  - 휘발유 + 전기모터 기관
  - LPG + 전기모터 기관
- ▶ 하이브리드 자동차
- ▶ 연료전지 자동차

1.2.2 구동방식에 의한 분류

1) 앞기관 앞바퀴 구동차 (FF: Front-Engine Front Wheel Drive Car)

앞바퀴에 동력전달장치를 두어 앞바퀴를 회전시켜 구동력을 얻는 형식의 자동차로서 주로 기관을 자동차의 앞쪽에 설치한 형식이며, 통상 FF방식이라고도 한다.

동력전달순서는 엔진에서 클러치, 트렌스액슬, 구동축, 바퀴 순으로 추진축이 없다. 이 형식을 채용하면 차량중심의 앞쪽에 구동력이 작용하므로 주행안전성이 우수하고, 넓은 실내 공간 확보가 용이하기 때문에 소형 및 중형 승용차에 이 방식이 주로 채용되고 있다.

▌동력전달순서

엔진-클러치-트랜스액슬(변속기, 종감속기어, 차동기어 포함)-구동축-구동바퀴(앞)

2) 앞기관 뒤바퀴 구동차(FR: Front Engine Rear Wheel Drive Car)

기관을 자동차의 앞쪽에 설치하여 기관의 동력을 동력전달장치를 통하여 뒤 바퀴에 전달, 뒤바퀴를 회전시켜 구동력을 얻는 형식이며, 흔히 FR방식이라고 한다.

동력전달순서는 기관, 클러치, 변속기, 추진축, 종감속기어 및 차동기어 장치, 구동축, 구동바퀴 순으로 전달된다. 중형 승용차에도 이용되기도 하고, 특수자동차 및 트럭에 많이 이용되고 있다.

▌동력전달순서

엔진-클러치-변속기-추진축-종감속기어 및 차동기어장치(rear)-구동축-구동바퀴(뒤)

3) 뒤기관 뒤바퀴 구동자동차(RR: Rear Engine Rear Wheel Drive Car)

기관과 트랜스액슬을 자동차의 뒷부분에 설치하여 기관에서 발생된 동력을 뒤바퀴에 전달하여 주행하는 자동차로서 뒷바퀴 접지 면적에 작용하는 구동력으로 주행된다. RR방식이라고도 하는데 실내공간 및 구동력이 유리하다고는 하지만, 트렁크 공간이 작다는 결점과 험한 길에서 조향성이 별로 좋지 않기 때문에 현재에는 널리 채택되지 않는다.

▌동력전달순서

엔진-클러치-트랜스액슬(변속기, 종감속기어, 차동기어 포함)-등속축-구동바퀴(뒷)

4) 앞기관 전륜 구동 자동차(4WD: fRont Engine All-Wheel Drive Car)

기관을 자동차의 앞부분에 설치하고 앞뒤바퀴 모두 동력을 전달하여 구동하는 자동차로서 4WD방식이라고 한다. 이 방식은 엔진, 클러치, 변속기, 트랜스퍼 케이스가 자동차의 앞부분에 설치되어 있으며, 짧은 추진축을 사용하여 앞바퀴를 구동하고, 긴 추진축을 사용하여 뒷바퀴를 구동한다. 여기서 트랜스퍼 케이스는 4WD차에 설치된 보조변속기로서 앞 뒤바퀴에 동력을 분배하는 역할을 한다. 일반적으로 평탄한 도로를 주행할때는 뒷바퀴만을 구동시켜 주행하여 연료의 소비를 줄이고, 미끄러운 노면이나 모래길, 등판 주행시, 험한 도로를 주행할 때는 앞 뒤 모든 바퀴에 동력을 전달하여 주행한다.

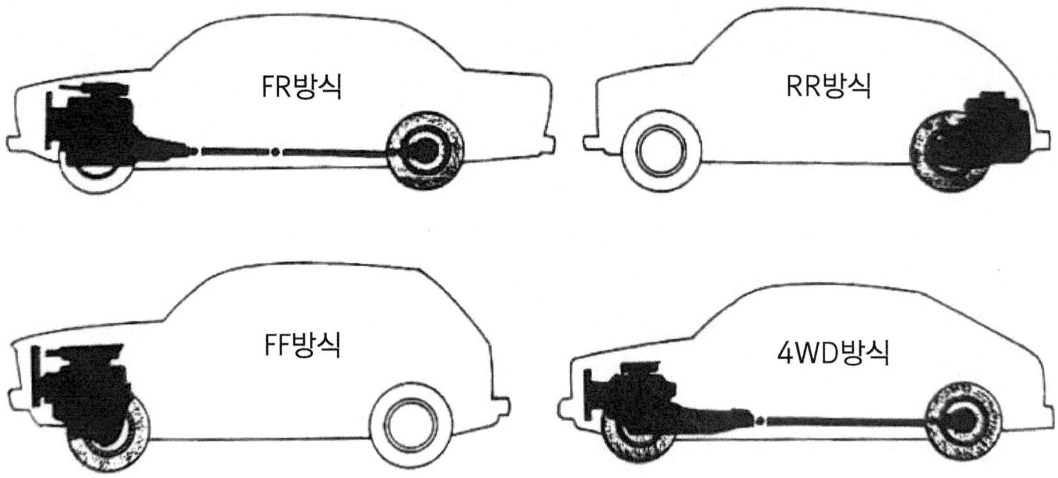

그림 1-7 구동방식에 의한 분류

▌동력전달순서

엔진-클러치-변속기-추진축-종감속기어 및 차동기어장치(rear)-구동축-구동바퀴(뒤)↓
-트랜스퍼케이스-앞 구동축-구동바퀴(앞)

1.2.3 용도와 차체 형상에 따른 분류

승용차(Passenger CAR)는 주로 적은 인원이나 하물수송을 목적으로 하는 자동차이며 좌석이 운전좌석을 포함하여 10석이하인 자동차를 말한다. 승합차(Bus)는 주로 많은 인원을 수송할 목적으로 하는 자동차를 말한다. 차체 형식에 따른 분류는 다음과 같다.

표 1-1 승용자동차 형식에 따른 분류

구분	그림	설명
세단 (seden)		2열 좌석을 가진 박스형 승용차
리무진 (Limousine)	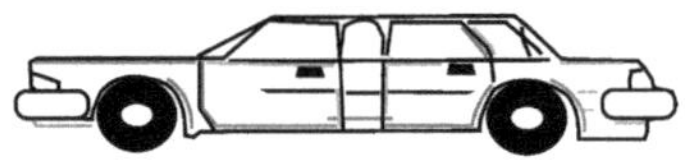	2열 이상의 좌석을 갖고, 전 후 좌석 사이에 칸막이가 있음
스테이션 왜건 (Station Wagon)	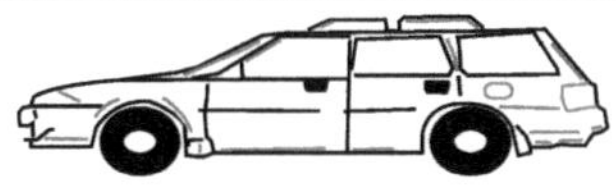	트렁크부 대신 차실을 연장하여 화물실을 만듦
쿠페 (Coupe)	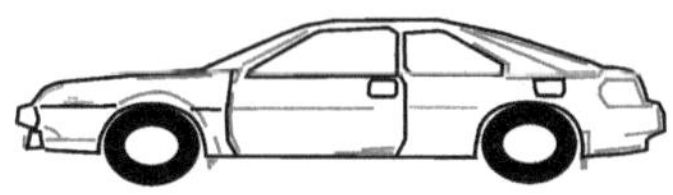	운전자를 위주로 설계한 차로 뒷좌석이 협소함
컨버터블 (Convertavle)	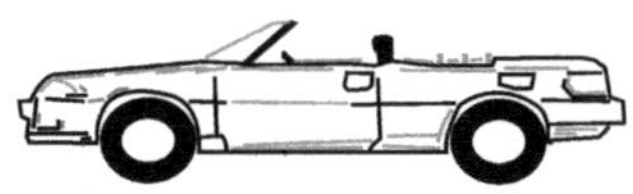	접개식의 지붕을 임으로 개폐할 수 있는 차임
하드탑 (Hard Top)	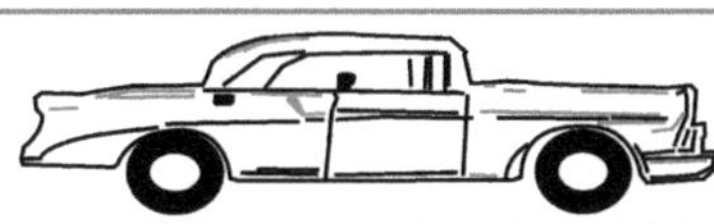	철판 또는 플라스틱 지붕을 떼어 낼 수 있는 승용차

표 1-2 승합차의 형식에 따른 분류

구분	그림	설명
보닛버스 (Cab-Behind Engine Bus)		엔진이 운전석 앞쪽에 있는 버스
캡오버 버스 (Cab-Over Engine Bus)	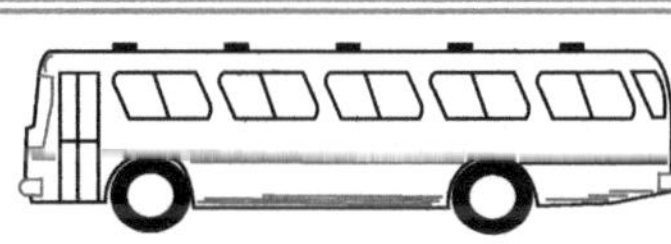	엔진이 운전석 밑에 있는 버스
상자형 버스 (Coach Bus)		상자형으로 엔진은 뒤쪽에 있는 버스
연접 버스 (Articulated Bus)		버스 후방에 또 하나의 버스를 연결부로 연결한 버스
마이크로 버스 (Micro Bus)		승차정원이 17명 미만인 버스

표 1-3 트럭의 형식에 따른 분류

보닛 트럭 (behind engine truck)	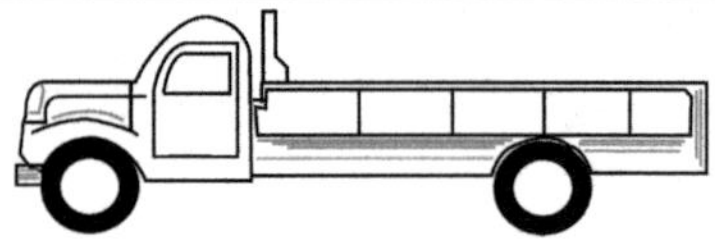	엔진이 운전석 앞쪽에 있음
캡 오버트럭 (cab over engine truck		엔진이 운전석 밑에 있는 트럭
밴(van)		운전실과 화물실이 일체로 된 지붕을 갖고 있는 화물
라이트 밴 (light van)		소형의 밴
픽업 (pickup)		화물실의 지붕이 없이 측면의 판이 운전실과 일체로 된 소형트럭

1.3 자동차의 제원

자동차의 각종 치수, 중량, 성능 등을 일정한 기준에 의거하여 수치로 나타내는 것을 제원(Specification)이라고 한다.

1.3.1 치수에 의한 제원

1) 전장(Overall Length)

자동차의 앞쪽 끝에서 뒤쪽 끝부분까지의 수평길이를 전장이라 한다.

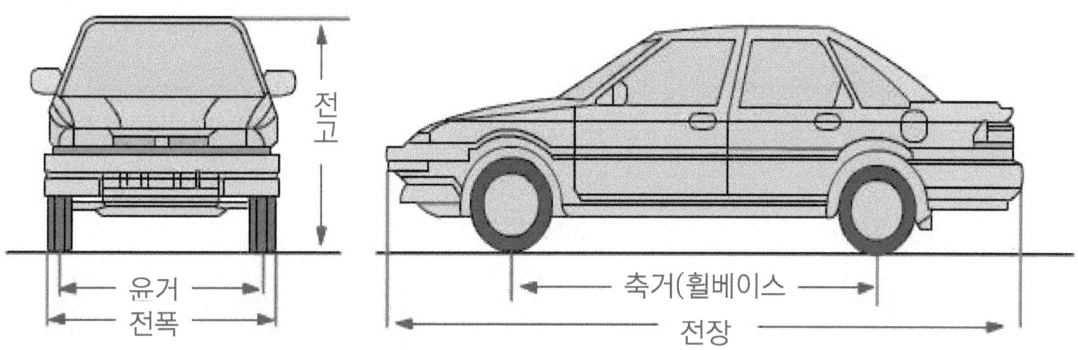

2) 전폭(Overall Width)

자동차의 가로폭이 가장 넓은 부분 수평폭을 전폭이라 한다. 백미러는 포함되지 않는다.

3) 전고(Overall Height)

자동차의 접지면으로부터 가장 높은 부분까지의 높이를 전고라 한다. (안테나 제외)

4) 휠 베이스(Wheel Base, 축거)

앞 차축의 중심점과 뒤차축의 중심점 거리를 휠 베이스라 한다.

5) 트레드(Tread, 윤거)

왼쪽 타이와 오른쪽 타이어의 중심점 거리를 트레드라 한다.

6) 최저 지상고(Minimum Road Clarance)

자동차 차체에서 가장 낮은 부분의 바닥면으로부터의 높이를 최저 지상고라 한다.

7) 프런트 오버행(Front Overhang)과 리어 오버행(Rear Overhang)

자동차 앞차축 중심으로부터 가장 앞쪽 끝까지의 수평거리를 프런트 오버행이라 하고, 뒤차축 중심으로부터 뒤쪽 끝까지의 수평 거리를 리어 오버행이라 한다. 범퍼나 훅, 견인장치 등의 자동차에 부착된 것은 모두 포함된다.

8) 어프로치 앵글(Approach Angle)과 디파처 앵글(Departure Angle)

앞 바퀴의 접지점 중심과 차량 앞쪽 끝 아랫면을 연결하는 선이 수평 바닥면과 이루는 각도를 어프로치 앵글이라 하며, 뒤 바퀴의 접지점 중심과 차량 뒤쪽 끝 아랫면을 연결하는 선이 수평 바닥면과 이루는 각도를 디파처 앵글이라 한다.

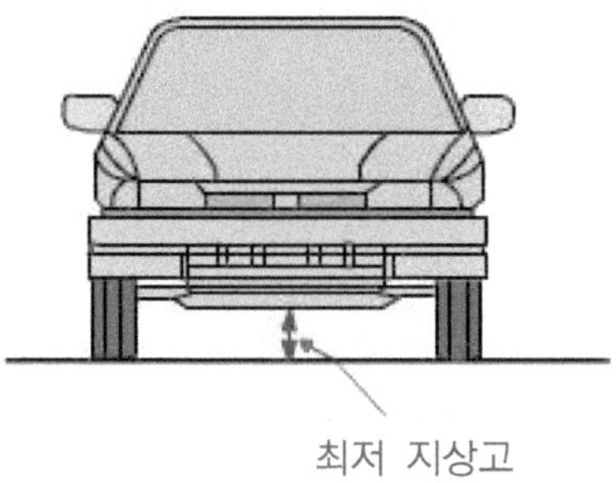

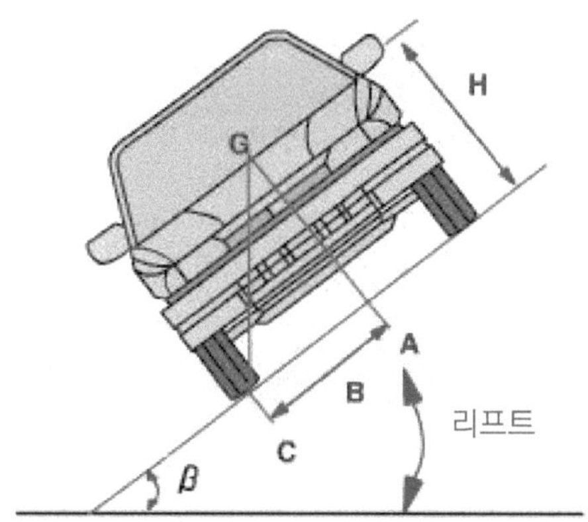

9) 최대 안전 경사각

공차의 상태의 자동차를 옆으로 기울인 경우 안쪽 바퀴가 바닥면으로부터 떨어지기 직전 바닥면과 수평면이 이루는 각도이다.

$$\text{최대안전경사각}(\tan^{-}) = \frac{B}{H},\quad B=\text{안전폭},\quad H=\text{중심높이},\quad G=\text{중심점}$$

1.3.2 자동차 중량에 의한 제원

1) 공차중량(차량중량, Complete Vehicle Weight)

빈차상태에서 차량무게(빈차무게)를 말한다. 즉, 공차 상태이고 운행이 필요한 예비 타이어, 냉각수, 윤활유 연료를 가득 채운 상태에서 차량 무게이다.

2) 차량 총중량

법규상에서 표시한 최대 적재상태의 무게를 말한다. 최대적재상태란 자동차에 운전자와 승차 정원 또는 최대적재량의 화물을 적재한 상태이다.

3) 최대접지압력

최대적재상태에서 타이어 접지부분에 걸리는 단위면적에 대한 무게, 타이어 접지부분의 1 cm^2에 대한 무게 kg/cm^2로 나타낸다.

4) 윤하중

바퀴 1개에 걸리는 무게

5) 하대 오프셋

뒤차축 중심부터 하대 중심 까지 거리

1.3.3 자동차 성능에 의한 제원

1) 자동차 주행성능 선도

자동차의 주행속도에 대한 구동력, 주행저항곡선 및 변속시의 엔진회전속도를 선도로써 나타낸다.

2) 연료 소비율

자동차가 단위시간 또는 단위주행 거리에서 소비하는 연료의 양이며, 연료의 단위체적당 주행거리로서 km/ℓ로 표시한다.

3) 등판성능(Hill Climbed Ability)

자동차의 적재상태에서 언덕을 올라갈 수 있는 능력을 말하며, 등판할 수 있는 최대경사각도로 표시한다. 일반적으로 각($\sin\theta$)이나 퍼센트(%)를 사용한다.

4) 최소 회전 반지름

조향할 때 가장 바깥쪽 타이어가 그린 궤적의 반지름

2장 자동차엔진

2.1 내연기관의 분류

기관은 실린더 수와 밸브의 배열, 냉각 방식, 사이클, 사용 연료의 종류 등에 의해 분류할 수 있다.

2.1.1 실린더 수와 배열에 의한 분류

단기통 및 2기통 기관은 주로 2륜차, 트랙터, 경운기 등에 사용되고, 보통 승용차의 것은 최저 2기통 또는 4기통이다. 현재 많이 사용되는 것은 4, 6, 8기통 엔진이다.

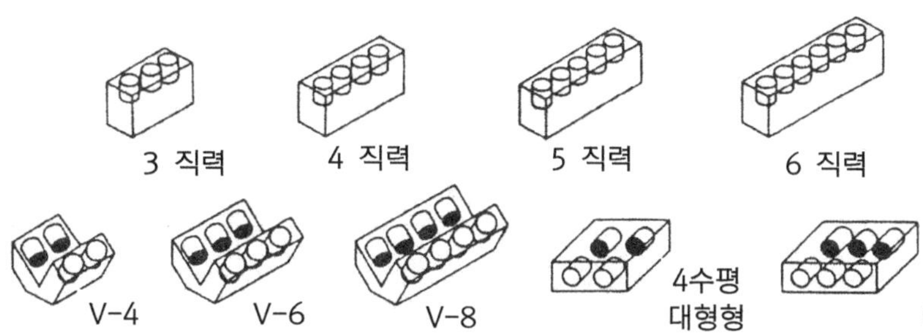

그림 2-1 각종의 실린더 배열

(a) 수평대향형 엔진의 구조

(b)스바루(日) 터보디젤엔진

그림 2-2 수평대향형 엔진

1) 4기통 직렬형 엔진

4개의 실린더를 일렬 수직으로 배열한 기관으로 크랭크축 위상차는 180°이며, 점화순서는 1-3-4-2 또는 1-2-4-3이다. 실린더는 실린더 블록과 일체로 주조되어 있으며, 크랭크축은 보통 5개의 베어링으로 어퍼(Upper) 크랭크 케이스에 지지되어 있다.

2) 6기통 직렬형 엔진

실린더가 6개이며 배열은 4기통 직렬형과 같다. 크랭크축의 위상차는 120°이며 승합자동차 및 화물자동차에 많이 사용되고 있다. 점화순서는 우수식일 경우 1-5-3-6-2-4이며, 좌수식일 경우는 1-4-2-6-3-5 이다.

3) V-6기통 엔진

3기통 직렬형 실린더를 2조 V형으로 배열하여 1개의 크랭크 핀에 2개의 피스톤을 연결하여 작동하며, 엔진의 전장이 짧고, 강성을 증대하며 운전자의 시야가 넓다. 크랭크축의 위상차는 120°이고 실린더 배열의 V의 각도는 90°이다.

4) V-8기통 엔진

4기통 직렬형을 2조 V형으로 배열하여 1개의 크랭크 핀에 2개의 피스톤을 연결하여 작동한다. 장점은 V-6기통과 같으며 크랭크축의 위상차는 90°, 실린더의 배열 V각도는 90°이다.

5) 수평 대향형 엔진

이 기관은 V형 기관의 V를 편평하게 눌러 양 뱅크가 수평면상에 있게 한 것과 같다. 기관의 높이가 상당히 작아지므로 높이가 제한된 곳에 설치하기 쉬운 장점이 있다. 펜 케이크 엔진(Pancake Engine)이라고도 하며, 버스 등 바닥밑 기관으로 사용되기도 한다.

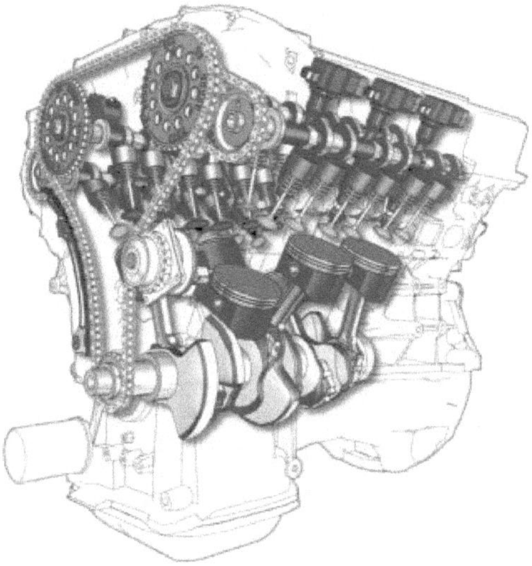

그림 2-3 V-6기통 엔진

그림 2-4 성형엔진

6) 성형엔진(星型, Radial Engine)

주로 항공기나 2륜자동차에 사용되고 있고 실린더를 방사형으로 배열한 엔진이다. 냉각 방식은 실린더가 전면에 노출되기 때문에 냉각풍을 받아들이기 쉬워 대부분 공랭만으로 충분한 냉각 성능을 얻을 수 있다. 또 추진용 프로펠러와 별도로 소형 강제 냉각팬을 이용하는 방법도 있다. 사점 발생을 막기 위해 거의 모든 성형 엔진이 홀수 기통이며, 7, 9기통 엔진도 있다. 그 이상으로 다기통화할 경우 그것들을 직렬로 연결하여 이중, 삼중, 사중 성형이라 부른다.

모든 방위에 대해 대칭인 형상이므로 이론상 관성에 대해서는 실용상 거의 완전한 균형을 얻을 수 있다. 동시에, 크랭크축에 대한 부담도 줄어든다. 다만 중력 관계상 기화기 방식에서는 모든 실린더에 균등하게 혼합기를 나눠주기가 비교적 어렵다.

2.1.2 밸브의 배열에 의한 분류

기관의 흡기밸브나 배기밸브의 위치는 설계에 따라 다르며, 실린더 헤드 또는 실린더 블록에 설치되어 있다. 밸브의 배열 방법에는 I, L, F 및 T의 형식이 있다. 이 가운데에서 T형식은 이미 사용되지 않으며, I, L, F형식이 주로 사용되었으나 최근에는 I형식이 압도적으로 많아졌고, F 및 L 형식은 점차 사용되지 않고 있다.

1) I헤드 엔진

흡입밸브와 배기밸브가 모두 실린더 헤드에 설치되어 작동하는 엔진으로 현재 가장 많이 사용되고 있다. 이 형식은 연소실 체적을 작게 할 수 있기 때문에 고압축비로 하여 열효율을 증대시킬 수 있기 때문에 최근에는 거의 이 형식만을 사용하고 있다.

2) L헤드 엔진

흡입밸브와 배기밸브가 실린더 블록에 나란히 설치된다. 이 형식은 밸브기구 전부가 실린더 블록에 설치되기 때문에 실린더 헤드의 분해와 조립이 비교적 용이하고, 연소실이 리카도(ricardo)형식이므로 혼합기에 강한 와류가 생겨 연소의 효율이 좋은 장점이 있다. 그러나 고압축비로 하는데 제한이 있고, I헤드 형식에 비하여 열효율이 낮기 때문에 현재는 거의 사용되지 않는다.

3) F헤드 엔진

흡입밸브는 실린더 헤드에 설치되어 있고, 배기밸브는 실린더 블록에 설치되어 있으며 현재에는 별로 사용되지 않는다.

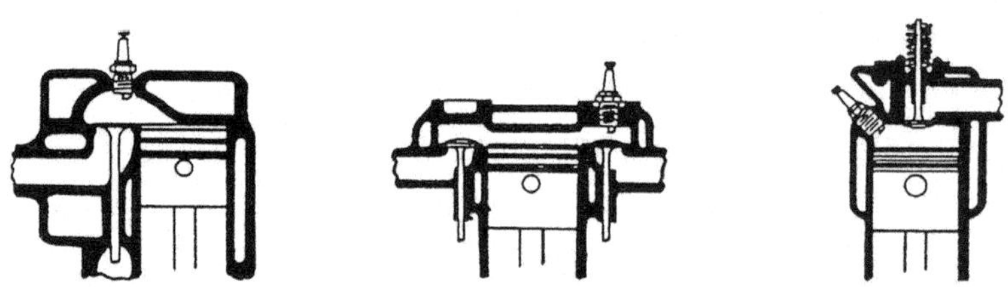

(a) L-헤드　　(b) T-헤드　　(c) I-헤드

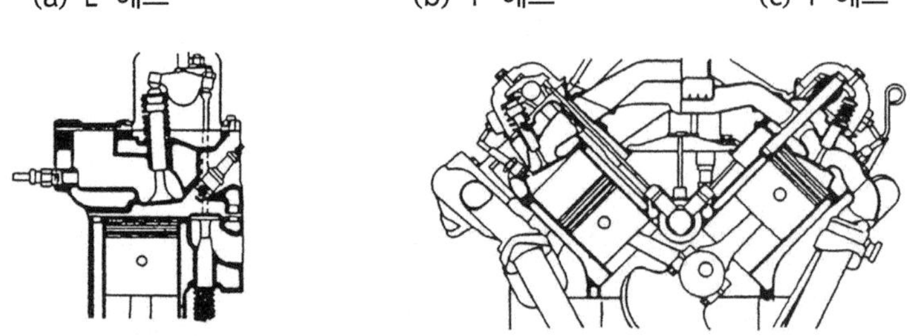

(d) F-헤드　　(e) V-헤드

그림 2-5 각종 밸브 배열 형식

4) T헤드 엔진

흡입밸브와 배기밸브를 분리하여 실린더 블록 양쪽에 설치되어 있다.

2.1.3 열역학적 사이클에 의한 분류

연소 과정에서 의해 열역학적으로 분류하면 다음과 같다. 이들 이론 사이클은 엄밀한 의미에서 실제의 기관에서 실현되지 않고 근사한 사이클로 인정되고 있다.

1) 정적사이클 또는 오토사이클(定積, Otto Cycle Engine)

혼합기의 연소가 일정한 체적하에서 일어나는 경우의 것이며, 일반적으로 가솔린기관과 같은 불꽃 점화기관의 기본사이클로 2개의 정적변화와 2개의 단열변화로 구성된다. 발명자인 Nicholas. A. Otto(1832~1891)의 이름을 따서 Otto Cycle Engine 이라고도 한다. 이 기관은 혼합기를 흡입한 후 압축하면 연소실내에 모여 있는 혼합기는 고온고압의 상태 하에서 점화플러그로 점화시킨다. 점화순간 연소실내 연료가 한 번에 연소하게 되므로 연료가 연소하는 순간 그 체적이 변화지 않고 일정한 체적 하에서 연소하게 된다. 이러한 사이클은 가솔린기관이나 LPG기관 등의 가스기관에 주로 적용된다.

2) 정압사이클 또는 디젤사이클 기관(定壓, Disel Cycle Engine)

정압사이클은 연소가 일정한 압력하에서 일어나는 경우의 것인데, 저속디젤엔진의 기본 사이클이다. 정압사이클은 독일의 디젤(Rudolf Diesel:1833~1895)에 의해서 고안된 사이클로 디젤 연료가 분사되는 동안 계속적으로 연소가 이루어지며 피스톤이 하강으로 인하여 연소실 체적이 증가하여도 연소에 의한 압력상승 때문에 실린더내의 압력은 낮아지지 않고 거의 일정하게 유지되면서 연소하는 기관이다. 주로 중유를 연료로 사용하는 중유기관이 이에 해당된다.

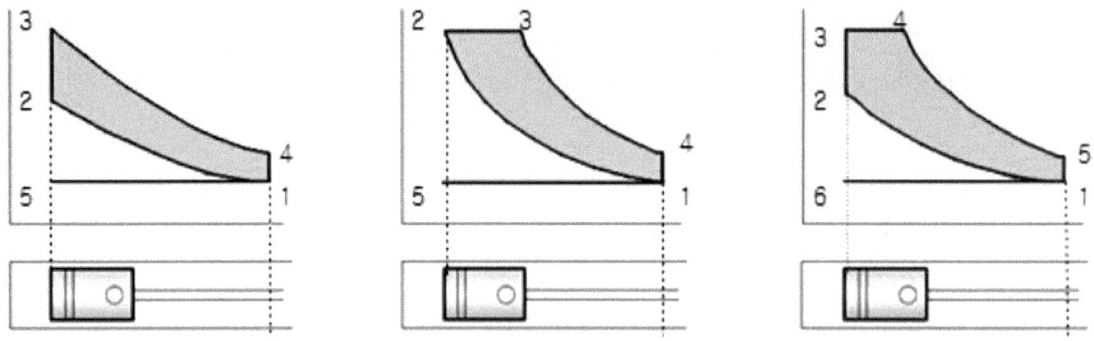

1→ 2 압축행정
2→ 3 폭발(정적연소)
3→ 4 팽창행정
4→ 1 배기시작
1→ 5 배기행정
5→ 1 흡기행정

오토 사이클

1→ 2 압축행정
2→ 3 연료분사(정압연소)
3→ 4 팽창행정
4→ 1 배기시작
1→ 5 배기행정
5→ 1 흡기행정

디젤 사이클

1→ 2 압축행정
2→ 3 연료분사(정적연소)
3→ 4 연료분사(정압연소)
4→ 5 팽창행정
5→ 1 배기시작
1→ 6 배기행정
6→ 1 흡기행정

합성 사이클

그림 2-6 각종 사이클의 도시압력선도

3) 복합사이클 또는 사바테 사이클 기관(Sabathe Cycle Engine)

복합사이클은 정적 사이클과 정압 사이클을 조합한 사이클로서, 고속디젤 기관의 기본사이클이다. 연료의 연소는 일부는 정적과정에, 나머지는 정압하에서 연소가 이루어진다. 연료로 경유를 사용하는 고속디젤에서는 실린더내에서 압축된 공기에 연료를 분사할 때 피스톤이 상사점에 도달하기 조금 전에 분사하면 초기에 분사된 연료는 착화지연기간 동안 누적되고 이것이 착화와 동시에 급격한 폭발을 일으켜 정적연소현상이 일어나고, 상사점이 지나서 분사된 연료는 연료분사가 끝날 때까지 일정한 압력하에서 연소하므로 연소과정이 정적·정압의 합성사이클이 된다. 디젤기관은 고속이 될수록 정압연소 부분이 감소하여 정적사이클에 가까워진다.

2.1.4 점화방식 의한 분류

1) 전기점화기관(EleCtrical Spark Ignition Engine : SI Engine)

이것은 압축된 공기와 연료의 혼합기를 전기적 스파크로 점화 연소시키는 것이며, 가솔린기관이 그 예이다. 또 경유를 실린더내에 분사하여 혼합기를 형성한 다음 전기적 스파크로 착화 연소시키는 허실먼 기관(Hesselman engine)이나 실린더내 가솔린 직접 분사식 엔진(Gasoline Direct Injection engine : GDI engine)도 여기에 포함된다. 전기점화 기관은 스파크 점화기관 또는 SI기관이라고 부른다.

2) 압축착화기관(Direct Injection Engine)

공기만을 흡입, 압축하여 고온(500~550℃)으로 한 다음, 그 속에 연료를 안개 모양으로 분사하여 착화시키는 것인데, 디젤기관이 그 예이다. 이 형식의 기관을 압축착화 혹은 직접분사하여 DI기관이라고 부른다.

3) 핫벌브 점화기관(Hot Bulb Ignition Engine)

실린더 헤드에 핫 벌브(시동할 때는 미리 가열하고, 시동 후에는 연소열에 의해 가열된다)를 두고, 이것에 연료를 분사하여 연소시키는 것이다. 이 기관은 과거에 소형 선박용으로 부분적으로 사용되었으나, 오늘날에는 거의 볼 수 없다.

2.1.5 작동사이클에 의한 분류

1) 4행정사이클

크랭크축 2회전에 흡입, 압축, 팽창, 배기의 네 가지 행정을 완성하는 엔진을 말한다.

2) 2행정사이클

크랭크축 1회전에 흡입, 소기, 압축, 팽창, 배기의 행정을 완성하는 엔진을 말한다.

2.2 엔진의 작동원리

2.2.1 왕복형 내연기관의 작동원리

왕복형 내연기관은 그림 2-7에 나타낸 것과 같이 실린더 내에서 피스톤이 왕복운동하고 출력은 커넥팅로더에 의해 크랭크축에 전달된다. 실린더 내에서 피스톤은 흡입, 압축, 폭발, 배기 행정 순으로 왕복운동을 반복한다.

피스톤이 왕복운동 중 실린더체적이 최소가 되는 피스톤의 위치 즉, 최상위점을 **상사점**(Top Dead Center)이라 하며, 최대가 되는 피스톤의 위치 즉, 최하위점을 **하사점**(Bottom Dead Center)이라 한다. 상사점과 하사점 사이의 거리를 **행정(Stroke)**이라고 하고, 행정은 크랭크 핀의 회전원의 지름과 같다. 그리고, 피스톤이 상사점에 있을 때의 실린더 상부에 남겨진 체적을 **연소실체적 또는 간극체적(Clearance Volume), 극간체적, 통극체적**이라고도 한다. 행정체적(Stroke Volume)은 상사점과 하사점사이의 체적인데 우리가 흔히 이야기하는 배기량은 이 체적의 합을 말한다. **총 배기량은 총 행정체적의 합과 같다.**

왕복형기관에 있어서 하나의 사이클을 4행정, 즉 크랭크축의 2회전으로 완료하는 것을 4행정 사이클 기관이라고 하며 흡입, 압축, 폭발, 배기행정의 4행정으로 되어 있다. 이 행정 중폭발행정만이 크랭크축의 회전방향의 토크가 가해지는 정(正)의 일을 하고, 나머지 행정은 부(負)의 일을 하고 있으며 플라이휠의 관성력으로 기관은 회전을 계속한다.

2행정 사이클기관은 크랭크축 1회전으로 완료하는 것으로 흡입과 압축, 폭발과 배기의 작용이 각각 피스톤의 1왕복으로 완료되도록 되어 있다. 2행정 사이클 엔진은 소기작용(Scavenging)이 있는데 새로운 공기(신기)로 연소가스를 배출하고 동시에 신기가 실린더내로 충전된다. 따라서 이러한 소기작용에 의해 엔진의 성능이 크게 좌우된다.

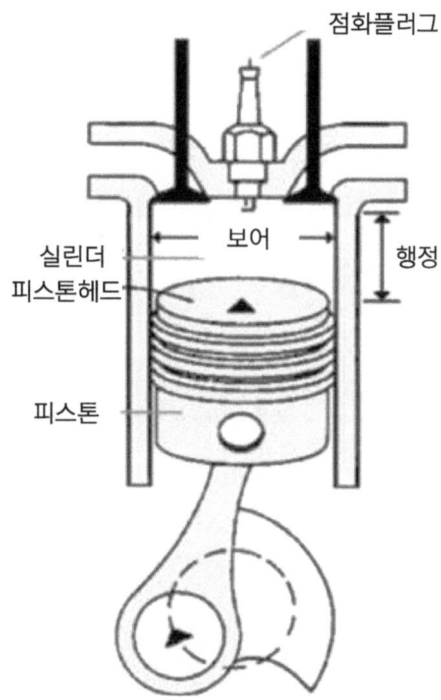

(a) 실린더 내부 구조

(b) 엔진 내부 구조

그림 2-7 왕복형 내연기관의 내부 구조

2.3 가솔린기관

가솔린기관은 가솔린을 연소시켜 열에너지를 얻고 이로부터 기계적인 일을 하여 출력을 내는 기관이다. 가솔린기관에는 4행정 사이클과 2행정 사이클 기관이 있는데 자동차에서는 주로 4행정 사이클 기관이 사용되고 있다.

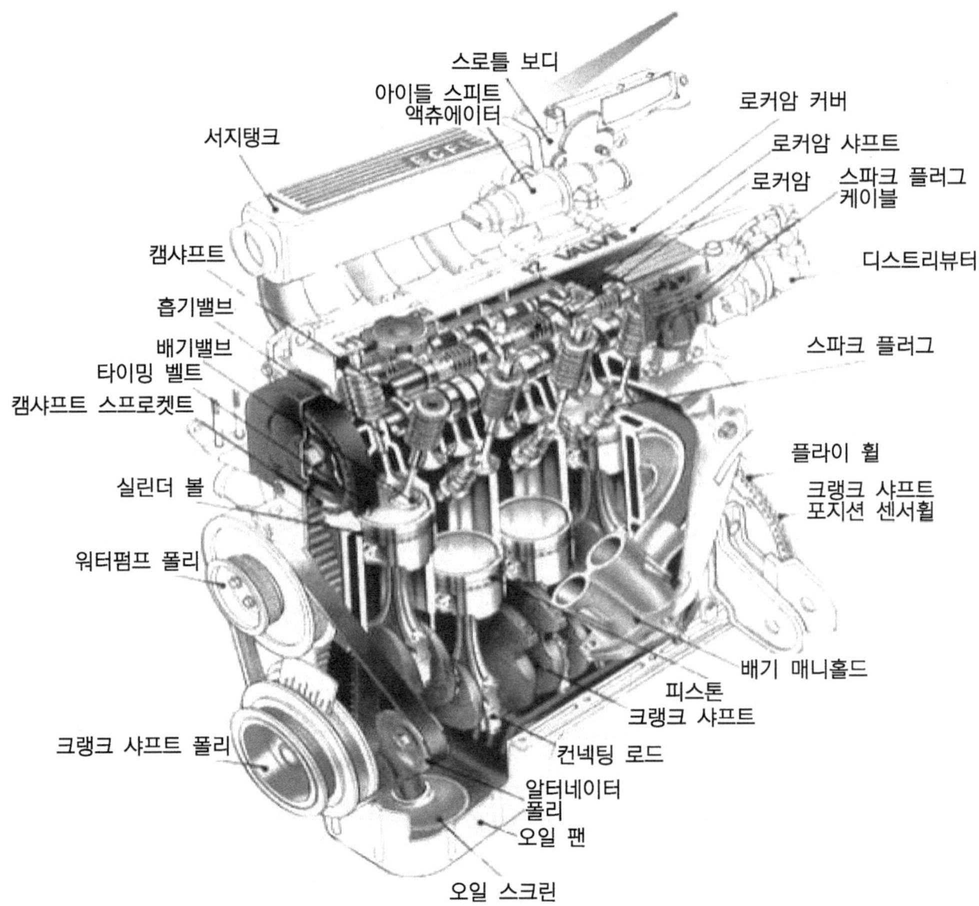

그림 2-8 가솔린기관의 구조

2.3.1 가솔린기관의 작동원리

가솔린기관은 실린더 내에서 피스톤이 하강하면서 생긴 부압을 이용하여 공기와 연료의 혼합기를 흡입한 후 피스톤이 상승하면서 혼합기를 압축한 다음, 전기점화에 의하여 혼합기를 연소시키면, 열에너지가 발생되어 연소가스는 고온 고압이 된다. 이 고온·고압의 가스가 피스톤 헤드에 작용하여 피스톤을 움직이게 되며, 이에 따라 열에너지가 기계적인 에너지로 바뀌게 된다. 이때 피스톤은 실린더 내에서 직선 왕복운동만 하게 되므로 이것을 회전운동으로 바꾸기 위하여 커넥팅로드와 크랭크축을 사용한다.

피스톤이 주기적인 운동을 하여 일을 계속하려면 연소되어 일을 한 가스는 배출하고, 새로운 혼합기를 실린더에 공급하여야 한다. 이를 위하여 크랭크축에 의해 구동되는 밸브장치를 사용하여 흡·배기 구멍을 알맞은 시기에 개폐하여야 한다.

혼합기가 실린더 내에 흡입한 다음, 연소하여 동력을 발생시키고 연소가스가 배출될 때까지 실린더 내에서 가스의 주기적인 변화를 기관의 사이클이라고 한다. **가솔린기관에서 피스톤이 흡입, 압축, 폭발, 배기의 4행정을 하여 1사이클을 완성하면 4행정 사이클**이라고 하고, **피스톤이 2행정을 하여 1사이클을 완성하면 2행정 사이클**이라고 한다.

2.3.2 4행정 사이클 엔진의 작동

1) 흡입행정(Intake Stroke)

흡입행정은 사이클의 시작행정이다. 이때 흡입밸브는 열려있고 배기밸브는 닫혀 있다. 피스톤이 상사점에서 하사점으로 내려감에 따라 실린더 체적이 커지면서 압력이 저하되기 때문에 흡입통로를 통하여 연료와 공기의 혼합기가 실린더 내로 유입된다.

피스톤이 하사점에 도달하면 피스톤 운동상 흡입행정이 끝나지만 실제 혼합기는 흡입 관성 때문에 운동을 계속하려 한다. 이 흡입 관성을 이용하여 실린더의 충전효율을 높이기 위하여 흡입밸브를 하사점 후 35~45° 정도까지 열어준다. 이것을 관성 과급 효과라고 한다. 따라서 크랭크각은 피스톤이 흡입 행정하는 동안에 180°회전하지만 흡입밸브가 열려있는 동안 회전각도는 225~230° 정도 회전하게 된다. 그러나 흡입기간이 이렇게 길어져도 실제 충전효율을 약 80% 정도이다.

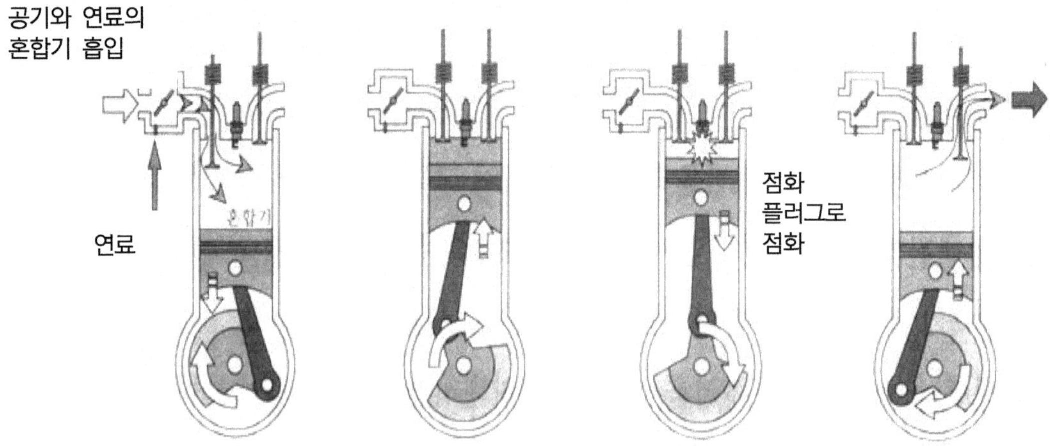

그림 2-9 4사이클엔진의 행정(가솔린)

2) 압축행정(Compression Stroke)

압축행정은 흡·배기밸브가 모두 닫힌 상태에서 피스톤은 하사점에서 상사점으로 이동하면서 연료와 공기의 혼합기를 압축하여 상사점 부근에서는 체적비로 1/8또는 그 이상으로 되면 압축 압력은 8~11 kg/㎠ 정도가 된다. 이때 혼합기의 온도는 압축열에 의하여 약 400~500℃정도가 되어 연소에 아주 적합한 상태가 되어있게 된다.

3) 동력행정(Power Stroke 혹은 팽창행정)

압축된 혼합기를 연소 팽창시켜 동력을 발생시키는 행정이다. 이 행정에서는 흡·배기밸브는 모두 닫혀 있는 상태에서 압축행정 끝 부근에서 점화플러그에 의하여 점화되면 혼합기의 연소 속도는 20 m/s로 급격히 연소하고, 연소 온도는 2000~2500℃ 정도가 되어 실린더내의 압력은 35~45 kg/㎠ 로 상승시켜 피스톤에 힘을 가하게 된다. 이 힘이 커넥팅 로드를 거쳐 크랭크축에 전달되어 동력을 발생하게 된다. 피스톤이 하사점에 이르기 조금 전에 배기밸브를 열어 연소가스를 배출시킨다. 이 행정은 4개의 행정 중 유일하게 동력을 발생시키며, 다른 3개의 행정은 동력을 소모한다. 이에 따라 회전력을 불균형하게 되어 플라이 휠의 관성에 의하여 균형을 유지하게 된다.

4) 배기행정(Exhaust Stroke)

동력행정에서 연소하여 일을 마친 가스를 실린더 밖으로 배출하는 행정이며, 이때 연소가스의 온도는 약 800℃정도이다. 동력행정에서 피스톤이 하사점에 도달하기 조금 전에 배기밸브가 열리고, 피스톤이 상승하여 연소가스를 배기다기관을 통하여 대기중으로 밀어낸다. 이때 배기밸브는 상사점 조금 후에 닫히고, 이미 흡입밸브는 열린 상태이다. 이것은 배기가스의 배출 관성력에 의하여 연소실에 생기는 진공을 흡입행정에 적극적으로 이용하여 충진율을 향상시켜 출력 증가에 목적이 있기 때문이다. 이것은 4행정사이클의 완성이며, 크랭크축 2회전 720° 피스톤은 2왕복 운동한다.

2.3.3 2행정 사이클 엔진의 작동

2행정 사이클 디젤기관은 1881년 영국의 클라크에 의해 발명된 것으로 주로 2륜 자동차나 저출력의 디젤 기관에서 주로 사용되고 있다. 구조상 4사이클 기관과의 큰 차이점은 가스교환 장치를 들 수 있는데, 4사이클 기관에 있는 흡입밸브, 배기밸브 장치가 없고 대신에 실린더 벽에 흡입구, 소기구, 배기구를 두어 피스톤의 상하 왕복운동에 의해 이들 구멍을 개폐하여 혼합기를 흡입, 배출을 하고 있는 것이 특징이다.

2행정 사이클은 흡입, 압축 팽창, 배기의 각 행정이 피스톤의 상승과 하강의 2행정 즉, 크랭크축의 1회전으로 완료하게 되며, 따라서 흡입과 압축, 팽창과 배기의 작용이 각각 피스톤의 1왕복으로 완료되도록 되어 있다. 2행정 사이클 엔진은 소기작용(Scavenging)이 있는데 새로운 공기(신기)로 연소가스를 배출하고 동시에 신기가 실린더내로 충전된다. 따라서 이러한 소기작용에 의해 엔진의 성능이 크게 좌우된다.

1) 상승행정

이 행정은 흡입행정과 압축행정의 결합으로서 먼저 피스톤이 하사점에서 상사점으로 이동하면서 소기공(Scavenging Port)을 막고, 다음 배기공을 닫은 후 압축행정을 시작하여 상사점 부근에서 점화가 가능하도록 하고, 한편으로는 크랭크 케이스실은 피스톤이 상승한 만큼 체적이 커지므로 부압이 발생하게 되어 혼합기는 흡입공(Intake Port)을 통하여 크랭크 케이스실로 유입하게 된다.

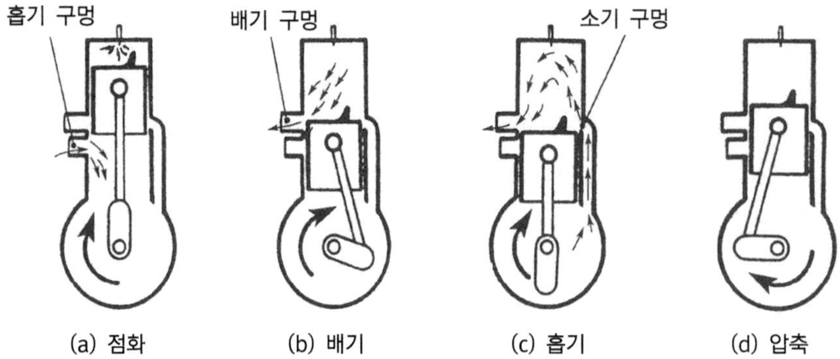

그림 2-10 2행정 사이클의 작동

2) 하강행정

이 행정은 동력행정과 배기행정, 소기행정의 결합으로서, 압축된 혼합기는 점화플러그에 의하여 점화되어 폭발, 팽창하여 피스톤이 상사점에서 하사점으로 하강하면서 배기공을 열어서 연소가스를 배출시키고 이어서 소기공이 열려, 크랭크실에 예압된 혼합기는 소기공을 통하여 잔류가스를 밖으로 밀어낸다. 소기작용이란 새 혼합기에 의하여 실린더 내에 남아 있는 잔류 배출가스를 몰아내는 작용을 말한다. 이러한 소기작용은 2행정 사이클 엔진의 특징이라 할 수 있다. 일반적으로 소기구멍의 위치는 배기구멍보다 아래에 설치되어 있다.

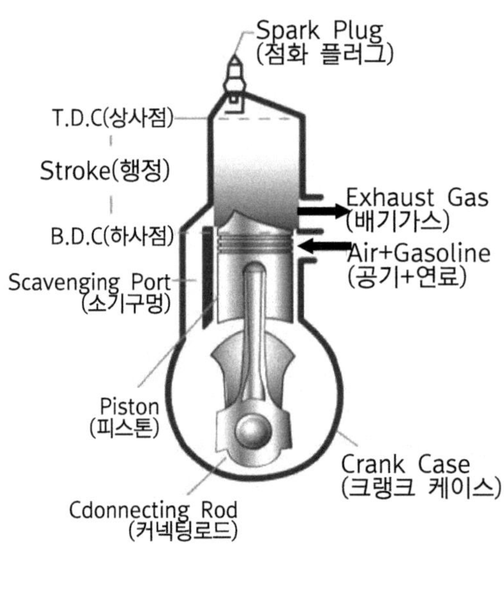

그림 2-11 크랭크케이스 소기식 2행정엔진의 작동원리

2.3.4 4행정과 2행정 사이클 엔진의 비교

4행정 사이클과 2행정 사이클의 특징으로는 4행정 사이클에서는 피스톤이 하강할 때 흡입행정이지만 2행정 사이클에서는 피스톤이 상승할 때 흡입행정을 한다. 또한 2행정 사이클에서는 기화기에 의해 가솔린과 공기를 혼합시킬 때 그 혼합기는 연소실에 바로 들어가지 않고 피스톤의 상승으로 인하여 크랭크 케이스로 먼저 흡입된다. 4행정 사이클에서는 일반적으로 혼합기가 흡·배기 밸브를 통하여 위로 들어가서 위로 나오지만 2행정 사이클에서는 흡입구를 통하여 아래로 들어가서 배기구, 소기구를 통하여 위로 배출된다.

4사이클 엔진은 2사이클 엔진에 비해 흡기와 배기의 행정이 독립적으로 구분되어 있어서 신기의 흡입이 충분하고 배기량 당에 대한 일량이 크고 연비도 좋다. 하지만 4행정기간 동안 1회의 동력행정을 행하기 때문에 토크의 변동이 큰 단점이 있다. 이에 반해 2행정 사이클 엔진은 4행정 사이클 엔진에 비해 배기량 당 출력이 크고 출력 당 중량이 가벼운 장점이 있다. 이것은 2사이클 엔진은 2행정당 1회의 폭발행정을 행하는 반면 4사이클 엔진은 4행정엔진 동안 1회의 폭발행정을 행하기 때문에 4행정 사이클 엔진에 비해 출력이 크다. 그러나 소기장치를 비롯한 실린더헤드, 실린더라이너, 피스톤 등의 엔진각부에 열적부하가 크며 이로 인한 변형, 소결, 긁힘 등의 열적변형을 큰 단점도 가지고 있다. 또한, 행정 간의 구분이 모호하고 유효행정 기간이 짧아 흡입효율이 저하되는 단점도 있다.

1) 4행정 사이클 엔진의 장단점

(1) 장점

① 각 행정이 완전히 구분되어 있어 불확실한 곳이 없다.
② 흡입행정 기간이 길어 냉각 효과가 양호하여 열적부하가 적다.
③ 저속에서 고속까지 회전속도 범위가 넓다.
④ 흡입행정 기간이 길어 체적효율이 좋다.
⑤ 기동이 쉽고 실화가 일어나지 않는다.

여기서 체적효율이란 실제로 흡입되는 대기 중량을 엔진 1사이클당의 행정 용적에서 계산된 흡입 가능한 대기 중량으로 나누어 흡입 효율을 나타낸다. 일반적으로 엔진의 체적 효율이 좋은 경우라도 85~90% 정도이다. 체적 효율은 밸브의 지름에 정비례한다.

(2) 단점

① 밸브기구가 복잡하며 충격이나 기계적 소음이 크다.
② 실린더 수가 적을 경우 사용이 곤란하며 1마력 당 중량이 무겁다.

2) 2행정 사이클 엔진의 장단점

(1) 장점

① 2행정 중에 1회 폭발행정으로 출력향상이 용이하고, 크랭크축이 매 회전할 때마다 폭발행정을 하므로 토크 변동이 작다.
② 연소횟수가 4 사이클엔진의 2배이므로 배기량 당 출력이 크다. 4사이클 엔진에 비해 1.6~1.7배의 출력이 있다.
③ 회전력의 변동이 적으며 실린더 수가 적어도 회전이 원활하다.
④ 밸브장치가 간단하여 소음이 적으며 마력 당 중량이 가볍다.

(2) 단점

① 흡·배기가 불안정하여 연비가 좋지 않고, 열 손실이 크며 HC의 배출이 많다.
② 폭발횟수가 4사이클에 비해 2배이므로 각부의 열부하가 커지고, 따라서 비교적 냉각이 어렵다.
③ 유효행정이 짧아 흡입효율이 저하되고, 배기행정이 4사이클 엔진에 비해 1/2 밖에 되지 않기 때문에 배기가 불안정하다.
④ 소기 및 배기공이 열려있는 시간이 길어 평균유효압력 및 효율이 저하된다.
⑤ 실린더 벽에 구멍이 있기 때문에 피스톤 링의 소손 및 마멸이 쉽다.

2.4 디젤기관

디젤엔진은 1892년 독일의 루돌프 디젤(Rudolf Diesel)에 의해 디젤엔진에 대한 이론적 바탕을 마련한 '합리적 열기관의 이론과 구조'를 발표하였으며, 1893년 특허권 취득 및 1894년 열효율 16%의 최초의 시제품이 만들어진 것이 오늘날 디젤엔진의 시초라고 할 수 있다.

디젤엔진도 주요부분(실린더, 피스톤, 커넥팅 로드 어셈블리, 크랭크축 등)의 구조에 있어서 본질적으로 가솔린기관과 다를 바 없다. 다만 연료의 연소과정에 있어서 가솔린기관이 공기 연료의 혼합기를 압축한 다음 전기적 불꽃으로 점화하는데 비해, 디젤 기관은 공기만을 흡입하고, 높은 압축비(15~22:1)로 압축하여 500℃ 이상이 되게 한 다음, 연료를 분사시켜 자기 착화하는 것이 다르다. 따라서 디젤 기관은 전기 점화 장치를 필요로 하지 않고, 대신 연료 분사장치(연료펌프와 분사노즐)를 필요로 한다. 또 연료는 자기착화가 잘되는 경유를 사용한다.

디젤엔진은 연비가 좋은 반면에 엔진자체의 구조가 무겁고 투박하여 고속화가 어렵고, 이에 따른 진동이나 소음이 크고 비출력이 낮을 뿐만 아니라, 많은 양의 배기스모크를 배출하는 단점이 있다. 하지만, 연료의 경제적인 측면과 대토크, 대출력을 얻을 수 있는 장점 등으로 국내외적으로 중대형 상용차 트럭, 버스, 선박용 엔진에서부터 승합차, RV차 및 승용차에 이르기까지 그 사용 분야가 대단히 넓혀지고 있는 현실이다.

(a)디젤엔진 연소과정

(b) 자동차 디젤엔진의 외형

그림 2-12 자동차디젤엔진

2.4.1 디젤기관의 작동원리

디젤엔진은 자기착화 엔진으로 공기만을 흡입하여 이를 고압축비로 압축한다. 실린더내의 공기는 압축되어 수백도의 고온으로 된다. 압축행정종료 가까이에 경유를 수백 기압인 고압으로 분사하면 고온의 공기에 의해 연료가 자기착화 연소한다. 반면, 가솔린엔진은 불꽃점화엔진으로 혼합기를 흡입하여 압축한 다음 압축말기에 점화플러그를 이용하여 점화한다. 결과적으로 디젤엔진은 공기만을 압축하므로 혼합기를 압축하는 가솔린엔진에 비해 높은 압축비로 압축할 수 있다.

자동차용 디젤엔진은 4행정의 가솔린엔진과 마찬가지로 흡입, 압축, 폭발, 배기의 4행정을 크랭크축이 2회전하는 동안에 완성한다.

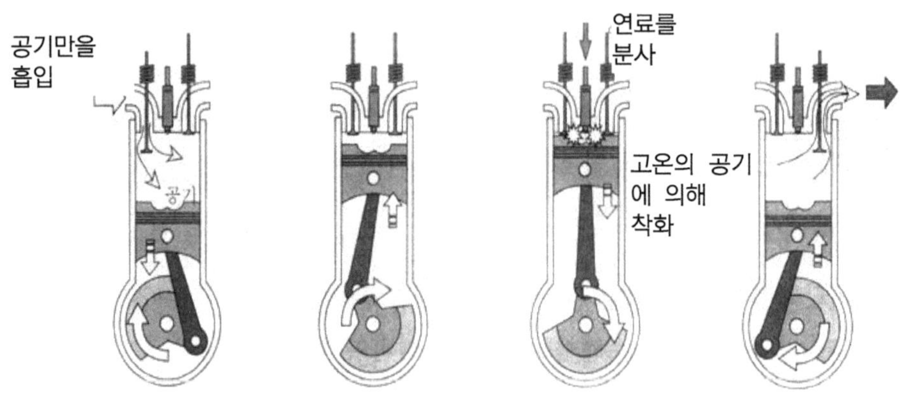

그림 2-13 4사이클엔진의 행정(디젤)

1) 흡입행정

흡기밸브는 상사점 전(BTDC) 45°~10°에서 열리기 시작하고 하사점 후(ABDC) 40°부근에서 닫힌다. 배기밸브는 닫혀있고 피스톤은 상사점에서 하사점으로 하강한다.

피스톤이 상사점으로부터 하사점으로 이동함에 따라 연소실체적이 증가하면서 흡기밸브를 통해 여과된 공기를 흡입한다. 가솔린엔진은 흡입행정을 할 때에는 실린더 내부로 유입되는 동작유체가 연료와 공기인 혼합기인 반면에 **디젤엔진은 공기만이 유입되는 것이 가솔린엔진과의 차이라 볼 수 있다.** 즉, 가솔린엔진은 흡입행정에서 연료가 실린더 내부로 들어오지만 디젤엔진은 연료 공급시기가 압축 말에서 폭발행정 과정 중에 연료가 분사되면서 착화가 이루어지게 된다.

2) 압축행정

흡기, 배기밸브의 위치는 닫혀 있는 상태에서 피스톤은 하사점에서 상사점으로 이동함에 따라 연소실체적이 감소되면서 흡입된 공기는 압축하게 된다. 이때 압축비는 약 16~24:1, 압축압력은 30~45 kgf/cm^2, 압축온도는 약 500~900℃ 정도에 이른다. 이에 반해 가솔린엔진에서는 압축비는 7~13:1(혼합기), 압축압력은 5~10 kgf/cm^2 부근으로 공기만을 압축하는 디젤엔진이 압축비와 압축압력이 훨씬 높다. 연료 분사개시는 압축행정 종료 직전, 대략 BTDC 30°~15°에서 분사노즐을 통해 실린더 내의 압축된 고온, 고압의 공기 중에 고압으로 분사된다. 그런데 연료로 사용되고 있는 경유나 중유의 자기 발화온도는 200~300℃ 정도이므로 이러한 고온, 고압의 공기 중에 연료를 고압으로 분사하면 연료입자는 안개모양으로 무화되면서 공기와 혼합, 혼합기가 형성되고 이어서 자기착화에 이르게 된다.

한편, 압축행정 중에 실린더 내의 공기는 압축압력의 증가와 함께 온도가 상승하지만 그 열의 일부는 실린더 벽, 연소실 벽 등을 거쳐 실린더블록으로 전도가 된다. 즉, 압축행정의 초기에는 흡입되는 공기의 온도가 실린더 벽의 온도보다 낮으므로 실린더 쪽에서 흡수한다. 하지만 말기에서는 압축되면서 공기의 온도가 실린더 벽보다 높아지게 되므로 고온 공기로부터 실린더블록으로의 열전도가 일어나게 된다.

3) 폭발행정

피스톤은 일을 하게 되는 행정으로 동력행정이라고도 하며, 이때의 일은 크랭크축을 통해 회전일로 변환된다. 일반 상용차용 엔진의 경우 플런저펌프에 의해 100~400 kgf/cm^2 정도로 가압된 연료를 고압으로 분사노즐을 통해 연소실내에 분사한다. 이때 분사된 연료의 평균입경은 10~100 μm이고 이것이 분무의 형태로 분무된다. 분무된 연료는 실린더 내의 고온에 의해 기화되면서 고온공기와 혼합하고 곧바로 자기착화, 연소된다. 연소시 최대 폭발압력은 65~80 kgf/cm^2이다. 폭발행정 기간 동안 흡,배기 밸브의 위치는 닫혀 있고 피스톤은 폭발압력에 의해 상사점을 지나 하사점으로 밀려 내려간다.

분사종료시기는 ATDC 2~10° 정도가 된다. 연료가 폭발적으로 연소됨에 따라 연소실내의 가스압력은 급격히 상승하고, 이 가스압력에 의해 피스톤은 하향 구동된다. 연소는 대략 ATDC 60° 정도에서 종료된다.

4) 배기행정

배기행정은 흡기밸브가 닫혀 있고 배기밸브가 열린 상태에서 피스톤이 하사점에서 상사점으로 이동하며 연소가스를 배출하는 행정이다.

디젤엔진에서 배기밸브는 하사점전(BBDC) 20~80°에서 열리면서 폭발행정에서 일을 한 연소가스를 연소실 밖으로 내보내면서 상사점 후(ATDC) 10~45°에서 닫힌다. **배기행정 말기에서 흡기행정초기 사이에 흡, 배기밸브가 동시에 열려있는 시간이 존재하는데 이를 밸브 오브랩(Valve overlap)**이라고 한다. 밸브 오브랩을 두는 목적은 상사점 부근에서 피스톤의 운동 속도는 느린 반면에 배기가스의 유출속도는 상당히 크기 때문에 연소실내에 일시적으로 부분 진공이 생기게 된다. 이때에 흡입밸브를 열어 주면 새로운 혼합기가 유입되면서 배기가스를 밀어내는 효과를 얻을 수 있어서 체적효율을 증대시키게 된다. 이것이 밸브 오버랩을 두는 이유이다. 전부하 운전시 배기가스의 온도는 약 600~700℃이고 평균압력은 약 1.1~1.2 bar정도인데 배기가스 중에는 기체상태의 유해물질인 다량의 NO_x와 입자상 유해물질인 PM등이 포함되어 있다.

이것으로 4행정 디젤엔진은 피스톤이 흡입, 압축, 폭발 및 배기의 4행정을 완료하고 크랭크축은 2회전(720°)하는 동안에 1사이클 완성하고, 다시 흡기 행정을 반복하게 된다.

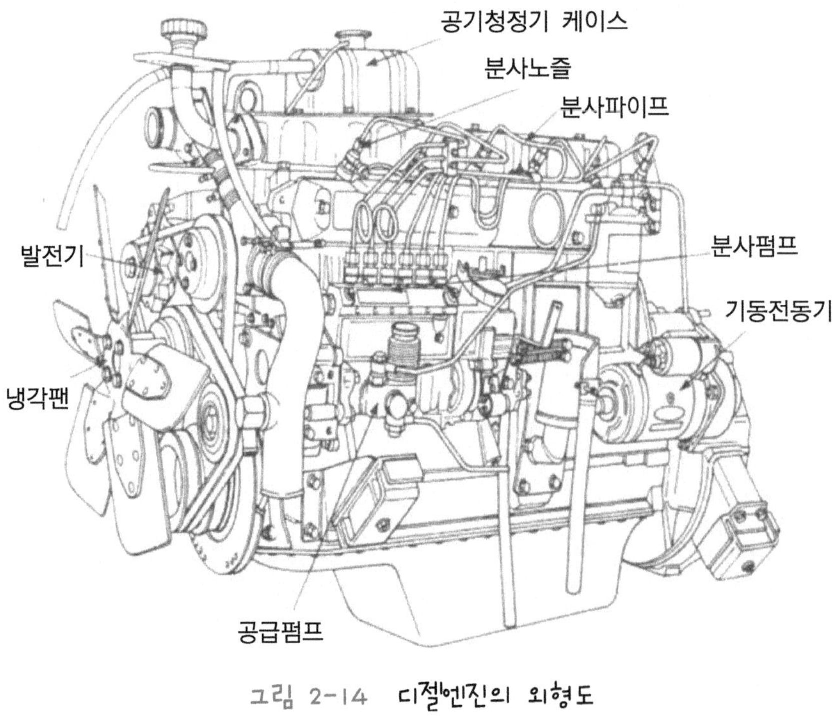

그림 2-14 디젤엔진의 외형도

자동차용 고속 디젤기관과 가솔린기관의 주요 다른 점은 다음과 같다.

표 2-1 고속디젤엔진과 가솔린엔진의 비교

항목	고속디젤엔진	가솔린엔진(오토기관)
발명자	Rudolph Diesel(1853~1913)	Nikolaus Otto(1832~1891)
연료	비등점이 높은 연료: 경유(180~370℃), 중유 인화점이 높다	비등점이 낮은 연료:가솔린(25~215℃), LPG 인화점이 낮다
연료성상척도	세탄가(자기착화성이 높은 것) 세탄가(CN)-CN 45이상	옥탄가(자기착화성이 낮을 것) 옥탄가(ON)-RON90이상
연소방식	압축열에 의한 자기착화	점화장치에 의한 불꽃점화
연소사이클	정적사이틀(저속디젤) 사바테사이클(고속디젤)	오토사이클
압축비	16~24(공기)	7~13(혼합기)
열효율	32~38%	25~32%
엔진회전속도	1000~4000 rpm	1200~6500 rpm
압축압력	30~45 kgf/cm^2	5~10 kgf/cm^2
최대폭발압력	65~80 kgf/cm^2	30~40 kgf/cm^2
연소실형상	복잡	간단
연료공급방식	분사펌프, 노즐 고압 80~28 MPa(고압분사예외) (80~280 kgf/cm^2)	기화기 또는 인젝터 저압 0.1~0.5 MPa (1~5 kgf/cm^2)
혼합기생성	공기만을 압축 후, 압축행정 종료시점에 실린더 내에 연료를 안개모양으로 분사-불균질혼합기	먼저 혼합기를 형성하여 흡입 후 압축말기에 점화플러그로 점화-균질혼합기 (GDI엔진 예외)
출력제어방식	연류분사량의 증감을 통해 제어	스로틀밸브 개도를 제어하여 공기량을 제어한다.(GDI엔진 예외)
회전토크	광범위한 속도영역에 걸쳐 비교적 일정, 가솔린엔진에 비해 회전 토크가 크다	저속과 고속영역에서는 디젤엔진보다 작다.
연료소비율	150~240 g/PS-h	230~300 g/PS-h
시동성	나쁘다(보조 장치가 필요)	양호
응답성	나쁘다(각부가 무겁다)	양호
작동 중 진동소음	크다	작다
유해배출가스	PM, NO_x, CO, HC중에서 특히 PM, NO_x가 문제	CO, HC, NO_x
용도	버스,트럭,승용차	승용차

2.4.2 디젤기관의 장·단점

1) 자동차용 고속 디젤엔진의 장점

(1) 열효율이 높고 연비가 좋다.

디젤엔진은 고압축비로 작동시킬 수 있으므로 이에 상응하는 만큼의 열효율을 증가 시킬 수 있고, 동일한 출력을 얻기 위해 소비되는 연료의 양이 가솔린엔진보다 적다. 자동차 가솔린엔진은 약 270~345 g/kWh , 디젤엔진은 약 190~285 g/kWh의 제동연료소비율을 나타내고 있고, 제동열효율은 가솔린엔진은 약 25~32%, 디젤엔진은 약 30~453%이다.

(2) 저속운전에서 회전토크가 크다.

디젤엔진은 흡기를 스로틀링 하지 않기 때문에 흡기 충전효율이 높고, 실린더의 압축압력이 저하되지 않으며, 연료의 분사량을 제어하며 부하에 순응하기 때문에 저속영역에서도 큰 회전력을 발생한다.

(3) CO, HC 배기가스가 작다

공기과잉의 상태에서 연소가 진행되므로 CO, HC 배출물이 작다.

(4) 대형엔진의 제작이 가능하다

가솔린엔진의 실린더 내경은 노킹현상 때문에 최대 160 mm 정도로 제한하지만, 디젤엔진은 실린더내경에 제한이 없다.

(5) 배기가스의 온도가 낮다

가솔린엔진과 비교할 때 최고연소온도가 같아도 팽창비가 크기 때문에 배기가스온도는 낮아진다.

(6) 연료의 가격이 경제적이고, 수명이 길다

디젤엔진은 세탄가가 낮은 중질유 사용이 가능하기 때문에 연료의 경제성이 높은 연료를 사용 가능하고, 전기점화장치와 같은 고장빈도가 높은 장치가 없고 피스톤평균속도가 낮기 때문에 내구성이 상대적으로 우수하다.

(7) 화재의 위험이 적다

인화점이 높은 경유 등의 연료를 사용하기 때문에 취급이나 위험이 적다.

2) 디젤엔진의 단점

(1) 중량이 무겁고 소음과 진동이 크다.

디젤엔진은 가솔린엔진에 비하여 압축비가 높고, 실린더 최대압력이 높기 때문에 엔진 각 부위를 단단하고 견고하게 만들어야 한다. 결과적으로 엔진 각 부위가 무거우며 운전 중 소음과 진동이 커진다.

(2) 가솔린엔진 보다 최고 압력은 높으나 평균유효압력이 낮다.

따라서 동일 체적의 실린더로서는 가솔린엔진 보다 출력이 감소된다.

(3) 제작비가 비싸다

디젤엔진은 단단한 구조와 고압연료분사장치 등으로 제작비가 비싸다.

(4) 시동에 요구되는 동력이 크다

압축비가 높기 때문에 소요되는 동력이 커야 하므로 기동전동기(스타터)의 출력이 커야 한다. 즉, 동일 배기량의 가솔린엔진보다 2~3배의 동력이 필요하므로 비교적 큰 용량의 기동전동기가 필요하다.

(5) 동일한 출력시 배기량이 크다.

고속회전에 제약을 받는 일과 연소상의 문제로 인하여 최대분사량이 제한되기 때문에 동일한 출력을 요구할 경우에는 배기량이 커진다.

(6) 회전속도범위가 좁고 리터 출력이 낮다.

승용차용 가솔린엔진은 최대 8000 rpm, 디젤엔진은 최대 6000 rpm이다.

(7) HC 및 NOx에 의한 광화학 스모그의 발생비율이 높다.

인화점이 높은 경유 등의 연료를 사용하기 때문에 취급이나 위험이 적다.

2장 연습문제

1. 자동차의 기본 구성 중 동력전달장치, 조향장치, 제동장치, 현가장치, 프레임에 대하여 개념과 구성부품에 대하여 간략히 설명하라

2. FF자동차, FR자동차, 4WD자동차의 동력전달순서를 설명하라.

3. 자동차의 제원(specification)에서 치수에 의한 제원을 구분하여 설명하라

4. 자동차용 가솔린기관과 디젤기관의 작동원리를 비교하여 설명하라.

5. 2행정 사이클 기관의 작동원리를 설명하라.

6. 2행정 사이클 기관의 장·단점을 설명하라

7. 고속디젤엔진과 가솔린엔진의 특징을 비교 분석하라

8. 기관의 밸브 배열에 의한 분류로 I 헤드엔진, L 헤드엔진, F 헤드엔진, T 헤드엔진을 설명하라.

9. 기관의 열역학적 사이클에 분류를 $p-V$선도를 그리고 설명하라.

10. 오토, 디젤, 사바테사이클의 열효율을 나타내고, 압축비가 동일할 때의 열효율 크기와 실제 사이클의 경우 열효율의 크기를 비교하라.

11. 다음 용어를 설명하라
    1) 배기량 2) 압축비 3) 제동출력
    4) 평균유효압력 5) 열효율

엔진 주요부의 구조 및 장치

3장

3.1 엔진 주요부의 개요

엔진 주요부는 동력 발생에 필요한 부분이며, 실린더 헤드, 실린더 블록, 실린더, 크랭크 케이스, 피스톤, 및 커넥팅 로드 어셈블리, 크랭크축, 플라이 휠, 기관 베어링, 밸브 및 밸브 기구로 구성되어 있다.

그 외, 부속장치의 부품으로는 혼합기를 형성하는 연료장치(인젝터, 연료펌프 등), 혼합기에 점화하는 점화장치(배전기, 점화코일 등), 운동부분에 오일을 공급하는 윤활장치(오일펌프, 오일 필터 등), 엔진의 온도를 제어하는 냉각장치(워터 펌프, 서모스탯 등) 및 유해가스를 제어하는 배기가스 대책장치 등이 있다.

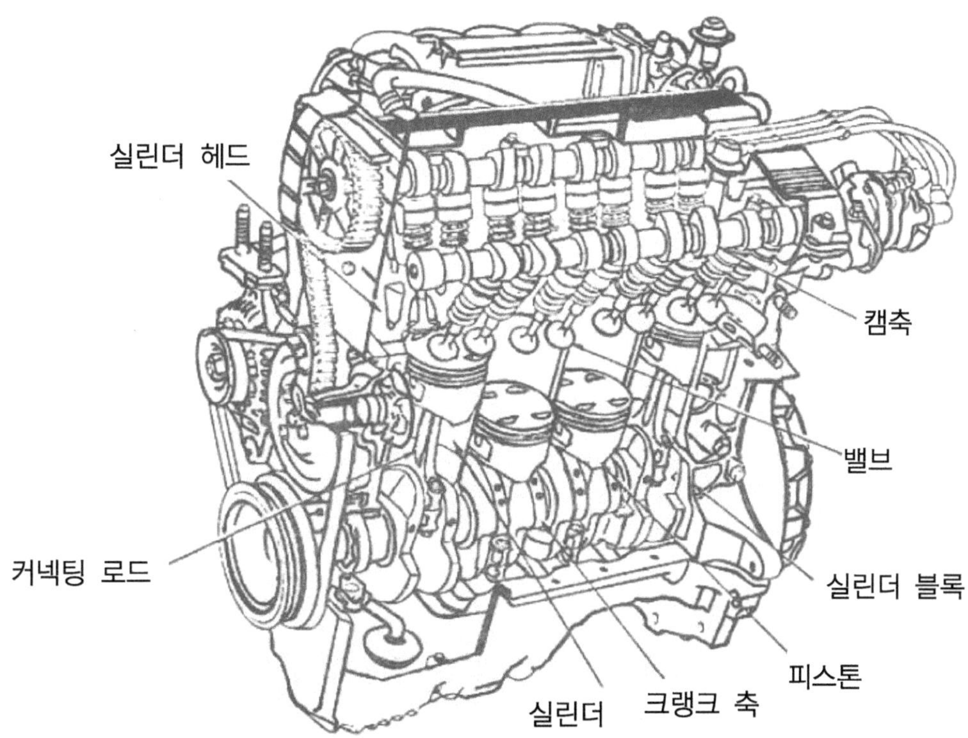

그림 3-1 가솔린엔진 주요부

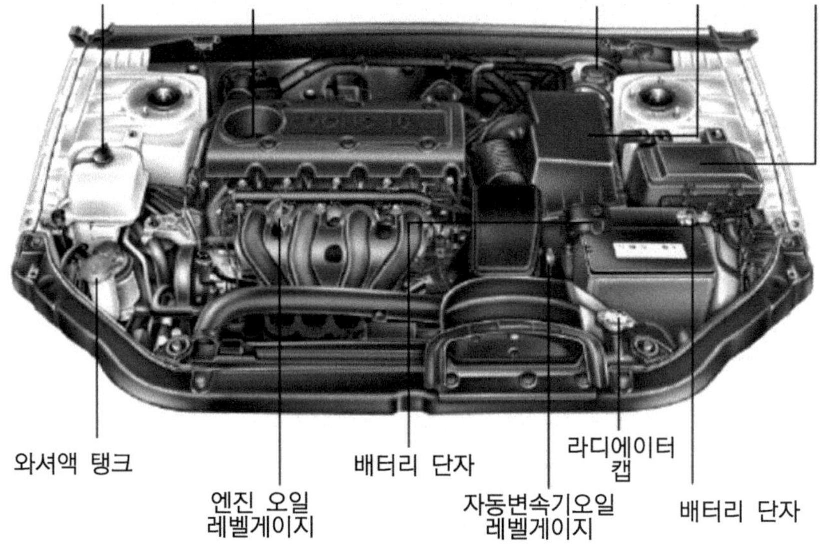

그림 3-2 가솔린자동차 엔진 룸 구조

3.2 엔진 주요부의 구성부품

3.2.1 실린더헤드(Cylinder head)

1) 기능

실린더헤드는 실린더헤드 가스킷(Cylinder Head Gasket)을 사이에 두고 실린더블록에 볼트로 설치되며 피스톤, 실린더와 함께 연소실을 형성한다. 수냉식 기관의 실린더 헤드는 형식에 따라, 전체를 한 개 또는 몇 개로 나누어 일체로 주조하였으며(그림 3-3(a)), 공랭식 기관의 것은 실린더마다 별개로 주조되어 있다. (그림 3-3(b)) 일반적으로 실린더 헤드의 기능과 구성은 다음과 같다.

① 피스톤 헤드와 함께 연소실을 형성

② 최적의 위치에 분사노즐 배치

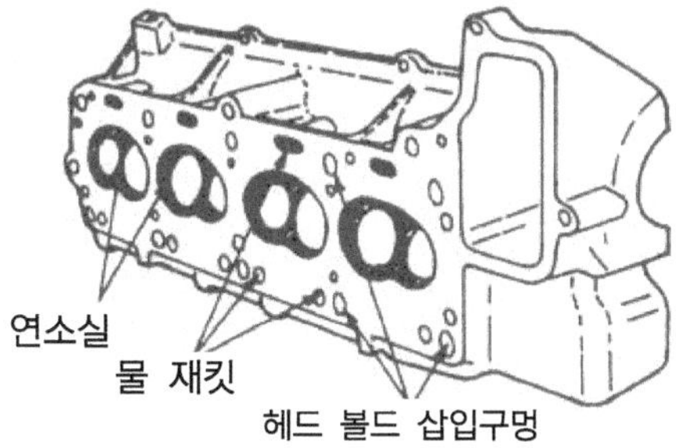

(a)수냉식 기관의 실린더 헤드

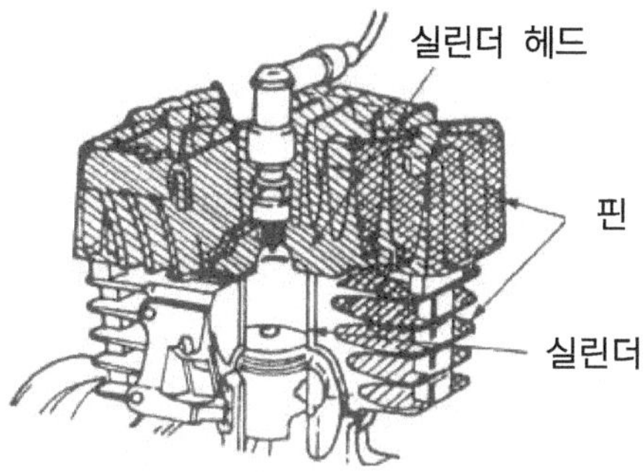

(b) 공랭식 기관의 실린더 헤드

그림 3-3 수냉식 및 공랭식 기관의 실린더 헤드

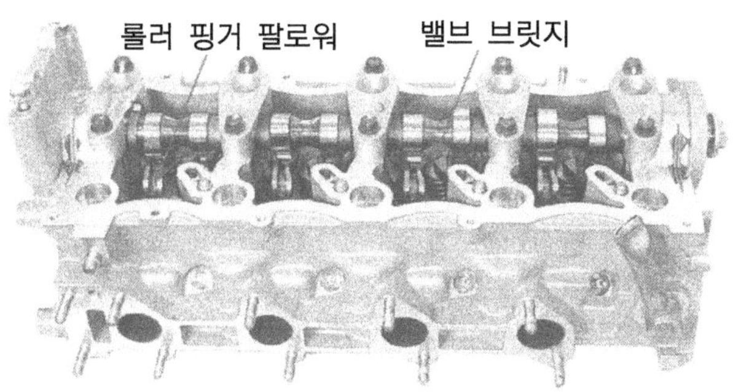

그림 3-4 실린더 헤드

③ 흡·배기포트, 밸브시트, 밸브가이드를 형성

④ 물재킷 형성

⑤ 흡·배기 매니폴드의 지지·결합

⑥ 구조부재로서의 강도확보와 실린더 블록과의 결합

2) 실린더헤드의 재질

실린더헤드의 재질로는 보통주철과 알루미늄 합금으로 제작된다. 알루미늄 합금은 보통주철의 실린더 헤드보다 열전도가 좋기 때문에 연소실의 온도를 낮게 유지할 수 있다. 따라서 압축비를 높일 수 있고 냉각 성능이 우수하므로 조기 점화의 원인이 되는 열점이 잘 생기지 않고 중량이 가벼운 장점이 있다. 반면 열팽창이 크기 때문에 변형이 쉽고 부식이나 재구성이 적은 단점은 있다. **알루미늄 합금제는 소형 엔진에 주로 사용되고, 중·대형엔진에는 열팽창이 작으면서 강도가 높은 주철제**가 많이 사용된다.

3) 실린더헤드 개스킷

실린더헤드 개스킷은 실린더헤드와 실린더 블록 사이의 면을 밀착시켜 압축 및 폭발 행정을 할 때 작동 가스의 누출을 방지하는 **기밀 작용 및 냉각수의 누출을 방지**한다. 또한 실린더 블록을 통하여 로커암에 순환되는 **오일의 누출을 방지**하는 역할을 한다.

① 보통 개스킷

동판 및 강판을 석면으로 싸서 만든 개스킷으로 제작이 용이하다. 하지만 두께가 두꺼워 고압축비, 고부하, 고출력을 요구하는 기관에서는 불합리하기 때문에 현재는 사용되지 않고 있다

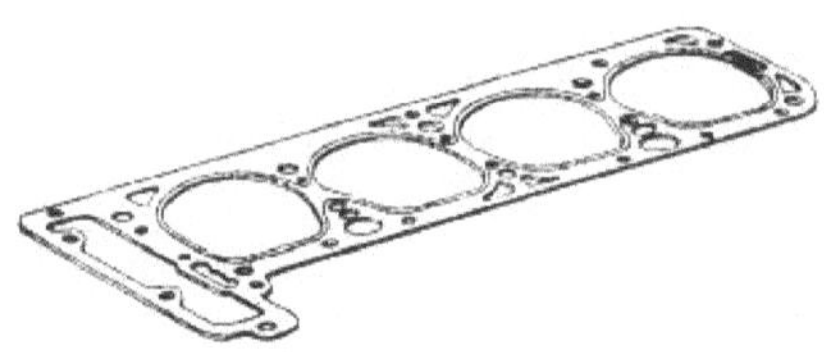

그림 3-5 보통 가스킷

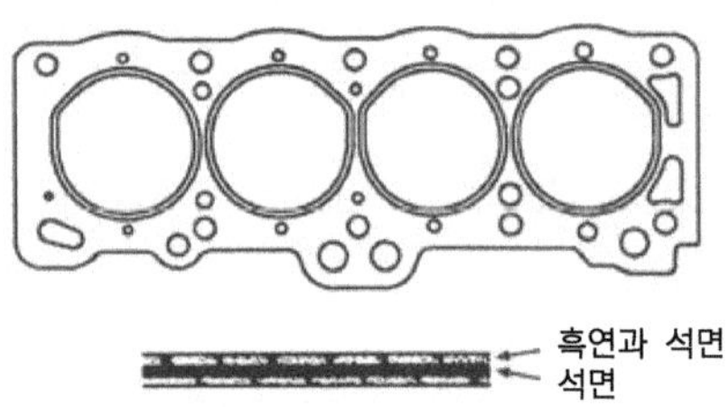

그림 3-6 스틸베스토 가스킷

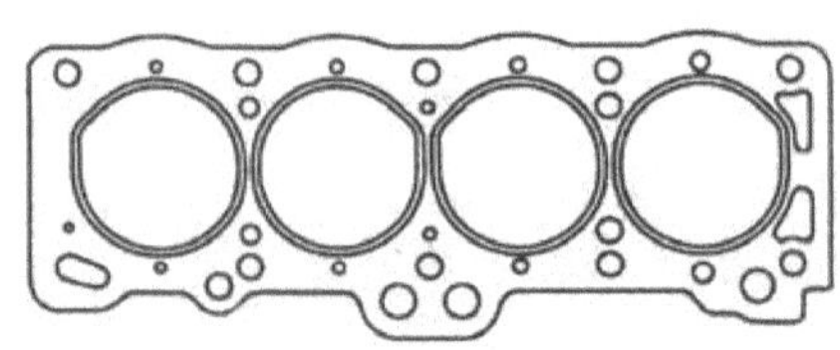

그림 3-7 스틸 가스킷

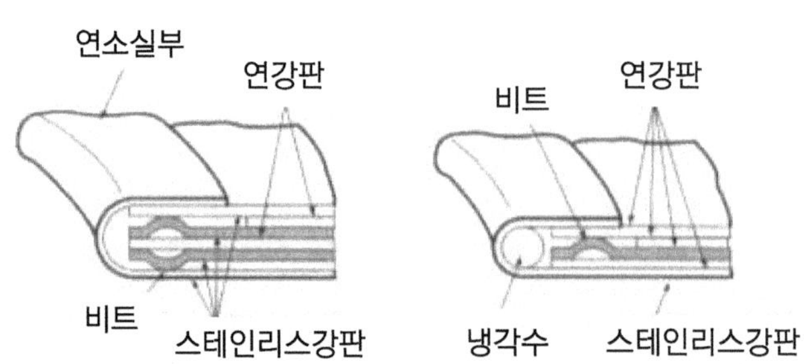

그림 3-8 스틸라미네이트 개스킷

② 스틸베스토 개스킷

강판 양면에 흑연 석면을 압착하여 사용하며 고열, 고부하, 고압축에 우수하며 **현재 가솔린엔진에 많이 사용**되고 있다.

③ 스틸 개스킷

강판으로 제작하여 사용된다. 내열, 내압성, 고부하, 고출력 기관에서 사용되지만 가스킷의 두께가 얇기 때문에 접촉면에 요철이 발생되어 불순물이 실린더헤드나 블록 면에 부착되어 있으면 가스의 누출이 발생된다.

④ 스틸라미네이트 개스킷

그림 3-8과 같은 금속판을 적층 구조로 되어 있는 스틸라미네이트 개스킷은 **디젤엔진용으로 많이 사용**된다. 특히 고온, 고압의 연소가스에 노출되는 연소실 구멍의 실(Seal)에는 탄력성이 있는 웨이브형의 비트 형상으로 가공된 스테인레스 강판의 상하 및 중간에 연강판을 넣은 적층구조로 되어 있는데, 또한 그것들은 스테인리스 강판으로 피복한다.

3.2.2 실린더블록과 실린더라이너

1) 실린더블록

실린더블록은 엔진의 기초 구조물로서 내부에는 피스톤이 설치되어 상하 왕복 운동하는 실린더 및 기관에서 발생된 연소열을 냉각시키기 위해 냉각수가 순환하는 물재킷이 설치되어 있고 하부에는 크랭크축과 각 부품을 설치하기 위한 크랭크 케이스로 구성되어 있다. 실린더블록의 윗면에는 실린더헤드가 장착되고 아랫쪽 크랭크 케이스실 중앙 부위에는 크랭크축이 장착되는 크랭크 보어가 정밀하게 가공되어 있다.

실린더블록 아래 끝에는 오일을 저장하는 오일 팬(Oil Pan)이 장착되고 블록 전면은 오일 펌프가 내장된 프론트 케이스가 장착되어 있다. 또한, 뒷면에는 플라이 휠과 클러치 및 변속기가 장착된다.

2) 실린더블록의 재질

실린더블록은 기관의 기초가 되는 부분이므로 실린더블록의 수명이 기관 전체의 수명을 좌우하게 된다. 실린더블록의 재료로는 내마멸성이나 내식성이 좋고 주조와 기계 가공이 쉬운 알루미늄 합금, 보통주철, 특수주철이 사용된다.

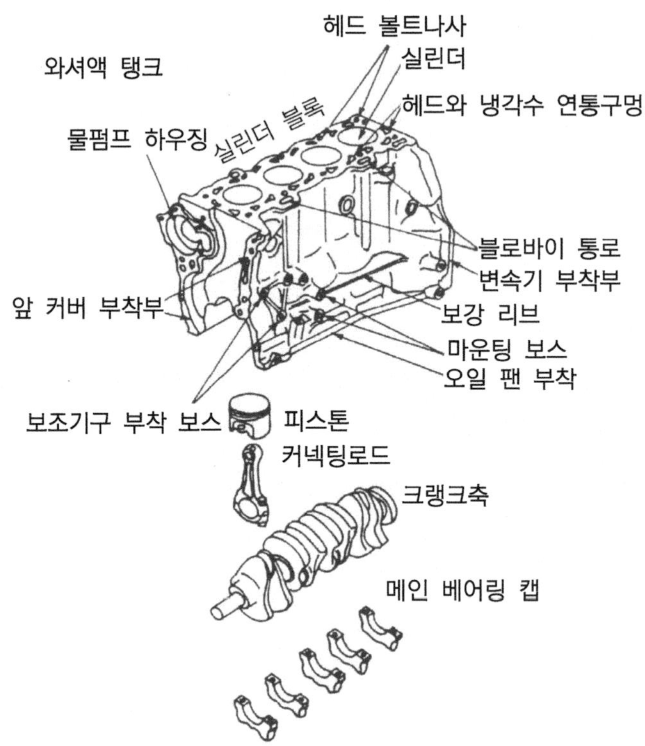

그림 3-9 실린더 블록 및 주 운동부품

3) 실린더(Cylinder)

실린더는 피스톤이 상하 왕복 운동을 하는데 안내 역할과 피스톤이 기밀을 유지하면서 열에너지를 기계적 에너지로 바꾸어 동력을 발생시키는 역할을 한다.

실린더는 연소시 2000~2500℃의 고온에 노출되기 때문에 실린더 주위에 냉각수를 순환시키고, 기관 냉각을 위하여 냉각장치가 마련되어 있으며, 실린더는 냉각방식에 따라 냉각수로 냉각하는 **수냉식**과 실린더 바깥 둘레에 냉각 핀을 설치하여 공기로서 냉각시키는 **공**

랭식이 있다. 실린더를 실린더 블록과 동일한 재료로 만든 일체식과 별개의 재료로 제작하여 끼운 **라이너식**이 있다. **라이너식에는 건식과 습식**이 있다.

4) 실린더 라이너

실린더 라이너는 실린더와 실린더 블록을 별개로 만드는 경우에 사용되며, 일반적으로 보통주철의 실린더 블록에 특수주철의 실린더 라이너를 삽입하는 경우와, 경합금 실린더 블록에 주철로 만든 실린더 라이너를 끼우는 경우 등이 있다. 실린더 라이너에는 건식(Dry Type)과 습식(Wet Type)이 있다.

(1) 습식 라이너

라이너와 냉각수가 직접 접촉되며 두께가 5~8 mm로서 상부에는 플랜지, 하부에는 2~3개의 시일링이 끼워 냉각수의 누출을 방지하며 **대형 디젤엔진 등에 사용**된다.

습식 라이너는 냉각수와 직접 접촉되기 때문에 냉각성이 양호하고 정비성이 양호하며, 실린더블록과 별개의 재료를 사용하여 제작되므로 내마모성이 우수하다. 또한 실린더블록의 주조가 용이하지만 실린더블록의 강성이 저하되고 냉각수 누출의 염려가 있다.

(2) 건식 라이너

건식 라이너는 **가솔린기관과 같은 중소형 엔진에 많이 사용**되고 있고, 라이너의 두께는 보통 2~3 mm 정도로서 냉각수와 간접적으로 접촉한다. 건식 라이너는 블록 일체형의 실린더가 마모된 경우 사용되며, 실린더블록의 강성 및 강도는 습식 라이너에 비하여 양호하고 냉각수 누출의 염려가 없다.

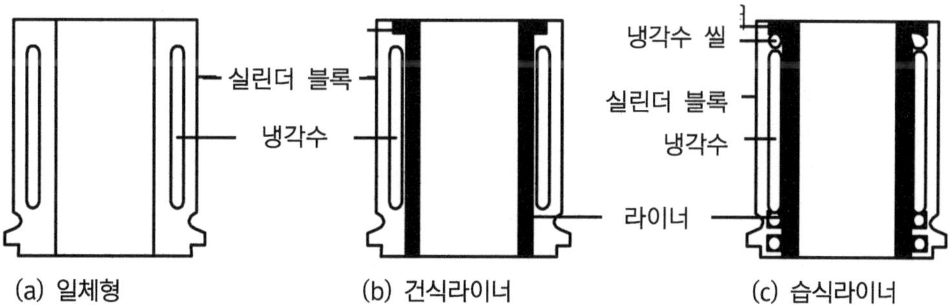

그림 3-10 실린더라이너

5) 실린더 행정(Stroke) 및 내경(Bore)

피스톤의 행정(L)과 실린더의 내경(D)은 기관의 배기량이나 기관의 출력이 정해진다. 행정·내경비는 피스톤의 행정과 실린더의 내경과의 비(Ratio)로서 기관의 성능은 동일한 배기량이라도 행정·내경비의 크기에 의해서 좌우된다. 또한 행정·내경비에 따라 피스톤의 평균속도가 변화되므로 기관의 성능에 크게 영향을 준다. 피스톤 평균속도(V)는 다음 식에서 구할 수 있다.

$$V = \frac{2NL}{60} \text{ m/sec}$$

여기서 V : 피스톤 평균속도(m/s)
L : 행정(m)
N : 매분당 회전수(rpm)

행정·내경의 비가 1.0이상인 기관을 **장행정 엔진**(Under Square Engine), 행정·내경의 비가 1.0인 기관을 **정방행정 엔진**(Square Engine), 행정· 내경의 비가 1.0 이하인 기관을 **단행정 엔진**이라 부른다.

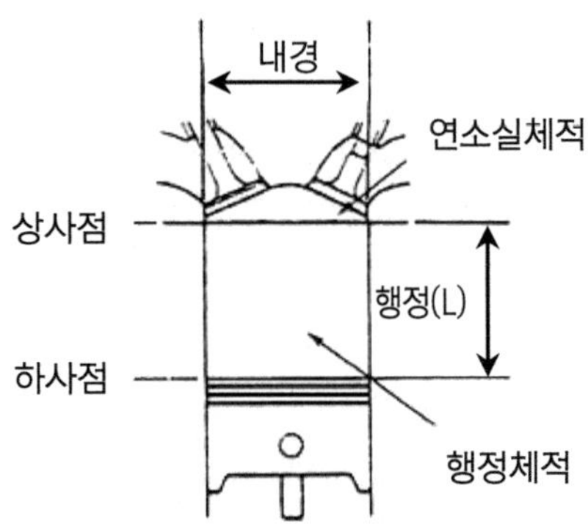

그림 3-11 실린더 행정 내경비

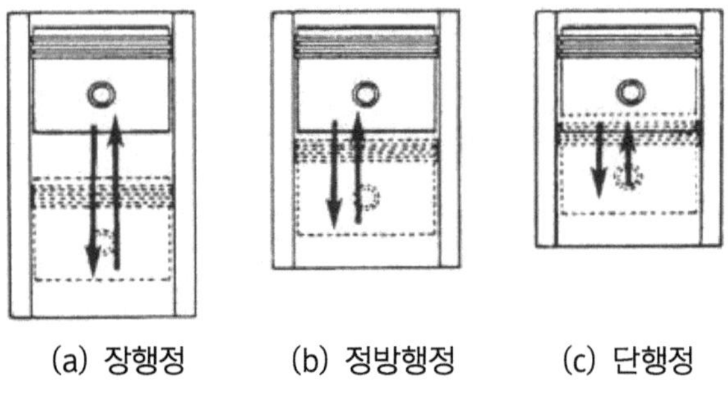

그림 3-12 실린더 행정 내경비에 따른 분류

(1) 장행정 기관

장행정 기관은 행정·내경비가 1.0 이상인 기관으로서 피스톤의 행정이 실린더 내경 보다 크다. 기관의 회전 속도가 느리고 회전력이 크며, 실린더에 가해지는 측압이 적다. 또한 피스톤의 행정이 실린더 내경 보다 크기 때문에 내구성 및 유연성이 있으며, 기관의 높이가 높아지는 경향이 있다. 배기가스 중 유해 성분인 탄화수소의 배출량이 적어 배기가스 대책으로 유리한 점이 있다.

여기서, **측압이란 피스톤이 작동할 때 실린더 벽에 가해지는 압력**으로서 피스톤이 압축행정 또는 폭발행정을 할 때 실린더 벽에 압력을 가하면서 작동을 하게 된다.

(2) 정방행정 기관

정방행정 기관은 행정·내경비가 1.0 인 기관으로서 피스톤의 행정과 실린더 내경이 동일하다. 기관의 회전속도 및 회전력이 장행정 기관과 단행정 기관의 중간 정도이다.

(3) 단행정 기관

단행정 기관은 행정·내경비가 1.0 이하인 기관으로서 피스톤의 행정이 실린더 내경보다 작다. 기관의 회전 속도가 빠르고 회전력이 작으며, 실린더에 가해지는 측압이 크다. 피스톤의 행정이 실린더 내경보다 작기 때문에 기관의 높이가 낮아지지만 기관의 길이가 길어지는 경향이 있다. 단행정 엔진의 장, 단점은 다음과 같다.

- **단행정 엔진의 장점**

  ① 흡입·배기밸브의 지름을 크게 할 수 있어 효율을 증대할 수 있다.
  ② 단위 체적당 출력을 크게 할 수 있다.
  ③ 피스톤의 평균속도를 높이지 않고 기관의 회전속도를 빠르게 할 수 있다.
  ④ 엔진의 높이를 낮게 할 수 있다.

- **단행정 엔진의 단점**

  ① 피스톤의 과열이 심하다.
  ② 내경이 크기 때문에 폭발압력이 높아 베어링에 가해지는 하중이 크다.
  ③ 표면적이 크게 되어 탄화수소의 배출량이 많아진다.

3.2.3 연소실(Combustion Chamfer)

1) 연소실의 정의

기관을 설계함에 있어서는, 실린더 헤드 중에서도 가장 중요한 것은 연소실이다. 연소실이 기관의 성격을 지배한다고 할 수 있기 때문이고 연소실의 형상이 정해지면 밸브 스템의 각이나 밸브의 지름, 점화플러그의 위치, 피스톤 헤드의 형상 등 이곳을 중심으로 한 다른 부분의 제원이나 형상이 필연적으로 정해진다.

여기서 연소실이라는 것은 그림 3-13 나타낸 것과 같이 피스톤이 상사점에 이르렀을 때의 실린더 헤드쪽과 피스톤 헤드부에 의해 싸여지는 공간으로 정의한다.

2) 실린더내의 가스유동

흡입행정 및 압축행정에서의 가스 유동의 발생 기구는 그림 3-14에 나타낸 것과 같다.

(a)는 스월이라고 부르는 것인데, 흡기 포트를 오프셋(Off-Set)시켜 흡입 행정시에 얻어지는 선회류(旋回流, Swirl)이다. 이 스월은 커피에 설탕을 놓고 스푼으로 저어서 녹게 하는 것과 같은 것으로 연료와 공기의 혼합을 개선할 수 있다.

(b)는 스퀴시(Squish)라고 부르는 것인데, 압축 행정의 후기에 피스톤 헤드면과 연소실의 구석부와의 사이에 압축된 새로운 혼합기가 중앙을 향하여 밀려나가서 생기는 흐름이다.

(c)는 텀블 흐름(Tumble Flow)인데, 흡입 행정시에 발생되는 실린더 길이 방향의 선회유동이다. 스월의 발생을 기대할 수 없는 경우에는 이 텀블 흐름이 대단히 중요한다.

(d) 난류(亂流, turbulence)는 혼합기가 가지고 있는 운동 에너지가 모양을 바꾸어, 작은 와류(渦流)로 된 것이다. 텀블 흐름을 적극적으로 활용하는 기관에서는 압축 행정의 후기에 이것을 난류로 바꾸고, 또 스퀴시를 활용하여 연소를 개선하기 위한 혼합기의 난류를 얻는다.

연소실의 콤팩트의 정도를 나타내는 지표로서 그림 3-15에 표시하는 것과 같이 연소실 공간을 형성하는 전표면적 S와 연소실 체적 V와의 비 S/V가 있다.

이 표면적(S)에는 톱링까지의 피스톤 톱랜드 둘레와 실린더 부분의 면적을 연소실 체적(V)에는 마찬가지로 이 부분의 체적을 포함하고 있다. 이 S/V가 크면 연소실은 좋지 못하다. 연소실 설계의 포인트의 하나는 어떻게 하면 S/V를 작게 할 수 있는가에 있다.

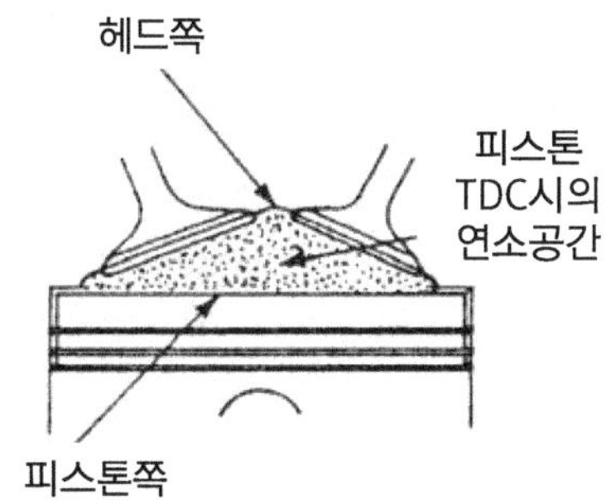

그림 3-13 연소실의 정의

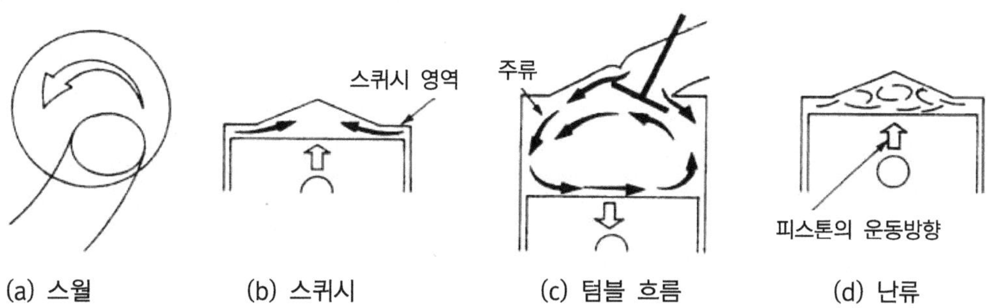

그림 3-14 실린더내의 가스유동

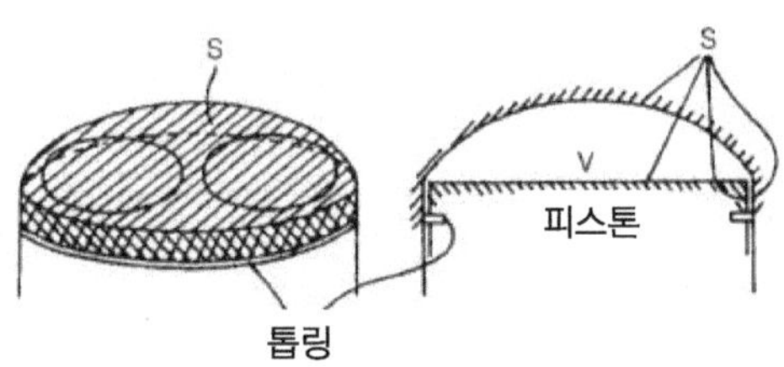

그림 3-15 연소실의 S/V 비

3) 연소실의 종류

이상적인 연소실은 밸브의 면적을 크게 할 수 있어 열효율 및 체적 효율을 높일 수 있으며, 압축비를 높일 수 있고 기관의 출력을 향상시킬 수 있는 형상이어야 한다. 현재 오버헤드 밸브식(Overhead Valve Type 또는 I Head Valve Type)에 사용되는 연소실은 반구형, 다구형, 욕조형, 쐐기형, 지붕형, 평두형, 다밸브화 연소실 등이 사용된다.

(1) 반구형 연소실

① 연소실 체적당의 표면적이 작아 열손실이 적고 큰 밸브를 설치할 수 있어 흡배기 효율이 좋다.

② 점화플러그의 설치 위치가 알맞아 화염 전파거리가 짧지만 스퀴시를 둘 수 없어 압축행정시에 와류가 발생되지 않으므로 높은 옥탄가의 연료가 필요하다.

③ 지름이 큰 밸브의 설치가 용이하여 체적효율을 높일 수 있기 때문에 고속 안정성이 좋은 DOHC나 SOHC **밸브기구에 적합**하다.

④ 스퀴시부를 설치할 수 없기 때문에 혼합가스의 냉각이 나쁘다.

⑤ 큰 스퀴시(Squish Area)를 둘 수 없으나 흡기구멍을 오프셋하여 흡입 혼합기에 와류를 주어 단위 실린더 체적당 출력을 높일 수 있는 특성이 있다.

(2) 다구형 연소실(Polysherical Type Combustion Chamfer)

① 연소실을 2개 이상의 구형으로 형성한 것인데, 이것은 압축와류를 얻기 쉽고, 큰 밸브를 설치할 수 있다.

② 결점은 반구형에 비하여 형상이 복잡하게 되고 표면적이 크게 되는 점이다.

(3) 욕조형 연소실(Bath Type Combustion Chamfer)

① 그림 3-18과 같이 욕조형상으로 된 것인데, 압축 와류를 얻기 쉽고 제작이 간단하다.

② 결점은 밸브를 크게 할 수 없고 흡·배기 포트의 굽음이 커지기 때문에 체적효율이 좋지 않은 점이다.

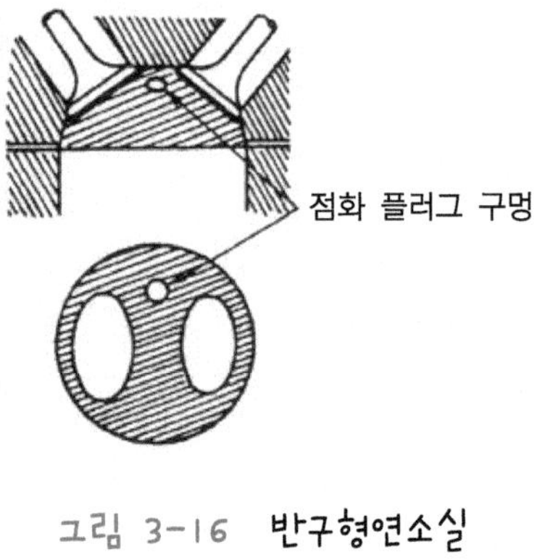

그림 3-16 반구형연소실

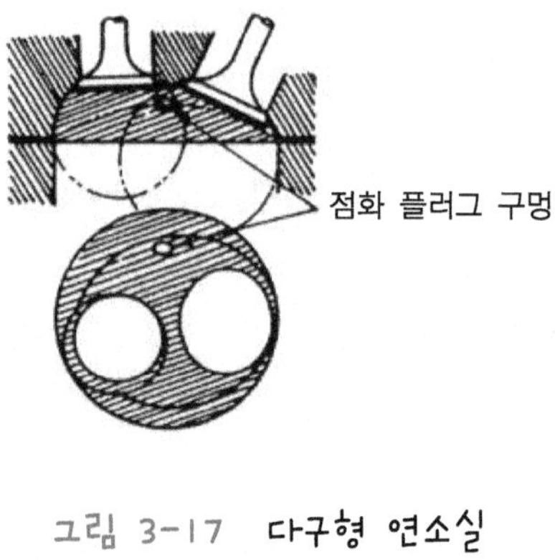

그림 3-17 다구형 연소실

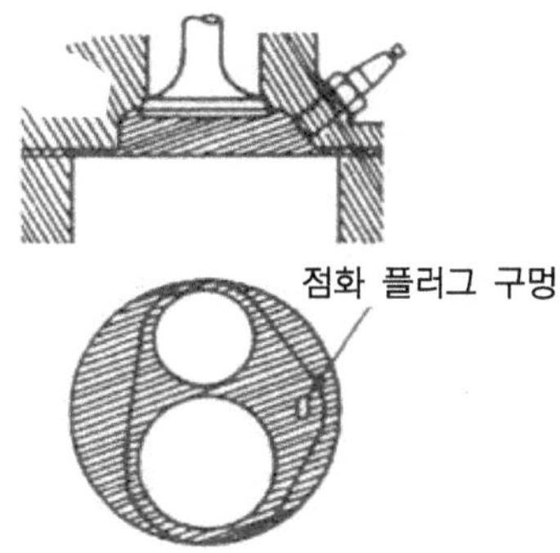

그림 3-18 욕조형 연소실

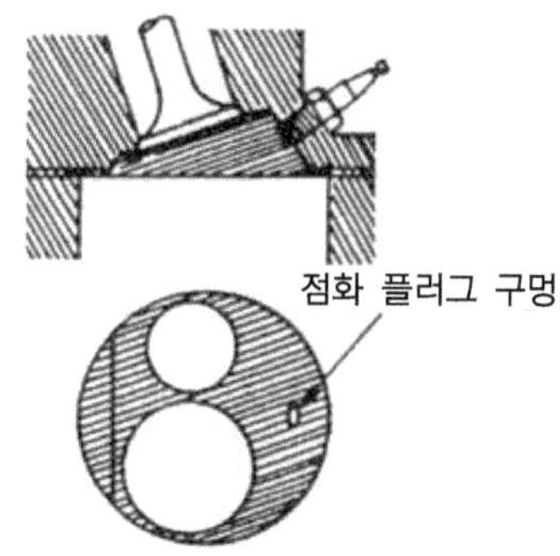

그림 3-19 쐐기형 연소실

(4) 쐐기형 연소실(WedGe Type Combustion Chamfer)

① 밸브가 수직선에 대해서 20°정도의 각도를 두고 설치되기 때문에 흡·배기 포트의 굽음이 작게 되어 가스의 유동이 원활하게 된다.

② 쐐기형이므로 그 부분의 압출작용에 의해 충분한 와류가 생기기 때문에 고압축비로 하는 것이 가능하게 된다.

③ 스퀴시부에 의하여 와류 작용이 양호하여 혼합기가 완전 연소되며, 혼합기가 스퀴시부에 의해서 냉각되기 때문에 노킹의 발생이 적다.

④ 연소실 중앙부에 점화플러그가 설치되어 화염 전파거리가 짧다.

⑤ 결점으로서는 연소실 표면적당의 표면적이 커서 열손실이 크다.

(5) 지붕형 연소실(Pentroof Type)

① 반구형 연소실과 동일한 특징을 갖는다.

② 밸브가 크랭크축 방향으로 설치되므로 밸브 기구가 간단하다.

③ 흡입 밸브 2개 및 배기 밸브 2개의 4밸브로 설치하는 것이 가능하므로 DOHC엔진에 주로 사용한다.

④ 압축비를 높이기 위해 도움형 피스톤을 사용하기 때문에 열적 부하가 많다.

⑤ 피스톤의 중량이 증대되어 관성력이 커진다.

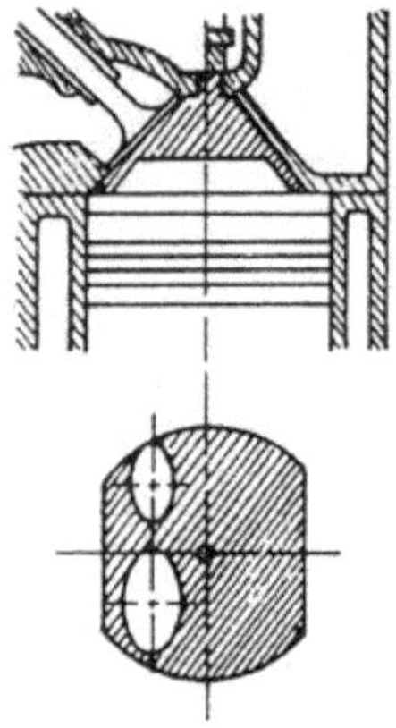

그림 3-20 지붕형 연소실

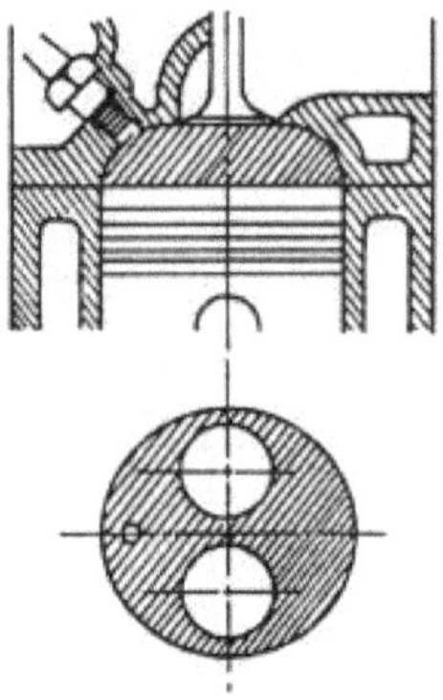

그림 3-21 평두형 연소실

6) 평두형 연소실

① 연소실이 편평하게 되므로, 화염전파거리가 길어져 노킹이 일으키기 쉽게 되는 결점이 있다.

② 고회전, 고압축비가 요구되는 기관에는 거의 사용되지 않는다.

③ 밸브면적을 크게 잡을 수가 있어 다밸브화(Multi- Valve)의 연소실에 이용되기도 한다.

3.2.4 피스톤

1) 피스톤의 기능

피스톤(Piston)은 폭발행정에서 고온, 고압의 가스 압력을 받아 실린더 안을 약 10~20 m/s 정도의 고속으로 왕복운동하며, 커넥팅로드를 통해 크랭크축에 회전력을 발생시키는 일을 한다.

2) 피스톤의 구조

① 피스톤 헤드 : 연소실의 일부가 되는 부분이 설치되며 내면에 리브를 설치하여 피스톤을 보강한다.

② 링 홈 : 피스톤 링을 설치하기 위한 홈

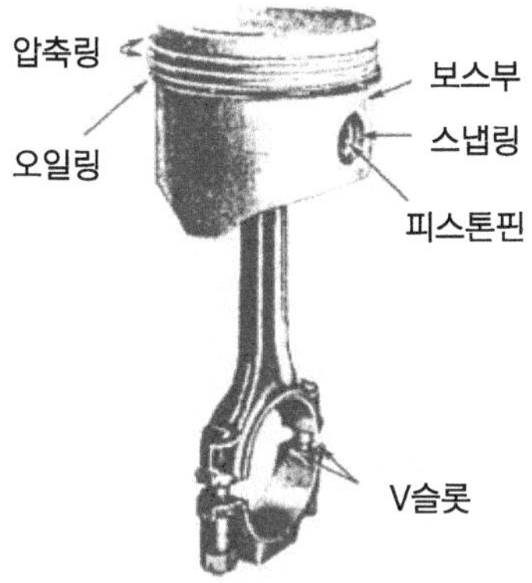

그림 3-22 피스톤 커넥팅 로드 어셈블리

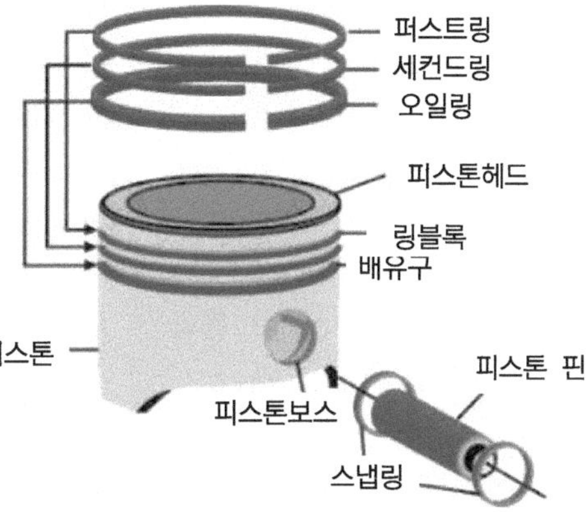

그림 3-23 피스톤링과 피스톤

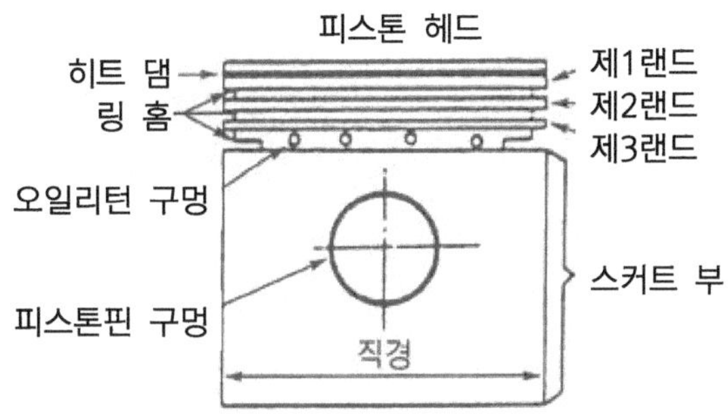

그림 3-24 피스톤의 구조

③ 랜드 : 링홈과 링홈사이
④ 스커트 부 : 피스톤이 왕복운동을 할 때의 측압을 받는 일을 한다.
⑤ 보스부 : 피스톤을 커넥팅 로드에 피스톤 핀이 설치되는 부분
⑥ 히이트 댐 : 헤드부의 열이 스커트부에 전달하는 것을 방지하는 홈

3) 피스톤헤드의 형상

피스톤헤드의 형상은 사용되는 기관의 연소실 모양과 밀접한 관계가 있으며 그림 3-25과 같이 여러 가지가 있다.

평편형은 가장 일반적인 형상이며 제작이 용이하고, 도움형(Dome Type) 및 쐐기형(Wedge Type)은 피스톤 헤드를 볼록하게 하여 반구형 연소실에 적합하게 되어 있으며, 고압축비를 얻을 수 있지만 가공이 복잡하고 피스톤의 중량이 증가한다.

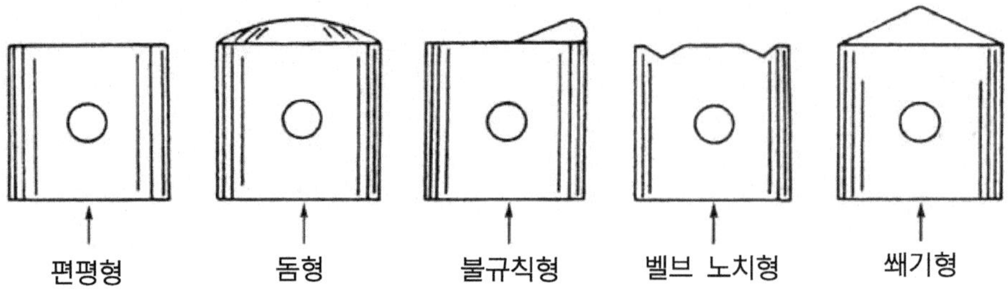

그림 3-25 여러 형태의 피스톤 헤드

그림 3-26 변형된 피스톤헤드 형상

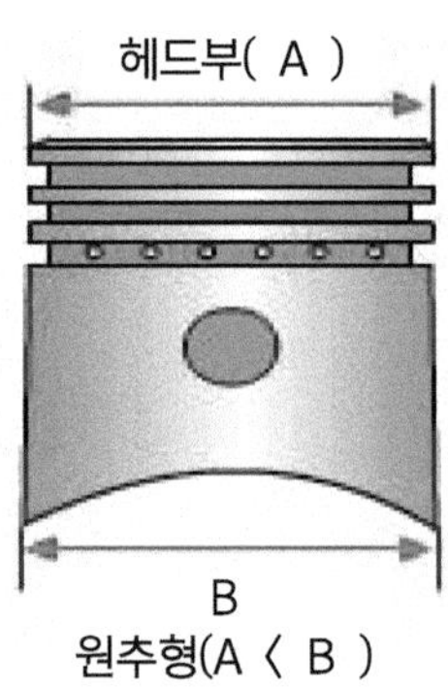

그림 3-27
원추형 피스톤

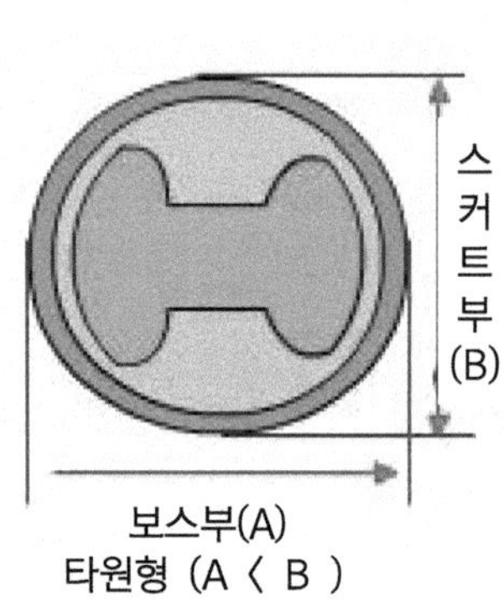

그림 3-28
타원형 피스톤

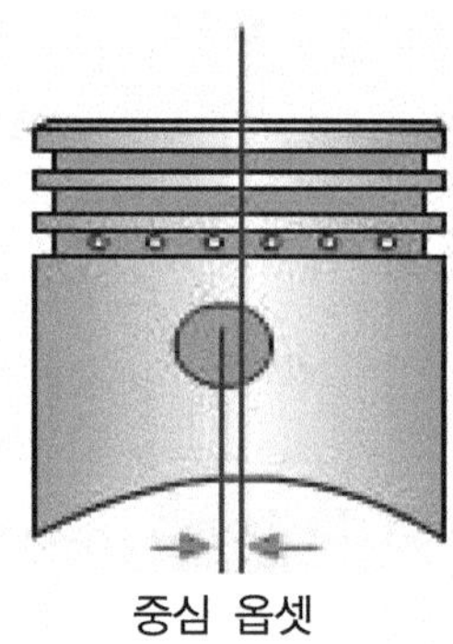

그림 3-29
오프셋 피스톤

피스톤의 헤드부는 고온의 연소가스에 노출되면서 **열팽창의 정도가 커서 그림 3-27과 같은 원추형의 피스톤이 사용되며, 피스톤 헤드부는 피스톤 스커트부보다 지름을 작게 만들어진다. 피스톤의 직경은 스커트부의 직경으로 표시하며 측정시에는 스커트부에서 측정한다.**

피스톤보스부는 피스톤과 피스톤 핀이 끼워 맞추어지는 부분으로 큰 충격 하중을 받으며 다른 부분에 비해 고온이 된다. 따라서 피스톤핀 방향의 열팽창도가 커지므로 그림 3-28과 같이 피스톤보스부의 지름은 구 직각방향보다 작게 가공되며 이와 같은 피스톤을 **타원형 피스톤**이라고 한다.

피스톤에는 그림 3-29와 같이 피스톤의 중심에 대해 피스톤 핀의 위치를 스러스트쪽으로 약간 오프셋시키는 **오프셋 피스톤**을 일반적으로 사용한다. 이것은 피스톤 슬랩(Piston Slap)음을 방지와 실린더라이너의 진동을 경감시키기 위해서이다.

여기서, **피스톤 슬랩**이란 실린더와 피스톤 간극이 클 때 피스톤이 실린더 벽을 때리는 현상으로서 저온에서 현저하게 발생된다. **피스톤 슬랩을 사이드 노크라고도 하며**, 피스톤이 행정을 바꿀 때 실린더 벽에 충격을 발생하는 현상을 말한다.

이 밖에도 오프셋 피스톤 대신에 크랭크축 중심에 대해 실린더 중심을 오프셋시키는 방법을 사용하기도 한다.

4) 피스톤의 간극

피스톤 간극은 실린더 내경과 피스톤의 최대 외경과의 차이로서 기관이 작동할 때 피스톤이 연소열에 의해서 팽창하기 때문에 정상적인 작동을 하기 위해서는 기관의 출력에 지장을 초래하지 않는 범위 내에서 최소의 간극을 유지하여야 한다. 피스톤 간극은 냉간시에 열팽창을 고려하여 경합금의 피스톤일 경우 **실린더 내경의 0.05%를 피스톤의 간극으로 설정**하며, 피스톤 간극이 클 때와 작을 때의 영향은 다음과 같다.

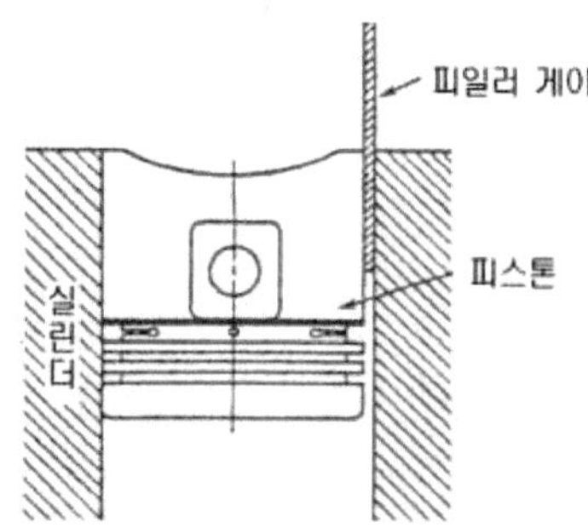

그림 3-30 피스톤의 간극

(1) 피스톤 간극이 클 때의 영향

피스톤과 실린더 사이의 간극이 너무 크면 압축 행정에서 **블로바이 현상이 발생되어** 압축 압력이 저하되고 폭발 행정에서는 기관의 출력이 저하되며, 블로바이 가스에 의해서 기관의 오일이 희석되거나 카본에 오염된다. 또한 피스톤 링의 기능이 저하되어 기관의 오일이 연소실에 유입되므로 오일의 소비량이 증대된다.

또한, 기관이 작동할 때에 상사점과 하사점에서 행정을 바꾸는 순간 피스톤 슬랩현상이 발생되어 피스톤 링과 링홈의 마멸이 촉진되며, 피스톤 링의 기능이 저하되어 기관의 오일이 연소실에 유입되므로 오일의 소비량이 증대된다.

(2) 피스톤 간극이 적을 때 영향

피스톤과 실린더 사이의 간극이 적으면 실린더 벽에 형성된 오일의 유막이 파괴되어 마찰이 증대되며, 마찰에 의한 소결 현상이 발생된다.

블로바이(Blow By) 현상 : Blow란 말은 바람이 지나가는 간다는 뜻으로 압축 및 폭발 행정에서 가스가 피스톤과 실린더 사이로 누출되는 현상을 말한다.

블로백(Blow Back) 현상 : 압축 및 폭발 행정에서 가스가 밸브와 밸브시트 사이로 누출되는 현상을 말한다.

블로다운(Blow Down) 현상 : 배기밸브가 열려 배기가스 자체의 압력으로 배출되는 현상을 말한다.

3.2.5 피스톤 링(Piston Ring)

1) 기능

피스톤 링은 피스톤과 함께 실린더 내를 상하 왕복운동 하면서 실린더 벽과 접촉하여 피스톤과 실린더사이에서 혼합기와 연소가스가 누출되는 것을 방지하는 **기밀작용**과 실린더와 피스톤 사이의 윤활오일을 긁어내려 연소실에 유입하는 것을 방지하는 **오일제거작용** 및 피스톤 헤드가 받는 열을 실린더 벽에 전달하는 **열전도작용 등 3대작용**을 한다.

2) 피스톤 링의 종류

압축링과 오일링으로 구분되며, 대략 압축링은 2~3개가 설치되고 오일링은 1~2개가 설치되어 작용한다.

① 압축링

실린더와 피스톤사이에의 압축행정시 혼합기의 누출 및 폭발행정에서의 연소가스 누출을 방지하며 피스톤 헤드에 가까운 쪽의 링홈에 설치한다.

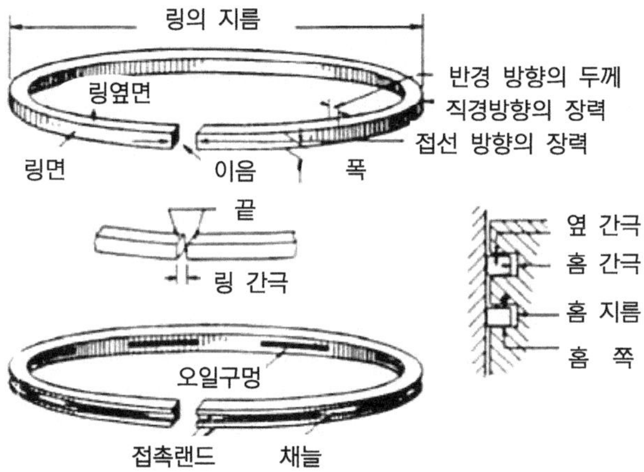

그림 3-31 피스톤 링

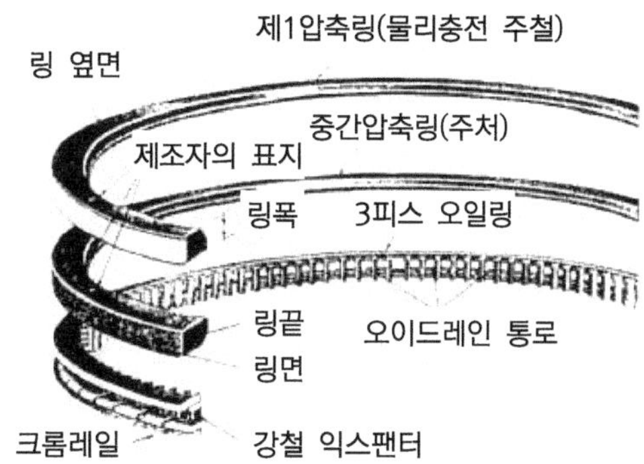

그림 3-32 한 조의 피스톤 링

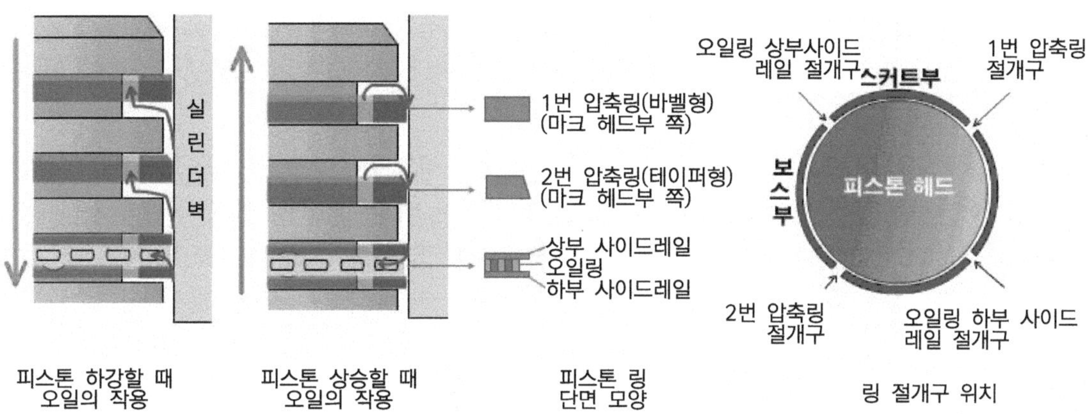

그림 3-33 피스톤링의 작용

② 오일링(Oil Ring)

실린더 벽을 윤활하고 과잉 오일을 긁어내리며 실린더 벽의 유막을 조절하여 준다. 링의 전 둘레에 걸쳐 홈이 파져 있어 긁어내린 오일을 피스톤 안쪽으로 보내게 되어 피스톤 핀의 윤활을 하도록 한다. 엔진의 속도가 증대됨에 따라 오일을 긁어 내리기가 어렵게 되므로 링의 유연성을 좋게 하고 장력을 증대시키기 위하여 링 안쪽에 익스팬드 링을 넣기도 한다. 고속형 기관에는 U 플렉스링을 사용하기도 한다.

3) 피스톤 링 이음(Piston Ring Joint)

피스톤 링에는 절개부를 두어 링의 장력을 가지게 하고 이것을 이용하여 피스톤에 조립할 수 있게 하였다. 링이음 간격이 크면 블로바이 현상으로 인해 가스가 누출되어 기관의 출력이 저하되고, 피스톤의 열전도가 불량하게 되어 피스톤의 온도가 상승된다. 또한 간격이 적으면 실린더 벽과의 마찰력이 증대되어 링이 파손되거나 소결을 일으키기 쉽다.

링 이음형식은 그림 3-36과 같이 버트이음(Butt Joint), 45°로 경사지게 절단한 각이음(Angle Joint), 계단형인 계단이음(Step Joint) 형식이 있으며, **제작하기가 용이한 버트이음 형식이 많이 사용**되고 있다.

4) 피스톤 링의 작동

엔진 운전 중에 피스톤 링의 작동은 상사점에서 하사점으로 내려올 때 링은 실린더벽의 마찰력으로 링홈의 윗쪽으로 밀려 링 홈의 윗면과 접촉되어 하사점으로 이동하면서 실린더 벽에 비산되어 있는 오일을 긁어내린다.

하사점에서 상승할 때는 링은 실린더 벽과의 마찰로 링홈의 아래 면에 밀착되어 링홈 윗면에 간극이 생겨 긁힌 오일이 고인다. 고인 오일이 실린더 벽에 공급되어 항상 실린더 전면에는 유막을 형성하고 있다. 이때 기관이 고속으로 작동하면 상사점에서 하사점으로, 하사점에서 상사점으로 피스톤의 작동 위치가 변환될 때 피스톤 링의 접촉 부분이 바뀌는 과정에서 순간적으로 떨림 현상이 발생되는데 이 현상을 **피스톤 링의 호흡 작용 또는 피스톤 링의 플래터 현상**이라 한다.

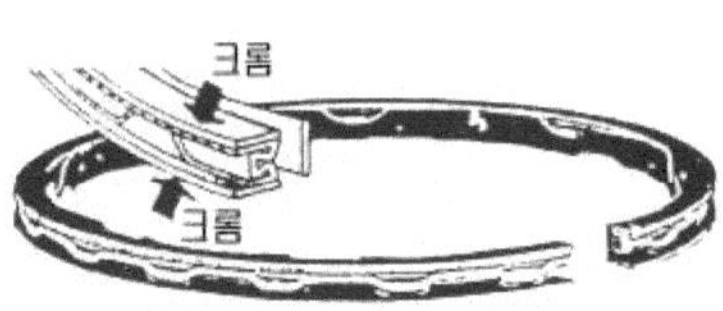

그림 3-34 익스펜더 링

그림 3-35 U플렉스 링

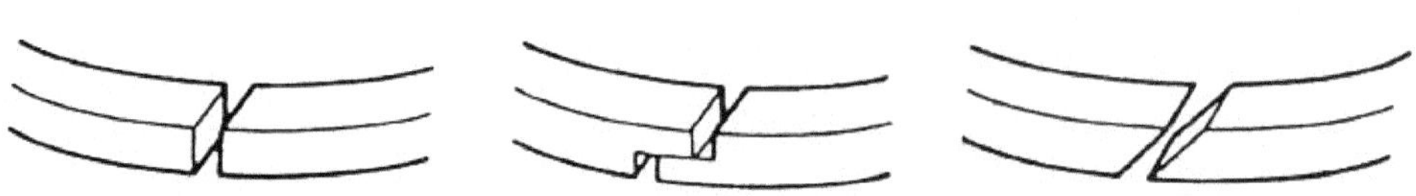

(a) 버트 조인트(butt joint) (b) 스텝 조인트(step joint) (c) 45º조인트(45º angle joint)

그림 3-36 링 이음

3.2.6 커넥팅로드

커넥팅로드는 피스톤의 상하 직선 운동을 각운동으로 바꾸어 크랭크축이 회전 운동을 할 수 있도록 한다. 커넥팅 로드는 피스톤 핀과 연결되는 소단부와 크랭크 핀과 연결되어 폭발 행정에서 피스톤 헤드에 받는 압력을 크랭크축에 전달하는 대단부로 되어 있다.

커넥팅 로드의 길이는 소단부의 중심선과 대단부의 중심선 사이의 거리로서 보통 피스톤 행정의 1.5~2.3배 정도이다. 커넥팅 로드의 길이가 길면 실린더 벽에 가해지는 측압이 작기 때문에 실린더의 마멸이 감소되고 정숙하게 작동되는 장점이 있다. 하지만 기관의 높이가 높아지고 중량이 무거워지며, 강성이 적어진다. 또한 커넥팅 로드의 길이가 짧으면 강성이 증대되고 중량이 가벼우며, 기관의 높이가 낮기 때문에 고속용 기관에 적합하지만 실린더 벽에 가해지는 측압이 크고 실린더 마멸이 증대된다.

여기서, **측압(Thrust)이란 실린더 벽에 가해지는 피스톤의 압력**을 말한다.

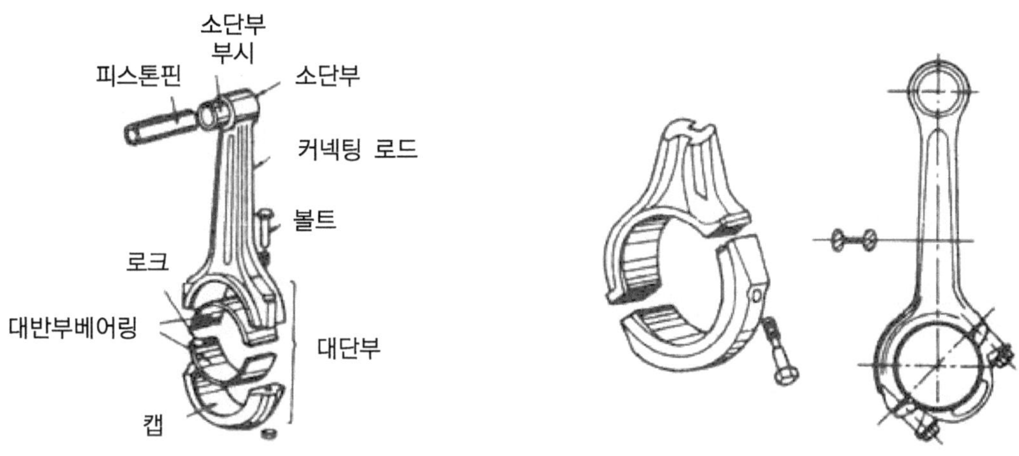

(a) 수평형 (b) 정사형

그림 3-37 커넥팅로드

3.2.7 크랭크축 및 저널베어링

1) 기능

크랭크축(Crank Shaft)은 크랭크 케이스 안에 설치된 메인 베어링과 캡에 의해 지지되어 각 실린더의 동력행정에서 발생한 피스톤의 직선운동을 커넥팅 로드를 통해 회전운동으로 바꾸고 반대로 흡입, 압축, 배기 행정에서는 피스톤에 운동을 가해 연속하여 동력을 발생하는 중요한 기능을 가지고 있다.

디젤엔진의 크랭크축은 가솔린엔진에 비해 강도가 크고 높은 비틀림 진동의 발생이나 굽힘을 방지하기 위해 축의 지름을 크게 하여 강성을 높이고 있다.

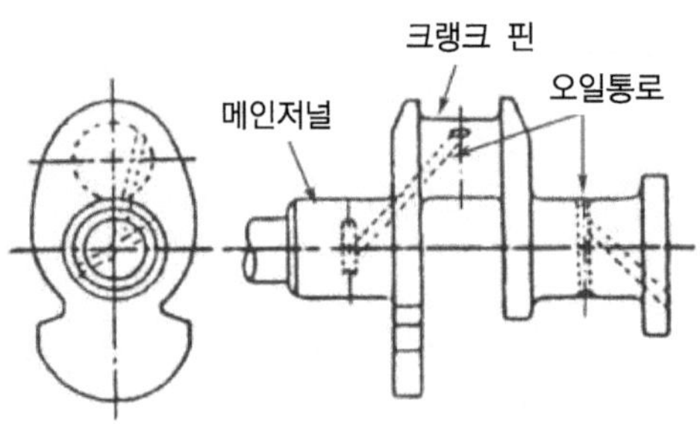

그림 3-38 윤활유의 통로

그림 3-39 크랭크축의 구조

2) 크랭크축의 형식과 점화순서

4행정 사이클 4실린더 기관은 흡입·압축·폭발·배기의 4개 행정을 각 실린더에서 별개로 이루어지기 때문에 크랭크축이 180°회전할 때마다 1사이클을 완성한다. 그러므로 크랭크축이 2회전 즉, 720°회전하게 되면 4사이클이 완료된다. 점화 순서는 크랭크 핀의 위치, 기관의 내구성, 혼합기의 분배, 기관의 회전이 원활하게 이루어지도록 1번 실린더를 첫 번째로 하여 점화순서를 정하게 된다. 따라서 점화 순서는 다음과 같은 조건이 만족되어야 한다.

(1) 점화시기 고려사항

① 항상 1번 실린더를 착화순서 1번으로 한다.
② 연소가 동일한 간격으로 일어나게 한다.
③ 인접한 실린더에 연이어 점화가 일어나지 않도록 한다.
④ 크랭크축에 가능한 비틀림 진동이 일어나지 않도록 한다.
⑤ 각 실린더에 혼합기 분배가 균일하게 배분되도록 한다.

(2) 가솔린엔진의 점화순서

다실린더 4사이클 가솔린엔진의 점화순서는 직렬형 엔진의 경우는 표 3-1과 같은 것이 일반적이고 실린더의 배치, V형 엔진의 좌, 우뱅크 등의 결정방법은 각 메이커에 따라 다르다.

표 3-1 다실린더 엔진 점화순서의 예

실린더수	착화순서
직렬 4실린더 엔진	1-3-4-2
직렬 5실린더 엔진	1-2-4-5-3
직렬 6실린더 엔진	1-5-3-6-2-4 또는 1-4-2-6-3-5
V8 실린더 엔진	1-8-4-2-7-3-6-5

3.2.8 플라이 휠(Fly Wheel)

엔진에서는 동력행정만이 출력행정이고 흡입, 압축, 배기행정은 출력감소가 된다. 따라서 회전력도 동력행정에서 크고, 점차로 작아져서 엔진 회전속도도 변동됨으로 이것을 막기 위하여 플라이 휠을 설치한다. **플라이 휠은 엔진의 맥동적인 회전을 플라이 휠의 관성력을 이용하여 원활한 회전을 바꿔준다.**

플라이 휠의 구조는 회전 중에 관성이 크고 중량을 가볍게 하기 위하여 중심부는 얇고 주위는 두꺼운 주철로 만든 원판으로 되어 있다.

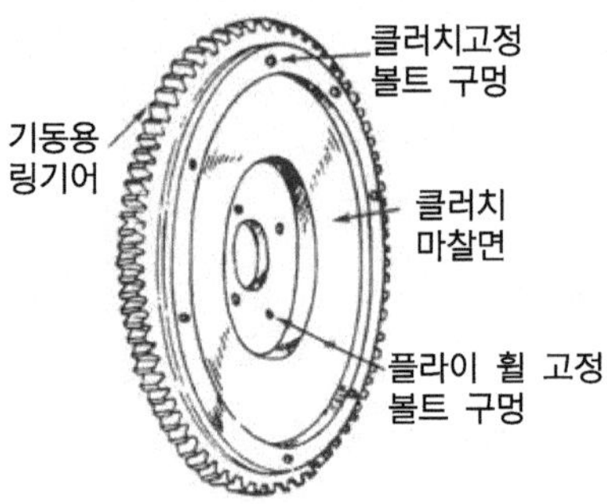

그림 3-40 플라이 휠 구조

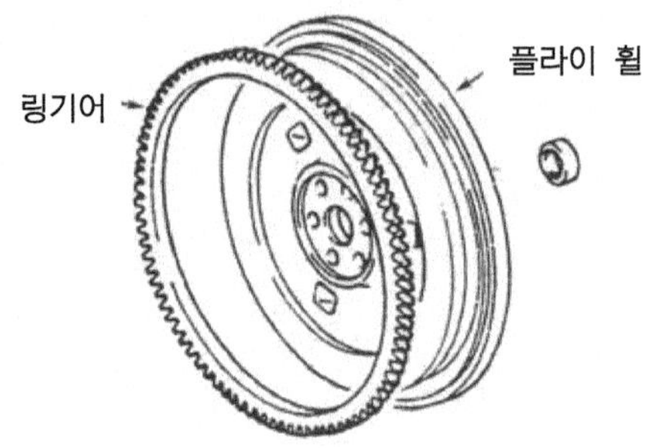

그림 3-41 플라이 휠과 링기어

3.2.9 엔진 베어링(Engine Bearing)

1) 기능

피스톤과 커넥팅 로드, 커넥팅 로드와 크랭크 핀 및 크랭크축 메인 저널 사이에는 관계운동을 하므로 이런 곳에는 베어링을 설치하여 부품을 지지하고 섭동 회전시켜 마찰을 감소하기 위하여 사용된다.

2) 베어링의 재질

베어링의 재질에는 구리, 납, 아연, 은, 카드뮴, 알루미늄 등이 사용되며 저어널의 재질보다 융점이 낮고 연질이기 때문에 한계 윤활상태가 되었을 때에는 자체가 소모되어 저어널의 마멸을 방지한다.

3) 베어링의 구조

엔진베어링은 강이나 동합금의 셀에 베어링 합금을 녹여 붙인 다음 소정의 치수로 만들었으며 전체 두께는 1~3 mm이고 베어링 돌기와 오일 홀 및 오일홈이 설치되어 있다.

(1) 베어링 돌기

베어링 하우징에서 축방향이나 회전방향으로 요동하는 것을 방지하며 하우징의 홈에 끼워진다.(그림 3-42)

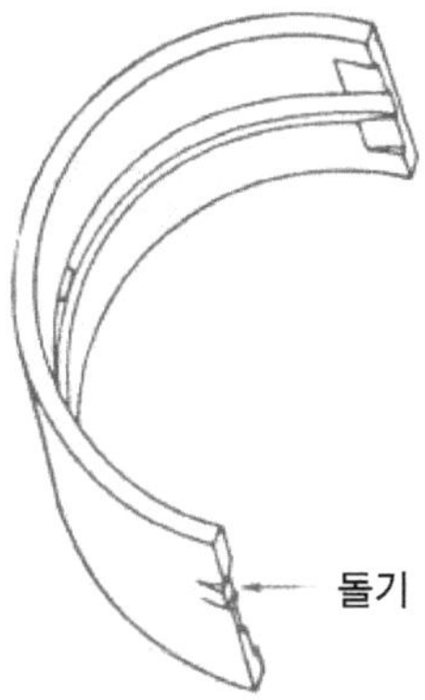

그림 3-42 베어링 돌기

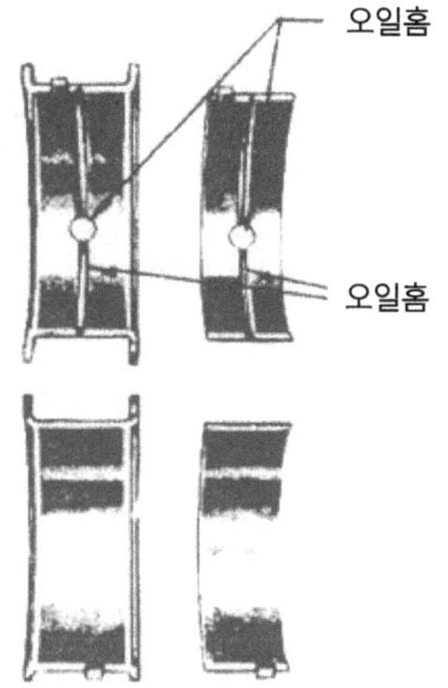

그림 3-43 오일 홀과 홈

(2) 오일 홈과 오일 홀

오일 홀은 베어링 하우징이나 베어링 저널에 오일구멍과 일치되어 오일을 베어링 홈에 받아들이는 공급 통로이다. 오일 홈은 공급된 오일을 베어링의 전둘레에 분배하는 곳이다.

(3) 베어링 크러시(Bearing Crush)

베어링 조립시 베어링이 밀착이 잘되고 열전도를 좋게 하기 위해서 베어링의 바깥 둘레와의 차이를 베어링 크러시라 한다. 베어링 크러시는 보통 0.025~0.075 ㎜이다. 크러시가 작으면 기관의 작동 온도 변화에 의하여 헐겁게 되므로 베어링이 하우징에서 움직이게 되며, 크러시가 크면 조립시 베어링 안쪽면으로 변형되어 찌그러진다.

(4) 베어링 스프레드(Bearing Spread)

베어링 조립시에 작은 힘으로 눌러 끼워도 하우징에 밀착되고 크러시에 의해서 압축됨에 따라 안쪽으로 찌그러짐을 방지하기 위해 하우징의 내경보다 베어링의 외경을 크게 한다. 즉 베어링 하우징의 내경과 베어링을 하우징에 끼우지 않았을 때의 베어링

외경과의 차이를 스프레드라 하며 0.125~0.5 mm이다. 스프레드를 두면 하우징을 조립할 때에 베어링을 캡에 끼운 상태로 작업하기가 편리하다.

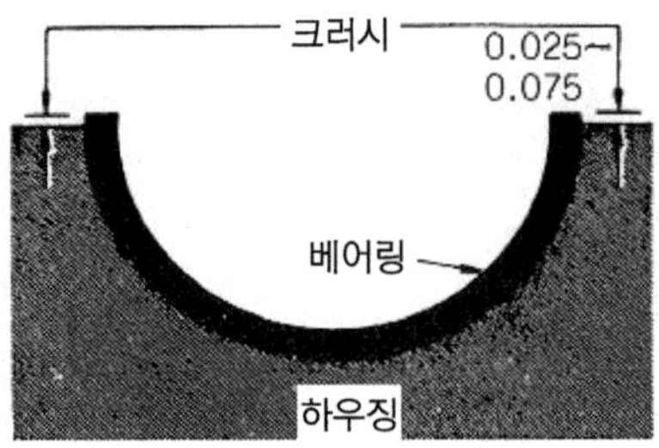

그림 3-44 베어링 크러시

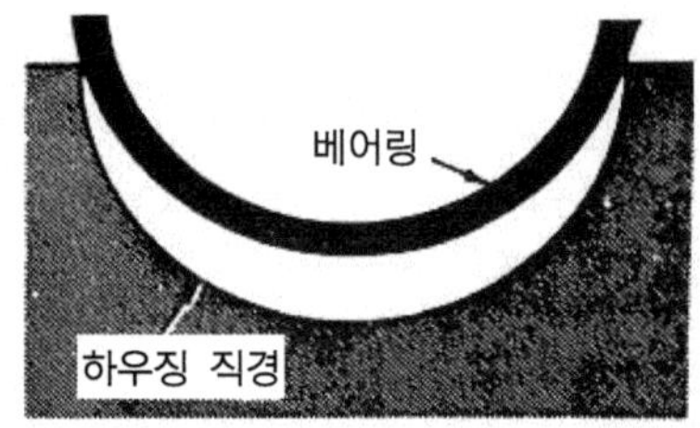

그림 3-45 베어링 스프레드

(5) 베어링 두께

베어링의 두께는 반원의 중앙부 두께로 표시하며 베어링의 양끝 부분의 두께는 중앙부보다 조금 얇게 되어 있다. 이것은 조립하기 쉽게 하고 유막을 갈라지는 것을 방지한다.

(6) 스러스트 베어링 (Thrust Bearing)

스러스트 베어링은 크랭크축을 지지하는 중앙 부분의 상하 메인 베어링 또는 뒤쪽 끝상하 메인 베어링 측면에 설치되어 축 방향의 하중을 받는 베어링으로서 축 방향 움직임을 방지하는 역할을 한다.

4) 베어링의 윤활간극

베어링과 저널 사이에는 유막을 항상 형성할 수 있도록 저널의 외경보다 베어링 내경을 조금 크게하여 윤활간극(오일간극)을 유지할 수 있도록 하여야 한다.

윤활간극(오일간극)은 보통 0.038~0.1 mm **정도**이며, 간극이 크면 오일 유출량이 증가되며 유압이 저하되고 또한 과대한 오일량이 실린더벽에 뿌려져 연소실에 유입되어 연소하기 때문에 윤활유 소비증대의 원인이 되기도 한다. 간극이 적으면 충분한 유막이 형성되지 못하여 금속의 접촉으로 소결 현상이 발생한다.

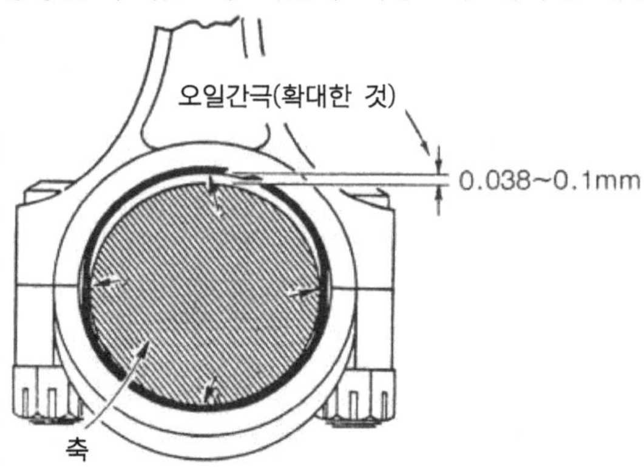

그림 3-46 윤활간극

3.3 밸브 및 밸브기구

3.3.1 밸브기구(Valve Train)

밸브기구는 밸브, 캠축, 밸브 리프터, 로커암 어셈블리로 구성되어 있다. 밸브의 역할은 4사이클의 작동 중 흡입 및 배기 행정에서만 열려서 연소실과 실린더 내의 가스교환을 행하는 것이다. 밸브를 눌러서 열리게 하는 장치는 크랭크축의 회전을 타이밍체인 또는 벨트와 푸시로드 등에 전달하여 이것을 캠에 의해 움직이고 있다.

밸브는 설치 위치와 연소실의 형상에 따라서 다음과 같다.

① 오버헤드 캠축 밸브기구(OHC : Over Head Cam Shaft Valve Train)

캠축을 실린더헤드 위에 설치하고 캠에 의해 직접 밸브를 개폐하는 직접구동방식과 캠을 통한 로커암이나 스윙암을 통해서 구동하는 간접구동방식이 있다.

② 오버헤드 밸브기구(OHV : Over Head Valve Train)

오버헤드 밸브기구는 캠축이 실린더블록에 설치되어 있고, 흡입 밸브 및 배기 밸브는 실린더헤드에 설치하여 캠축에 의하여 밸브 리프터, 푸시로드를 왕복운동으로 바꾸어 푸시로드는 로커암의 한쪽 끝을 위로 올려 밸브를 개폐한다. 밸브의 간극은 로커암과 밸브 스템 끝 사이에 설정한다.

③ 사이드 밸브기구(SV : Side Valve Train)

사이드 밸브식은 그림 3-47과 같이 흡·배기 밸브가 실린더와 평행하게 늘어서 있는 형식이 이 밸브 시스템으로서는 가장 간단한 구조로써, 엔진 자체의 전고(全高)를 낮게 할 수 있으며. OHV와 같이 밸브의 간극 조정의 문제도 없다. 하지만 열효율도 나쁘므로 저속엔진용이다. 현재는 거의 사용하지 않는다.

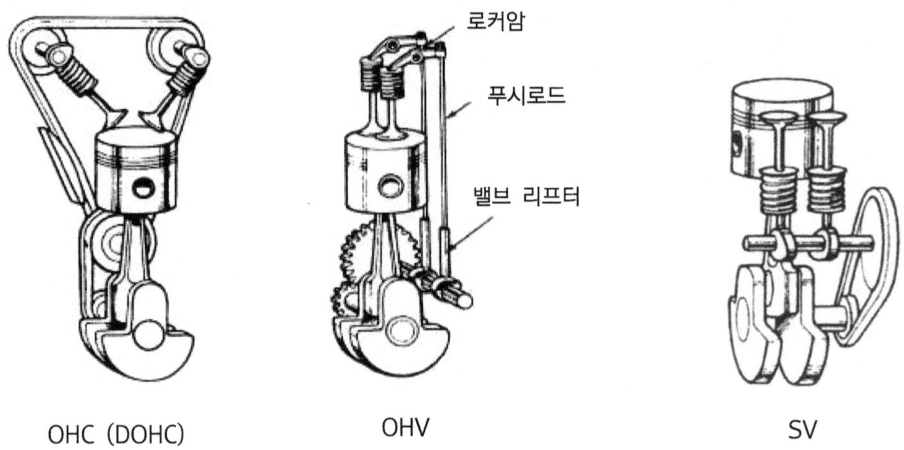

그림 3-47 OHC/OHV/SV 밸브기구

1) 캠축(Camshaft)

캠축은 크랭크축에서 전달되는 동력을 이용하여 밸브의 개폐 및 배전기, 연료 펌프, 오일 펌프 등을 구동하는 역할을 한다.

캠축에는 밸브를 개폐시키는 캠이 밸브의 수와 동일하게 설치되어 있고 배전기 및 오일 펌프를 구동시키기 위한 헬리컬 기어가 설치되어 있으며 연료 펌프를 구동시키기 위한 편심륜이 설치되어 있다. 또한 캠축은 3~7개의 베어링으로 지지되어 있으며, 앞부분에 크랭크축에서 전달되는 동력을 받기 위한 스프로킷이나. 헬리컬 기어가 설치되어 있다.

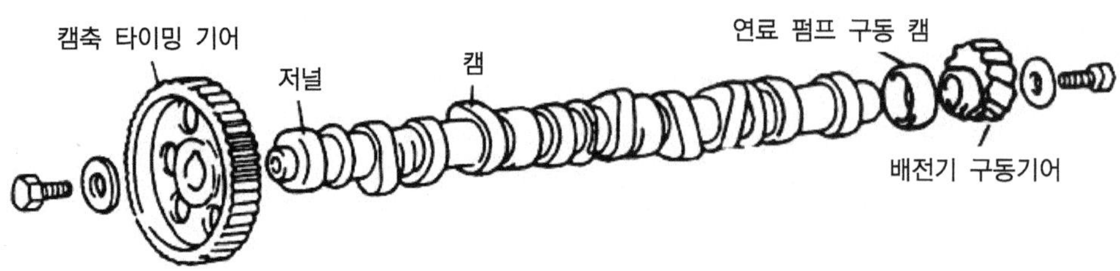

그림 3-48 캠 축

표 3-2 캠의 구성과 기능

캠의 구성	기 능
베이스 서어클(base circle)	기초원
노우스 (nose)	밸브가 완전히 열리는 점
플랭크 (flank)	밸브 리프터 또는 로커암과 접촉되는 부분
로브 (love)	밸브가 열려서 닫힐 때 까지의 거리, 즉 둥근 돌출차
양정 (lift)	기초원과 노스 원과의 거리

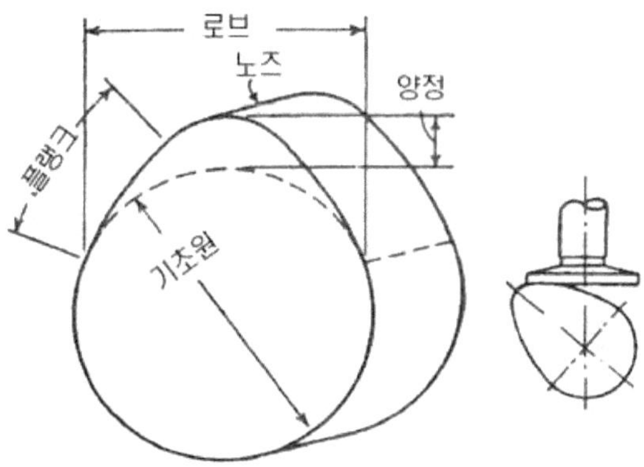

그림 3-49 캠 (볼록캠)

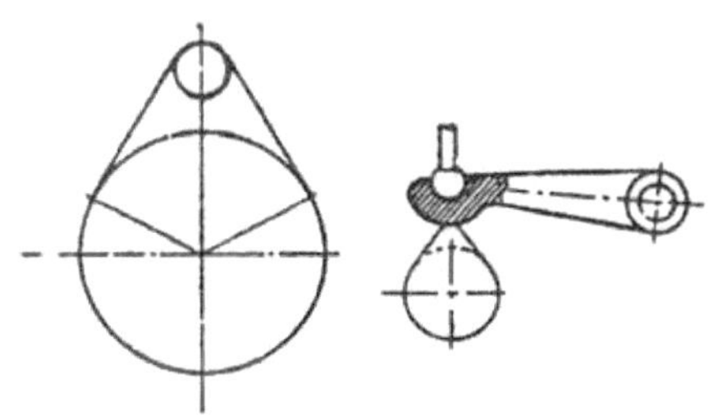

그림 3-50 접선 캠

4) 캠축의 구동 방식

캠축의 구동방식에는 기어 구동방식, 체인 구동방식, 벨트 구동방식으로 구분된다.

3.3.3 밸브 리프터(Valve Lifter)

밸브 리프터는 OHV식 엔진에서 캠의 회전 운동을 상하 직선 운동으로 변환시켜 밸브 또는 푸시로드에 전달하는 역할을 한다. 밸브 리프터에는 기계식 리프터와 윤활장치의 오일 펌프에서 전달되는 유압에 의하여 작동하는 유압식 리프터가 있다.

3.3.4 푸시로드(Push Rod)

푸시로드는 OHV 기관에서 사용되는 부품으로서 로커암과 밸브 리프터를 연결하는 긴 막대로 밸브 리프터의 상하 운동을 로커 암에 전달하는 역할을 하고 주로 디젤 기관에 이용된다. 푸시 로드는 밸브 스프링의 장력과 운동 부분의 관성이 압축력으로서 단속적으로 가해지므로 강성이 있어야 하며, 관성력의 증대를 방지하기 위하여 내부는 중공(中空)으로 되어 있다.

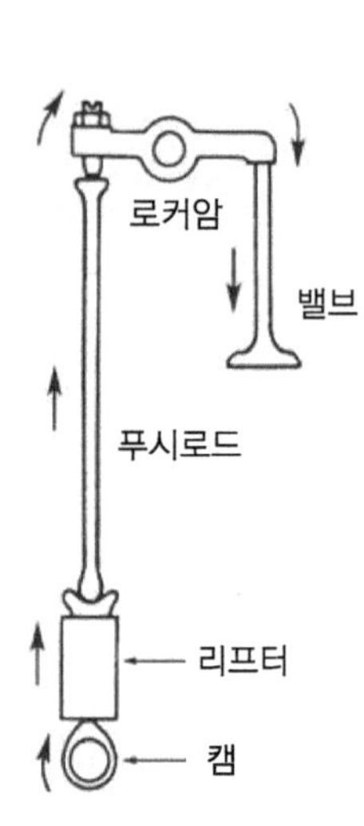

그림 3-51 푸시로드의 작용

3.3.5 로커암 축 어셈블리

로커암 축 어셈블리는 로커암, 스프링, 로커암 축, 서포트 등으로 구성되며 실린더헤드에 설치한다. 로커암은 캠의 회전에 따라 벨브 스템 엔드(Vale Stem End)를 눌러 밸브를 개폐시켜 준다.

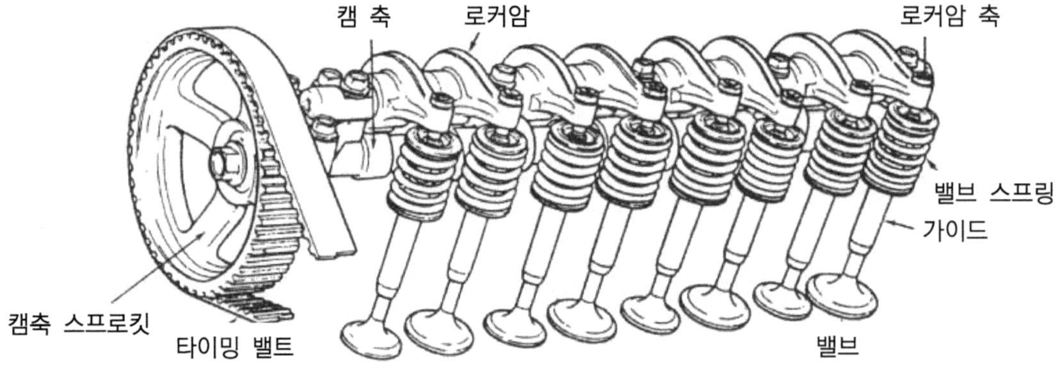

그림 3-52 로커암 어셈블리와 밸브

3.3.6 밸브(Valve)

밸브는 공기 또는 혼합기를 실린더에 유입하거나 연소 가스를 대기중에 배출하는 동시에 압축 및 동력 행정에서는 밸브 시트에 밀착되어 가스의 누출을 방지하는 역할을 한다.

밸브가 열릴 때에는 캠 등 밸브 기구에 의해서 이루어지고 닫힐 때에는 스프링의 장력에 의해서 이루어진다. 밸브는 밸브 헤드, 마진, 밸브 페이스, 스템, 스템 엔드 등으로 구성되어 있다.

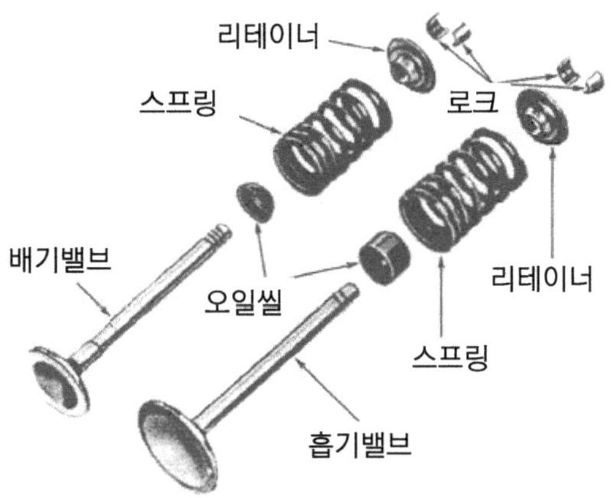

그림 3-53 밸브와 부속기구

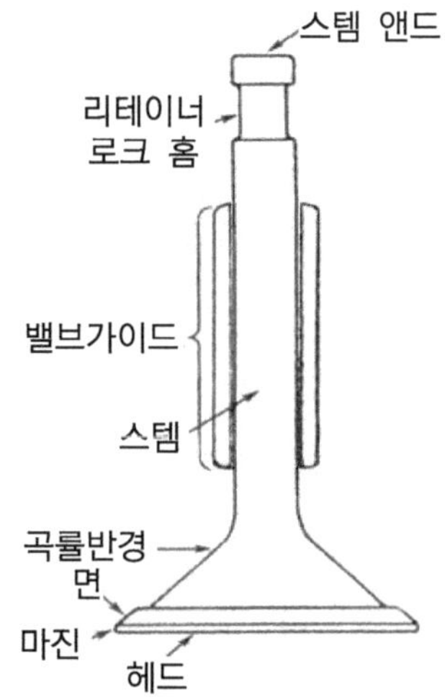

그림 3-54 밸브의 구조

❖ 참고

서어징(Surging)이란?

1) 캠에 의한 밸브의 개폐회수가 밸브 스프링의 고유 진동과 같거나 또는 그 정수배가 되었을 때 밸브 스프링은 캠에 의한 강제 진동과 스프링 자체의 고유 진동이 공진하여 캠에 의한 작동과 관계없이 진동이 발생되는 현상.
2) 서어징이 발생하면 밸브의 개폐가 부정확하고 스프링의 일부에 큰 압축력과 변형이 발생되며, 이로 인하여 스프링이 절손된다.
3) 서어징을 막으려면 부등 피치의 스프링을 사용하던가, 고유 진동수가 다른 스프링을 안쪽 바깥쪽으로 한 2중 스프링을 사용하여 공진을 상쇄하고 동시에 정해진 양정 내에서 충분한 스프링정수를 얻도록 한다.

❖ 참고

밸브 스프링 점검 사항

1) 자유고 : 규정 높이의 3% 이상 감소되었을 때 는 교환한다.
2) 직각도 : 자유고 100 ㎜에 대하여 3 ㎜ 이상 변형되었을 때는 교환한다.
3) 장력 : 규정 장력의 15% 이상 감소되었을 때는 교환한다.

3.3.7 4행정 사이클기관의 밸브 개폐시기(Valve Timing)

밸브는 행정 중 정확히 상사점이나 하사점에서 개폐하지 않고 상사점 전후 또는 하사점 전후에서 개폐한다. 이것은 질량이 있는 혼합기가 운동할 때 관성이 생기기 때문에 이 관성을 유용하게 이용하기 위해서이다.

흡·배기밸브의 개폐 시기를 사점(Dead Center)을 중심으로 하여 크랭크축의 회전 각도 표시한 선도를 **밸브 개폐시기 선도**(Valve Timing Diagram)라고 한다.

그림 3-55는 어떤 기관의 밸브 개폐시기 선도를 보여주고 있다. 이 기관의 흡입밸브는 상사점전 10°에서 열리고 하사점 후 45°에서 닫히며, 또한 배기밸브는 하사점 전 45°에서 열리고 상사점 후 10°에서 닫히게 된다. 따라서 상사점 부근에서 흡입밸브와 배기밸브가 동시에 열리는데 이것을 **밸브 오버랩**(Valve Over Lap)이라고 한다. 밸브 오브랩을 두는 목적은 상사점 부근에서 피스톤의 운동 속도는 느린 반면에 배기가스의 유출속도는 상당히 크기 때문에 연소실내에 일시적으로 부분 진공이 생기게 된다. 이때에 흡입밸브를 열어 주면 새로운 혼합기가 유입되면서 배기가스를 밀어내는 효과를 얻을 수 있어서 체적효율을 증대시키게 된다. 이것이 밸브 오버랩을 두는 이유이다.

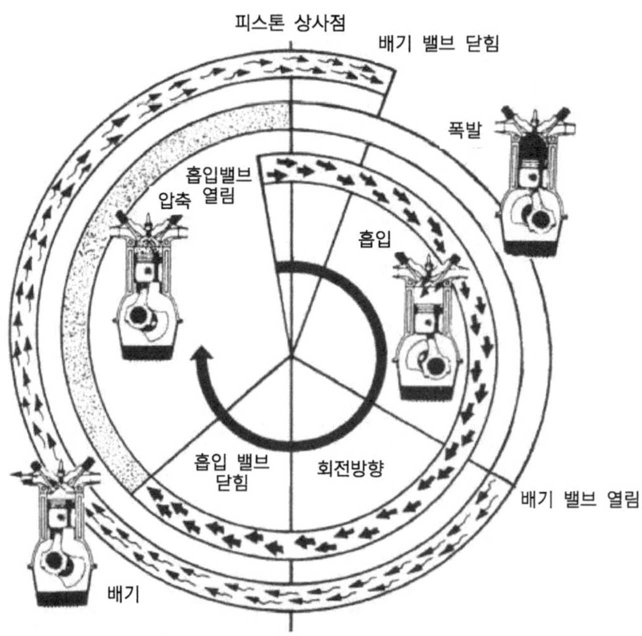

그림 3-55 밸브 타이밍 다이어그램

흡입밸브가 하사점 후 45°에서 닫히게 한 것은 흡입 혼합기의 유입 관성력이 피스톤의 상승에 의하여 생기는 압력보다 클 때는 흡입밸브를 열어둠으로써 체적효율을 더 높일 수 있게 된다. 이것을 **관성과급 효과**라고 한다.

밸브의 개폐시기에 있어서 흡입밸브를 지나치게 조기에 열면 역화가 생길 수 있고 또한, 새로운 혼합기가 배기가스와 함께 배출되어 연료의 소비량과 미연 탄화수소 배출물도 증가하게 된다. 따라서 최근에는 기관의 회전속도 변화에 따라 밸브 개폐시기도 함께 변화시키는 연구가 활발히 진행되어 실용화 단계에 있다.

3.4 윤활장치

3.4.1 윤활장치의 개요

윤활장치(Lubrication System)는 엔진 내부의 각 마찰부분에 윤활유를 공급하여 마찰을 감소시키고 또 마모를 방지시키며, 마찰부분의 열이나 피스톤의 열을 식혀주는 작용을 한다.

윤활의 목적은 엔진의 각 운동부분에 유막(Oil Film)을 형성하여 마찰이 큰 고체마찰을 마찰이 작은 유체마찰로 바꾸어 금속간의 직접적인 접촉이 이루어지지 않도록 함으로서 마찰의 감소와 마찰손실을 최소화하여 기계효율을 향상시키기 위함이다.

마찰이란 섭동하는 두 물체사이에 작용하는 저항력을 말하며 고체마찰, 경계마찰, 유체마찰 등으로 구분된다. 고체마찰이란 상대하여 운동하는 고체 사이의 마찰이며 섭동면에 하중을 걸고 운동시키면 마찰 때문에 급속히 마멸되어 금속의 입자가 탈락된다. 유체마찰이란 상대하여 운동하는 2개의 고체 사이에 충분한 오일량이 존재할 때 오일층 사이의 점성에 기인하는 저항을 말하며 마찰저항이 가장 적고 마멸도 최소가 된다. 경계마찰이란 얇은 유막으로 씌워진 두 물체간의 마찰이며 자동차 엔진을 기동할 때 피스톤 링과 실린더 사이에 일으키는 마찰이 한 예이다.

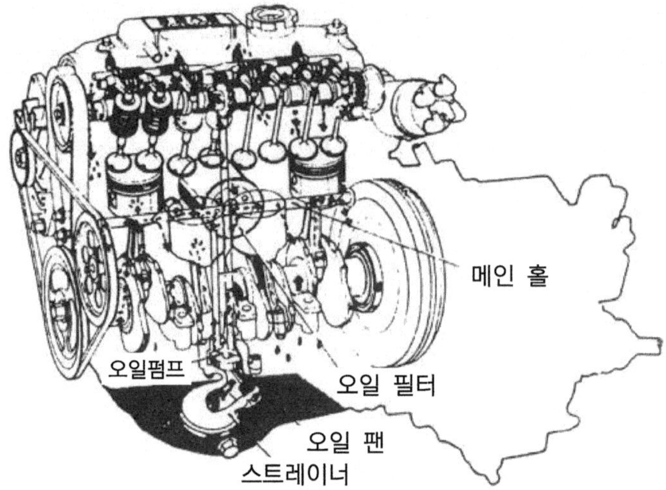

그림 3-56 윤활장치

3.4.2 윤활유의 작용

윤활은 기본적으로 마멸의 방지, 밀봉작용 및 냉각작용의 3대작용은 물론 세척작용, 응력분산작용, 방청작용 등의 여러 가지 작용을 한다.

① 마찰의 감소 및 마모방지

윤활을 유지하여 마찰이 가장 작은 상태가 되게 하고 또 한계 상태에서 더 강인한 유막을 형성하여 섭동 부분의 표면 마찰과 이에 따르는 마멸을 방지한다.

② 밀봉작용

실린더 윤활에서와 같이 피스톤 링과 함께 고압가스의 누설을 방지한다.

③ 냉각작용

윤활유는 섭동부에서 발생한 열을 흡수하여 오일팬 및 기타 통로를 순환하면서방열하여 냉각시킨다.

④ 응력 분산 작용

윤활부에는 국부적으로 또는 순간적으로 큰 압력이 걸려 유막을 파괴하여 고착을 일으키게 하는 일이 생긴다. 이 때에 윤활유는 액체의 성질로 국부 압력을 액 전체로 분산시키는 작용을 한다.

⑤ 세척작용

공기중의먼지, 마멸된 금속분말 또는 연소생성물 등을 오일이 유동 과정에서 흡수하여 윤활부를 깨끗하게 하는 작용을 세척작용이라 한다.

⑥ 방청작용

윤활면에 수분이 침투하면 녹이 발생되고 부식이 일어나므로 수분 등이 침투하지 못하도록 윤활막을 형성한다.

3.4.3 윤활 방식

기관의 윤활방식에 따라 소형 2사이클 기관에는 혼기식이 주로 사용되고 4사이클기관에는 비산식, 압력식, 비산압력, 조합식 등이 있지만, 자동차 엔진에서는 주로 오일펌프에 의한 압력식을 사용한다.

▌압력식

캠축이나 크랭크축에 의하여 구동되는 오일 펌프로 오일팬 속에 저장된 오일을 흡입 약 2~3 kgf/㎠ 로 가압하여 각 윤활부로 보내는 방식이다. 윤활 경로는 오일펌프에 의하여 흡입 가압된 오일은 실린더 블록의 오일 주 통로를 거쳐 크랭크축 메인 베어링 오일 통로를 거쳐 핀 베어링으로 보내어져 실린더 및 피스톤 핀을 윤활한다. 또 일부의 오일은 실린더 헤드 쪽으로 공급되어 로커암축 및 로커암, 캠축을 윤활한다.

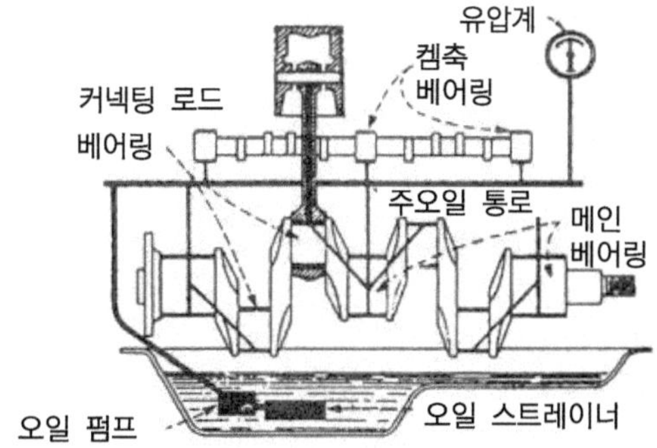

그림 3-57 **압력식**

3.4.4 윤활장치의 구성부품

가솔린엔진의 윤활장치는 오일 팬, 오일스트레이너, 오일 펌프, 릴리프 밸브 및 오일 압력 스위치 등으로 구성되어 있다.

윤활경로는 다음과 같다.

오일 팬→오일 스트레이너→오일 펌프→릴리프 밸브(압력조절)→오일필터→메인 오일통로(오일압력스위치)→크랭크축→커넥팅로드→실린더 및 피스톤→실린더 헤드→로커암 축→로커암→캠 및 밸브→캠축(저널)

1) 오일 팬

오일팬은 실린더 블록 하단부에 가스킷을 두고 조립되어 엔진에 사용하는 오일을 저장 및 냉각을 한다. 자동차가 출발 또는 제동시에 오일의 유동을 방지하기 위하여 칸막이(Baffle)가 설치되어 있으며, 자동차가 등판 주행시에 기관의 오일이 충분히 고여 있도록 하기 위하여 섬프(Sump)가 설치되어 충분한 오일이 공급되도록 한다.

2) 오일 스트레이너

오일 스트레이너는 오일 팬 내의 오일을 펌프에 유도하고 동시에 오일 가운데 포함된 비교적 큰 입자의 불순물을 제거하기 위해 고운 스크린이 설치되어 있다.

3) 오일 펌프

오일 펌프는 오일 팬 내의 오일을 흡입 및 가압하여 각 윤활부에 보내는 일을 한다. 오일 펌프는 실린더 블록하부에 설치되어 있으며 크랭크축에 의하여 구동된다. 펌프의 능력을 송유량(ℓ/min-rpm)과 송유 압력(kgf/㎠-rpm)으로 표시하고, 오일의 과도한 송출이나 높은 압력은 유압조절기(relief valve)로 조절한다. 오일 펌프의 종류에는 기어식, 로터리식, 플런저식, 베인식이 있으나 기어식과 로터리식이 주로 사용된다.

(1) 기어 펌프

기어 펌프에는 외접 기어 펌프와 내접 기어 펌프가 있는데 작동 방법은 거의 같다. 2개의 기어는 흡입구와 배출구 외에는 거의 틈새가 없는 관계로 이(齒)가 물리는 용적에

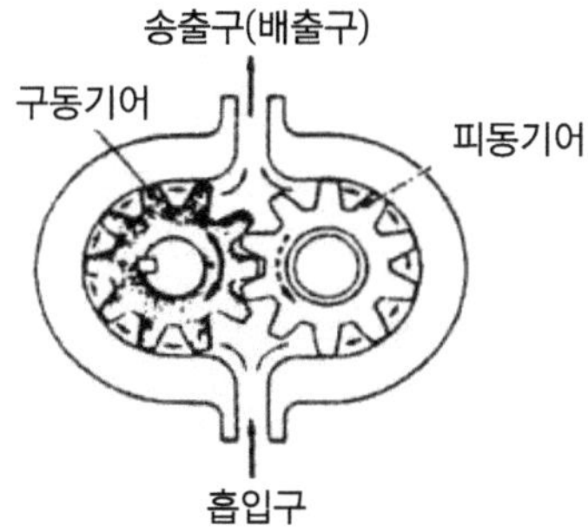

그림 3-58 외접기어식

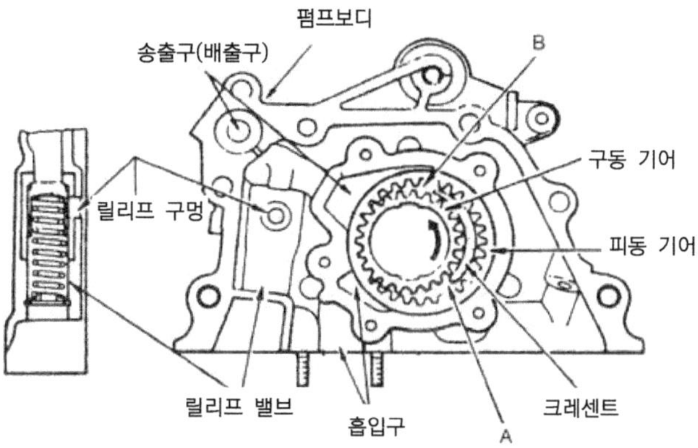

그림 3-59 내접기어식

따라 오일을 흡입하고 배출한다.

내접기어형 펌프는 크랭크축에 의해 구동되며 소형이고 중량이 가벼워 현재 가장 많이 사용되고 있고, **외접기어형 펌프**는 크랭크축으로부터 벨트로 외접 기어의 구동측이 동력을 받고 피동측 기어는 카운터 밸런스 샤프트와 결합되어 동시에 구동된다. 그림 3-57은 외접기어식을 그림 3-58은 내접기어식을 보여주고 있다.

(2) 로터리 펌프

로터리 펌프는 보디 내에 4개의 돌기가 설치된 인너 로터(Inner Rotor)와 5개의 홈이 설치된 아웃 로터(Outer Rotor)가 편심으로 설치되어 크랭크축 또는 캠축에 의해서 구동되는 펌프로서 **트로코이드 펌프**(Trochoide Pump)라고도 한다. 크랭크축 또는 캠축이 회전하여 인너 로터가 1회전할 때 아웃 로터는 4/5회전하기 때문에 2개의 로터 사이에는 공간 체적의 변화가 이루어진다. 이때 인너 로터의 돌기부가 아웃 로터의 홈에 맞물릴 때 공간체적이 넓어지는 부분에 서 발생되는 부분진공으로 오일을 흡입하여 반대쪽의 공간체적이 좁아지는 쪽으로 오일을 짜내는 방법으로 송출하는 펌프이다.

(3) 플런저 펌프 및 베인 펌프

플런저 펌프(Plunger Pump)의 보디 안에 조립된 플런저는 편심 캠에 의해 작동되고 플런저 내부에는 스프링이 있다. 또한 아래 위에는 2개의 흡입 및 배출용 체크 볼이 설치되어 있다. 스프링에 의해 플런저가 왼쪽으로 밀리면 위쪽의 체크 볼이 열리면서 오일이 압송된다.

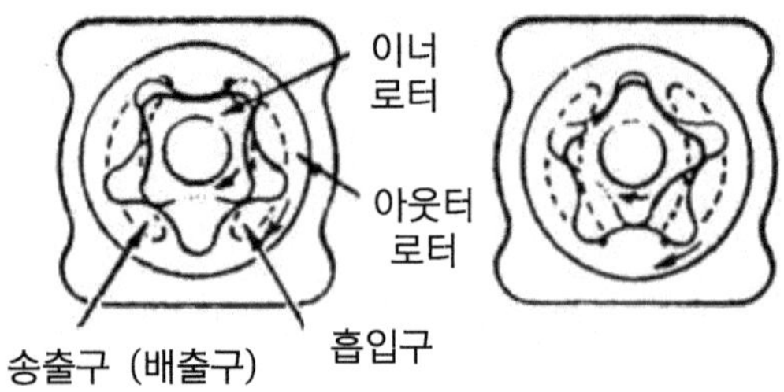

그림 3-60 로터리 펌프

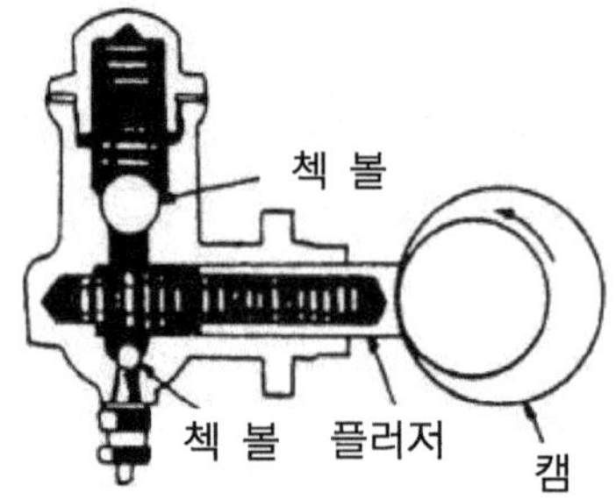

그림 3-61 플런저 펌프

베인 펌프(Vane Pump)는 둥근 하우징과 그 속에 편심으로 설치되어 있는 로터로 되어 있다. 로터는 두 개의 날개(Vane)가 스프링을 사이에 두고 있어 펌프 축이 회전하면 펌프실 안쪽면과 날개가 접촉되면서 오일을 흡입 및 배출한다.

4) 오일필터

오일 필터는 윤활 회로 내에 설치되어 오일에 혼입된 먼지, 카본, 금속 분말, 산화 생성물 등을 제거하는 역할을 하며 보통 5,000~10,000 km 주행시 마다 엔진 오일과 함께 교환한다.

오일 필터는 보통 프런트 케이스에 부착되며, 일부의 엔진에서는 실린더 블록에 설치되기도 한다. 오일 필터의 구조는 케이스, 엘리먼트, 바이패스 밸브 등으로 구성되어 있으며, 필터 내의 바이패스 밸브는 엘리먼트가 막혔을 때 열리도록 되어 있어 오일이 항상 순환되도록 오일을 공급하는 역할을 한다.

5) 유압 조절 밸브

유압 조절기(relief valve)는 감압밸브라고도 하며 프런트 케이스 측면에 설치되어 있다. 이 밸브는 윤활 회로 내의 유압이 과도하게 올라가는 것을 방지하여 유압을 일정하게 유지시키는 기능을 한다. 밸브의 동작이 원활하지 못하면 윤활회로에 유압이 과도하게 걸리게 되고 심할 경우에는 오일 필터가 파열되어 중대한 결함이 발생되기도 한다.

릴리프 밸브는 윤활통로에 과도한 압력이 걸리게 되면 릴리프 플런저는 스프링 힘을 이기고 그림과 같이 이동하여 과도한 압력만큼의 오일을 오일 팬으로 복귀시킨다. 유압 조절 압력은 자동차에 따라 다소 차이가 있으나 대개 3~5 kgf/㎠로 유지시켜 준다.

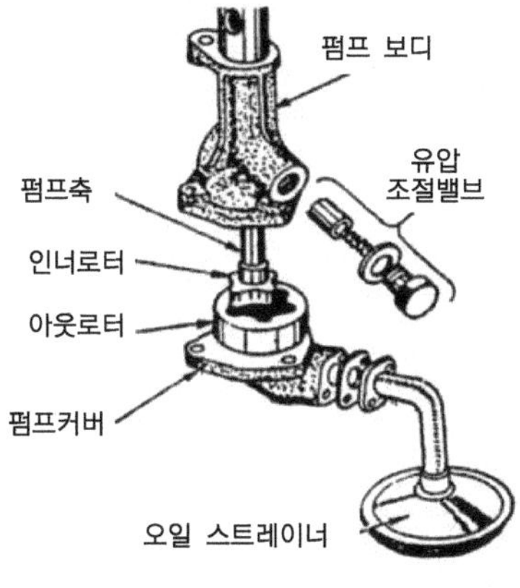

그림 3-62 오일스트레이너

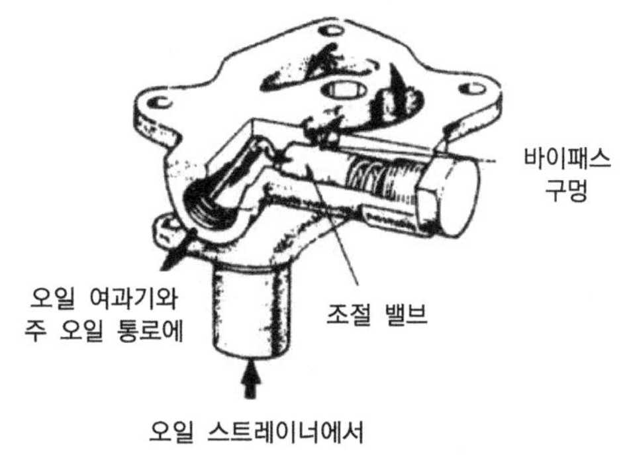

그림 3-63 유압조절밸브

6) 유면 표시기 및 유압 경고등

일반적으로 엔진은 엔진의 오일 양을 확인할 수 있도록 엔진 측면 또는 앞쪽에 오일 레벨게이지가 있으며, 차량의 운행 전에 오일의 양이 정상인가 확인할 수 있도록 되어 있다.

이밖에 차량의 운행중에 엔진 오일 압력의 정상 여부를 확인할 수 있도록 운전석 계기판에 유압계가 있으며, 오일압력 경고등은 오일회로내 오일 압력이 0.2~0.4 kgf/㎠ 정도로 떨어졌을 때 경고등이 켜지도록 되어 있다.

즉, 엔진이 가동 중 엔진 오일이 순환되지 않으면 계기판에 점등되는 것으로 오일압력이 유닛에 의해 작동되며, 오일압력 유닛은 오일순환 통로에 설치되어 오일이 순환되면 소등되고, 순환압력이 낮으면 점등되어 운전자에게 경고하여 준다.

7) 오일 냉각기(Oil cooler)

오일 냉각기는 오일의 높은 온도를 낮추어 70~80℃로 유지시키는 역할을 한다. 오일의 온도가 125~130℃ 이상이 되면 오일의 성능이 급격히 저하되어 점도가 낮아져 윤활성이 크게 저하된다. 따라서 오일 냉각기는 오일의 온도를 항상 일정하게 유지한다.

오일 냉각기는 소형 방열기와 같은 모양으로 만들어져 있으며 냉각장치의 라디에이터와 같이 설치되어 있으며, 튜브에 오일을 흐르게 하여 열을 발산하는 동시에 공기에 의해 냉각시키는 공랭식과 냉각장치의 라디에이터 아래 탱크에 오일순환 파이프를 설치하여 파이프로 오일이 순환될 때 냉각수에 의하여 냉각과 동시에 시동후 신속하게 유온을 유지할 수 있도록 하는 수냉식이 있다.

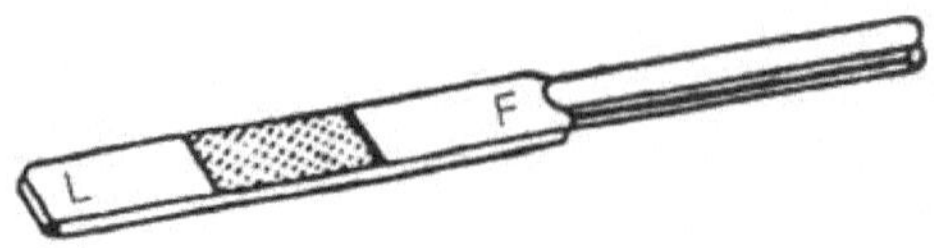

그림 3-64 유면표시기

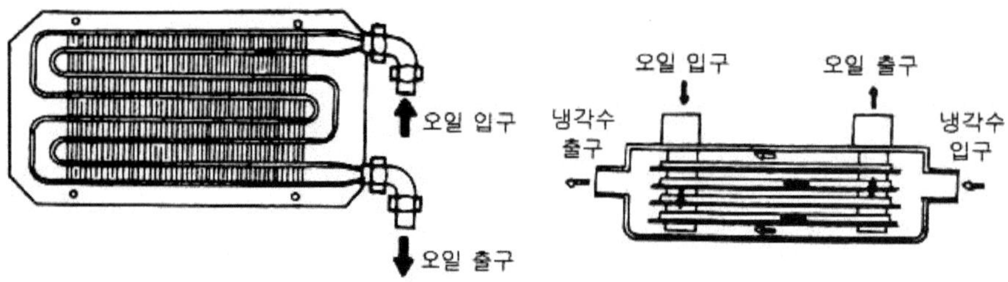

그림 3-65 오일 냉각기

3.4.5 윤활유

1) 윤활유가 갖추어야 할 조건

윤활유의 성질은 엔진의 성능 발휘나 엔진의 경제적 사용 등에 크게 영향을 준다. 엔진 오일의 성질은 원유나 정제 방법에 따라 달라지며, 대부분 엔진 오일에는 그 성질을 향상시키기 위한 첨가제가 첨가되어 있다.

윤활유의 조건은 다음과 같다

① 점도가 적당할 것
② 청정성이 좋을 것
③ 열과 산에 대해서 안정성이 있을 것
④ 부식 방지성이 좋을 것
⑤ 점도 지수가 높을 것
⑥ 응고점이 낮을 것
⑦ 비중이 적당할 것
⑧ 인화점 및 발화점이 높을 것

2) 윤활유의 분류

엔진 오일의 규격은 보통 오일의 점도를 나타내는 SAE(미국자동차기술협회) 규격과 운전상태의 가혹도에 따라 오일을 분류하는 API(미국석유협회) 규격으로 분류된다. 또한 기관 오일의 품질분류 및 신규격품 보급, 기술적 분류 등으로 분류하는 SAE 신분류가 있다.

오일 점도의 SAE 표시 방법은 5W-20, 10W-20, 20W-40으로 표시되며, 숫자가 높을수록 점도가 높은 것을 나타낸 것으로, 사계절용은 10W-30(다급점도)을 사용하면 된다.

SAE번호에서 문자 W은 겨울철용임을 뜻하고, 이것은 약 -17.7℃ (°F)에서 그 점도를 측정한 것을, 문자가 없는 것은 약 100℃(210°F)에서 측정한 것임을 표시한다.

(1) SAE(Society of Automotive Engineering) 분류

미국자동차기술협회(SAE: Society of Automotive Engineering)에서 점도에 따라 분류한 기관의 오일로 점도를 SAE 번호로 나타내며, **SAE 번호가 클수록 오일의 점도가 높다.**

봄, 가을철에는 주위의 온도가 여름철보다 낮고 겨울철보다는 높기 때문에 기관오일 의 점도가 크게 변하지 않는다. 따라서 봄, 가을철용 오일은 SAE 30, 여름철용은 SAE 40, 겨울철용은 SAE 20을 사용한다. 다급용 오일은 SAE 분류에서 여러 등급의 조건만을 만족시키는 윤활유를 말한다. 20W/40이라는 표시는 SAE 20W와 SAE 40의 조건을 동시에 만족시키는 윤활유를 뜻하고 **현재 자동차 기관에 사용하는 윤활유는 대부분 다급 윤활유**이다.

(2) API 분류

API 분류는 미국석유협회에서 윤활유를 사용 조건에 따라 분류한 것으로 가솔린기관용의 ML, MM, MS와 디젤 기관용의 DG, DM, DS로 분류한다.

① 가솔린기관용 오일

용도	운전조건
ML	Motor Light ▪ 가장 좋은 운전조건에서 사용한다 ▪ 기관의 부하를 경부하상태로 운전하는 차량, 정상운전 온도를 유지하는 차량, 오일의 슬러지, 마멸, 부식 등이 없고 유황분이 적은 연료를 사용하는 차량에 사용하는 오일이다.
MM	Motor Moderate ▪ ML과 MS와의 중간에 해당되는, 즉 약간 좋지 않은 사용 조건의 가솔린 기관에 사용한다. 크랭크 케이스의 온도가 높으면 침전물이나 베어링 부식의 문제가 생길 우려가 있으며, 고속·고부하에서 특히 양질의 연료를 사용하면 이상의 문제가 비교적 적은 경우이다. 그러나 발차·정지를 반복하는 것에서는 이 정도의 오일로는 방지할 수 없다.
MS	Motor Severe ▪ 고온·고부하 때문에 유온이 높고, 산화가 격렬하게 일어나는 가장 가혹한 조건에서 운전되든가, 저온 기동정지 운전으로 연료에 의한 희석이 많은 기관에서 사용한다.

② 디젤 기관용 오일

용도	운 전 조 건
DG	Diesel Generall ▪ 유황분이 적은 연료를 사용하고 알맞는 온도와 부하에서 운전되며 마멸이나 침전물의 문제가 없는 상태의 기관에 사용한다. 산화 방지제 · 방청제 · 청정제 등이 첨가되어 있다.
DM	Diesel Moderate ▪ 침전물이나 마멸이 일어날 경향이 많은 보통의 시판 연료를 사용하고, 상당히 가혹한 조건에서 운전되는 경우에 사용한다. 운전 조건·연료의 선택·기관의 설계에 따라 다르기는 하나 DS보다는 윤활상의 요구가 심하지 않은 경우이다.
DS	Diesel Severe ▪ 고온· 고부하발차 및 정지·장시간 연속 사용 등의 가혹 조건이며 또한 유황분이 많은 저질 연료를 사용하거나 과급기가 있는 기관 등 마멸이나 침전물이 많은 상태에서 사용한다.

4) SAE 신 분류

SAE 신 분류 오일은 미국석유협회(API), 미국재료시험협회(ASTM) 및 미국 자동차기술협회(SAE)가 공동으로 사용 조건에 따른 새로운 윤활유 분류방법을 제정한 것이다. 이 분류방법은 일반적으로 S(Service Station Oil)등급은 가솔린기관용으로, SA, SB, SC, SD, SE등으로 분류하고, C(Commercial Oil)등급은 디젤 기관용으로 CA, CB, CC, CD으로 알파벳순서대로 등급을 정하였다.

① 가솔린기관용 오일

SAE 신분류	API 분류	운 전 조 건
SA	ML	▪ 경하중의 기관에 사용되는 오일이다. 첨가제가 포함되어 있지 않은 광물성 오일로 유온이 너무 높지 않은 차량에 사용되는 오일이다.
SB	MM	▪ 중하중의 기관에 사용되는 오일이다. 마멸의 방지성, 오일의 산화방지, 베어링 부식 방지성이 요구되는 경우에 사용되는 오일이다.
SC	MS	▪ 고하중의 기관에 사용되는 오일이다. 고온 및 저온 침전물과 마모, 방청, 부식 방지성이 요구되는 경우에 사용된다.
SD		▪ 고하중의 기관에 사용되는 오일이다. 블로바이 가스 재순환장치가 설치된 차량에 사용되는 오일이다.
SE		▪ 고하중의 기관에 사용되는 오일이다. 오일의 산화, 고온 침전물, 부식 방지성이 요구되는 경우에 사용되는 오일이다.

② 디젤 기관용 오일

SAE 신 분류	API 분류	운 전 조 건
CA	DG	▪ 경부하의 기관에 사용되는 오일이다. 유황분이 적은 연료를 사용하는 차량, 고온 슬러지의 퇴적 방지제가 첨가되어 있는 오일이다. 경부하 가솔린기관에도 사용된다.
CB	DM	▪ 경·중부하의 기관에 사용되는 오일이다. 유황분이 비교적 많은 연료를 사용하는 차량, 부식 방지제, 청정 분산제가 첨가되어 있는 오일이다. 경·중부하의 가솔린기관에도 사용된다.
CC		▪ 중·고부하의 기관에 사용되는 오일이다. 터보차저가 설치된 차량, 저온 슬러지 퇴적 방지가 우수하고 부식 방지제, 방청제, 청정 분산제 등이 첨가되어 있는 오일이다. 고부하의 가솔린기관에도 사용된다.
CD	DS	▪ 고부하의 기관에 사용되는 오일이다. 터보차저가 설치된 고속, 고출력의 차량, 부식 방지제, 청정 분산제가 첨가되어 있는 오일이다.

3.5 냉각장치

3.5.1 냉각장치의 개요

냉각장치는 작동 중 엔진이 과열되지 않도록 적당한 온도를 유지하는 장치를 말한다. 실린더 안의 연소가스 온도는 2000~2500℃에 이르며, 이 열의 상당한 양이 실린더 벽, 실린더 헤드, 피스톤 밸브 등에 전도된다. 이러한 부분의 온도가 너무 높아지면 부품의 강도가 저하되어 고장이 생기거나 수명이 단축되고 연소상태도 나빠져 노킹이나 조기점화 등으로 엔진의 출력이 저하된다.

또한, 너무 냉각되면 냉각으로 손실되는 열량이 크기 때문에 엔진 효율이 낮아지고, 연료 소비량이 증가하는 등의 문제가 생기므로, **엔진의 온도를 약 80~90℃로 유지시키는 것이 냉각장치의 기능이다. 기관의 작동온도는 실린더헤드 물 자켓부의 냉각수 온도로 표시한다.**

냉각장치의 주요부는 라디에이터, 물펌프, 냉각 팬, 시라우드, 수온조절기(thermostat), 수온계, 냉각수, 부동액 등이 있다.

■ **기관이 과열되었을 때 기관에 미치는 영향**

① 열팽창으로 인하여 부품이 변형된다.

② 오일이 연소되어 오일 소비량이 증대된다.

③ 오일의 점도 변화에 의하여 유막이 파괴된다.

④ 부품의 마찰 부분이 소결된다.

⑤ 조기 점화가 발생되어 기관의 출력이 저하된다.

⑥ 연소 상태가 불량하여 노킹이 발생된다.

■ **기관이 과냉되었을 때 기관에 미치는 영향**

① 기관의 출력이 저하되므로 연료 소비량이 증대된다.

② 유막의 형성이 불량하여 블로바이 현상이 발생된다.

③ 압축 압력의 저하로 인하여 기관의 출력이 저하된다.

④ 블로바이 가스에 의하여 오일이 희석된다.

⑤ 오일의 희석에 의하여 점도가 낮아지므로 베어링부가 마멸된다.

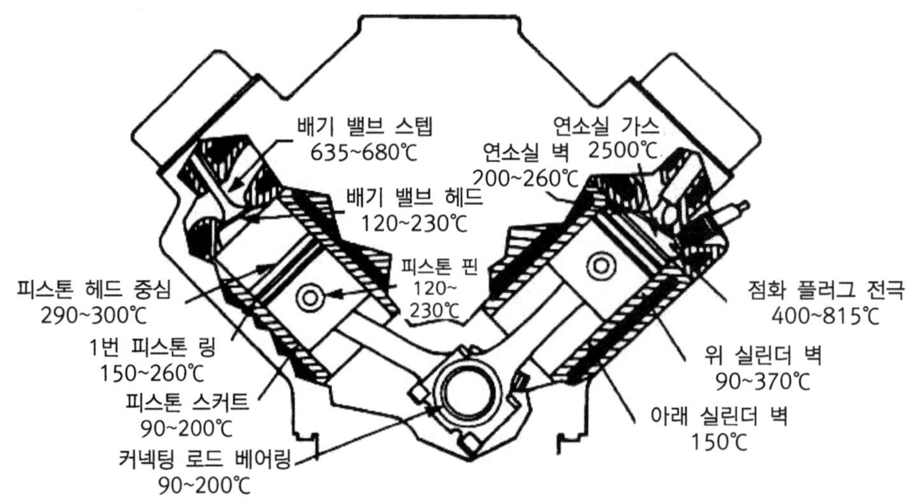

그림 3-66 기관의 각부의 작동 온도

3.5.2 냉각방식

엔진을 냉각시키는 방식에는 주행 중 받는 공기로 냉각시키는 공랭식과 냉각수를 사용하여 엔진 내부를 냉각시키는 수냉식이 있다.

1) 공랭식(Air Cooling Type)

공냉식 냉각장치는 엔진을 직접 대기와 접촉시켜 열을 발산하는 형식으로 구조가 수냉식에 비해 간단하나 운전 상태에 따른 엔진의 온도가 변화되기 쉽고 냉각이 균일하게 되지 않아 과열되기가 쉽다. 이 방식은 자동차용 엔진에는 거의 이용되지 않고 **모터 사이클이나 경비행기의 엔진**에 이용되고 있다.

공랭식에는 모터사이클과 같이 주행중 받는 공기로만 냉각시키는 자연 통풍식과 냉각팬을 사용하여 강제로 다량의 공기를 보내어 냉각시키는 강제 통풍식으로 분류된다.

특히, 자연 통풍식에는 냉각핀을 두어 공기와의 접촉면적을 크게 하여 열의 발산이 잘되도록 한다.

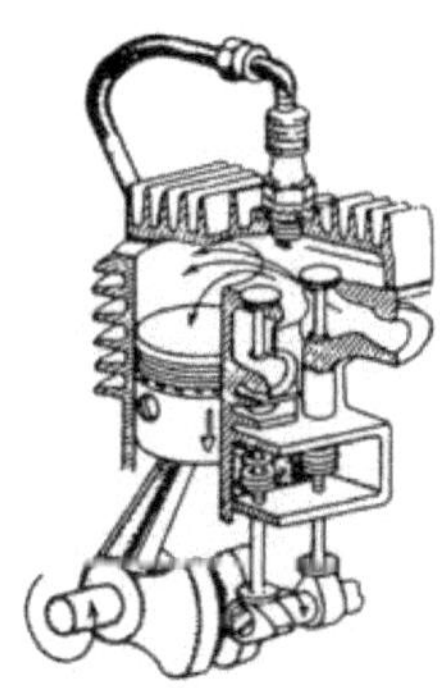
그림 3-67 공랭식엔진의 자연통풍식

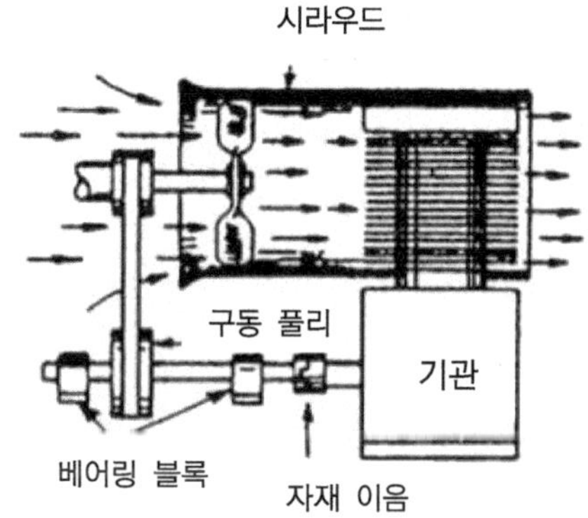

그림 3-68 공랭식엔진의 강제통풍식

2) 수냉식(Water Cooling Type)

수냉식 냉각장치는 냉각수를 이용하여 엔진을 냉각하는 형식으로 물의 순환 방식에 따라 자연 순환식과 강제 순환식이 있다. 자연 순환식은 냉각수를 대류에 의해 순환시키기 때문에 현재의 고성능 엔진에는 적합하지 못하며 전혀 사용되지 않고 있다.

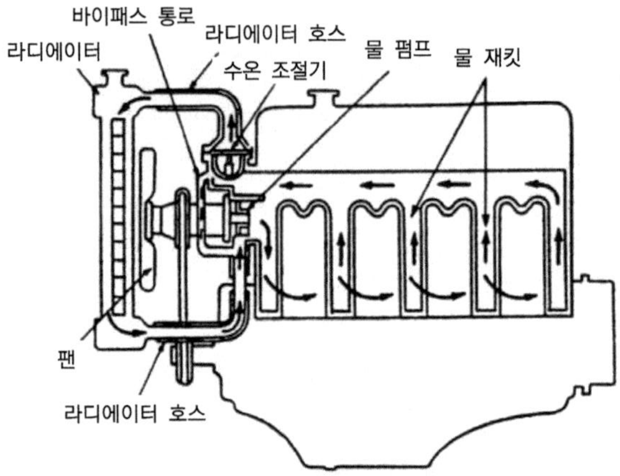

그림 3-69 수냉식 냉각장치

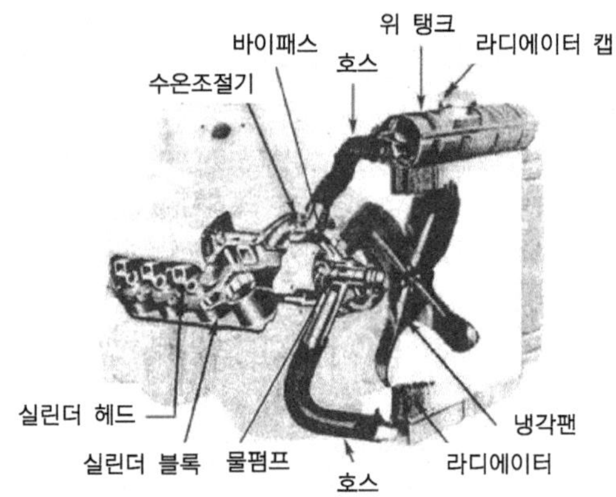

그림 3-70 강제 순환식

강제 순환식은 자동차 엔진의 대표적인 방식으로 **워터 펌프**를 이용하여 냉각수를 강제로 순환시켜 냉각하는 방식이다. **이 방식의 주요 구성부품은 라디에이터**(Radiator), **워터 펌프**(Water Pump), **워터 재킷**(Water Jacket), **수온조절기**(Thermostat) 등으로 구성된다. 냉각수의 압력조절은 라디에이터의 캡에 있는 밸브로 조절되는데 냉각수를 밀봉하여 가압하였을 때 냉각이 잘되는 이유는 액체의 비등 온도는 액면에 가하는 압력에 따라 변화하며, 일반적으로 가압하면 끓는점의 온도는 올라가고, 감압하면 온도는 내려간다.

3.5.3 수냉식 냉각장치의 구성

1) 물 재킷(Water Jacket)

물 재킷은 실린더 블록과 실린더 헤드에 설치된 냉각수의 순환통로이며 이곳을 통과하는 냉각수가 실린더 벽, 밸브 시트, 밸브 가이드, 연소실과 접촉하여 열을 흡수한다. 워터 재킷은 보통 실린더 블록 또는 실린더 헤드와 일체로 주조되어 있다.

2) 물 펌프(Water Pump)

물 펌프는 벨트에 의해서 크랭크축의 동력을 받아 회전하며, 라디에이터에 저장되어 있는 냉각수를 실린더 블록 및 실린더 헤드의 냉각수 통로에 순환시키는 역할을 하며, 원심력 펌프가 사용된다.

(1) 원심력 펌프의 원리

밀폐된 용기에 물을 가득 넣고 그 안에서 날개를 회전시키면 물은 원심력에 의하여 용기 주위의 압력은 높아지고 중앙부의 압력은 낮아진다. 이러한 용기의 주위와 중앙부에 파이프를 설치하면 중앙부의 파이프에서는 물이 흡입되고, 주위의 파이프에서는 밀어 내 보내게 된다.

(2) 물 펌프의 구조

물 펌프는 펌프 보디, 임펠러(Impeller, 베인 또는 로터), 펌프 축, 베어링, 풀리 및 임펠러 실(Seal) 등으로 구성되어 있다. 펌프는 임펠러(Impeller)의 회전으로 원심력을 이용해서 라디에이터에서 냉각시킨 물을 바깥둘레로 뿜어 실린더 블록의 워터 재킷으로 물을 보내는 작용을 한다. **물펌프는 엔진 회전수의 1.2~1.6배로 회전하며 효율은 냉각수의 온도에 반비례하고 압력에는 비례한다.**

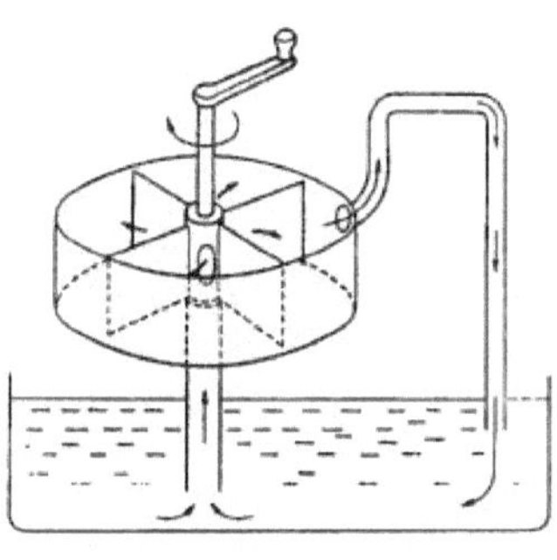

그림 3-71 원심력 펌프의 원리

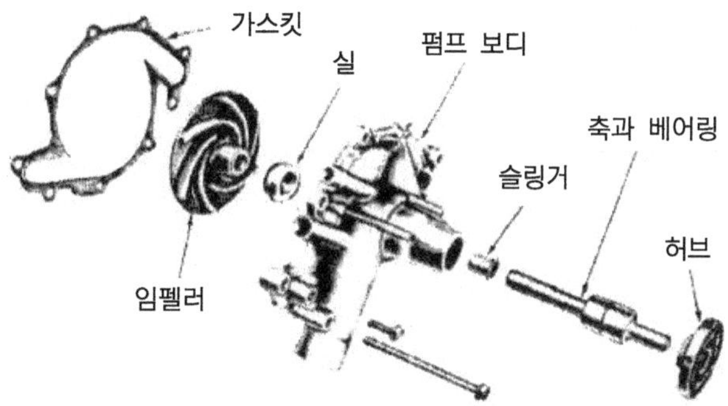

그림 3-72 물펌프 분해도

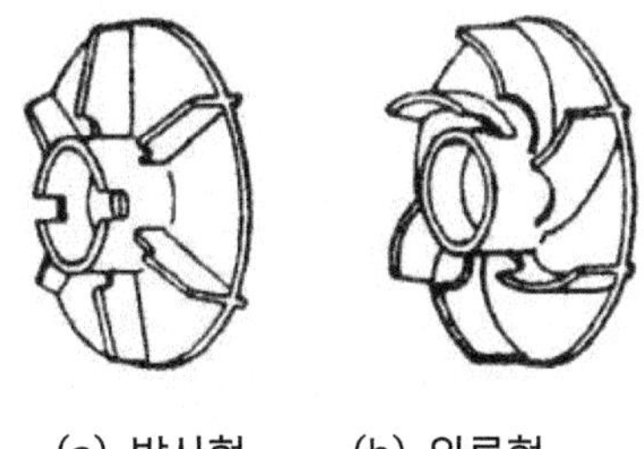

그림 3-73 임펠러

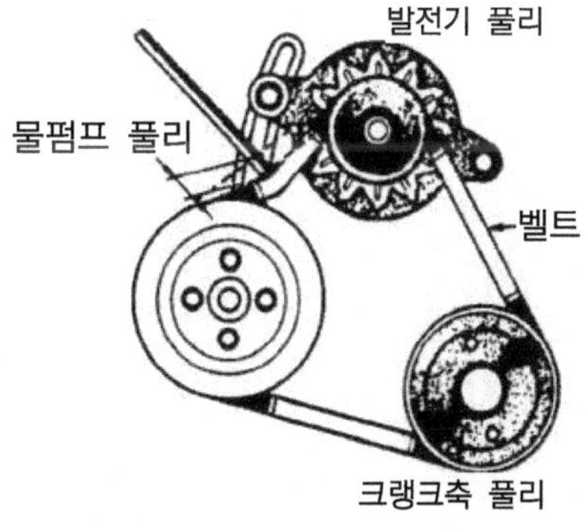

그림 3-74 벨트

3) 구동 벨트(Drive Belt)

구동 벨트는 크랭크축의 동력을 이용하여 발전기와 물 펌프에 전달하여 구동시키는 역할을 하며, 이음이 없는 섬유질과 고무를 이용하여 성형한 V벨트를 사용한다.

4) 냉각 팬(Cooling Fan)

냉각 팬은 라디에이터 뒤쪽에 부착하여 강제로 통풍시킴으로써 냉각 효과를 충분히 얻게 하고 고속시에는 배기매니폴드 등의 과열을 방지하는 역할도 한다. 근래의 승용차 엔진의 냉각 팬은 회전을 자동적으로 조절하여 팬의 구동에 소비되는 동력손실을 줄이면서 엔진 과냉과 소음을 줄일 목적으로 클러치식과 전동 팬을 많이 쓰고 있다.

5) 라디에이터(방열기, Radiator)

라디에이터는 엔진에서 가열된 냉각수를 냉각하는 장치이며, 큰 방열 면적을 가지고 있고 대량의 물을 받아들이는 일종의 탱크이다.

라디에이터는 상부탱크와 코어 및 하부 탱크로 구성되어 있으며 상부 탱크에는 라디에이터 캡, 오버플로 파이프 및 입구 파이프가 있고 하부 탱크에는 출구 파이프와 드레인 코크(Drain Cock)가 부착되어 있다.

6) 시라우드(Shroud)

시라우드는 라디에이터와 냉각 팬을 감싸고 있는 판으로서 공기의 흐름을 도와 냉각 효과를 증대시키고 배기다기관의 과열을 방지하는 역할을 한다.

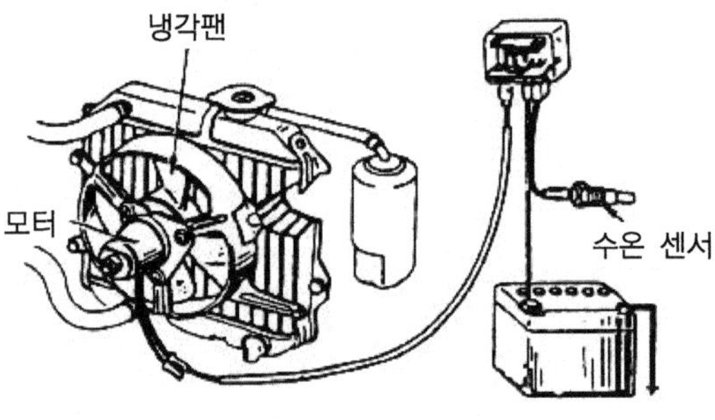

그림 3-75 전동팬

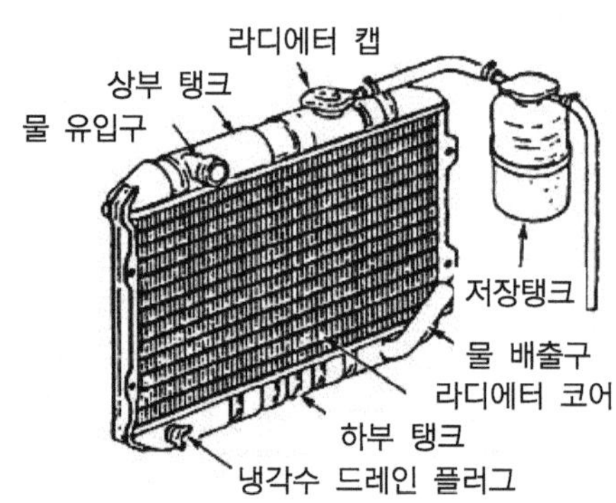

그림 3-76 라디에이터의 구조

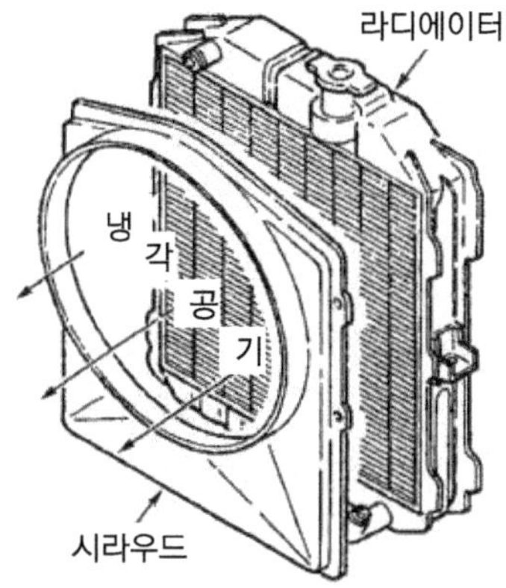

그림 3-77 시라우드

7) 수온 조절기(Thermostat)

수온 조절기는 엔진과 라디에이터 사이에 설치되어 있으며 냉각수 온도 변화에 따라 자동적으로 개폐하여 라디에이터로 흐르는 유량(流量)을 조절함으로써 냉각수의 적정온도를 유지하는 역할을 한다.

수온 조절기는 차종에 따라서 다르지만 보통 75~83℃에서 서서히 열리기 시작하여 95℃가 되면 완전히 열린다. 냉각수의 온도가 낮을 때는 수온 조절기가 닫혀 있으므로 냉각수는 엔진 내부만 순환하고 온도가 어느 정도 올라가면 수온조절기가 열려 라디에이터로 흘러 들어가 냉각된다.

▌엔진이 시동된 후 냉각수 온도가 낮을 때(워밍 업 전)

냉각수를 라디에이터로 보내지 않고 워터 펌프를 통해 엔진으로 순환시키기 때문에 빠른 워밍업을 유도한다.

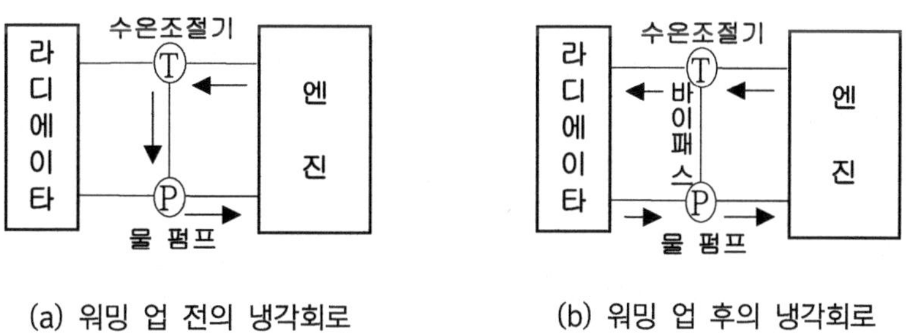

그림 3-78 냉각장치의 회로 구성

▮엔진의 냉각수 온도가 어느 정도(약 80℃ 가량) 뜨거워지면

서모스탯이 열리면서 라디에이터로 흘러 들어가 냉각되고, 냉각된 물은 워터 펌프를 통하여 엔진으로 공급된다.

서모스탯(수온조절기)에는 펠릿형(Pellet Type)과 벨로즈형(Bellows Type)이 있으며 벨로즈형에 비해 수압의 영향을 덜 받아 온도를 정확히 제어할 수 있는 펠릿형을 많이 사용한다.

(1) 펠릿형(Pellet Type)

펠릿형 서모스탯의 작동은 수온이 규정온도(약 80℃)까지 높아지면 펠릿안의 왁스가 팽창하여 고무부분을 압축함으로써 그 중심부에 있는 스핀들을 밀어 올리려고 하나 스핀들은 케이스에 고정되어 있으므로 펠릿이 밑으로 내려가서 밸브가 열린다. 반대로 수온이 낮아지면 팽창했던 왁스가 수축되고 고무의 압축이 제거되어 펠릿은 스프링에 의해 원위치로 돌아가면서 밸브는 닫힌다.

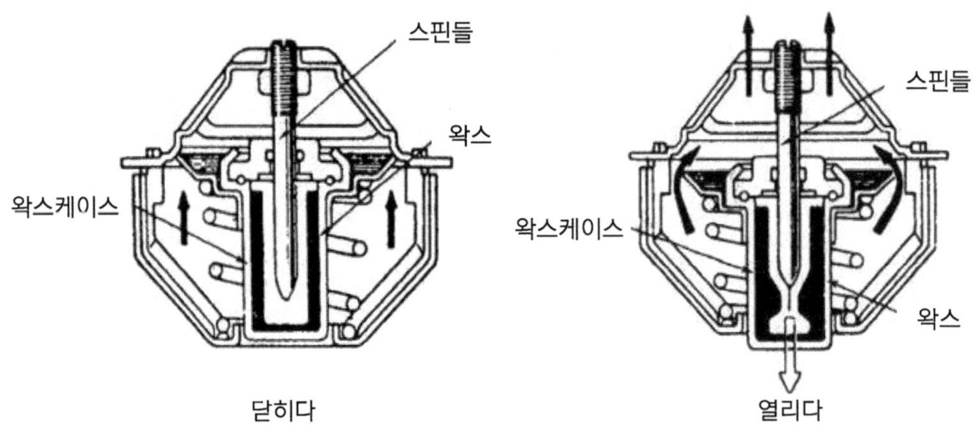

그림 3-79 펠릿형 수온조절기

(2) 벨로즈형(Bellows Type)

벨로우즈 내에 에테르나 알콜을 봉입하여 냉각수의 온도에 따라 팽창 및 수축하여 밸브를 개폐한다.(그림 3-80)

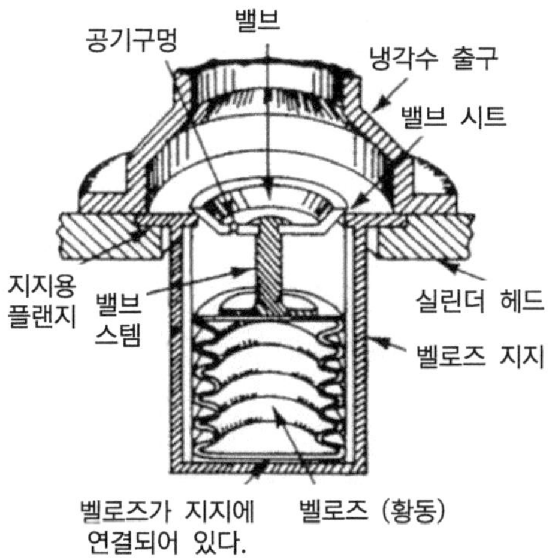

그림 3-80 벨로즈형 수온조절기

(3) 서머스탯의 주요 역할

① 엔진의 온도를 일정하게 함으로서 엔진의 성능을 최고로 발휘시킨다.
② 과열 및 과냉을 방지한다.
③ 오일의 노화방지 및 엔진 수명을 연장시킨다.
④ 차내 난방효과를 높인다.
⑤ 냉각수의 소모를 방지한다.

8) 수온계(Water Temperature Gauge)

수온계는 실린더 헤드의 냉각수 온도를 나타내는 것으로서 운전석 계기 패널에 설치되어 있다. 수온계는 부르동 튜브식(Bourdon Tube Type), 밸런싱 코일식, 바이메탈 서미스터식이 있으며, 실린더 헤드에 설치되는 유닛과 계기부로 구성되어 있다.

3.6 흡·배기장치

3.6.1 흡·배기장치의 구성

기관을 작동시키려면 실린더내에 혼합기를 흡입하고, 연소 후의 가스를 배출하지 않으면 안 된다. 그림 3-80은 이것을 이루기 위한 흡·배기장치를 나타내고 있다.

흡기장치에는 흡기행정에서 공기와 함께 들어오는 먼지 등의 이물질을 제거하기 위해 기관의 흡입구에 설치된 에어클리너와 각 실린더에 혼합기를 분배하는 흡기 매니폴드(Intake Manifold) 등이 있다.

배기장치에는 각 실린더의 배출가스를 모으는 배기 매니폴드와 배출가스를 대기 중에 배출하는 배기파이프 및 배기 소음을 저하시키는 소음기(Muffler) 등이 있다. 또 기관의 압축 및 연소 행정에서 대기오염의 원인이 되는 블로바이 가스(Blowby Gas) 등을 방지하기 위한 배출가스 제어장치를 부착하고 있다.

1) 에어클리너(Air Cleaner)

에어클리너는 실린더에 흡입되는 공기 중에 포함되어 있는 불순물을 여과하여 깨끗한 공기를 공급하는 것으로서 공기를 흡입할 때 발생하는 소음을 억제하기도 하고 역화시에 불길을 저지하기도 하다. 공기속의 먼지나 모래 등이 실린더에 흡입되면 실린더와 피스톤이 마멸되며, 기관에 사용되는 오일을 오염시켜 베어링 등의 마멸을 촉진시킨다.

에어클리너는 건식과 습식이 있는데 건식은 종이나 천으로 된 엘리먼트를 사용하여 공기가 엘리먼트에 통과했을 때 먼지 등이 제거되어 흡입된다. 이에 반해 습식은 오일이 묻혀 있는 스틸 울(metal wool)이나 천으로 된 엘리먼트를 사용하여 공기가 유입될 때 오일에 접촉하여 여과되도록 한 것이다.

2) 흡기 다기관(Intake Manifold)

흡기 다기관은 서지 탱크와 실린더의 흡기 구멍을 연결하여 혼합기를 각 실린더에 균일하게 분배하는 역할을 한다. 흡기 다기관의 지름은 클수록 흡입효율이 양호하나 혼합기의 흐름속도가 느려 연료의 입자가 다기관의 벽에 부착되어 혼합기가 희박해지므로 실린더 지름의 25~35%가 적당하다.

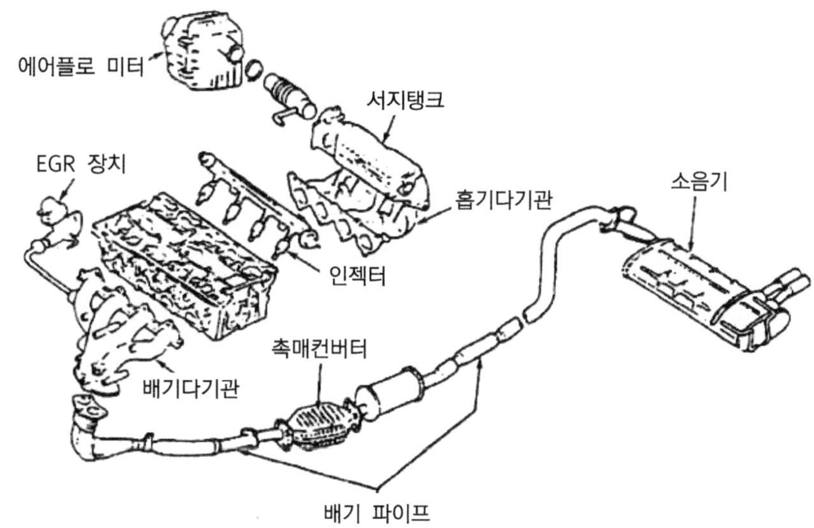

그림 3-81 흡·배기장치

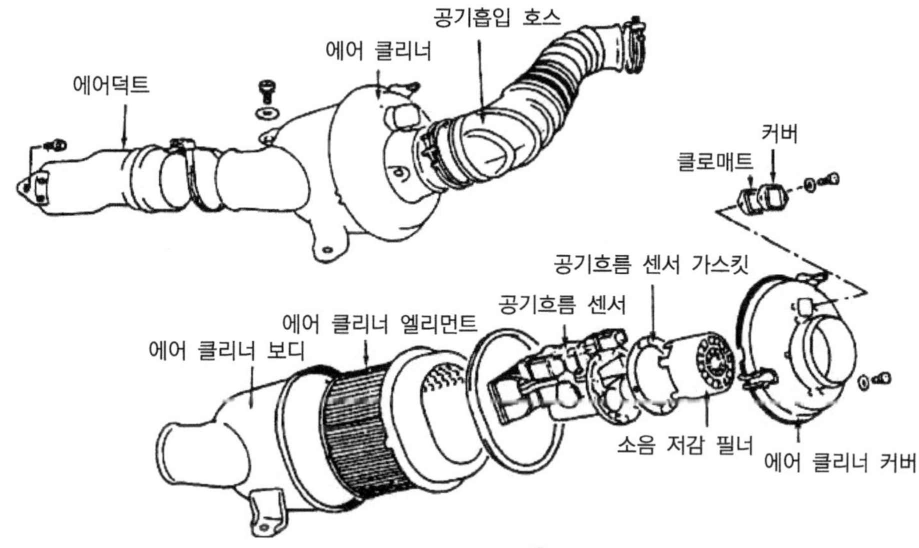

그림 3-82 에어클리너

3) 배기 다기관(Exhaust Manifold)

배기 다기관은 실린더의 배기 구멍과 배기관 사이에 설치되어 각 실린더에 배출되는 가스를 한 곳으로 모으는 역할을 한다. 각 실린더에서 3~4 kgf/㎠의 압력으로 배출되기 때문에 유출 저항이나 배기의 간섭이 적어야 한다.

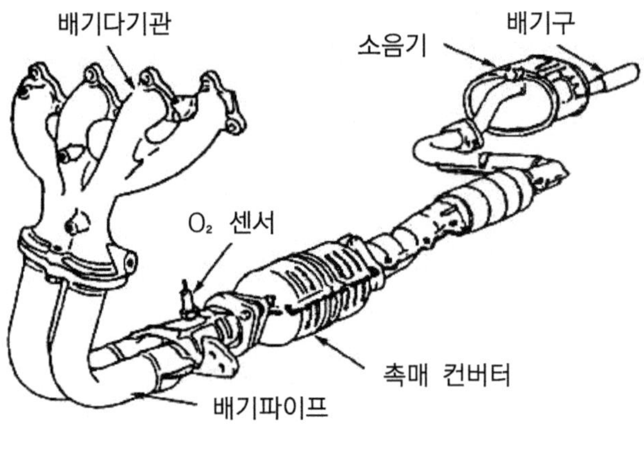

그림 3-83 배기계통

4) 소음기(Muffler)

소음기는 배기가스를 대기 중으로 배출하기 전에 **압력과 온도를 저하시켜 급격한 팽창에 의한 폭음을 억제하는 역할**을 한다. 소음기는 보통 1 ㎜의 강판의 원통형으로서 내부에는 작은 구멍이 뚫어진 몇 장의 판으로 칸막이가 되어 배기가스가 소음기 속으로 들어가 칸막이 판의 작은 구멍 및 배기관을 통하여 배출되면서 서서히 팽창되고 압력과 온도가 함께 저하되어 격렬한 폭음을 방지하게 된다.

배기가스의 온도는 600~900℃ 정도이며 음속 340 m/sec에 달한다. 그러므로 소음기 체적은 피스톤 행정체적의 약 12~20배 정도가 좋고 그 종류는 칸막이 판의 형식에 따라 원통형, 차단판식, 이젝터식이 있다.

(1) 원통형 소음기

이것은 3개의 원통을 동심이 되도록 조합한 것이며 중앙에 들어간 배기가스는 작은 구멍을 통하여 바깥쪽으로 원통으로 나와 다시 외곽에 있는 원통으로 나가며 이때 배기가스의 압력과 온도가 저하되게 한다.

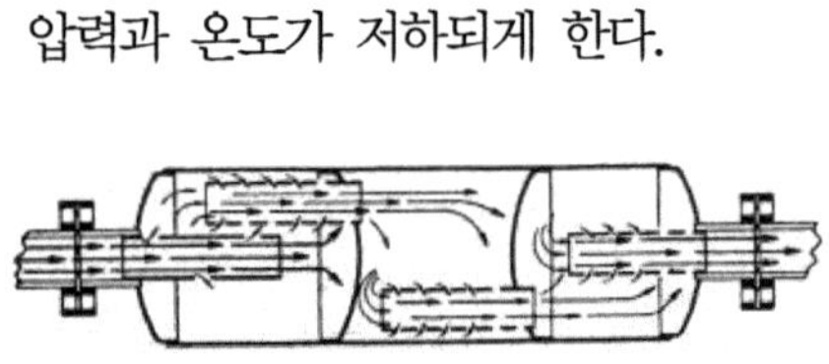

그림 3-84 원통형 소음기

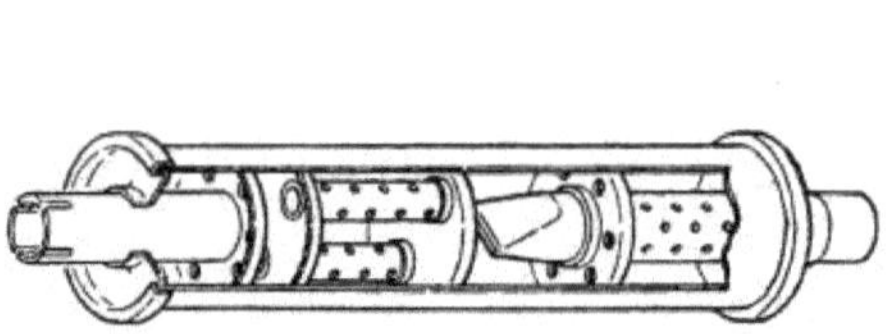

그림 3-85 차단판식 소음기

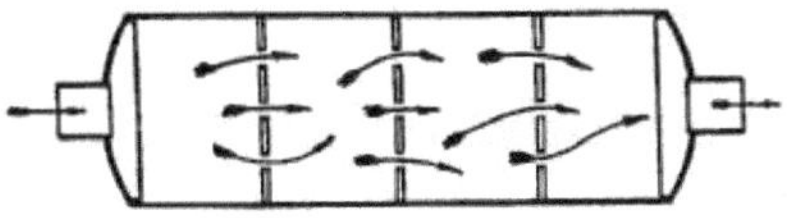

그림 3-86 이젝터식 소음기

(2) 차단판식 소음기

차단판식 소음기는 원통의 내면에 작은 구멍이 뚫린 차단판을 설치하여 칸막이를 한 형식이다.

(3) 이젝터식 소음기

이 형식은 칸막이 중심에 작은 관을 설치하여 배기가스가 중심관을 통과 할 때 발생되는 부압으로 팽창실의 배기가스를 빨아내기 때문에 팽창 압력이 낮아지도록 하게 한다.

3.6.2 터보차저와 가변용량제어 터보차저(VGT)

1) 터보차저의 개요

일반적으로 터보차저(Trubo Charger)는 과급기라고도 하는데, 엔진의 배기가스를 이용하여 터빈을 구동하면 동일한 축상에 있는 압축기(임펠러)에 돌려 공기를 압축하여 보다 많은 공기를 엔진 실린더에 공급하는 것이다.

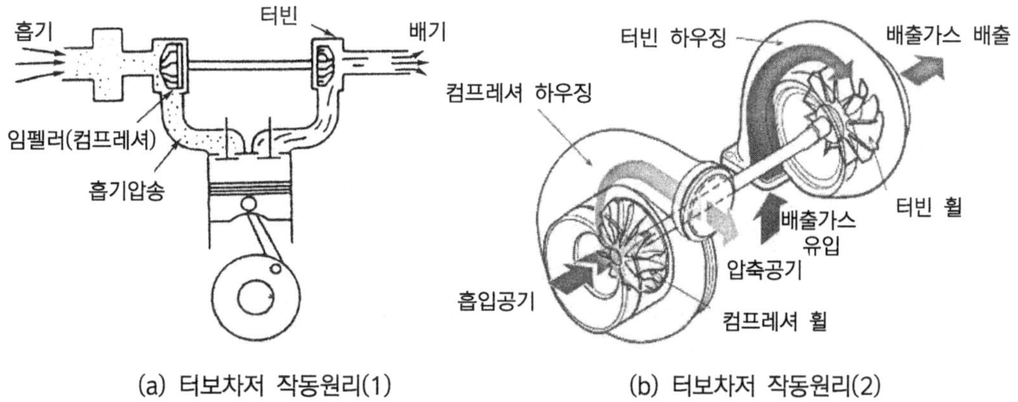

(a) 터보차저 작동원리(1) (b) 터보차저 작동원리(2)

그림 3-87 터보차저의 작동

터보장착 엔진은 엔진의 소형화, 저연비, 경량화 및 배기규제를 출력의 손실 없이 대응할 수 있는 장점 때문에 디젤엔진의 신개발에서는 거의 필수적으로 적용되고 있다. 터보 인터쿨러 엔진은 자연 흡기식 엔진에 비하여 약 35~45%의 출력이 향상되기 때문에 열부하와 기계적 부하의 증가에 대한 신뢰성 확보가 요구된다.

터보차저는 인터쿨러(Intercooler)와 주로 함께 사용된다. 인터쿨러는 터보차저에 의해서 가압된 흡입공기는 폐쇄된 공간에서 압축되기 때문에 공기의 온도는 상승된다. 상승된 공기온도는 부피를 팽창시켜 실린더에 압축시켜 불어넣을 수 있는 공기의 양을 한 제한시키기 때문에, 인터쿨러는 과급으로 온도가 상승된 압축공기를 냉각시켜 공기의 밀도를 올리는 장치이다.

터보차저의 변천은 일반엔진(NA) → 터보차저(TC) → 터보+인터쿨러(TCI) → 가변용량터보차저(VGT)로 발전하고 있다.

2) 터보차저의 구조

터보차저의 주요 구성품으로서는 **압축기, 터빈, 플로팅 베어링, 과급압력 조절장치, 인터쿨러, 노킹 방지장치** 등으로 되어 있으며 압축기, 터빈, 플로팅 베어링은 일체 구조로 되어 있다.

(1) 압축기(Compressor, 임펠러)

원심식을 사용하며 고속으로 회전하여 공기를 가압하는 임펠러(Impeller)와 흐름 속도가 빠를 때 감속하여 속도 에너지를 압력 에너지로 바꾸는 디퓨저(Diffuse)가 있으며, 이 부품을 넣는 하우징으로 구성된다. 임펠러의 모양에 따라 직선으로 형성된 레디얼형은 디젤기관에, 나선형으로 된 백워드형은 가솔린기관에 적합하다.

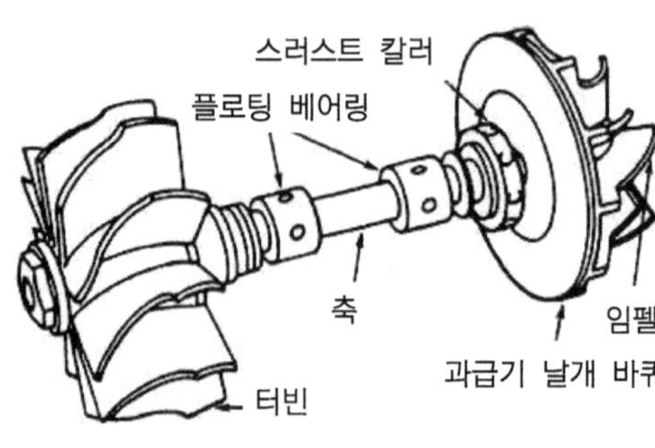

그림 3-88 터빈과 임펠러

(2) 터빈(Turbine)

터빈은 배기쪽에 설치된 날개로서 배기가스의 압력에 의하여 압축기를 회전시키는 역할을 하며, 배기가스에 노출되고 고속으로 회전하기 때문에 열에 강하고 원심력에 대한 충분한 강도가 있어야 한다. 기관이 작동될 때 각 실린더의 배기 밸브를 통하여 배출되는 배기가스는 터빈의 하우징 안에서 바깥 둘레로부터 터빈의 날개와 접촉되어 회전시키고

(a) 터보차저 형상

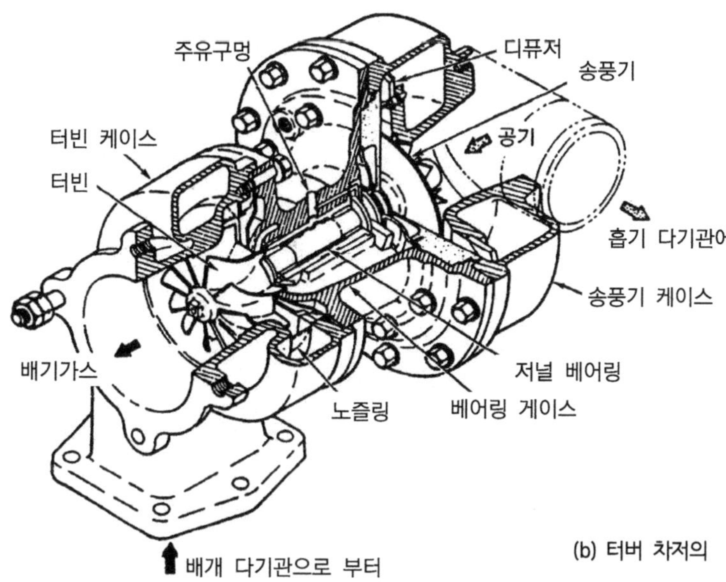

(b) 터버 차저의 구조

그림 3-89 터보차저의 구조와 원리

배기관을 통하여 배출된다. 이때 흡입쪽에 설치된 임펠러가 동일 축에 설치되어 있기 때문에 회전하게 되어 공기를 과급하게 된다.

(3) 플로팅 베어링(Floating Bearing)

플로딩 베어링은 **고속으로 회전하는 터빈축을 지지하는 베어링**으로서, 터빈축의 미세한 언발란스(Unbalance)을 흡수하고, 또 엔진오일을 순환시켜 윤활 및 냉각작용을 한다. 플로팅 베어링은 기관으로부터 공급되는 오일로 충분히 윤활되므로 하우징과 축 사이에서 자유롭게 회전할 수 있다.

(4) 과급 압력 조절기

이것은 과급 압력이 규정값 이상으로 상승되는 것을 방지하는 역할을 한다. 과급 압력을 조절하지 않게 되면 허용 압력 이상으로 상승되어 기관이 파손되므로 과급압력을 조절하여야 한다. 압력을 조절하는 방법으로는 배기가스를 바이패스 시키는 방법과 흡입되는 공기를 조절하는 방식이 있다.

(5) 인터쿨러(Intercooler)

인터쿨러는 임펠러와 흡기 다기관 사이에 설치되어 과급된 공기를 냉각시키는 역할을 한다. 과급된 공기는 온도가 상승하고 공기 밀도의 증대비율이 감소하여 충전효율이 저하되거나 노킹을 일으키기 쉽다. 그래서 과급된 공기의 온도를 낮추려고 한 것이 인터쿨러이다. 인터쿨러는 라디에이터와 비슷한 구조로 설계하여 주행 중 받는 공기로 냉각시키는 공랭식과 냉각수를 이용하여 냉각시키는 수냉식이 있다. 승용차용 터보에서는 공랭식이 주로 사용된다.

(6) 노킹 방지장치

노킹 방지장치는 실린더 블록에 노크 센서를 설치하여 노킹 진동이 발생되면 점화시기를 느리게 조절하여 노크가 발생되는 것을 방지하는 장치이다. 노킹은 과급 압력이 높거나 흡기 온도가 높을 경우에 발생되기 쉬우며, 노킹 방지장치는 6~8 Khz의 진동을 감지하는 노크 센서, 노크 조절 장치, 진각 제어부분으로 구성되어있다.

3) 과급기의 장단점

(1) 장점

① 엔진을 소형 경량화를 시키면서 엔진출력을 증가(N/A대비 40%증가)시킴
② 고지에서 파워저감을 방지하고 노이즈 절감
③ 연비향상과 운전성 향상
④ 배기가스 저감 및 NO_X의 감소 효과

(2) 단점

① 엔진의 강도 저하
② 구동계의 내구성 저하
③ 노킹발생 우려

4) 가변용량 제어 터보차저(VGT)

(1) 개요

일반 터보차저의 경우 배기 가스량이 적고 유속이 느린 저속구간에서는 터보차저의 효과가 발휘할 수 없어 **터보래그(Turbo Lag) 현상**이 발생한다. 터보래그 현상이란 액셀 페달을 밟아 가속할 때 실린더에 흡입되는 공기량이 단숨에 증가하지 않고, 터빈 휠이 하나의 저항으로 작용해 엔진의 연소과정이 진행되면서 필요한 양의 공기가 실린더에 들어오기까지 시간이 걸리는 지연현상이다. 특히, 급발진 가속 및 천천히 주행하고 있는 상태에서 가속 시에 나타나는 현상이다.

따라서 터보차저는 이 터보래그를 작게 할 목적으로 터빈 휠에 불어넣는 배기가스 속도를 올리는 것이 고려되었다. 배기가스가 지나가는 통로를 작게 하면 동일 배기량으로 가스는 빠르게 분출되므로 터보래그는 작게 된다. 그러나 엔진회전수에 상관없이 배기 통로를 좁히면 최고출력은 작아지는 문제점이 발생한다.

이러한 문제점을 개선하기 위해 개발된 것이 **가변용량터보차저**(VGT : Variable Geometry Turbo Charger)**이다.** VGT는 저속구간에서 배출가스의 통로를 좁힘으로써 배출가스 속도를 증가시켜 터빈을 빠르게 구동할 수 있어 기존의 터보차저 작동구간보다 저속영역에서도 터보차저의 효과를 발휘할 수 있도록 한 것이다. 따라서 VGT는 **터빈입구를 면적을 가변시키는 방식으로 동일조건에서 기존 터보차저보다 약 10% 이상 엔진 출력 향상 효과**가 있다.

◆ **VGT 엔진의 장점**

① 배기가스가 적게 배출되는 저속구간에서 배기유로를 축소, 빠른 속도의 배기가스가 터빈의 구동력을 높여 줌으로써 토크가 증대되어 가속성능 향상
② 배기가스가 많이 배출되는 고속구간에서 배기유로를 확대, 많은 양의 배기가스가 터빈의 구동력을 높여 줌으로써 출력향상

표 3-3 엔진부하에 따른 VGT 작동

엔진상태	부스트 압력 액츄에이터	베인통로	비고
저속 영역	당김	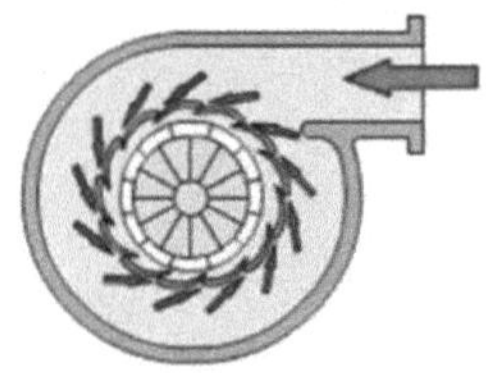	• 배기유로 축소에 의해 속도에너지 최대화 • 최대토크 5~15%향상
고속 영역	풀림		• 배기유로 확대에 의해 배기유량 최대화 • 최고출력 10~15% 향상

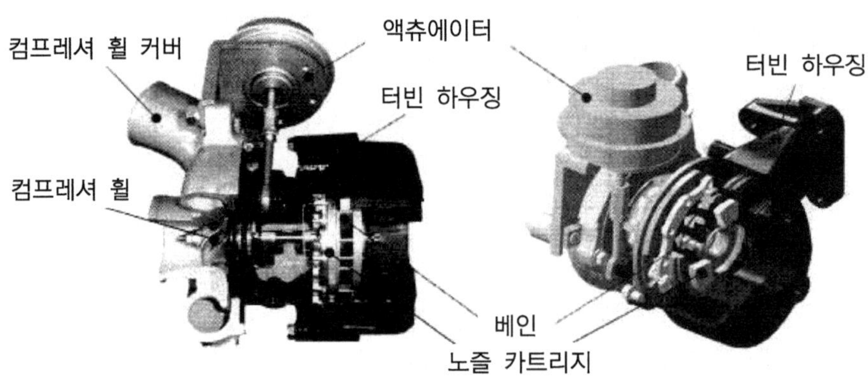

그림 3-90 VGT터보차저의 구성

③ 배기유로 정밀제어를 통해 저속 및 고속 전구간에서 터빈의 구동력이 증대, 충분한 공기 흡입으로 최적 연소가 이루어지므로 불완전 연소를 감소시켜 매연 및 배기가스가 저감

④ VGT에 의해 최적 제어된 흡입공기에 커먼레일 시스템을 통한 고압연료가 분사되어 최적 연소조건을 실현시킴으로써 대폭적인 연비향상

5) 슈퍼 차저(Surer Charger)

슈퍼 차저는 크랭크축의 동력으로 기계식 펌프를 작동시켜 과급하는 것으로 엔진 출력 일부를 크랭크축에서 얻어 벨트로 슈퍼 차저용 클러치를 통해 **누에고치용 로터**를 회전시켜 과급하는 것이다.

슈퍼 차저용 클러치의 ON, OFF제어는 컴퓨터로 하며 엔진의 부하가 작을 때 클러치는 OFF되어 연비와 소음을 감소하고 부하가 커지면 클러치는 ON으로 되어 저속 및 중속에서 엔진의 회전력을 증대한다. 슈퍼차저는 터보차저에 비하여 저속회전에서 큰 회전력을 얻을 수 있는 특징이 있다.

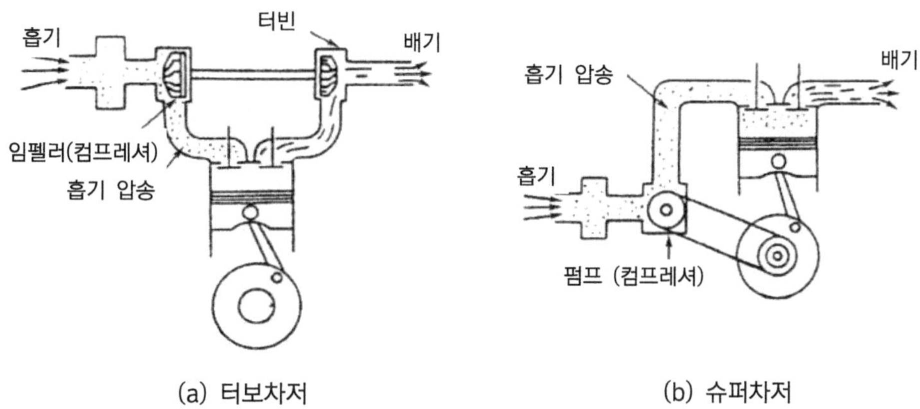

그림 3-91 터보차저와 슈퍼차저

3장 연습문제

1. 실린더헤드 개스킷의 역할과 스틸라미네이트 개스킷에 대하여 설명하라.

2. 단행정 엔진의 장단점에 대하여 설명하라.

3. 실린더 내의 가스유동인 스월, 텀블, 스퀴시, 난류유동에 대하여 설명하라.

4. 연소실의 형태 중 반구형 연소실과 펜트루프 연소실에 대하여 특징을 설명하라.

5. 피스톤 슬랩 현상에 대하여 설명하라

6. 피스톤 간극이 클 때와 작을 때의 영향에 대하여 설명하라.

7. 피스톤 링의 3대 작용에 대하여 기술하라.

8. 엔진 베어링 크러시(bearing crush)와 스프레드(bearing spread)에 대하여 설명하라.

9. 밸브 서어징(surging)에 대하여 설명하라.

10. 4행정 기관의 밸브개폐시기에 대하여 밸브타이밍 선도를 그리고, 밸브 오브랩을 두는 이유를 설명하라.

11. 자동차 윤활유의 6가지 작용에 대하여 설명하라.

12. 윤활장치의 구성부품과 역할에 대하여 간단히 기술하라.

13. 윤활유가 갖추어야 할 조건에 대하여 기술하라.

14. 윤활유의 분류 중 API분류와 SAE신분류를 나누어서 설명하라.

15. 기관이 과열되었을 때와 기관이 냉각되었을 때 기관에 미치는 영향에 대하여 설명하라.

16. 자동차의 냉각장치 중 수온조절기의 기능과 역할에 대하여 설명하라.

17. 엔진의 과급기인 터보차저와 슈퍼차저에 대하여 기능을 설명하라.

18. 터보차저의 구성부품과 역할에 대하여 설명하라.

19. 가변용량터보차저(VGT)에 대하여 설명하라.

4장 가솔린엔진

4.1 가솔린기관의 연료계통

연료와 공기를 혼합하여 실린더에 공급하는 장치를 연료 공급장치라고 한다. 가솔린기관의 연료 공급장치는 기화기식(Carburetor)식인 경우 연료 탱크, 연료 파이프, 연료 여과기, 연료 펌프, 기화기와 에어클리너 등으로 구성되어 있고, MPI(Multi Point Injection)식인 전자제어 연료 분사방식인 경우는 기화기 대신에 인젝터, 연료 펌프, 연료 분배파이프, 서지 탱크, 연료 압력조정기, 스로틀보디 및 이들의 제어를 위한 각종 센서인 전자제어 장치 등이 추가되어있다. 전자제어식 가솔린기관의 연료계통은 다음과 같다.

연료탱크-연료펌프-연료필터-연료압력조정기-딜리버리파이프-인젝터

4.2 전자제어 연료분사장치

4.2.1 전자제어 연료분사장치의 개요

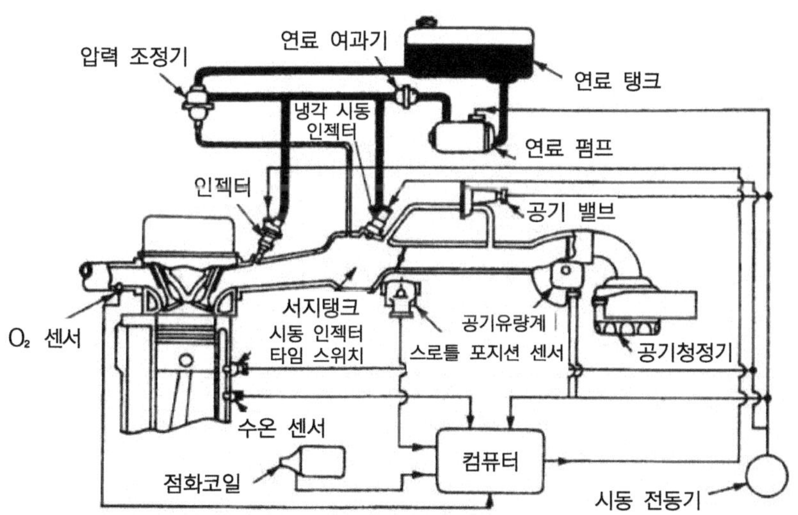

그림 4-1 전자제어식 분사장치의 계통도

엔진 전자제어 시스템은 엔진 출력증대, 유해 배기가스의 배출감소, 연료 소비량 절감, 신속한 응답성을 동시에 만족시키기 위해 엔진의 회전속도, 흡입공기량, 냉각수 온도, 흡기온도, 산소감지 등을 위한 각종 센서를 부착하고 이 센서에서 보내주는 신호 전압을 컴퓨터인 ECU가 받아 엔진의 운전상태에 따라 최적의 조건으로 작동하기 위해 ECU는 출력 액추에이터(Actuator)인 인젝터, ISC-서보, 점화코일 및 각종 릴레이 등을 제어하여 분사량, 분사시기, 점화시기 등을 제어하여 주는 것이다.

4.2.2 가솔린 분사 방식의 분류

1) 인젝터 설치방식 (인젝터 수에 따른 분류 포함)

① SPI(Single Point Injection)

1~2개의 인젝터를 스로틀보디에 설치하고 연료를 분사시키는 방식이다. TBI(Throttle Body Injection)방식이라고도 한다.

② MPI(Multi Point Injection)

각 흡기다기관 마다 인젝터를 1개씩 설치하여 연료를 분사하는 방식으로 전자제어 엔진에서 거의 모두 사용되고 있다.

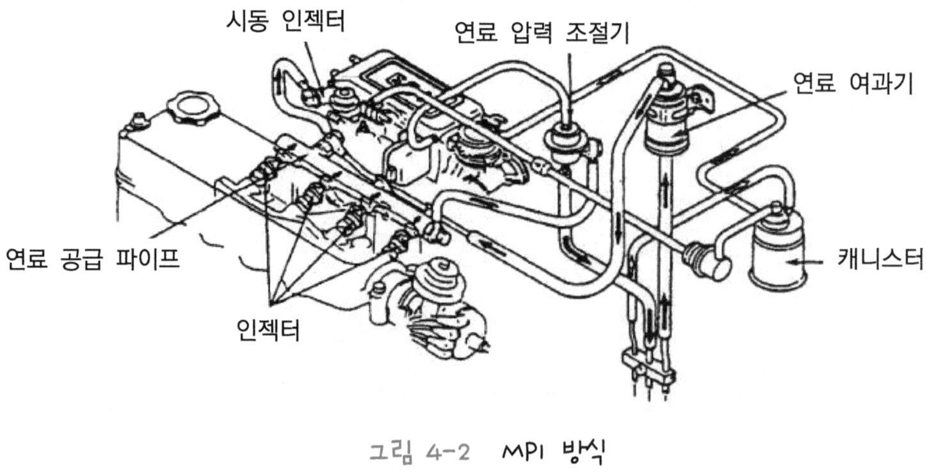

그림 4-2 MPI 방식

2) 흡입공기 계측방식

(1) 메스플로식(Mass Flow Type)

공기유량 센서가 흡입하는 공기와 직접 접촉하여 계측함으로써 공기유량을 전기적인 신호로 변환하여 ECU에 보내는 방식이며 L-제트로닉 방식에 사용된다. 종류는 다음과 같다.

① 메저링 플레이트식(Measuring Plate Type)

공기의 체적유량 계측방식으로서 공기의 계량을 메저링 플레이트의 열림각이 변화되면 메저링 플레이트 축에 설치된 포텐쇼미터(Potentiometer)의 변화된 저항값을 전압비로 바꾸어 흡입 공기량을 검출한다.

그림 4-3에서와 같이 기관에 흡입되는 공기가 플레이트를 밀어 열릴 때의 각도를 포텐쇼미터의 저항값이 변화되는 것을 전압비로 바꾸어 전기적인 신호를 ECU에 보내는 방식이다. 흡입공기의 체적유량은 전압에 비례한다.

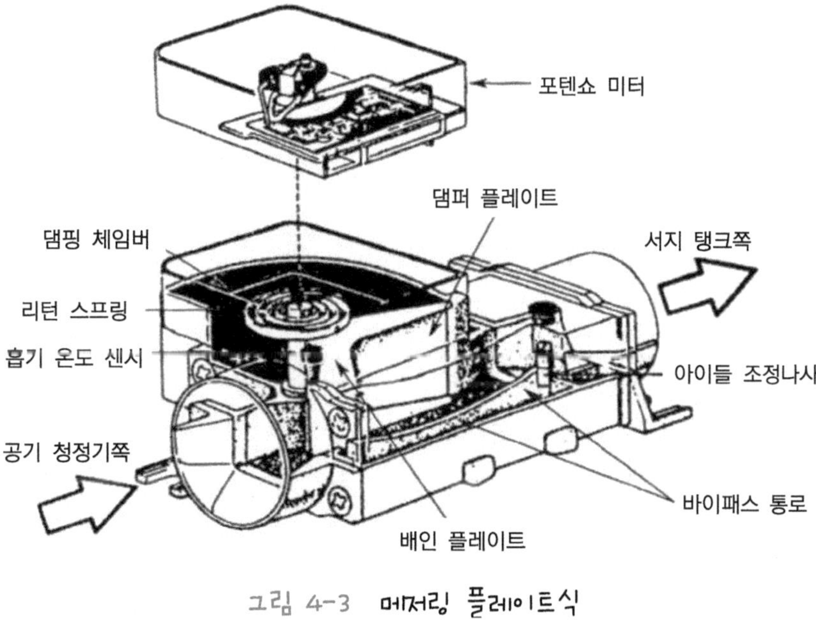

그림 4-3 메저링 플레이트식

② 핫 와이어식(Heat Wire Type, 열선식 공기유량계)

메저링 플레이트식은 흡입공기량을 체적유량(CC)으로 검출한 반면, 핫 와이어식은 질량유량(kg)에 의해 흡입공기량을 검출한다.

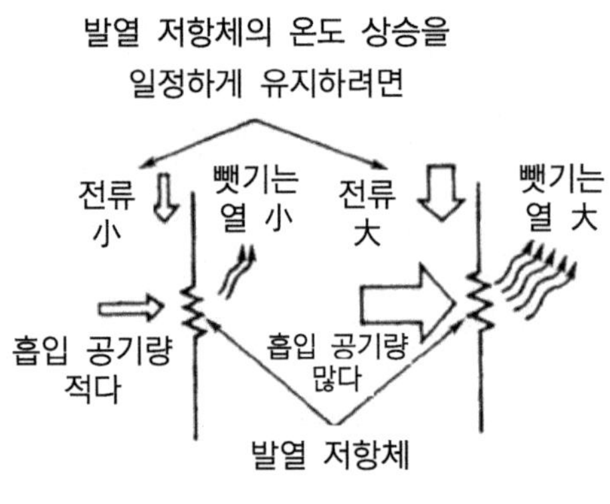

그림 4-4 핫 와이어 작용원리

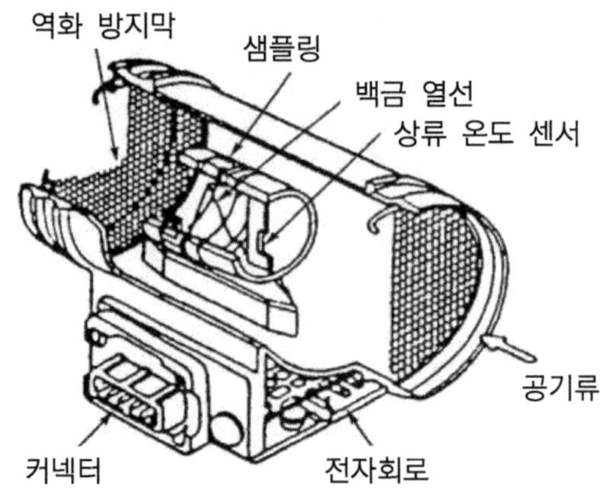

그림 4-5 핫 와이어식 에어플로미터

핫 와이어식의 측정원리는 그림 4-4에서와 같이 흡입공기의 흐름속에 발열 저항체를 두고 통전하여, 공기유량에 의해 변화하는 발열 저항체의 온도를 일정하게 유지하도록 저항체에 흐르게 하는 전류값을 변화시켜 그 전류값으로부터 흡입공기량을 측정하게 되어 있다.

그림 4-5에서 같이 기관에 흡입되는 공기 중에 전류에 의해서 가열되는 백금선(Pt wire)을 설치하여 기류에 따라서 냉각되는 백금선의 온도를 일정하게 유지시키는데 필요한 전류에 의해 흡입공기량을 검출한다. 흡입공기의 질량유량은 전류에 비례한다.

③ 칼만와류식(Karman Vertex Type)

칼만 와류식 공기유량 측정은 칼만 맴돌이 발생의 원리를 이용하여 흡입공기량을 측정한다. 이것은 맴돌이 수와 물의 유속과는 일정한 관계가 있다는 것을 발견한 칼만이라고 하는 사람의 이름을 딴 것이다.

칼만 맴돌이 발생개수 f는

$$f = 0.2\frac{V}{D}$$

f : 맴돌이 발생개수(개/s)

D : 저항체의 지름(cm)

V : 유속(cm/s)

로 표시되며, 유속에 비례해서 맴돌이가 발생한다.

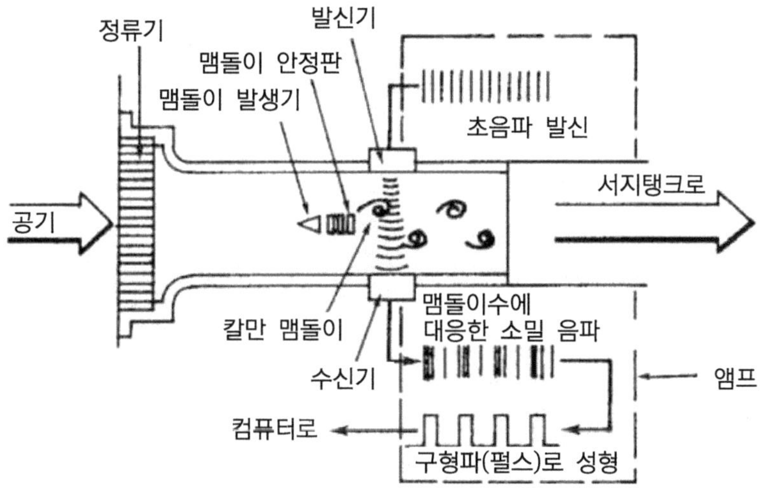

그림 4-6 칼만 맴돌이식 공기유량계의 원리

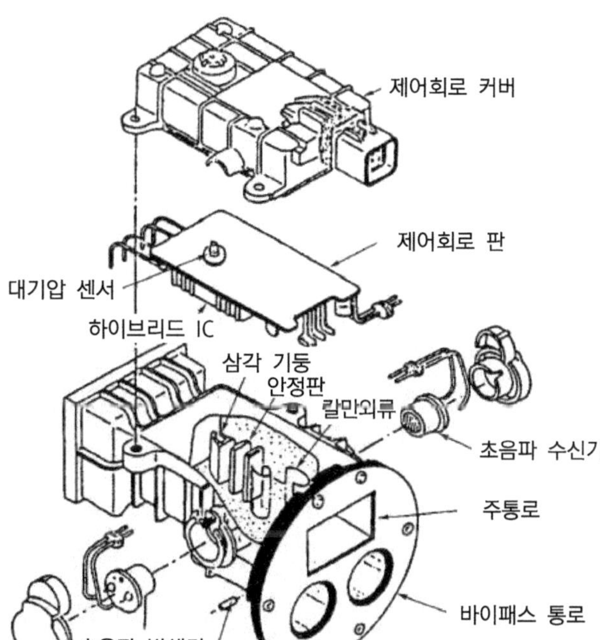

그림 4-7 칼만와류식 에어플로미터 구조

칼만 와류식 공기유량 측정기는 흡입공기의 흐름 속에 맴돌이 발생기(저항체)를 두고, 그 하류에 발생하는 칼만 맴돌이의 수를 전기적으로 구하여 흡입공기를 측정한다.

칼만 맴돌이의 발생 개수를 구하는 데는 하류의 칼만 맴돌이 발생역에 초음파 발생기를 두고, 맴돌이의 흐름과 직각 방향으로 초음파를 발신하여 반대쪽의 수신기로 받는다. 발신기로 발산된 초음파는 맴돌이의 영향을 받아서 수신기로 도달할때까지의 시간이 빠라졌다 늦어졌다 하므로 이 위상차를 검출하여 앰프에서 파형을 정형하여 칼만 맴돌이의 발생수에 따르는 펄스신호를 ECU에 보내어 흡입공기량으로서 처리한다. 그림 4-7은 칼만와류식의 에어플로미터 구조를 보여주고 있다.

(2) 흡기 압력 검출 방식(Speed Density Type)

흡기다기관 압력이 1사이클당 흡입하는 공기와 비례한다는 원리를 이용하여 MAP (Manifold Absolute Pressure Sensor)센서에서 흡기부압을 계측하여 사이클당 연료분사량을 결정하는 방식이다. D 제트로닉방식에 사용된다. (그림 4-8)

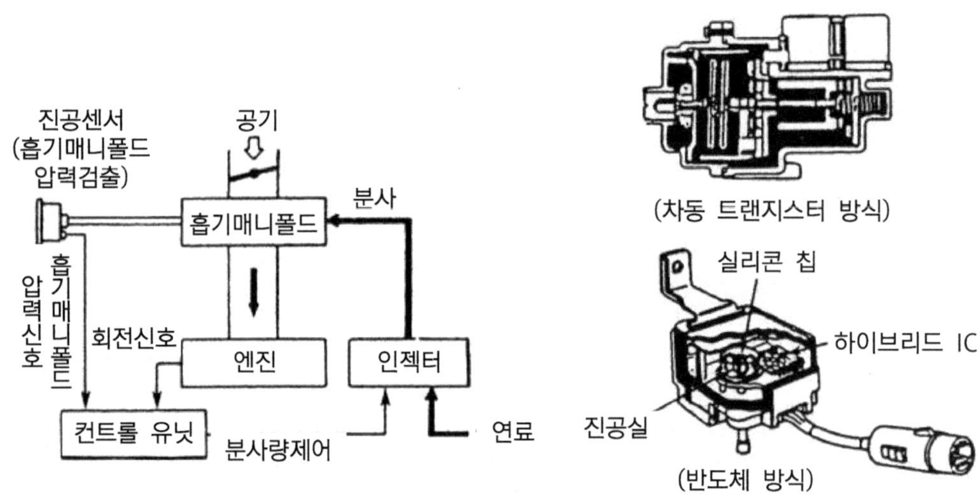

(a)흡기압력 검출원리 (b) 맵센서 종류

그림 4-8 흡입압력 검출원리와 진공센서

4.2.3 EGI (Electronic Gasoline Injection) 시스템의 종류

EGI시스템은 엔진의 실린더내로 흡입되는 공기량의 측정방법에 따라 K-Jetronic, D-Jetronic, L-Jenteronic 등으로 크게 분류된다.

1) K-제트로닉 방식

K-제트로닉(K-Jetronic)의 K는 독일의 컨티뉴리치(Kontinuierlich)의 머리글자이고 제트로닉(Jetronic)은 분사(Injection)과 전자(Electronic)의 합성어로 전자제어분사라는 의미이다. 이 **K-제트로닉은 흡기다기관 압력제어(MPC)으로 흡입공기량을 기계적으로 계측**하고 그에 따른 연료의 분사량을 연산하여 연료 분배기에 의해 인젝터를 통하여 연료를 연속적으로 분사한다. 이 시스템은 유럽의 일부 차량에 채용되고 있다.

2) D-제트로닉 방식

D-제트로닉(D-Jetronic)의 D는 독일어 드루크(Druck)의 머리글자이다. **이 방식은 흡기다기관의 부압을 감지하여 연료 분사량을 제어하는 방식**을 말한다. 흡기관내의 압력은 엔진의 운전상태에 따라 결정되는 실린더내의 흡입공기량을 나타내는 지표이다. 엔진의 아이들상태, 부분부하상태, 가속상태 등에 따라 달라지는 흡기관내의 압력을 측정할 수 있는 MAP센서(Manifold Absolute Pressure Sensor)에 의해서 이를 측정하고 그 값을 전기적인 신호로 변환, ECU에서 이 신호를 근거로 분사할 연료의 양을 결정한 다음 MPI 방식에 의해 실린더에 분사한다.

3) L-제트로닉 방식

L-제트로닉의 L은 독일어의 루프트(luft)의 머리글자이고 "공기"의 뜻을 지니고 있다. L-제트로닉은 D-제트로닉 방식과는 달리 **흡입 공기의 유로에 공기량 센서를 설치하여 모든 흡입공기가 이 센서에 의하여 계측**되도록 한다.

공기유량 센서에는 베인(Vane Type)방식, 칼만와류(Kalman Vortex)방식의 체적 유량형과 열선(Hot Wire) 또는 열막(Hot Film)식의 질량유량형 등 여러 종류가 있다. **어느 경우나 공기유량 센서에서 검출된** 흡기량을 전기적인 신호로 변환한 다음 ECU에서 이 신호를 근거 로 연료의 분사량을 연산 결정하여 MPI방식에 의해 각 실린더의 흡기포트내에 분사한다.

4.2.4 국내 적용엔진 EGI시스템의 종류 및 특징

국내에서 적용하고 있는 EGI시스템은 대표적으로 **L-제트로닉 방식의 Melco 시스템과 bosch 시스템 그리고 D-제트로닉 방식의 Siemens 시스템으로 나눌 수 있으며** 여기서 Melco, Bosch, Siemens 라는 명칭은 해당 제작회사가 지금 현재 대표적으로 사용하고 있는 시스템을 말한다. 그 특징은 다음과 같다.

표 4-1 전자제어시스템의 종류 및 특징

항 목	MELCO 시스템	SIEMENS 시스템	BOSCH 시스템
에어플로센서	칼만와류를 이용한 초음파 검출방식과 칼만 볼텍스를 이용한 압력검출방식	MAP 센서 방식	Hot-wire 방식 Hot-film 방식
아이들 스피드 제어장치	ISC모터(MAP)방식 스텝 모터 방식 ISA 방식	ISA 방식	ISA방식
점화시기제어	ECU 자동제어	←	←
기본 점화시기	BTDC 5±2도	BTDC 11±5도	BTDC 9±5도
연료 제어	ECU 자동제어	←	←
연료 압력	3.06 kgf/㎠	←	←
크랭크 각도 검출	광전식(발광다이오드 포토 다이오드 사용)	전자식(톤휠과 마그네틱 사용)	←
NO.1 TDC 검출	광전식(발광다이오드 포토 다이오드 사용)	전자식(톤휠과 마그네틱 사용)	←
EGR 밸브	있음	없음	없음

4.2.5 EGI 시스템의 구성

EGI시스템의 구성은 일반적으로 **흡기계통, 연료계통, 제어계통 등 3계통**으로 크게 나누어 진다.

1) 흡기계통

흡기계통은 엔진의 연소에 필요한 공기를 계량 및 제어한다. 공기청정기, 흡입 공기량 계측기구, 스로틀보디(Throttle Body), 서지탱크, 각 실린더 매니폴드 및 공기밸브로 구성되어 있다.

공기청정기에서 여과기를 거쳐서 필터링(Filtering)된 공기는 공기유량 센서인 에어플로미터에 의하여 계측된 다음 스로틀보디(Throttle Body)를 거쳐서 서지탱크에서 각 실린더의 흡기관으로 분배된다. 각 흡기포트에서 인젝터로부터 분사되는 가솔린과 공기가 혼합되면서 실린더내로 흡입된다. 그리고 냉각수 온도가 낮을 때를 위하여 엔진의 난기 촉진을 목적으로 여분의 공기가 흡입될 수 있도록 하는 에어밸브가 부착되며 이 에어밸브를 통한 공기는 그림 4-10에서와 같이 스로틀밸브를 바이패스하여 서지탱크로 유입된다.

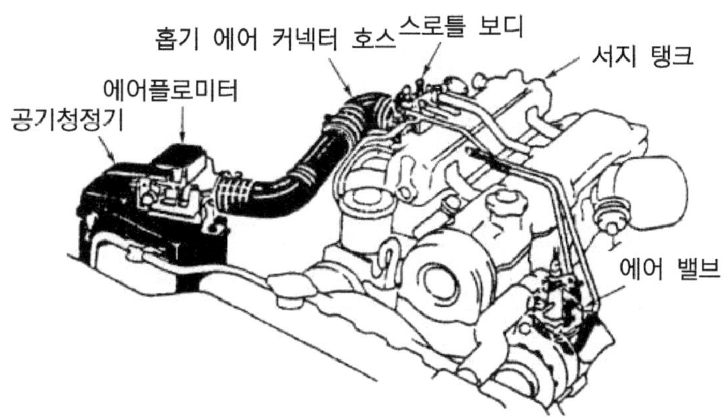

그림 4-9 흡기 계통 장치도

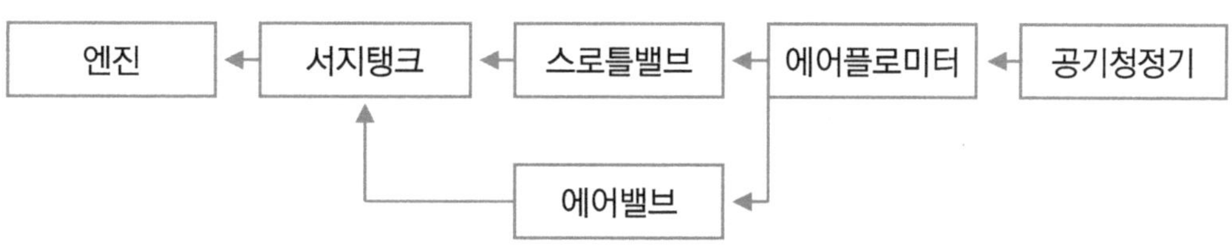

그림 4-10 흡입공기의 흐름

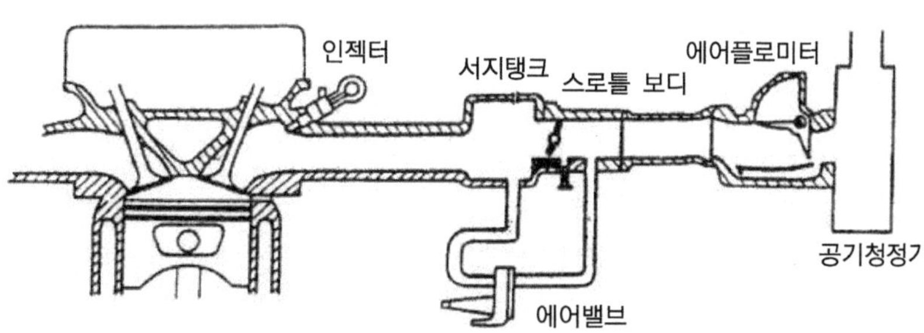

그림 4-11 흡입공기계의 구성도

2) 연료계통

연료계통은 실린더내에서 연소에 필요한 가솔린을 공급한다. 그림 4-12는 MPI 엔진의 연료계통의 구성도를 보여주고 있다. 연료펌프에 의하여 연료탱크로부터 가압, 송출된 가솔린은 연료필터를 거친다음 연료압력 조정기(Fuel Pressure Regulator)에서 흡기관 압력보다 높은 압력(약 2.5 kgf/㎠)으로 조정된 다음 딜리버리 파이프(Delivery Pipe)를 통하여 각 실린더의 인젝터로 분배된다.

각 인젝터에서 분사되는 가솔린의 양은 공기유량 센서에서 계측된 공기량에 따라 ECU에서 연산, 결정되고 분사신호에 의하여 분사된다. 연료계통을 표시하면 다음과 같다.

연료탱크-연료펌프-연료필터-연료압력조정기-딜리버리파이프-인젝터

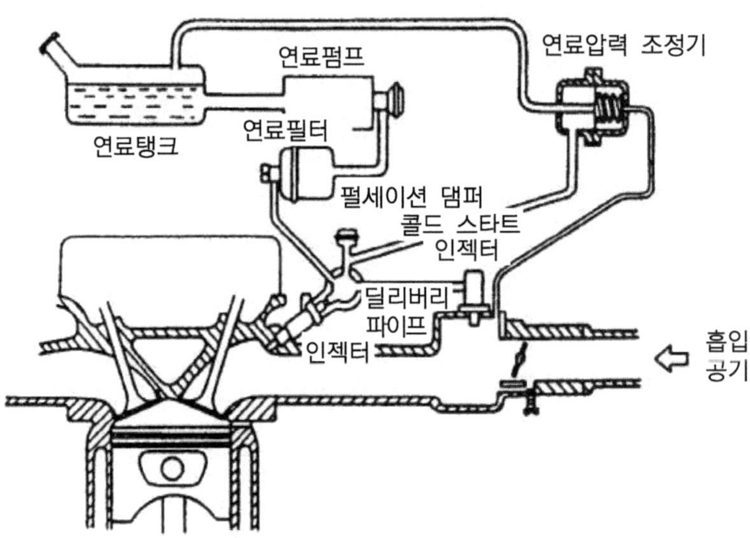

그림 4-12 연료계통 (MPI)

3) 제어계통

제어계통은 엔진의 운전상태에 상응하는 최적의 가솔린 양과 분사시간을 결정하기 위해서 기관의 상태를 감지하는 센서부와 그것으로부터의 신호를 기초로 하여 분사량을 계산하는 ECU와 ECU로부터의 지시를 이행하는 부분으로 되어 있다.

4.2.6 EGI 시스템 구성품의 기능

1) ECU의 제어계통

각종 센서들과 ECU로 구성되며 센서에서 엔진의 상태를 검출하고 각종 센서로부터의 신호에 의하여 연료 분사시기와 분사량을 계산한다. 각종센서에는 흡입공기량, 부하, 냉각수온도, 흡기온도, 엔진회전수 및 차속의 상태를 전기적 신호로 바꾸어 ECU로 보내면 ECU는 이러한 신호를 기초로 하여 주행상태에 맞추어 연료의 분사량을 결정하고 인젝 터를 구동한다. 연료의 분사는 4개의 인젝터를 순차적으로 구동하는 동기분사이며 공전시에는 부하에 따라 ISC-Servo를 구동하고 안정된 공전속도를 유지한다.

(1) ECU의 입력

① AFS(Air Flow Sensor : 공기 흐름 센서)

공기흐름 센서는 에어클리너 내부에 설치되어 있다. 흡입공기량을 칼만와류 현상을 이용하여 측정한 후 흡입 공기량을 전압으로 변환한 신호로 바꾸어 ECU에 보내면 ECU는 흡입 공기량 신호와 엔진회전수 신호를 이용하여 기본 연료분사 시간을 계산한다.

② BPS(Barometer Pressure Sensor : 대기압 센서)

대기압 센서도 에어클리너내의 에어플로미터에 부착되어 있는데, 대기압력을 검출하여 전압으로 변환한 신호를 ECU에 보내면 ECU는 이 신호를 이용하여 자동차의 고도를 계산하여 현재상태의 적정한 공연비가 되도록 연료분사량과 점화시기를 조정한다.

③ ATS(Air Temperature Sensor : 흡기온도 센서)

흡기온도 센서는 에어클리너내의 에어플로미터에 부착되어 엔진에 흡입되는 공기의 온도를 검출하여 ECU에 신호를 보내며 이 신호에 따라 흡입온도에 대한 연료분사량의 보정을 한다. 센서에는 서미스터가 내장되어 있고, 서미스터 저항값의 변화를 ECU에 보낸다.

④ WTS(Water Temperature Sensor : 수온 센서)

수온센서는 기관의 냉각수를 검출하는 센서인데 기관의 냉각수 온도에 따라서 공전 속도를 적절하게 유지시키고 연료 분사량을 보정하며, 점화 진각도를 결정하기 위하여 설치된 센서로서 냉각수의 출구부에 설치되어 있다. 수온센서는 온도가 상승함에 따라서 저항이 감소하는 서미스터를 내장하고 기관의 냉각수 온도를 아날로그 전압으로 변환시켜 ECU에 입력되면 ECU는 난기(暖氣)상태를 판별하여 연료 분사량을 조절하고 기관의 온도에 따라서 적절한 공전 속도를 유지시킨다.

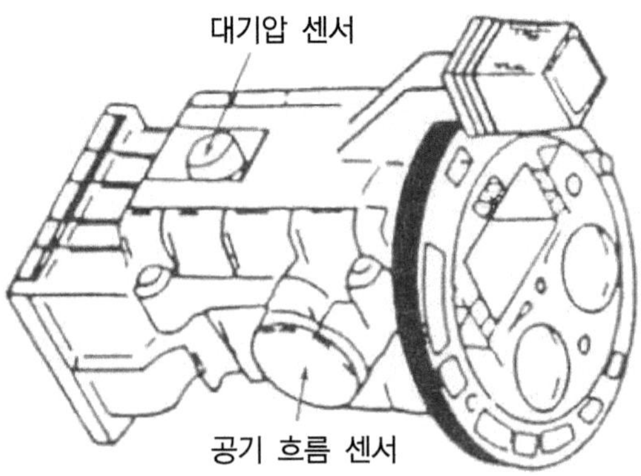

그림 4-13 에어 플로미터

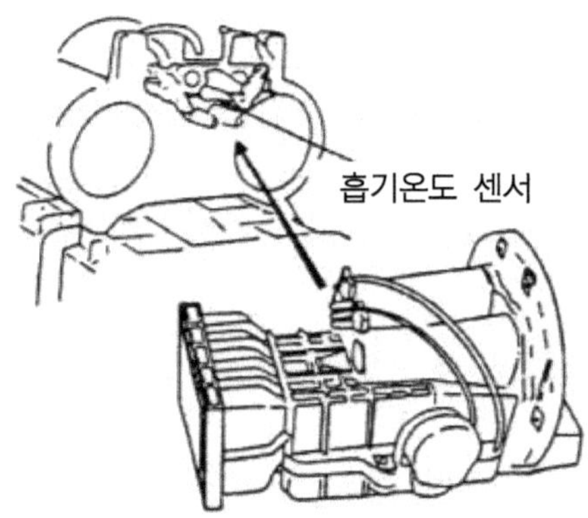

그림 4-14 흡기온도 센서

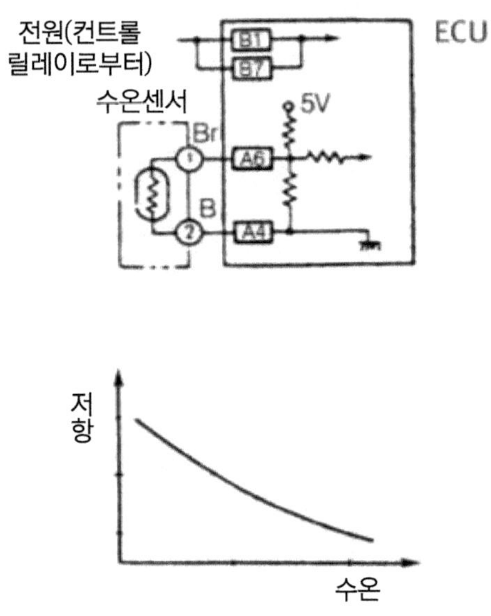

그림 4-15 흡기온도 센서의 회로와 저항관계

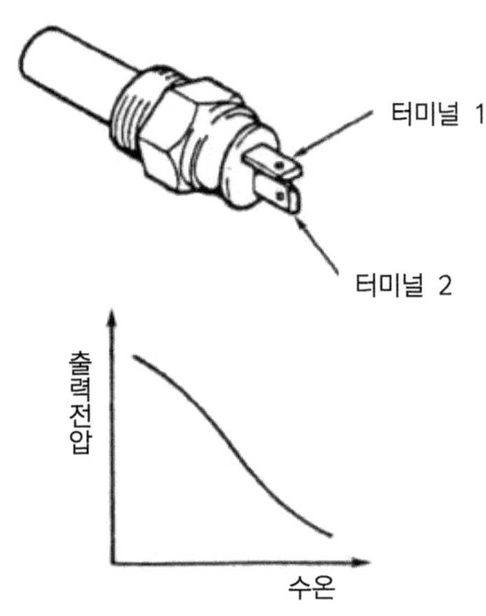

그림 4-16 수온센서

⑤ O_2 센서

O_2 센서는 배기매니폴드에 부착되어 배기중의 산소농도를 전기적으로 검출하는 것이다. O_2 센서는 배기가스중의 산소와 대기 중의 산소 농도차에 따라 이론공연비를 중심으로 출력 전압이 급격히 변화되는 것을 이용하여 피드백(Feedback)의 기준신호를 공급해주는 역할을 한다. 이때의 출력전압은 혼합기가 희박할때 약 0.1 V, 혼합기가 농후할 때 약 0.9 V의 전압이 발생하여 ECU에 보내어 EGR 밸브를 작동시켜 배기가스 일부를 피드백 시킨다. 이 센서는 삼원 촉매변환기가 부착된 자동차에 필요하다. 삼원촉매는 이론공연비 부근에서 가장 좋은 정화 성능을 발휘한다. 이를 위해 삼원 촉매 변환기에 들어가기 전의 배기가스 중의 산소농도를 정확하게 검출하고, 이것을 ECU에 보내어 연료의 분사량이 항상 이론공연비에 가까운 상태를 유지하도록 한다.

그림 4-18에 나타난 것과 같이 O_2 센서에는 지르코니아 소자가 사용되고 있는데, 이 소자는 그 양면에 산소의 농도차가 있으면 기전력을 발생시키는 특성이 있다.

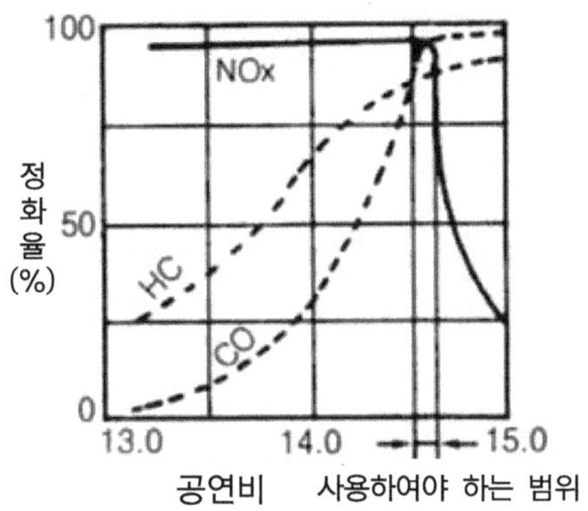

그림 4-17 삼원 촉매변환기의 정화율 특성

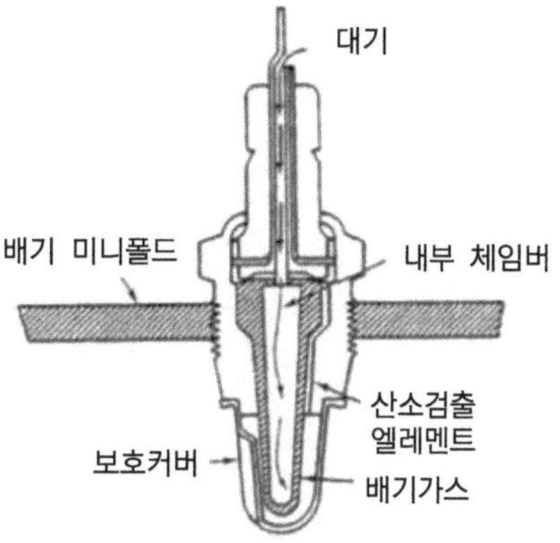

그림 4-18 O_2 센서

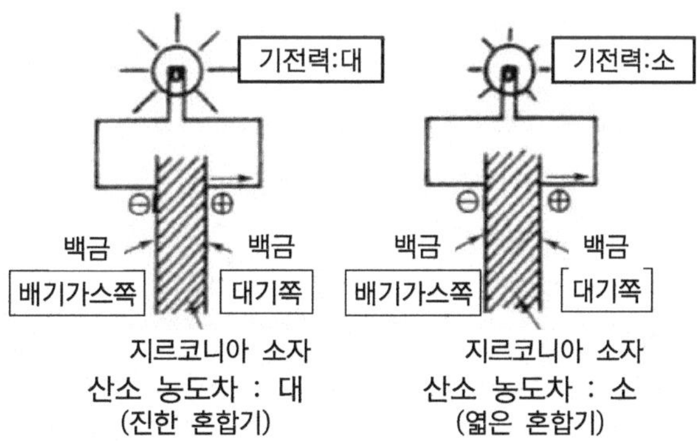

그림 4-19 O_2 센서의 원리

⑥ **ISC-서보(Idle Speed Control Sero : 공전 조절 서보)**

공전 조절 서보는 난기 운전 및 기관에 가해지는 부하가 증가됨에 따라서 공전 속도를 증가시키는 역할을 한다. ECU에서 제어하는 신호에 의해서 모터와 웜 기어를 사용하여 스로틀 밸브의 개도량을 조절하여 공전 속도를 증가시킨다. 공전 속도 조절 서보 모터를 바이패스 통로에 설치하여 ECU의 제어 신호에 따라 바이패스 통로를 열고 닫아 공전 속도를 조절하는 방법도 있다.

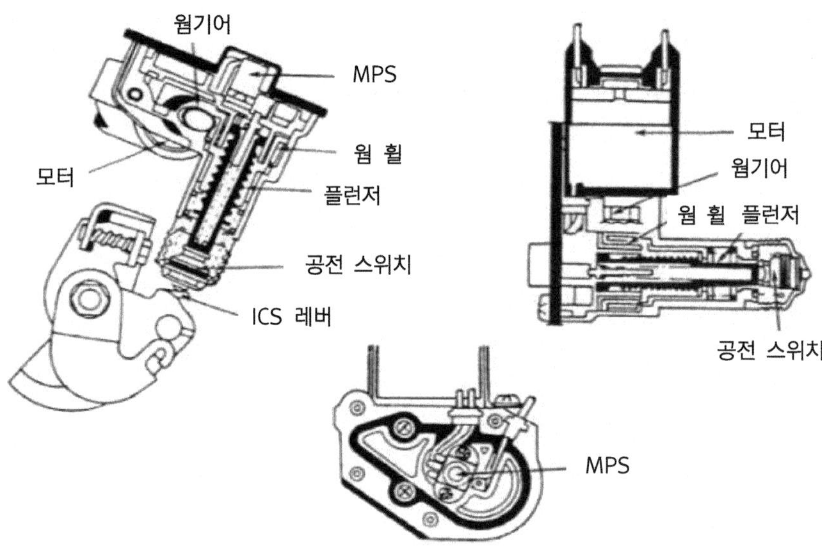

그림 4-20 ISC서보의 구조

⑦ **MPS(Motor Position Sensor : 모터 위치 센서)**

MPS는 가변 저항식으로 ISC-서보내에 설치되어 있으며, **기관의 공회전 속도를 상승시키기 위하여 설치된 센서로서 ISC-서보 모터의 위치를 검출하여 ECU에 입력시키는 역할**을 한다. 따라서 ECU는 공전 및 에어컨, 냉각수 온도, 차속 신호를 이용하여 서보 모터를 전진 또는 후진시켜 스로틀 밸브를 제어함으로써 공전 속도를 조절한다.

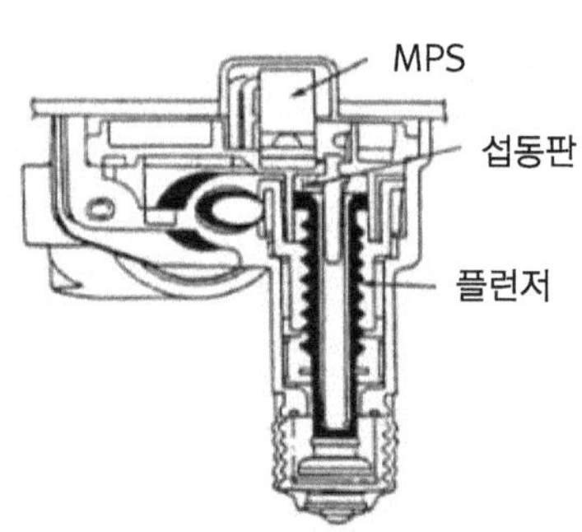

그림 4-21 MPS (모터위치센서)

⑧ TPS(Throttle Position Sensor : 스로틀 위치 센서)

스로틀 위치센서는 스로틀 보디의 스로틀 밸브 축과 같이 회전하는 가변 저항기로서 그림 4-22와 같이 스로틀 밸브의 개도를 검출한다.

기관이 공회전시에는 농후한 혼합기, 부분 부하시에는 희박한 혼합기, 전부하시에는 농후한 혼합기가 공급되어야 하므로 기관의 부하 상태를 스로틀 밸브의 개도량으로 검출하여 판별한다. 스로틀 위치센서는 스로틀 밸브가 열림에 따라서 출력 전압이 변화되어 ECU에 입력되면 기관의 회전수 등 다른 입력 신호를 합하여 기관의 작동 상태를 판단하여 기관의 작동 상태에 알맞은 연료 대시포트 으로 제어한다.

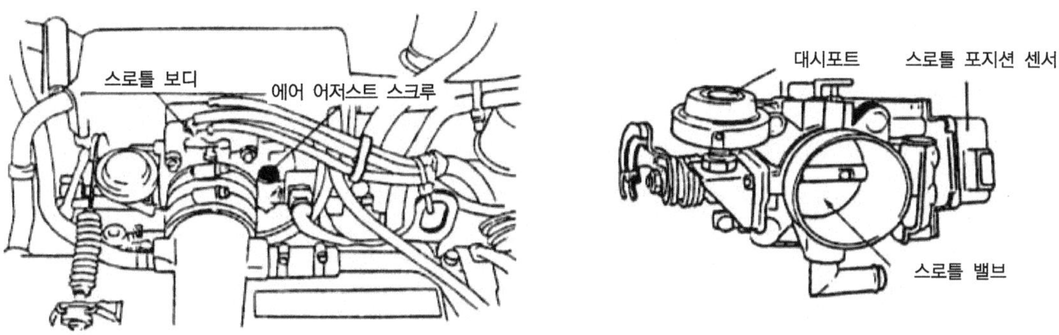

그림 4-22 TPS 스로틀 보디

⑨ 1번실린더 TDC(Top Dead Center : 상사점) 센서

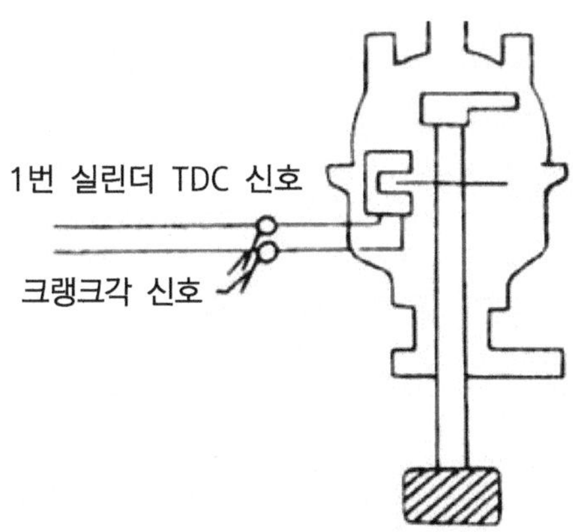

그림 4-23 1번실린더 TDC 및 크랭크각 센서

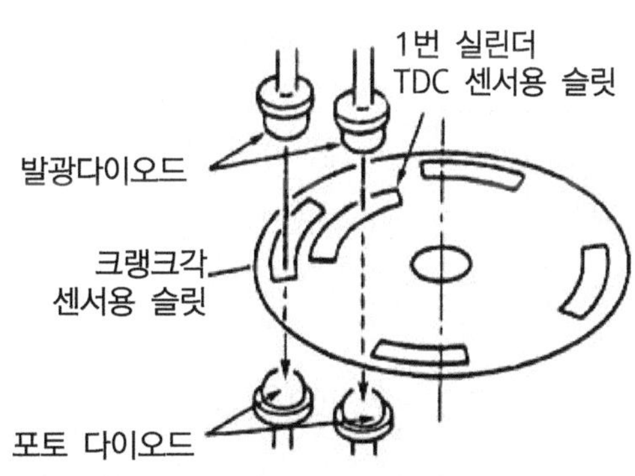

그림 4-24 디스크와 다이오드

TDC 센서는 연료 분사순서를 결정하기 위하여 설치된 센서로서 4실린더 기관에서는 1번 실린더의 상사점을 디지털 신호로 바꾸어 ECU에 입력시키고, 6실린더 기관에서는 1번, 3번, 5번 실린더의 상사점을 디지털 신호로 바꾸어 ECU에 입력시키는 역할을 한다. TDC 센서는 발광 다이오드 및 포토 다이오드, 디스크로 구성되어 디스크가 회전할 때 발광 다이오드에서 발생된 빛이 슬릿을 통하여 포토 다이오드에 전달되어 디지털 신호로 바꾸어 ECU에 입력되면 ECU는 크랭크축의 압축 상사점이 정위치에 있는지 검출하여 1번 실린더 또는 1번, 3번, 5번 실린더에 대한 기본 신호를 식별하여 연료의 분사 순서를 결정한다.

⑩ CAS(Crank Angle Sensor : 크랭크각 센서)

크랭크각 센서는 연료 분사 시기와 점화 시기를 결정하기 위하여 크랭크축의 회전각도를 검출하여 ECU에 입력시키면 ECU는 기관의 회전수를 연산한다. 크랭크각 센서는 배전기 내에 설치되어 있어 그 속의 발광 다이오드와 포트 다이오드 및 디스크에 의해서 크랭크축의 회전각도를 검출한다.

⑪ MAP센서(Manifold Absolute Pressure Sensor)

MAP센서는 흡기다기관의 부압(진공)상태를 검출하여 부압변화에 따른 흡입공기량을 간접적으로 측정하여 ECU로 신호를 보내는 센서이며 D-제트로닉 방식에서 흡입공기를 에어플로미터 대신 MAP센서를 이용하여 흡입공기량을 계측한다.

(2) ECU의 출력

① 점화시기 제어

점화시기 제어는 각종센서에서 검출된 신호가 ECU에 입력되면 ECU는 입력 신호를 연산하여 기관의 작동 상태에 알맞는 시기에 맞추어 파워 트랜지스터의 베이스에 제어 신호를 보내어 점화 코일에 흐르는 1차 전류를 단속함에 따라서 점화시기가 조절된다.

② 연료펌프 제어

③ 연료 분사량 제어(연료보정)

연료 분사량은 공기흐름센서의 출력에 의해서 검출되는 흡입 공기량을 기초로 하여 기본 연료 분사량을 결정하고 흡기 온도, 냉각수 온도, 축전지 전압 등에 따라 기관의 작동에 필요한 연료를 보정하게 된다.

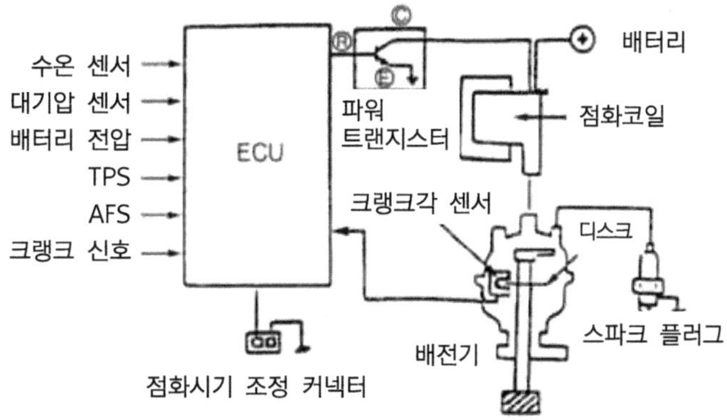

작동 흐름도
각종센서 → ECU → 파워 트랜지스터 → 점화코일

그림 4-25 ECU 점화장치의 구조

④ **연료분사 시기 제어**

㉠ **동시 분사 방식**

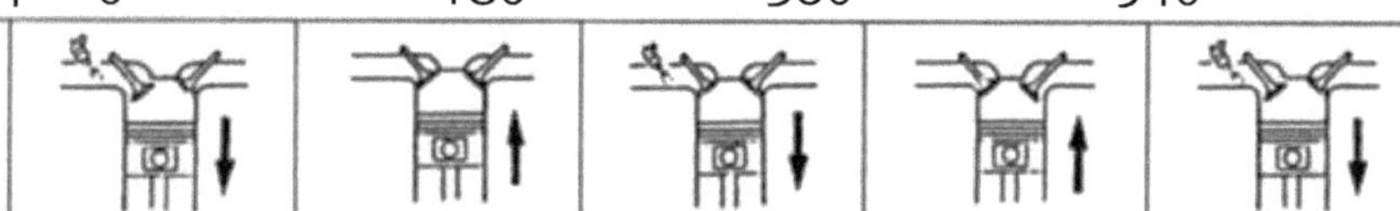

실린더	0°	180°	360°	540°	
No.1	흡입	압축	폭발	배기	흡입
No.3	배기	흡입	압축	폭발	배기
No.4	폭발	배기	흡입	압축	폭발
No.2	압축	폭발	배기	흡입	압축
Ne-시그널					

그림 4-26 동시 분사 방식

동시분사는 엔진의 행정과는 관계없이 모든 기통에서 동시 연료를 분사하는 것을 말한다. 연료 분사량은 1회의 연소에 필요한 연료량의 1/2로 위의 분사상태에서도 알 수 있듯이 크랭크각 1회전에 1회 분사되고 흡입, 압축, 폭발, 배기행정 동안에 2번 분사된다.

현재의 크랭크각 센서 방식에서는 가속시(아이들 접점이 ON→OFF)는 가속성의 향상을 위하여 동시분사 이외에 비동기분사로서 추가분사를 한다.

이것은 크랭크각 센서가 갖는 정보의 차이에 의하는 것이다. 또한 동시분사 방식에서 4회 분사하는 것도 있다(흡입행정 이외의 기간에서 분사된 연료는, 흡입행정이 시작될 때까지 흡입밸브 부근에서 대기하고 있다가 흡입밸브가 열림과 동시에 바로 실린더로 흡입된다).

ⓛ 그룹분사

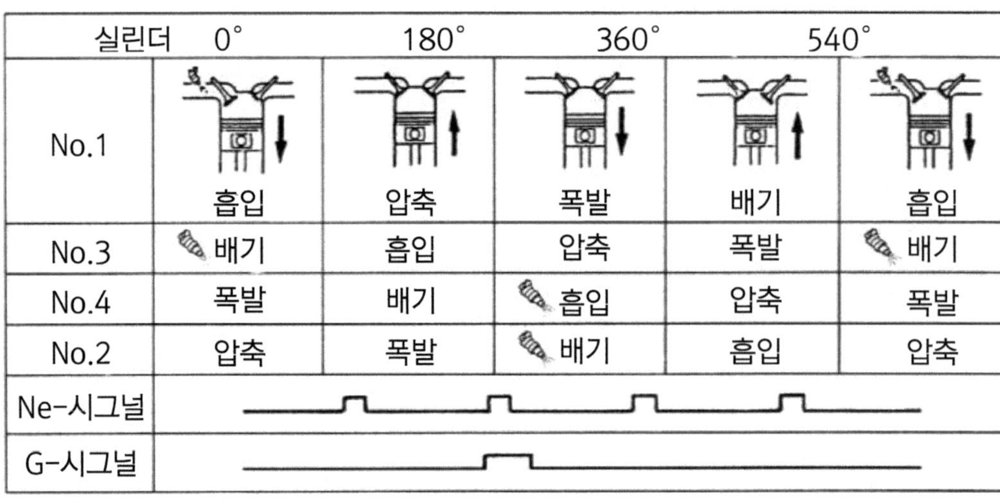

그림 4-27 **그룹분사**

2-그룹으로 인젝터의 작동을 구분하고 엔진이 1회전 할 때마다 분사하는 방식으로서 분사상태에서 알 수 있듯이 1회의 연소에 요구되는 연료는 1회 분사된다.

동시분사에 비하여 1회의 분사량이 많기 때문에 분사량이 적은 저부하시에 안정된 제어를 할 수 있고, 인젝터의 작동 횟수가 적기 때문에(동시분사의 1/2)소음면에서 유리하다. 다만 현재의 크랭크각 센서 방식에서는 고속 고부하시에 분사량이 부족하지 않도록 ECU제어로서 동시분사방식으로 전환할 수 있다.

ⓒ 독립분사

실린더	0°	180°	360°	540°	
No.1	흡입	압축	폭발	배기	흡입
No.3	배기	흡입	압축	폭발	배기
No.4	폭발	배기	흡입	압축	폭발
No.2	압축	폭발	배기	흡입	압축
Ne-시그널					
G-시그널					

그림 4-28 독립분사

점화 순서에 따라 각 기통마다 분사하는 방식으로서 1회 연소에 요구되는 연료는 1회에 분사되도록 되어 있다. 분사 시기는 흡입행정 전 170°의 위치에서 행하여지도록 되어 있고, 크랭크각 및 기통 판별의 정확한 정보가 없으면 분사하지 않는다. 또한 가속시에는 추가 분사를 하고 고속 고부하시에서는 동시분사를 한다. 동시분사방식보다도 가속 응답성이 좋다.

⑤ 피드백 제어

삼원 촉매의 정화율이 가장 좋은 이론 공연비를 실현하기 위한 방법이 산소 센서 신호에 의한 이론 공연비로의 피드백 제어이다. O_2 센서는 이론 공연비 위치에서 출력전압이 급변한다. ECU는 산소센서 출력전압과 이론 공연비를 나타내는 기준전압과 비교에 의해 농후, 희박의 판정을 한다. **인젝터의 통전시간을 길게 하여 분사량을 증가시킨다.**

⑥ 공전 속도 제어

공전 속도 제어는 각 센서에서 입력되는 신호를 기초로 하여 ECU가 스텝 모터 또는 ISC 서보 모터에 제어 신호를 공급하여 바이패스 포트 또는 스로틀밸브의 열림량을 제어하여 조절한다.

⑦ 에어컨 릴레이 제어

⑧ 자기 진단

ECU는 기관의 각 부위에 설치된 센서에서 검출된 신호가 입력되면 ECU는 각 액추에이터를 제어하기 위한 출력 신호를 보내게 된다. 만약 입력되는 센서중에서 비정상적인 신호가 ECU에 입력되면 비정상적인 신호는 처음 입력된 시간부터 일정한 시간이 경과되면 센서의 고장으로 판단하고 고장 코드를 기억한 후 자기진단 출력단자와 계기 패널의 기관 경고등에 보낸다. 따라서 점화 스위치를 ON시킨 후 15초가 경과되면 ECU에 기억된 고장 코드가 계기 패널의 기관 경고등에 출력되며, 정상이면 점화스위치를 ON에 놓은 후 5초 뒤에 점검 등이 소등되며, 고장 항목이 있으면 기관 경고등이 15초 동안 점등되었다가 3초 동안 소등된 후 고장 코드가 순차적으로 점등되어 고장을 알리게 된다.

4.3 희박연소와 실린더 내 가솔린 직접분사기관(GDI)

4.3.1 희박연소의 개념

1) 희박연소의 개념

일반적으로 이론 공연비보다 공기의 과잉상태에서 혼합기를 연소시키는 것이 넓은 의미에서 **희박연소**(Lean Burn)이다. 연소는 혼합기가 희박해질수록 어렵고 또한 최고연소압력이 낮아져서 발생토크가 떨어진다. 희박연소는 엔진의 全운전영역에서 가능한 것이 아니며, 그 실행영역이 부분 부하영역에서 한정되고, 연소의 안정과 파워쇼크의 완화를 위하여 스월제어시스템과 전공연비센서 및 성층급기방식 등이 도입되고 있다.

❖ **공연비**

MPI Engine (14.7:1) → L/B Engine(22:1) → GDI(40:1)

❖ **가연공연비**

MPI Engine (9:1~18:1) → L/B Engine(9:1~24:1) → GDI(9:1~44:1)

희박연소엔진의 장점은 다음과 같다.

① 기존 엔진보다 연비개선 효과는 11~12%, NOx는 70%정도 저감된다. 희박운전시 연비가 향상되는 이유는 펌핑 손실(Pumping loss) 저감과 연소 최고온도 감소에 의한 연소실에서의 냉각손실 저감에 기인한다.

② 공회전 상태에서 SCV밸브를 닫아 급속연소를 유도하면 아이들 회전수를 700 rpm정도까지 내릴 수 있으므로, 이에 따라 연비가 좋아지고 아이들도 안정된다.

2) 희박연소의 연비저감

(1) 열손실의 저감 (냉각손실의 저감 효과 : 30%)

연소할 때 같은 양의 연료가 소비되었다고 하더라도 적은 양의 고온 작동가스보다는 많은 양의 저온 작동가스로 피스톤을 내려 미는 쪽이 작동가스의 비열 및 열손실면에서 유리하다. 이것은 작동가스의 온도와 연소실 벽면이나 피스톤헤드 표면과의 온도차가 작은편이 작동가스가 냉각되는 율이 작기 때문이다.

희박연소 엔진의 경우 부분부하 운전 때에는 일반엔진에 비해 1.5배인 양의 공기를 실린더내로 흡입하므로 혼합기중의 연료밀도가 낮고, 화염전파속도가 늦어지게 된다. 이 때문에 연소의 진행이 완만하여 혼합기의 연소온도가 낮아지게 되며, 연소가스의 온도가 낮으면 낮을수록 [연소→팽창행정]에서 연소실로부터 냉각계로 방출되는 열량이 적어진다.

(2) 펌프손실의 저감 (펌프손실의 저감 효과 : 70%)

같은 출력을 얻는데 있어서 많은 공기를 흡입하기 위해서는 스로틀 밸브의 개도를 크게 하여야 하고 이렇게 하는데 따라 실린더 내에 공기가 흡입될 때 동반되는 펌프손실이 저감된다. 즉, 희박연소 엔진인 쪽이 종래의 이론 공연비 운전의 엔진에 비하여 많은 공기량을 필요로 한다. 따라서 동일한 운전조건일 때 희박연소엔진의 경우 실린더내의 부압이 작아져서 흡기행정에서의 「펌프손실」이 저감된다. 이처럼 작아지는 분만큼이 같은 양의 연료를 연소시킬 경우 유효출력이 그것에 따라 증대하는 것이며 따라서 동일한 출력을 얻는데 사용되는 연료가 적어져서 연비가 향상되는 셈이다.

4.3.2 희박연소엔진 개발 사례

1) 희박연소의 조건

희박연소의 운전조건은 또한 엔진회전수, 수온, 기본 분사량, 기어위치, 차속 및 스로틀 개도에 의해 정해지며 대개 수동변속기의 경우 부분 부하영역을 차지하는 파워는 가속시와 정속 주행시, 자동차변속기의 경우는 D레이지 3속 이상의 정속주행시로 한정한다. 이때 희박연소의 공연비는 20~23정도이며, M/T, A/T 모두 약 140 km/h까지의 영역에서 희박연소의 운전이 가능하다.

2) 희박연소 엔진의 구조적 특성

(1) 도요타 엔진(Toyota Engine)

① 2개의 흡기포트 중 한쪽 포트에 SCV를 설치하고 이것을 개폐함으로써 스월비를 제어한다. 흡기포트를 스트레이트 포트와 헬리컬포트의 2통로로 나누어 헬리컬 포트쪽에 스월발생용 돌기를 설치하고 스트레이트 포트쪽에는 SCV를 설치했다.

② 스트레이트 포트측의 SCV를 닫으면 헬리컬 포트측에 흐르는 흡입공기에 스월을 발생시켜 저중속 상태에서 희박연소를 가능하게 하였다. 이렇게 함으로써 희박연소영역에서 공연비가 25로 확대시켰다.

(a) 저중속시　　(b) 고속시

그림 4-29 도요타 희박엔진의 연소실

(2) 미쯔비시엔진(Mitsubishi Engine)

- SOHC 3밸브 직렬 4실린더 1500 cc인 베이스엔진을 희박연소한 MVV(Mitsubishi Vertical Vortex)엔진
  ① 희박연소화는 실린더내에 형성된 텀블류를 이용하여 성층급기를 시키고 SCV등의 부가장치는 사용하지 않는다.
  ② 연료는 점화플러그를 상대하고 있는 흡기포트를 통해서만 공급되고 배기밸브를 상대하는 흡기포트로부터는 공기만 공급된다.
  ③ 2개의 독립된 흡기포트는 스트레이트이면서 수직에 가깝게 되어 있고 연소실로 들어갈 때 흡기행정의 후반에는 흡기가 실린더벽을 거슬러 올라가는 흐름을 형성한다.

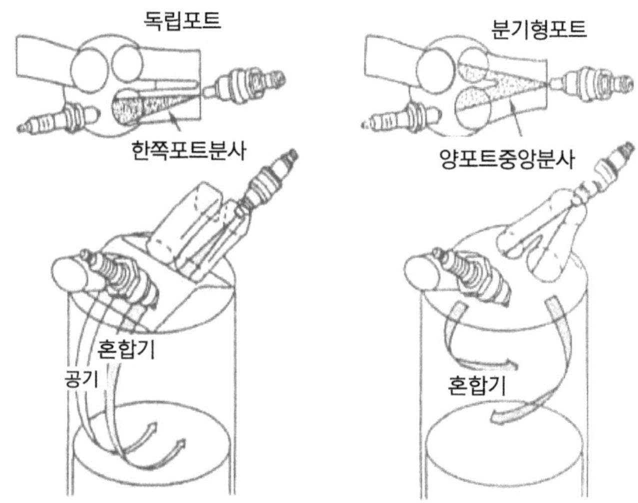

그림 4-30 미쯔비시 희박엔진의 연소실

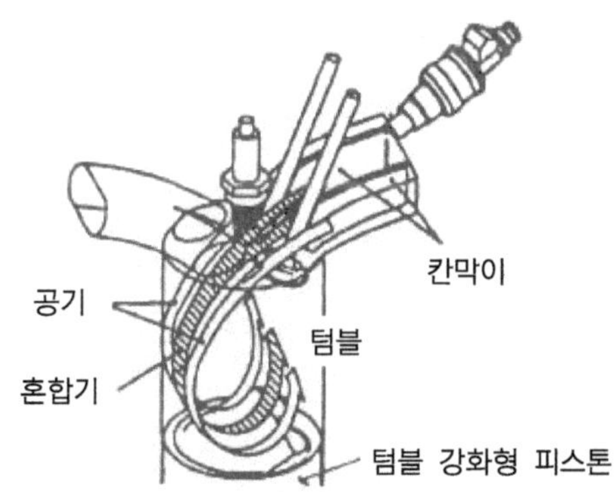

그림 4-31 텀블 유동의 미쯔비시 희박엔진의 연소실

(3) 혼다

◆ **SOHC 4밸브 VTEC 엔진의 희박연소화를 실현한 예**

① VTEC(Variable Valve Timing Lift Electronic Control)은 가변 밸브 타이밍기구로서 엔진의 회전속도가 2500 rpm 이하의 저속역에서 2개의 흡기밸브 가운데 1개를 휴지시키고 나머지 한쪽 흡기밸브를 통하여 흡기를 실린더에 도입함으로써 스월을 발생시켜서 희박혼합비 운전을 가능하게 한다.

② 고속역에서는 2개의 흡기밸브 모두가 작동하여 최고 출력을 얻는다.

③ 이 스월 생성기구는 한쪽의 흡기밸브에 대한 작동을 정지시킴으로 SCV등의 부가장치는 사용하지 않는다.

(4) 마쯔다

① 내경이 다른 2개의 독립 포트에 TSX(Tumble Swirl Multiplex)포트를 적용하고 세컨드리 포트(Secondary Port)에는 TSC(Tumble Swirl Control)밸브를 설치한다.

② 저중속역에서는 밸브가 닫히고, 고속역에서는 밸브가 열린다.

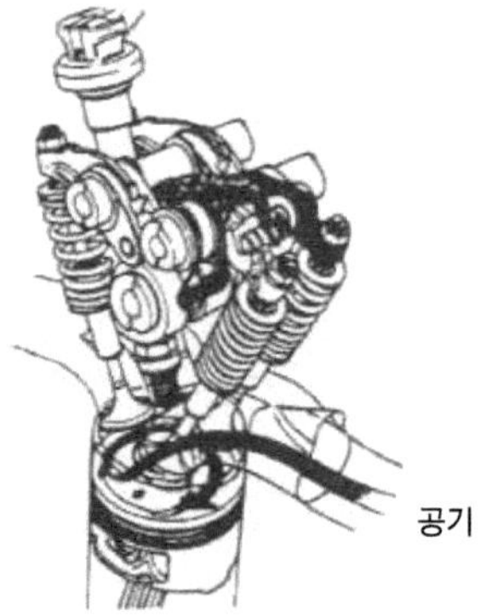

그림 4-32 혼다 VTEC 희박 연소엔진의 연소실

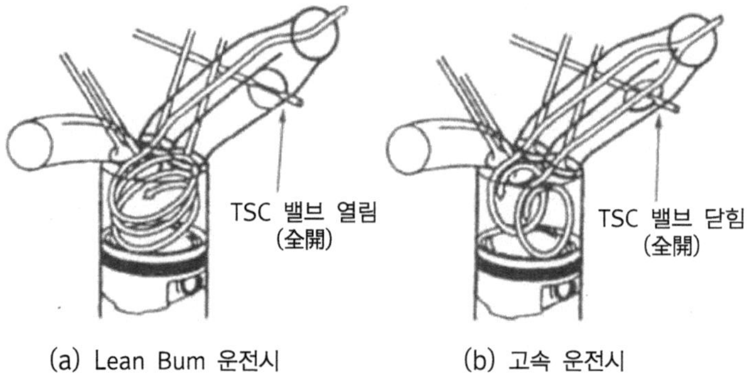

그림 4-33 마쯔다 희박연소 엔진의 연소실

4.3.3 실린더 내 분사 가솔린엔진(GDI)

1) 개요

희박연소 가솔린 직접분사엔진이 자동차용으로 개발되어 발매되기 시작한 것은 1996년에 일본 미쯔비시의 GDI엔진과 도요타의 GDI엔진 등이다. 그림 8-68에서와 같이 1970년대에 기화기인 연료공급방식이 1980~90년대는 흡기포트 분사로 변화된 것과 같이 대다수의 가솔린엔진이 실린더내 분사 엔진으로 바꾸어지는 추세이다. 따라서 연료의 분사위치도 연소실에 가까와지는 것을 볼 수 있다.

가솔린 직접분사 엔진은 디젤엔진처럼 연소실내에 연료를 직접 분사하는 엔진이다. 부분 부하시에는 압축행정 말기에 연료를 분사하여 점화플러그 주위의 공연비를 농후하게 하는 성층연소로 초희박 공연비(25~40:1)에서도 쉽게 점화가 가능하도록 되어 있으며, 고부하시에는 흡입행정 초기에 이론 공연비 부근으로 연료를 분사하여 연료에 의한 흡입공기 냉각으로 충진효율을 향상시킨다.

또한, 가솔린 직접분사엔진은 연료를 실린더 안에서 직접 분사하므로 흡기포트벽에 연료가 흡착되는 벽류현상을 줄일 수 있다. 배기가스 저감을 위해서는 희박연소시 특히, 다량 발생되어 문제가 되는 NOx 배출을 줄이기 위하여 대용량의 EGR밸브를 사용하며, 미연가스와 NOx를 화학반응시켜 NOx의 배출량을 줄이는 선택 환원형 촉매나 흡장 환원형 촉매를 사용한다. 이러한 고도의 기술이 집적되어 저부하시에는 연비가 우수하고 고부하시에는 출력이 우수하여 최대 30%정도의 연비향상과 10%정도의 출력을 향상시키는 것이 가능하다고 알려져 있다.

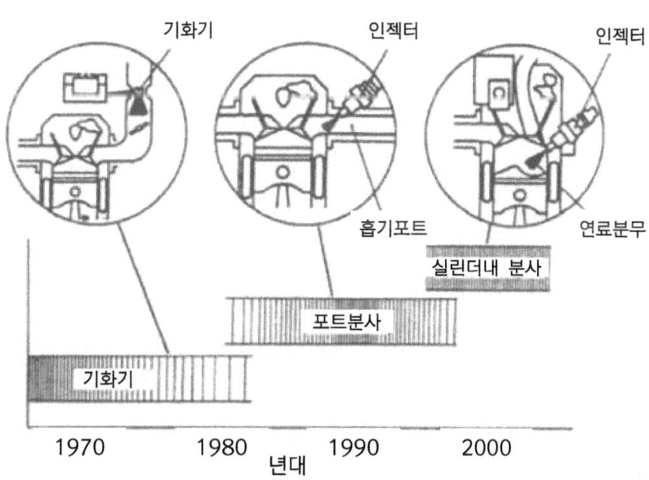

그림 4-34 가솔린엔진의 연료 공급계의 변화

2) 실린더내의 분사엔진의 특징

(1) 체적효율의 향상

실린더내 분사 가솔린엔진의 특징으로서는 체적효율의 향상을 들 수 있다. 체적효율이 좋아지는 이유는 흡기행정에서 실린더 내에 직접 연료를 분사함으로써 연료의 기화열에 의하여 공기가 냉각되는 효과가 있기 때문이며 이 급기의 냉각으로 체적효율은 향상된다. 또한 흡입공기가 냉각되면 노킹의 발생도 억제되므로 점화시기를 앞세울 수 있는 잇점도 있다.

(2) 응답성의 향상

응답성이 좋아지는 이유는 과도운전 때에 있어서의 공연비 제어가 정확하기 때문이다. 기화기 엔진이나 흡기포트 분사 엔진의 경우 응답성이 지연되는 이유는 주운동부분의 관성중량 외에 그 대부분의 이유가 과도기의 혼합기 형성에 그 원인이 있다.

기화기나 흡기포트 분사엔진의 경우는 기화기나 연료 인젝터로부터 연소실까지의 이송거리가 길어서 공급된 연료 중 그 일부가 이송도중 흡기포트나 흡기밸브숄더 등에 부착되어 수송지연이 생기게 된다.

정상운전에서는 큰 문제가 되지 않으나 가속때는 연료가 부족하게 되고 감속때에는 체류하고 있던 연료가 과다 유입하게 된다. 이와 같은 문제를 피하기 위하여 흡기포트 분사엔진의 경우는 과도운전때를 위한 연료의 보정이 이루어지고 있다.

실린더내 분사 엔진에서는 직접 연료가 실린더내에 분사되므로 이와 같은 과도보정은 필요로 하지 않게 되고 따라서 이 과도보정을 필요로 하지 않는 만큼의 정확한 공연비제어가 응답성을 좋게 하는 것이 된다.

공연비의 정확한 응답성은 연비에도 좋은 영향을 주게 되어 흡기포트 분사에서 실린더내 분사로 하는 것만으로도 실용연비는 10%정도 향상된다.

(3) 연비의 향상

실린더내 분사 엔진은 흡기포트 분사 엔진과 다른 연소실내의 혼합기 형성을 하고 있다. 종래의 흡기포트 분사엔진은 연료를 흡기포트로부터 실린더내로 흡입되는 공기에 편승시켜서 공급한다. 하지만 실린더내 분사엔진은 연료를 실린더내에 직접 분사하는 것이므로 언제나 겨냥한 곳에 연료를 분사할 수 있고, 혼합기의 성층화가 가능하다.

통상 MPI엔진은 가연공연비가 18 : 1, 린번엔진은 24 : 1정도를 넘어서면 연소가 불안정해 토크의 변동에 따른 엔진회전속도의 변동이 커지거나 실화들이 발생한다. 하지만 GDI

엔진의 경우 40 : 1이상의 공연비로도 연소가 가능하게 하는 이유는 연료의 성층화를 시켜 점화플러그 주위에는 농후한 혼합기를 형성시키고 전체실린더에 대해서는 희박한 혼합비의 상태로 만들게 된다. 즉, 평균혼합비가 희박하여도 점화플러그의 근방에만 농후한 혼합기가 있으면 이때는 연소가 가능하다는 것이다.

그렇다면, GDI엔진에 있어서 어떻게 하면 농후한 혼합기를 점화플러그의 근방으로 유도하느냐에 있다. 이것이 GDI엔진의 특징 중의 하나이다. 그 대응방법으로 현재 채용하고 있는 것을 살펴보면,

① 피스톤크라운면의 형상에 의한 성층연소이다. - 피스톤 크라운면에 凹부를 만들어 그 곳을 향하여 연료를 분사한다.

① 흡기포트에 SCV등을 부착하여 스월이나 텀블류를 발생시킴으로써 연소실내의 가스의 유동을 변화시킨다.

이를 위하여 개발된 것이 고압으로 분사되는 연료펌프와 정교한 인젝터이다.

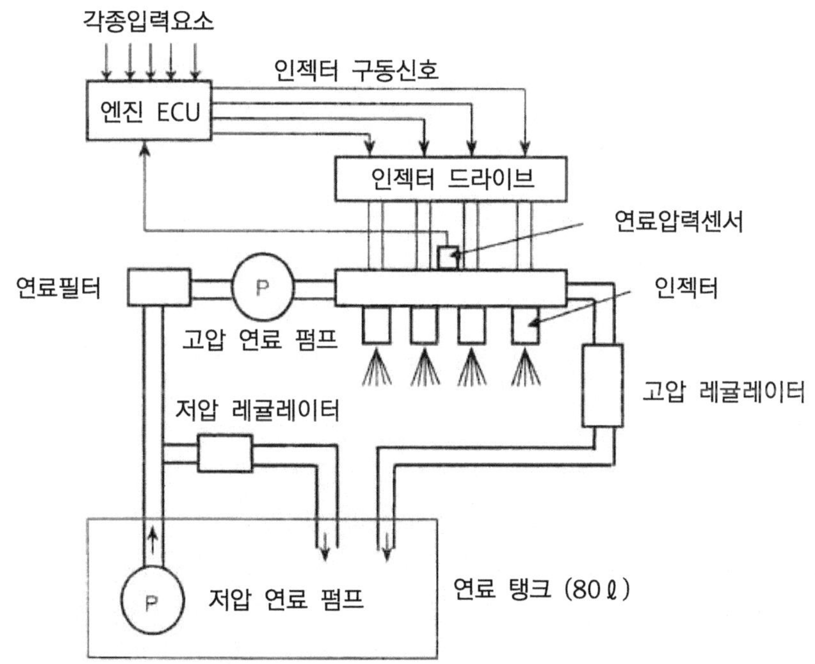

그림 4-35 GDI 연료 시스템 구성도

3) 실린더내 분사가솔린엔진의 연료시스템

GD I연료시스템은 인젝터 드라이브-A, B, 저압연료펌프, 저압 레귤레이터, 연료휠터, 고압 연료펌프, 고압 압력 레귤에이터, 고압 스월인젝터 등으로 구성되어 있다. 여기서 GDI엔진에서 중요한 역할을 하는 고압연료펌프와 고압스월인젝터에 대하여 살펴보기로 한다.

(1) 고압 연료펌프

실린더내에 연료를 직접 분사하는 경우는 흡기포트분사인 경우와는 그 조건이 전혀 다르다. 흡기포트분사인 경우는 흡기포트의 압력이 아이들링때는 -0.6[kg/㎠], 전부하일때는 제로(zero)전후이다.

따라서 이와 같은 조건하에서 연료를 분사하는 압력이 3[kg/㎠]정도이면 충분하며 흡기포트와 연료배관내의 압력차를 항상 일정하게 유지함으로써 흡기포트 내의 압력이 변화되어도 연료의 공급은 안정적으로 이루어 질수 있다. 하지만, 실린더내의 분사인 경우 압축상사점에서는 부분부하인 경우에도 5[kg/㎠]에 달하고 내압에 이겨서 연료가 분사되기 위해서는 적어도 그 이상의 압력이 필요하다.

그리고 그 압력변동을 감지하기 위한 압력센서가 필요하게 되나 연소때 실린더내의 압력은 80[kg/㎠]정도까지 상승하므로 이 압력에 견뎌야 할 뿐만 아니라 높은 응답성능이 있어야 한다.따라서 그와 같은 압력변동에 영향을 받지 않고 연료가 공급되기 위해서는 실린더내의 압력보다 대폭적으로 높은 고압의 연료가 분사되어야 하며 이를 위하여 GDI엔진에 따라서는 50[kg/㎠], 혹은 120[kg/㎠]로 지극히 높은 압력으로 연료가 공급되고 있다.

(2) 고압 스월인젝터

고압분사는 분사시간을 단축시키는 잇점이 있다. 연료의 분사량은 니들밸브가 열렸을때의 단면적과 스트로크 양, 밸브의 열림시간 및 연료의 공급압력에 의하여 결정된다.

분공의 단면적이 클수록 유량은 증가하고 연료입자의 지름이 커진다. 연료의 공급압력이 상승되면 분사시간을 단축시킬 수 있다. 예를들어 연료의 공급압력을 3[kg/㎠]에서 50[kg/㎠]로 높일 경우 분사시간은 약 24[%]로 단축된다. 또한 연료의 무화(Atomization)가 가속적으로 촉진된다.

고압 스월인젝터는 종래의 인젝터와 달리 연료가 분사되면서 주변의 공기와 쉽게 혼합될 수 있도록 소용돌이를 이루면서 분사한다. 인젝터의 분사시기는 엔진의 분사에 따라 흡입행정과 압축행정으로 나뉘어지는데, 부분부하시에는 압축행정 후기에 분사(초희박연소)되고 전

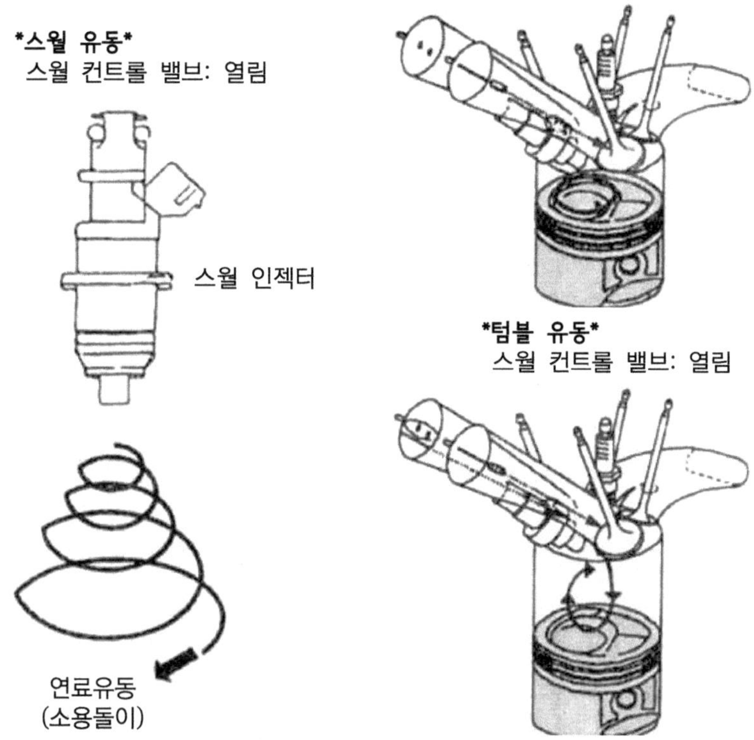

그림 4-36 고압 스월 인젝터

부하시에는 흡입행정 중에 분사(일반연소)하여 흡입공기의 열을 흡수함으로써 기화와 동시에 흡입공기를 냉각하여 충진효율이 향상된다.

4.3.4 실린더 내 분사 가솔린엔진의 개발사례

1) 미쯔비시엔진(Mitsubishi Engine)

① 피스톤의 흡기밸브쪽 크라운 면이 스푼으로 퍼올린 것 같은 만곡형상으로 되어있는 것이 특징이다. 피스톤은 연소실의 펜트루프(Pent Roof) 꼭지점으로 향하는 부분이 높아 봉우리 모양으로 되어 있다.

② 이와 같은 형상을 하고 있는 것은 흡기포트로부터 유입되는 흡기가 흡기밸브쪽의 실린더를 향해 오른쪽으로 돌아드는 텀블류를 만들고 피스톤의 만곡면에 따라 회전하는 혼합기의 흐름이 연소실의 펜트루프의 꼭지점에 닿아서 붕괴되도록 한 것이다.

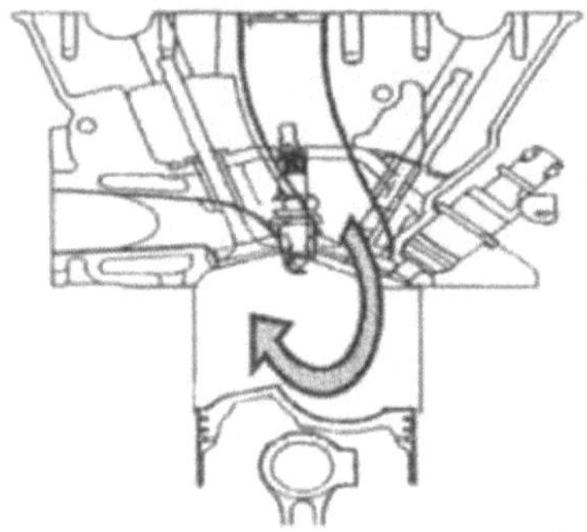

그림 4-37 미쯔비시 엔진의 텀블모양

그림 4-38 만곡 크라운면 피스톤

③ 흡기포트는 중앙에 점화플러그를 두고 양쪽에 통하는 수직포트의 형상으로 되어있기 때문에 역텀블류가 형성되도록 하고 있다.

혼합기의 형성

연료의 분사시기는 연소상태에 따라 그림 4-40에서와 같이 부분부하인 초희박연소역과 고부하때 등 2가지로 나누어져 설정되어 있다. 이것은 초희박 연소역에서는 압축행정후반 피스톤이 상승되는 시점에 연료를 분사한다. 분사된 연료는 적정한 농후 혼합기로 되어서 점화플러그 주위로 모여 성층혼합기를 형성하게 된다.

그리고 고부하때에는 흡기행정시에 연료를 분사하여 균질 혼합기가 형성되도록 한다. 이것은 피스톤이 상사점으로부터 충분히 내려간 상태에 있기 때문에 연료의 입자는 긴거리를 날면서 이동한다. 인젝터로부터 분사된 연료는 원추형인 콘(Cone)모양으로 분무되며 연료입자는 노즐 끝으로부터 멀어질수록 크게 확산된다.

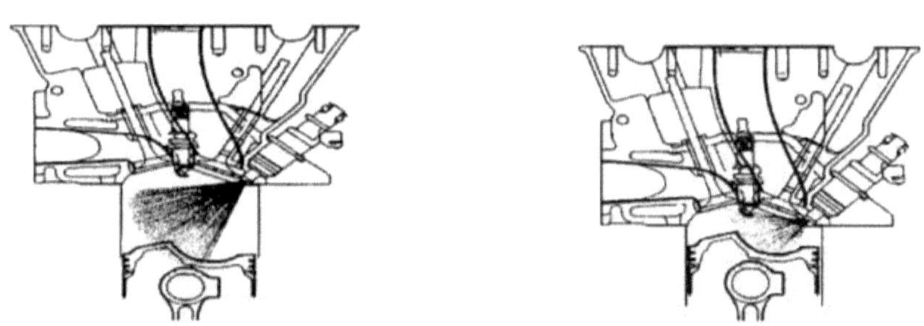

(a) 흡기 행정시 분사형상(이론공연비 제어)

(b) 압축 행정시 분사형상(희박공연비 제어)

그림 4-39 스월 인젝터의 연료분사 형상

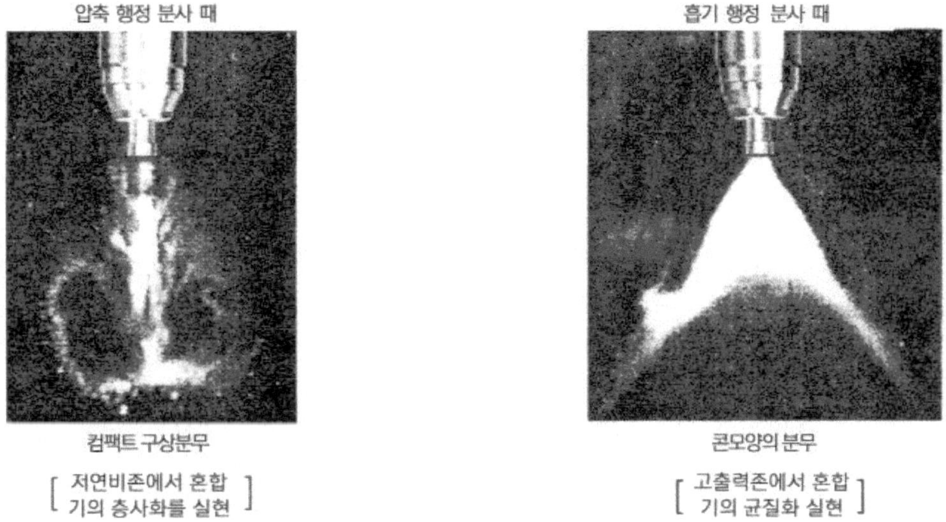

그림 4-40 분무형상의 비교

▌초희박 혼합비하에서의 연소

실린더내의 분사 엔진의 경우는 초희박 혼합비인 상태일지라도 점화플러그의 주위에 적정한 혼합비의 혼합기가 형성될 수 있기 때문에 연소가 안정된다.

그 예로서 그림 4-41에 나타난 것과 같이 발생되는 연소압력이 낮고 운전상태가 가장어려운 아이들링 상태에서도 공연비 40의 지극히 희박한 혼합기로 안정된 운전이 실현되고 있음을 알 수 있고, 열발생률을 보아도 단시간에 연소가 종료되는 급속연소가 이루어지고 있음을 확인할 수 있다.

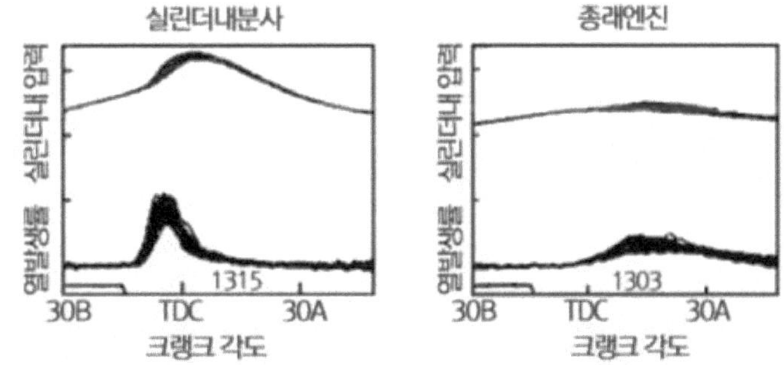

그림 4-41 실린더내의 압력 및 열발생률의 비교(아이들링 때)

2) 도요타 엔진(Toyota Engine)

도요타가 개발한 GDI엔진은 횡선회류인 스월(Swirl)류를 이용하여 희박연소기술을 개발하였다.

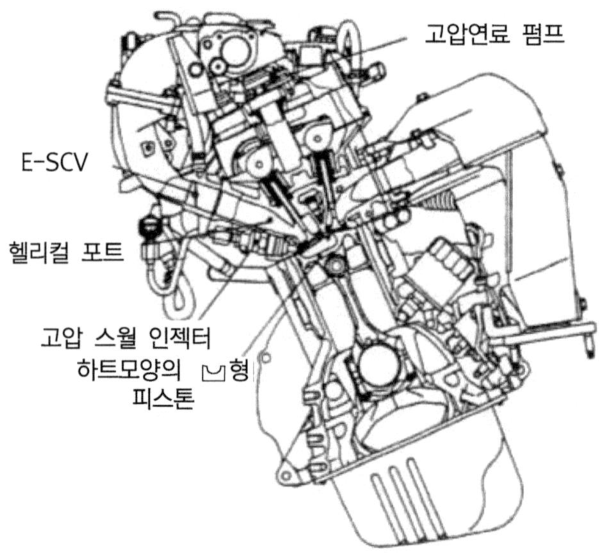

그림 4-42 도요타엔진의 주요 구조

그림 4-43 도요타 엔진의 피스톤형상

2개의 흡기포트 중 1개는 스트레이트이고 그 도중에 SCV가 부착되어 있다. 그리고 다른 1개는 헬리컬포트로 흡기밸브를 중심으로 하여 바깥쪽에서 안쪽으로 흡기의 소용돌이인 와(渦)를 감아들이는 형태로 만들어져 있다.

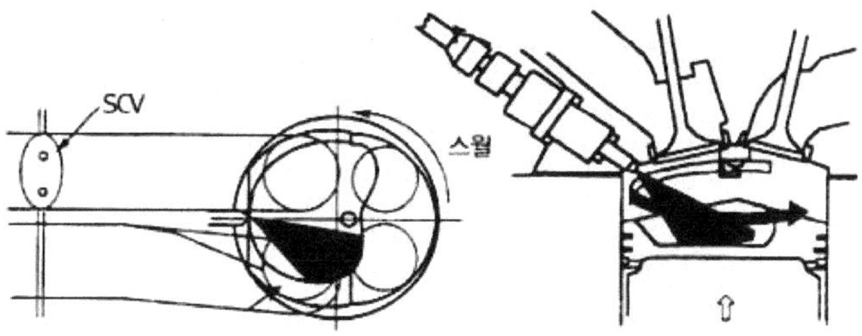

그림 4-44 성층혼합비 생성의 개념

초희박혼합비 운전때에는 SCV가 닫혀 지고 헬리컬포트에서만 흡기가 유입되며 고속, 고부하때에는 SCV가 열려서 양쪽의 흡기포트로부터 흡기가 이루어진다. 흡기포트는 실린더의 중심에 대하여 약 48°, 연료인젝터는 약 55° 기울어지게 설치되어 있다.

피스톤 크라운면은 윗면에서 보았을 때 흡기쪽에 하트모양의 깊은 凹부가 들어있는 형상으로 되어 있다 이 하트모양의 凹부는 피스톤의 중심부분이고 둘레는 언더컷으로 되어 있으며 연료 인젝터로부터 분사되는 연료가 이 피스톤 크라운면의 凹부 공간내에 머물도록 강구되어 있다.

3) 닛산엔진(Nissan Engine)

닛산 GDI엔진은 앞에서 기술한 도요타 GDI엔진이나 미쯔비시 GDI엔진에서 구현한 GDI 기술과 유사하다. 앞에 기술한 엔진과 마찬가지로 고압연료펌프, 고압연료인젝터를 사용하였고. SCV와 독립 흡기포트를 설치하여 혼합기를 제어하였고, 전자제어스로틀, 그리고 3원촉매, 전자제어 EGR밸브를 사용하여 배기가스를 처리하였다.

연소실의 구조

닛산 GDI엔진의 연소실 주변 구조는 그림 8-82와 같다. 얕은 접시 모양의 피스톤, 고압 연료 인젝터, 에어로다이나믹 포트, SCV 등이 주된 구성 부품으로 되어있다.

연소는 성층연소와 균질연소로 나누어져 있다. 성층연소영역은 저부하일때의 연비가 좋게 하고, 균질연소영역에서는 고부하, 고출력을 필요할 때 사용하는 영역이다.

① 성층연소

성층연소는 저부하 때의 연소이다. 이 때에는 SCV가 닫히고 한쪽 흡기관으로만 흡기가 유입되면서 그림 4-47에서와 같이 흡기행정 때 옆방향의 스월류(횡류)를 생성한다.

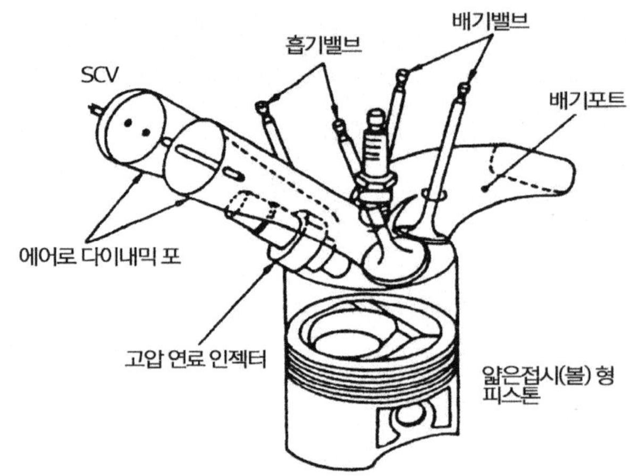

그림 4-45 닛산 엔진의 연소실 주변구조

그림 4-46 볼(bowl) 피스톤

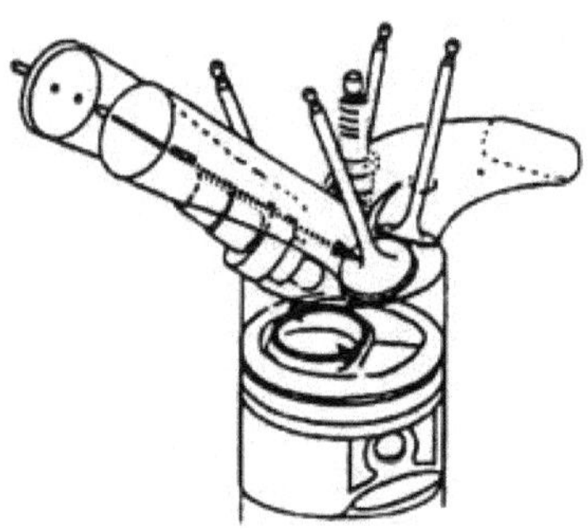

그림 4-47 성층연소때의 스월양상

그림 4-48 균질연소 때의 텀블류 양상

그리고 이어서 압축행정에 연료가 분사되면 분사와 동시에 스월류가 압축되고 피스톤의 볼부에 농후한 혼합기가 모아지게 된다. 이때 스월류에 편승되는 농후혼합기를 점화플러그 부근으로 가져오게 하고 일단 모아진 혼합기가 확산되기 직전에 점화플러그에서는 신속하게 점화를 완료한다. 이때의 실린더내 전체로서의 공연비는 약 40:1이며 성층연소 운전에 있어서의 엔진 작동은 그림 4-49과 같다.

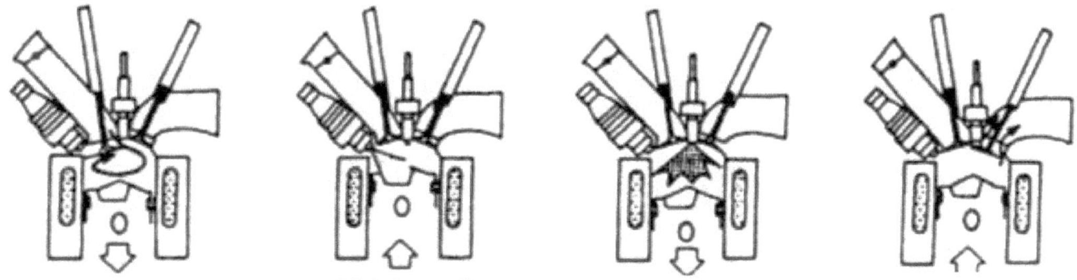

그림 4-49 성층연소 때의 연료분사시기

② 균질연소

중 고부하때에는 일반 엔진의 경우와 같이 균질연소가 된다. 즉, 성층연소에서 닫혀져 있던 SCV가 열리고 2개의 흡기관으로부터 흡기가 유입되며 그 결과 실린더내에는 그림 4-48에서와 같이 텀블류가 생성된다.

연료의 분사가 흡기행정 중에 이루어지면서 실린더 내 전체에는 균질의 혼합기가 생성되며 이 연소에서는 연료에 의한 흡기의 냉각작용도 함께 이루어져서 종래의 엔진인 경우보다 높은 출력이 얻어진다.

참고로 아래의 표는 현재 자동차메이커 회사들의 개발현황을 나타내고 있다.

주요 자동차 제조사 가솔린 직분사 엔진 개발 현황

제조사	주요 차종	개발 현황
현대차	에쿠우스, 제네시스 쏘나타, 아반테	2010년 쏘나타2.4 모델에 GDI 엔진 처음 적용 중형치급에서 소형 차급에 이르는 전 차종 확대
BMW	1, 3, 5 시리즈	2006년 직렬 6기통 직분사 엔진 개발 2007년 4기통, 2008년 V8 엔진 생산 시작
아우디	A3, A4, A5, A6 TT, Q5	200년 가솔린 직분사 FSI 투입 2004년 가솔린 직분사 터보차저 TFSI 투입
폭스바겐	골프, 제타, 티구안, 파사트	2006년 터보차저, 슈퍼차저 결합한 TSI 탑재
포드	링컨 MKS	2008년 에코부스트(직분사 터보) 발표 링컨 MKS부터 V6 에코부스트 탑재
토요타	토요타86, 렉서스 GS 350, GS 450h	직접분사와 간접포트분사 혼용한 D-4S 기술 개발

4.3.5 GDI엔진의 문제점

GDI 엔진은 연료를 실린더 내에 직접 분사한다. 장점은 연료 분사량을 보다 정밀하게 제어할 수 있어 연소 시간을 단축하고 출력과 연비를 높일 수 있다. 하지만 연료를 직접 분사하기 때문에 불완전연소 가능성이 높고, 배출가스 문제가 상대적으로 발생하기 쉽다는 점이다. 아울러 간접분사 방식에 비해 고온과 고출력에서 견뎌야 해 실린더 변형이 올 수 있거나 카본 찌꺼기가 상대적으로 많이 생긴다. 적절한 조치를 취하지 않을 경우 엔진의 노킹 현상이 나올 수도 있다. 따라서 GDI엔진의 문제점으로서 대두되는 현상으로서 다음과 같다.

★ 흡기밸브(Intake Valve)의 퇴적물의 현상

실린더 안에 대량으로 발생한 연소 찌꺼기와 카본이 흡기밸브의 전단 헤드부에 퇴적되는 현상을 발생할 수 있다. 이것은 주행거리가 길수록 심화되며 차후 연비가 떨어지는 문제점이 될 수 있다. 이런 원인은 MPI엔진과 GDI엔진의 구조적인 부분에서 찾을 수 있다.

그림 4-50에서 보는 바와 같이 MPI엔진은 인젝터가 흡기밸브 전단에 부착하여 휘발유가 흡기밸브 세척기능을 수행하는 반면에, GDI엔진은 인젝터가 흡기밸브 후단에 부착되어 휘발유가 흡기밸브 세척이 불가하다. 휘발유는 솔벤트의 성분이므로 세척기능이 우수하다. 따라서 그림 4-51과 같은 흡기밸브 헤드 부분에 카본 등의 연소찌꺼기가 퇴적되는 현상을 볼 수 있다. 또한, 흡기밸브의 퇴적물을 가중시키는 원인으로서 PCV밸브와 EGR밸브를 통하여 흡입되는 연소가스를 들 수 있다. 흡기밸브로 유입되는 것이 공기뿐이라면 퇴적물이 심하지

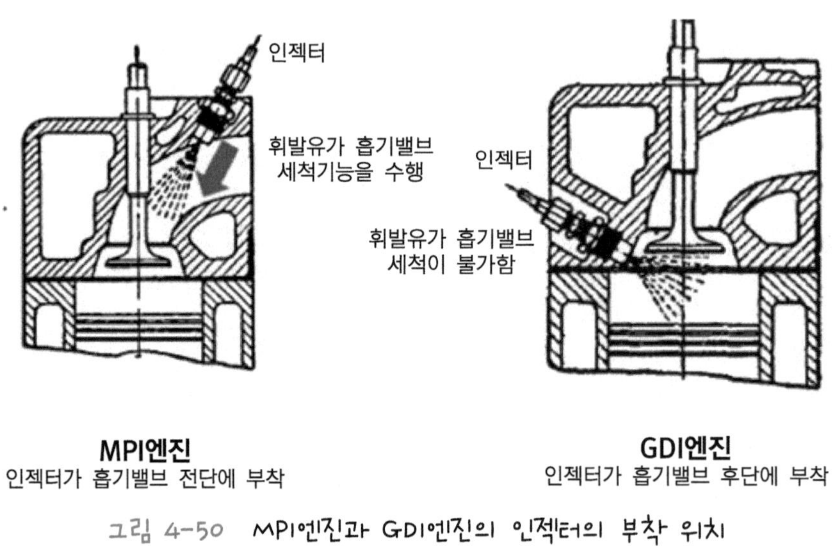

그림 4-50 MPI엔진과 GDI엔진의 인젝터의 부착 위치

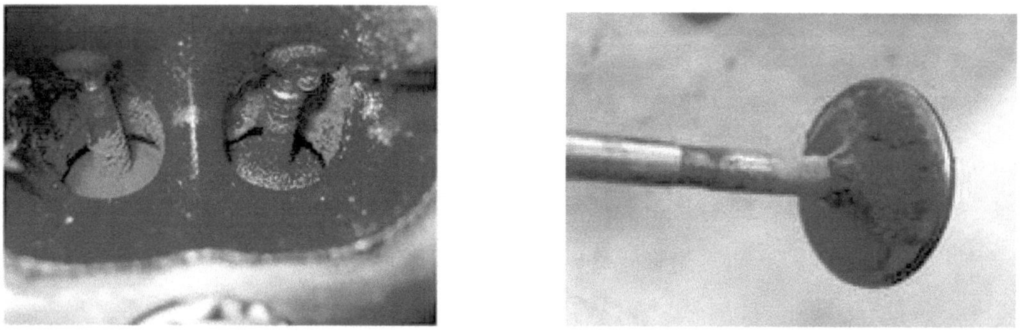

그림 4-51 흡기밸브 헤드 부분의 카본 등의 연소찌꺼기 퇴적 현상

않지만 PCV밸브와 EGR밸브를 통하여 크랭크케이스의 블로바이가스 및 배기가스(Exhaust Gas)가 흡기밸브로 유입되므로 흡기밸브 퇴적물의 주원인이 된다. 흡기밸브측에 과도한 퇴적물이 형성되게 되면 출력저하, 연비증가 등 엔진성능 저하되므로 GDI는 40,000~50,000 km의 주기로 흡기밸브를 청소해 주어야 한다.

4.4 LPG엔진 연료장치

4.4.1 LPG 연료의 개요

LPG(Liquefied Petroleum Gas)연료는 원유 생산시 유전에서 회수되거나 정유 공장에서 석유 원유 정제의 부산물로 나오는 가스를 가압하여 액화한 것으로 프로판, 부탄, 프로필렌, 부틸렌 등의 가스체 탄화수소를 여러 비율로 혼합하여 압축 액화한 것의 총칭이다.

LPG는 냉각이나 가압에 의해서 쉽게 액화되고 가열이나 감압 의해 쉽게 기화하는 특성을 가지고 있으며 기체화한 것은 공기의 약 1.5~2배 정도 무겁다. 보통 LPG는 가압(액화)된 상태로 고압 용기에 저장되어 있고, 현재 가정용 및 자동차용 연료로서 사용되는 LPG는 프로판과 부탄이 주성분이다.

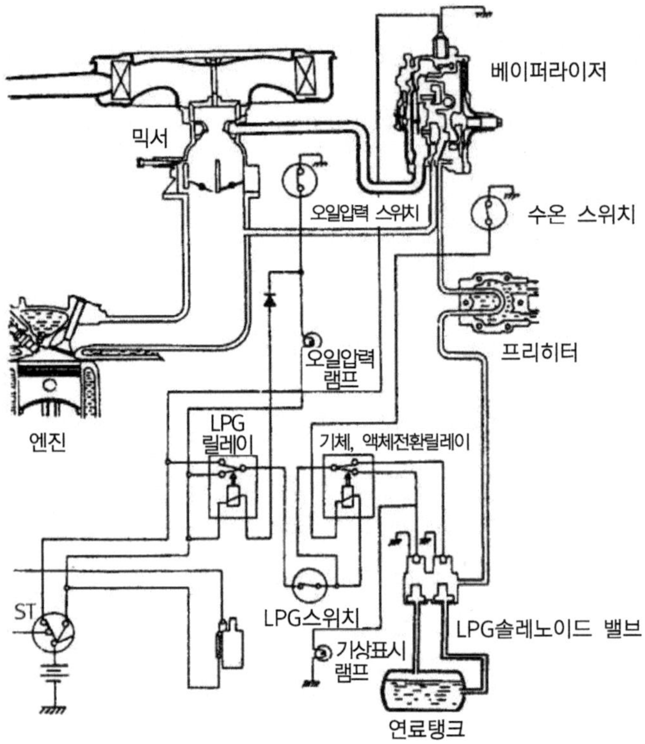

그림 4-52 LPG 연료장치의 계통도

4.4.2 자동차용 LPG의 장점과 단점

1) 장점

① 연소효율이 좋으며 엔진이 정숙하다.

LPG는 완전히 기체로서 공기와 혼합하므로 혼합상태가 균일하고 이론 공기 혼합비에 가까운 값에서 완전연소한다. 또한, 연소속도가 가솔린보다 느리고 옥탄가가 높으므로 노킹을 일으키지 않으며 엔진음이 정숙하다.

② 경제성이 좋다.

연료비, 엔진오일의 경비, 엔진수명이 가솔린 연료에 비하여 매우 경제적이며 경비는 가솔린의 약 1/2이하이다.

③ 엔진 오일의 수명이 길다.

LPG는 비점이 낮기 때문에 실린더 내에서 완전히 기화되어 오일을 묽게 만들지 않으면 카본의 조성도 적다. 또한 첨가제를 넣지 않으므로 카본이나 회분에 의하여 오일을 더럽히는 일이 없으며 유황분이 매우 적어(가솔린의 1/10이하) 배기가스로 인한 금속 부식이 거의 없다.

④ 대기 오염이 적고 위생적이다.

⑤ 퍼콜레이션(Percolation)이나 베이퍼 로크(Vapor Lock)현상이 없다.

가솔린 연료에서 발생되는 퍼콜레이션이나 베이퍼 모크에 의한 연료계통의 고장은 연료가 기화되어 흡입되는 LPG에서 발생되지 않는다.

2) 단점

① 연료 탱크에 고압 연료를 사용하기 때문에 차량의 무게가 커진다.

② 증발 잠열로 인하여 한냉시와 장시간의 정차시 엔진의 시동이 곤란하다.

③ LPG의 취급과 공급이 불편하다.

④ 베이퍼라이저 내의 타르나 검(gum)을 자주 배출시켜야 한다.

⑤ 기체상태로 실린더내에 유입되므로 체적효율이 감소하여 출력이 가솔린엔진보다 낮다.

❖ 베이퍼 로크(Vapor Lock) - 액체를 사용한 계통에서 열에 의하여 액체가 증기(베이퍼)로 되어 어떤 부분이 폐쇄(lock)되므로 2계통의 기능을 상실한 것

① 연료계통에서 연료 파이프 가운데 증기가 모여 연료 펌프가 연료를 공급할수 없게 되어 엔진이 정지하는 것

② 유압식 브레이크의 휠 실린더나 브레이크 파이프 가운데 브레이크 액이 기화하여 페달을 밟아도 스펀지를 밟는 것과 같이 폭신폭신하므로 브레이크가 듣지 않는 현상

❖ 퍼콜레이션(Percolation) - 기화기 뜨개실의 가솔린이 엔진룸의 온도가 비정상적으로 상승하는 등의 원인으로 흡기 매니폴드에 유출하여 혼합기가 농후해지는 현상을 말하며 엔진정지를 야기시킬 수 있다

3) LPG차의 취급시 주의 사항

① 차를 장기간 사용하지 않을 때에는 연료 송출 밸브를 잠궈 놓는다.

② 타르의 배출은 엔진 난기후 행한다.

③ 작업시는 주위에 화기가 없고 통풍이 좋은 곳에서 행한다.

④ 배기가스 정화장치의 촉매 온도가 충분히 떨어진 후에 행한다.

4.4.3 LPG엔진의 개요

LPG 엔진은 봄베내의 고압 액체 상태인 연료와 필터를 거쳐 여과시킨 후 베이퍼라이저내에 필요한 연료로 감압 기화시킨 다음 믹서로 보내지면 믹서내에서 공기와 혼합 후 실린더내의 연소실로 보내져서 연소된다. 또한 차량의 안전을 위해 과충전 방지장치와 긴급차단장치가 설치되어 있다.

★ 연료흐름 순서

LPG탱크(봄베:액체상태) → 여과기(액체상태) → 솔레노이드밸브 → 프리히터(Preheater)→ 베이퍼라이저(Vaporizer:감압,기화시킴)→믹서(Mixer)→연소실

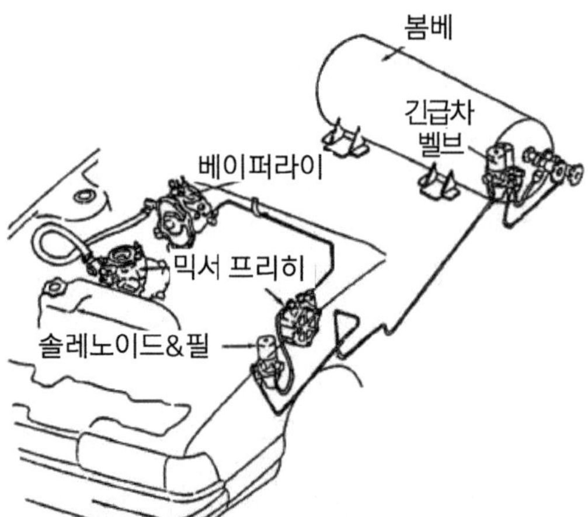

그림 4-53 LPG 엔진 장치

4.4.4 LPG연료장치의 구성부품

1) LPG 봄베

LPG를 충전하기 위한 고압 용기인 봄베는 LPG 충전 밸브(녹색), 기체 LPG송출밸브(황색) 액체 LPG송출밸브(적색)등 세 가지 기본 밸브와 충전량 지시장치인 액면 표시계와 플로트 게이지(Float Gauge) 및 액상인 연료가 봄베내에서 85%이상 충전시 되지 않도록 하는 과충전 방지장치가 있다.

(1) 레벨 게이지

레벨 게이지는 LPG 과충전을 방지하기 위하여 봄베내의 충전된 LPG의 양을 확인하는데 사용되며 플로우트식, 가창식, 튜브 게이지식 등이 있다. 주로 플로우트식이 많이 사용된다. 봄베의 온도가 상승함에 따라 LPG가 팽창하여 내압이 상승하므로 봄베 내용량의 85%이상 충전하면 위험하다.

(2) LPG 송출밸브

엔진에 LPG를 공급하기 위한 밸브로 하부에는 EFV(과류방지: Excess Flow Valve)가 부착되어 있어 일정량 이상의 LPG가 공급되는 것을 차단한다. 만일, 사고로 배관이 파손되었을 경우 유량이 급격하게 증가하거나 차압이 발생되어 EFV가 작동됨에 따라 사고를 방지한다. LPG 송출밸브에는 적색으로 포장되어 있다.

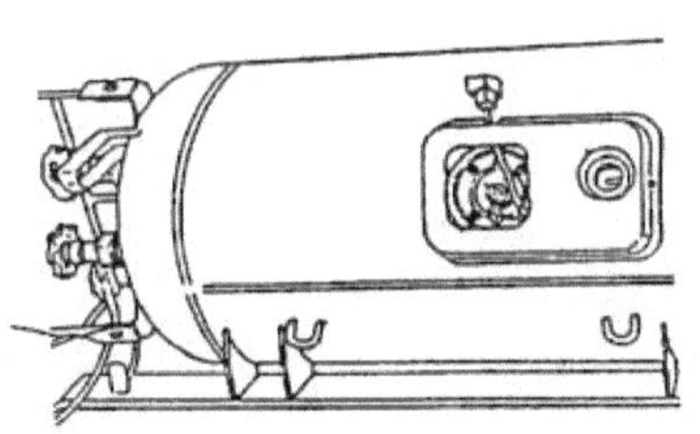

그림 4-54 LPG 봄베

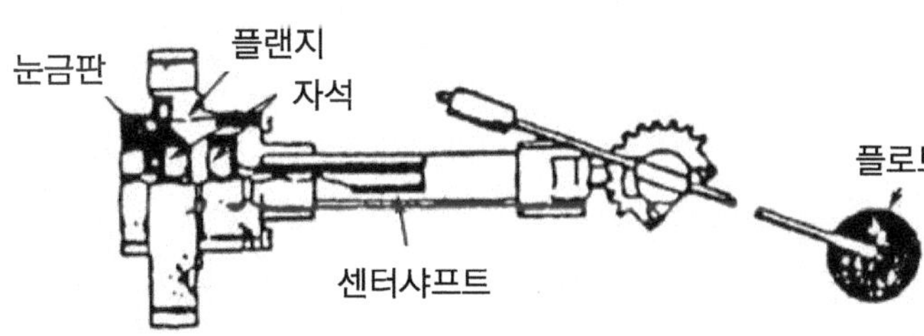

그림 4-55 레벨 게이지

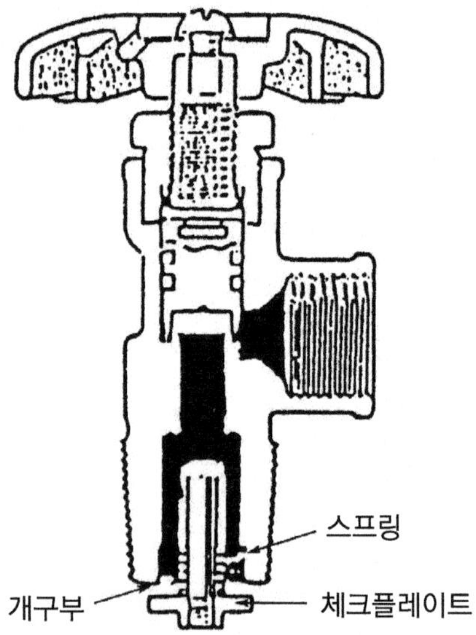

그림 4-56 LPG 송출밸브

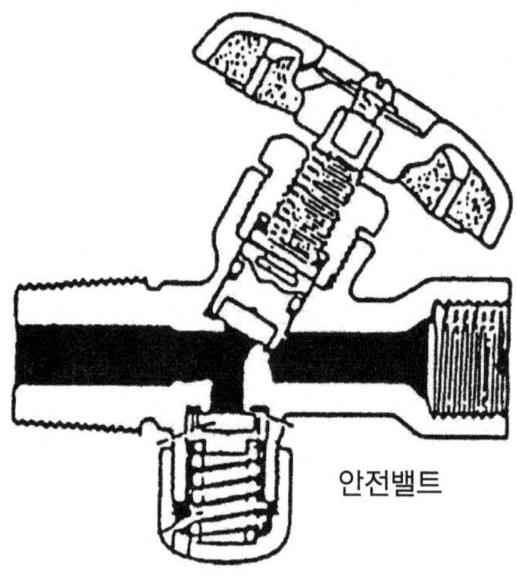

그림 4-57 LPG 충전밸브

유량이 적당할 경우는 스프링의 힘에 의해 체크 플레이트가 개구부에서 떨어져 있다가 만일 배관의 파손 등으로 연료가 2~6 ℓmin(또는 폐지압차 0.5 kgf/㎠)이상 과류할 때 스프링의 반발력에 의해 방지된다.

(3) LPG충전 밸브

안전밸브가 부착된 충전밸브는 LPG(액상)를 충진할 때 사용하는 밸브로 이것은 가스업자가 충진할때 사용하며 안전밸브는 봄베의 주변온도 상승(화재 등)에 의하여 봄베의 내압력이 상승하여 24±04 kgf/㎠이상이 되면 안전밸브가 작동하여 LPG를 외부로 방출시키므로 봄베내의 압력을 일정하게 유지시켜 폭발 등의 위험을 방지시키는 기능을 하며 밸브는 녹색으로 도장되어 있다.

2) LPG솔레노이드 밸브

LPG 솔레노이드 밸브는 LPG 연료를 공급하고 차단시켜주는 연료 공급-차단 밸브이다. 수온스위치 신호에 따라 액상 또는 기상의 연료를 공급한다. 엔진의 냉각수 수온이 낮을 때에는 봄베 내에 기화되어 있는 LPG 연료를 사용하는 것이 시동성이 양호하게 하며, 시동 후에는 양호한 주행성능을 얻기 위해 액체 LPG 공급이 필요하다.

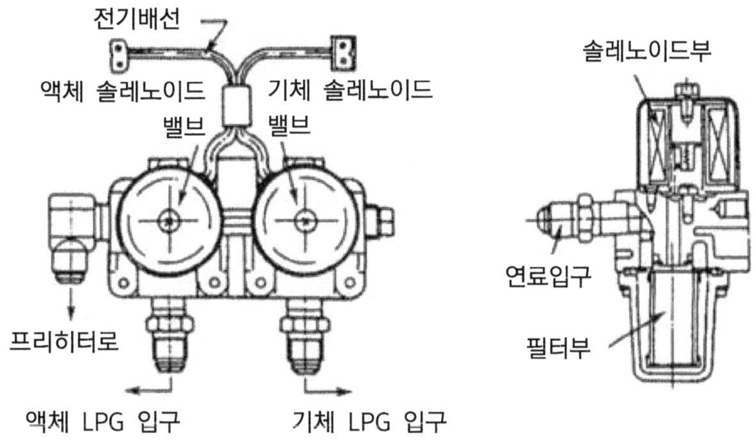

그림 4-58 LPG 솔레노이드 밸브

따라서, 엔진의 냉각수가 15℃이하 일때는 수온 스위치에 의해서 기체 솔레노이드 밸브 코일에 전류가 흐르기 때문에 기체 상태의 연료가 공급되고, 냉각수 온도가 15℃이상이 되면 수온 스위치에 의해 액체 솔레노이드 밸브 코일에 전류가 흘러 액체연료가 공급되도록 한다. 솔레노이드 밸브는 점화 스위치나 LPG 스위치 중 하나만 off 도 연료는 차단된다.

3) 연료 차단 밸브

연료 배관의 파손 등에 의해 연료의 유출에 이상이 발생할 경우 또는 엔진이 정지한 경우 봄베로부터 연료의 유출을 차단하는 장치이다.

만일 오일 압력 스위치 등의 이상 발생시 연료가 차단되어 정지된 차량을 이동시키려면 키 스위치 ON상태에서 LPG 스위치를 누르는 동안 연료가 공급되어 엔진이 작동된다.

4) 프리히트

탱크내의 액체 LPG를 베이퍼라이저로 공급되기 전 엔진의 냉각수로 액체를 증발시켜 기체화 할 수 있도록 된 장치이다. 베이퍼라이저 직전에 프리히터를 설치하는 것은 LPG를 가열하여 LPG 일부 또는 전부를 기화시켜 베이퍼라이저에 공급하기 위해 설치하며 또한 엔진의 냉각수가 프리히터 가스 통로 아래에 벽을 사이에 두고 순환하여 가열된 증발 잠열을 공급하기 위함이다.

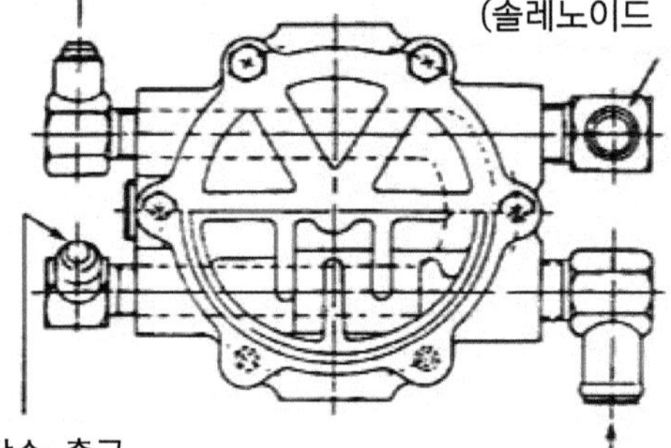

그림 4-59 프리히터

5) 베이퍼라이저

(1) 기능

베이퍼라이저는 가솔린엔진의 경우 카브레터의 일부에 해당한다. **베이퍼라이저는 LPG장치의 가장 중요한 기능 부품으로 감압, 기화, 조압의 3종류의 작용을 한다.** 봄베로부터 압송된 고압의 액체 연료를 베이퍼라이저에서 감압시킨 후 기체연료로 기화시켜 엔진 출력 및 연료 소비량에 만족할 수 있도록 조압하는 기능을 갖고 있다.

베이퍼라이저 내의 LPG는 액체에서 기체로 될 때 주위에서 증발 잠열을 빼앗아 온도가 낮아지지 때문에 베이퍼라이저의 밸브를 동결시켜 엔진에 적당한 양의 연료를 공급시킬 수 없게 된다. 이를 방지하기 위하여 베이퍼라이저 온수 통로를 설치하여 엔진의 냉각수를 순환시켜 기화에 필요한 열을 공급시켜 주도록 되어 있다.

(2) 구조

액상 LPG를 기화함과 동시에 감압하는 1차 감압실과 더욱 대기압에 가깝게 감압하여 조압하는 2차 감압실, 그리고 LPG를 기화시키기 위한 열원으로서 엔진의 냉각수를 순환시키기 위한 온수실 및 연료의 유출을 제어하는 배큠 로크 체임버를 구비한 비교적 간단한 구조이지만 작동은 복잡하고 정교하다.

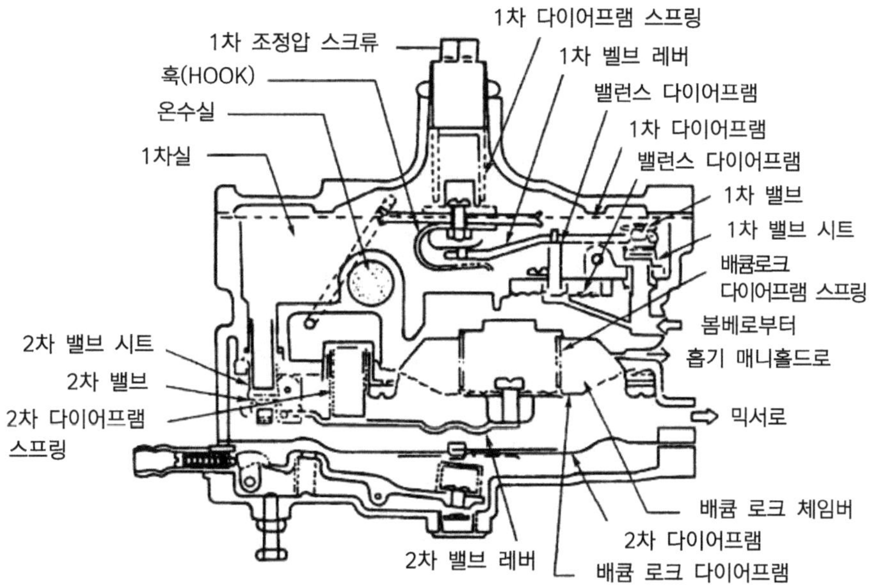

그림 4-60 베이퍼라이저의 구조

6) 믹서

피드백 믹서는 베이퍼라이저(Vaporizer)에서 감압 기화된 연료(LPG Gas)를 공기와 혼합하여 연소에 적합한 혼합기를 연소실에 공급하는 역할을 한다. 기본 연료량은 주조정스크루를(MAS:Main Adjust Screw)로 조정하며, 피드백 솔레노이드는 각 센서로부터 입력신호에 따라 엔진의 최적 공연비가 되도록 컨트롤 유닛(ECU)에 의해 구동된다.

4장 연습문제

1. 흡입공기 계측방식 중 핫와이어(hot wire type)과 칼만와류식(karman vertex type)식을 비교 설명하라.

2. D제트로닉 방식에 사용하는 흡기압력 검출 방식에 대하여 설명하라.

3. 다음 ECU입력 센서의 기능에 대하여 설명하라
   1) AFS 2) WTS 3) O2센서 4) MPS 5) TPS 6) MAP

4. 연료의 분사시기 제어에 있어서 1)동시분사 2)그룹분사 3)독립분사 방식에 대하여 설명하라

5. 희박연소엔진의 개념에 대하여 아는 대로 기술하라.

6. GDI엔진의 개념과 특징에 대하여 기술하라.

7. GDI엔진의 문제점 중에서 흡기밸브의 퇴적물이 가중되는데 원인에 대하여 설명하라.

8. LPG연료분사장치의 연료 흐름에 대하여 기술하라.

9. LPG연료분사장치에서 솔레노이드 밸브의 기능에 대하여 기술하라.

5장 디젤엔진 및 커먼레일 분사장치

5.1 디젤엔진의 연소와 분사

디젤기관은 가솔린기관과 비교할 때 가장 큰 차이점은 연료의 공급방법과 연소형태라 할 수 있다. 고속디젤기관에서의 연소는 압축행정의 말기에 실린더 내 압력은 30~50 kg_f/cm^2, 온도는 500~700℃가 된다. 이 고압의 공기 중에 분사된 안개 모양의 연료가 기화하여 공기와 혼합, 적당한 혼합기로 된 부분에서부터 착화되어 연소가 시작된다. 분사에서 연료는 안개 모양의 미립자 상태로 공기 중에 산포되며, 국부적인 혼합비는 0에서부터 매우 농후한 상태까지 넓은 범위에 걸쳐 있다. 착화는 그 중에서 가장 자발화하기 쉬운 혼합비의 부분으로부터 시작된다. 따라서 가솔린기관에서와 같이 혼합비를 항상 이론공연비 부근으로 제어할 필요가 없어 공기 흡입구에 스로틀밸브를 둘 필요가 없다. 이것이 부분부하에서의 경제성이 가솔린기관에 비하여 양호해 지는 이유이다.

또한, 디젤기관의 출력 조절은 연료 분사량의 제어에 의하여 연료분사시간을 조절하여 출력을 제어한다. 반면, 가솔린기관은 스로틀밸브의 개도를 변화시켜 연료의 공급량을 조절하고 적절한 점화시기에 강제 점화시켜 엔진의 출력을 얻는다.

5.2 연료분사의 3대 조건

1) 무화(Atomization)

연소실 내에 분사된 연료가 미립화되어 안개모양의 무상으로 되는 과정을 무화라고 한다. 액체연료를 효과적으로 연소시키기 위해서는 공기와의 접촉면적을 가능한 크게 하여 반응을 촉진시켜야 한다. 이를 위해 연료를 액적(Droplet)으로 분산하여 공기와의 혼합을 촉진하여 혼합기를 형성한다. 이러한 과정을 액체 연료의 무화 또는 미립화(Atomization)라 하며 분무연소의 기본이라 할 수 있다. 예를 들면 1 cm^3의 액적을 직경 1 μm의 입자로 전부 만들었을 때, 이 갯수는 1.91×109개가 되고, 표면적은 1 cm^3 액적의 103배가 된다.

2) 분포(Distribution)

분사 연료입자들이 연소실 공간에 균일하게 분포되지 않고 노즐 끝이나 다른 특정부분에 밀집하게 되면 산소부족 등으로 불완전연소가 일어난다. 또한 산소가 있어도 연료가 없어 연소가 이루어지지 않는 부분으로 연소실 공간은 구분된다. 이를 방지하기 위해서는 노즐에서 분사되는 연료입자들이 연소공간에 균일하게 확산되어야 한다. 따라서, 분무의 유입은 연소실 내에서 균일하게 분포(Distribution) 되어야 하며 그 분포는 주로 분무각에 의해 결정된다.

연료의 분포는 확산각(분무각)을 크게 해줄수록 좋아진다. 분류의 퍼짐도 분사압력, 실린더 내부의 공기밀도, 노즐형상 등에 좌우되지만 분산을 균일하게 시키기 위해서는 관통력은 다소 희생시켜야 한다. 그림 5-1은 배압과 분사압력이 확산에 미치는 경향을 나타낸다.

3) 관통력(Penetration)

관통력(Penetration)은 분사된 연료가 연소가 종료될 때까지 이동을 계속할 수 있는 힘을 말한다. 연료입자가 정지해 있다면 표면층이 연소하고 난 이후에는 주위의 연소가스에 의해 산소와의 접촉이 차단되고 더 이상 내부의 연료는 연소되지 않는다. 따라서 연료입자는 연소가 완료될 때까지 공기 중으로 날아갈 수 있는 충분한 운동량을 가져야만 한다. 운동량은 질량에 비례하므로 관통력이 커지려면 연료입자가 큰 것이 유리하다. 하지만 미립화 상태와는 상반된다. 연료입자가 기화하거나 연소가 진행되면 입자의 질량이 감소하기

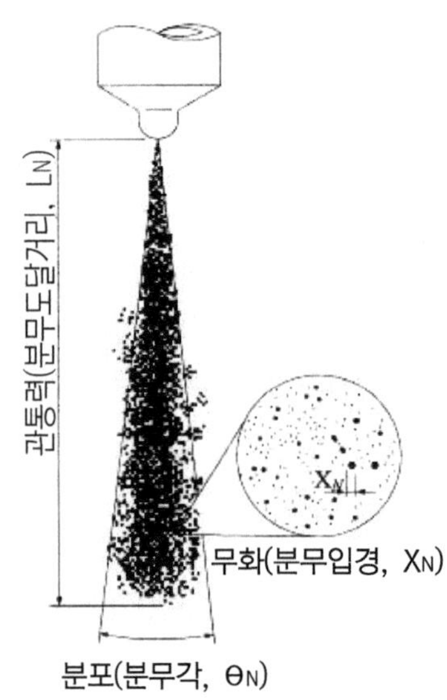

그림 5-1
연료분무의 특성

때문에 운동량이 급격히 감소하므로 이에 대한 대책이 필요하다. 이를 위하여 분사압력을 높여주거나 압축공기의 스월이나 스퀴시 등의 난류유동을 이용하기도 한다.

한편, 이 관통력이 지나치게 클 경우 분사가 연소실의 벽면에 부착, 다시 응축되면서 불완전연소를 일으킬 수 있다. 그러므로 이 관통력은 연소실의 형상이나 압축공기의 스월, 스퀴시 등의 강도에 알맞은 크기의 것이어야 하며 관통력을 측정하는 척도로서는 분무도달거리가 사용된다.

5.3 디젤엔진의 제손실

1) 열손실(Thermal Loss)

일반적으로 배기가스와 함께 손실되는 열 손실과 냉각수 및 엔진오일 등의 엔진냉각에 의해 손실되는 열손실을 들 수 있다. 대략, 배기가스에 의한 열 손실은 30~35%이고, 냉각수에 의한 열 손실이 30~35%정도이다. 열손실은 엔진의 압축비가 높을수록, 혼합기의 비열비가 클수록 줄어드는 경향이 있다. 또한 가솔린엔진에 비해 디젤엔진은 압축비가 높으며 희박운전에 의해 혼합기의 비열비가 크므로 **가솔린엔진에 비해 열손실이 적다. 따라서 이것이 디젤엔진의 열효율이 가솔린엔진보다 높게 나타나는 이유이기도 하다.**

2) 연소손실(Combustion Loss)

연소란 연료의 화학에너지를 열에너지로 변환하는 과정이다. **연소손실이란 불완전연소 혹은 실화 등이 발생하여 공급된 연료의 화학에너지가 열에너지로 모두 변환되지 못하는 경우의 손실을 말한다.** 자동차엔진에서 저온시의 시동초기, 급가속과 같은 과도구간, 전부하구간 등과 같은 운전조건에서 연소가 불안정할 때나 과연료공급(Over-Fueling)으로 인해 연소손실이 급증한다. **이와 같은 손실된 에너지는 연료로 공급된 전체에너지의 약 3%내외 이다.**

3) 펌핑손실(Pumping Loss)

펌핑손실은 엔진이 대기 중의 공기를 실린더내로 흡입(Pumping)할 때와 배기가스를 실린더 밖으로 밀어낼 때의 발생되는 손실을 말한다. 이때 일어나는 흡기 때의 저항이나, 배기저항 및 엔진 내부에서의 통로저항 등 가스의 유동저항은 그대로 엔진의 손실이 된다.

이에 대해 디젤엔진은 흡기의 스로틀링이 없으므로 이에 따른 손실이 거의 없다. 디젤엔진 또한 EGR 조절 및 기타용도를 위해 스로틀이 장착되어 있지만 가솔린과 같이 토크제어를 위한 흡기량 조절에는 사용하지 않는다.

디젤엔진이 가솔린엔진에 비해 효율이 높은 이유 중의 하나가 바로 흡입공기의 스로틀링(Throttling)이 없이 펌핑손실이 낮기 때문이다. 현대의 거의 모든 디젤엔진은 가솔린엔진에 비해 낮은 성능을 보안하기 위해 터보장치를 적용한다. 이로 인해 공기흡입시 오히려 더 많은 에너지를 얻는 경우도 있다. 반면 가솔린엔진의 경우 터보장치를 장착하였다고 하더라도 스로틀링으로 인하여 연소실내 압력은 여전히 대기압보다 낮으며 펌핑손실은 다소 줄일 수는 있겠지만 여전히 존재한다. 따라서 터보차저는 가솔린엔진보다 디젤엔진에 더 적합하다고 볼 수 있다. **펌프손실은 연료로 공급된 전체에너지의 약 5%정도이다.**

4) 냉각손실(Cooling Loss)

자동차엔진에서 냉각수, 냉각 공기 등에 의해 외부로 빼앗기는 열 손실을 말한다. **수랭식 엔진의 경우 대부분이 냉각수로 방열되는데, 그 열량은 전체 에너지의 30~35% 정도이다.** 이 방출되는 열은 실린더 내 온도를 저하시켜 팽창일로 전환되는 율이 그 만큼 작아지게 된다. 즉, 유효일로 변환되어야 할 열의 일부가 냉각손실로 인하여 열에너지의 유효이용인 차원에서 볼 때 손실이 된다. 하지만, 실린더 내나 연소실 등 엔진내부의 온도가 한계이상으로 높아지는 경우는 열부하가 지나치게 커져서 엔진의 운전이 불가능하게 된다. 따라서 냉각손실은 필요 불가결한 손실인 셈이다.

5) 마찰손실(Friction Loss)

엔진은 다양한 부품들의 상대 운동으로 인해 마찰로 손실되는 에너지를 마찰손실이라고 한다. 엔진 중에서 피스톤과 실린더 벽면에서 일어나는 마찰은 마찰손실 중 가장 큰 부분을 차지한다. 또한, 베어링 마찰, 밸브작동기구의 마찰, 냉각수펌프나 오일펌프, 연료펌프 등 이들 보조기기의 구동동력에 의한 마찰 손실을 들 수 있는데 디젤엔진에 가솔린엔진에 비해 마찰손실이 크다. 왜냐하면 디젤엔진은 흡기량이 많고 압축비가 크기 때문에 실린더 내 압력이 높고 이를 견디기 위해서는 부품의 강성도 크고 투박하기 때문이다.

이 마찰손실은 엔진의 회전속도가 높아질수록 증가되며, 디젤엔진의 경우는 이러한 이유로 인한 엔진의 회전속도를 상승시키는데 어려움이 있어서 같은 크기의 가솔린엔진에 비해 고속에서의 출력이 낮게 되는 결점이 있다. **이 마찰손실은 연료로 공급된 전체에너지의 약 3%내외이다.**

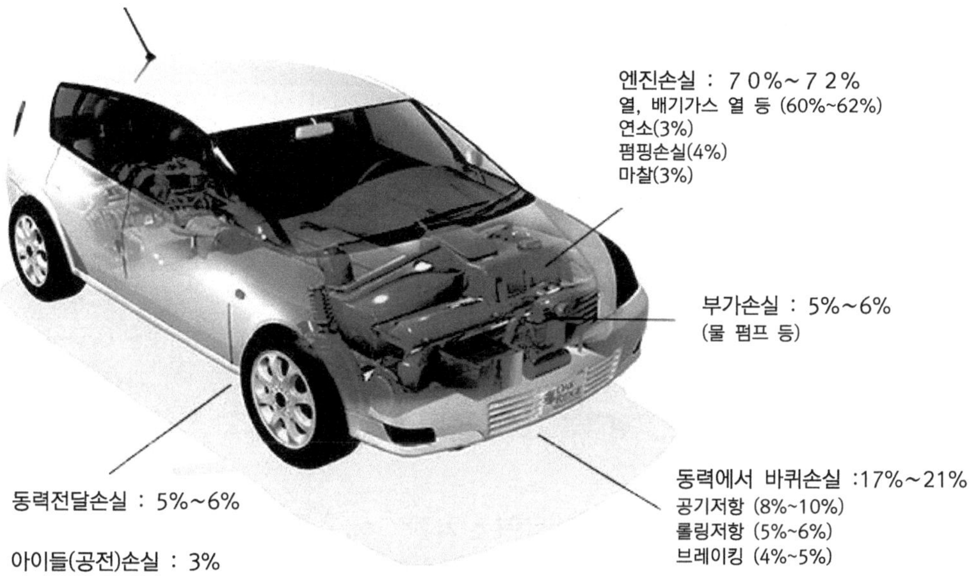

그림 5-2 자동차 엔진과 관련 부품들의 제손실

5.4 디젤엔진의 연소과정

디젤엔진은 압축행정의 종료부분에서 고온·고압상태의 실린더내의 공기 중에 연료를 고압으로 분사하면 연료입자는 안개모양으로 무화되면서 증발, 공기와 혼합되어 가연성의 혼합기가 만들어 지고 이어서 자연착화에 이르게 됨으로써 연소가 이루어지게 된다. 디젤엔진은 세부적으로 다음과 같은 4단계의 연소과정을 거치면서 연소가 완료된다.

제 1단계 착화지연기관(연소준비기간)

제 2단계 급격연소기간(정적연소기간)

제 3단계 제어연소시간(정압연소기간)

제 4단계 후연소기간

1) 착화지연기간(연소준비기간)

디젤엔진은 연료의 분사와 동시에 착화가 이루어지는 것이 아니고 연료액적의 표면으로부터 증발된 연료증기가 공기와 혼합하여 혼합기를 형성되면서 착화할 때까지의 시간적인 지연이 생기게 된다. 이 기간을 **착화지연기간(Ignition Delay Period)**이라고 한다.

그림 5-3에서의 A-B구간은 착화지연기간으로 A점에서 연료가 분사되어 B점에 이르러 착화, 연소가 실현된다. 이 기간은 연료가 분사되면서 주변으로부터 흡열, 기화에 의해 증기를 발생하고 공기와 혼합되어 고온의 가연혼합기가 형성되는 기간이다. 이 기간은 통상 0.3~1 ms 정도이고, 이 기간이 길고 짧은 것은 연료의 착화성과 밀접한 관계가 있다. 이 기간이 길어지면 착화되기 전에 연료량이 많아져 폭발적인 연소가 이루어지므로 디젤노크를 발생하게 된다.

2) 급격연소기간(화염전파기간, 정적연소기간, 예혼합연소기간)

이 기간은 착화된 뒤 폭발적으로 연소가 이루어져 압력이 급상승하는 기간(B-C구간)으로 급격연소기간(Rapid Combustion Period)이라고 하며, 이때는 착화지연기간 중에 분사된 연료의 양이 많을수록 압력상승률이 커지고 또한 압력이 급상승된다.

이 기간은 미리 연료증기와 공기가 혼합되어 있어서 예혼합연소에 가까운 상황의 연소가 실시된다. 그림의 점선으로 표시되는 부분은 착화되지 않은 경우의 압력변화를 나타내고 있다.

3) 제어연소기간(정압연소기간, 확산연소기간)

이 기간은 분사된 연료가 화염전파기간에서 발생한 화염으로 분사와 거의 동시에 연소하는 기간이며, 이 구간은 C-D사이로 연소기간의 연소압력이 가장 크고, 분사량으로 어

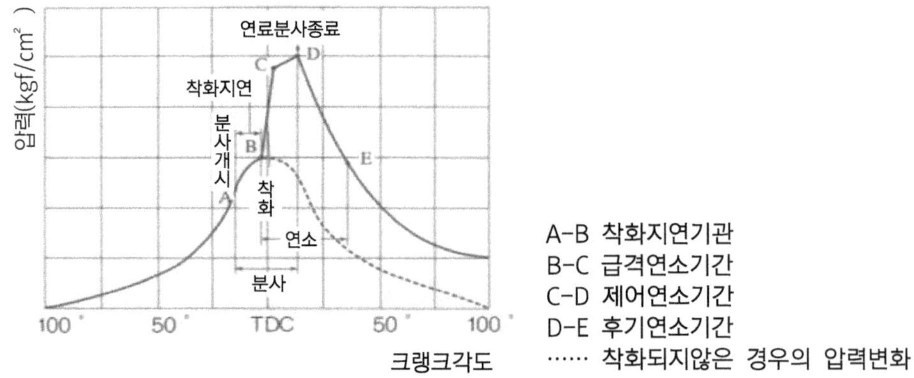

그림 5-3 디젤엔진의 연소과정

느 정도의 연소압력 조정이 가능하므로 제어연소기간(cOntrolled Combustion Period)이라고 한다. 또한 공기와의 확산에 의해 혼합되므로 확산연소라고 말할 수 있다. 이 기간은 이미 피스톤이 하강을 시작하고 있어서 체적은 변화되나 압력의 상승이 없고 연료는 분사와 동시에 연소를 계속하게 된다. 이것이 가솔린엔진과 크게 다른 점으로 디젤엔진에서만 실현되는 특이한 연소기간으로서 정압연소를 한다.

이 기간 사이에서 분사되는 연료의 분사량에 의해 엔진의 출력이 제어된다. 가솔린 엔진의 경우는 예혼합연소인 단 1회만의 연소에 의해서 화염핵이 한 개에의해서 이루어지지만, 디젤엔진은 예혼합연소에 의해 발생된 화염속에 연료의 계속적인 분사로 연소가 지속적으로 진행되고 화염핵도 다수가 된다.

4) 후연소기간(후연기간)

D점에서 연료분사가 종료되었으나 실린더 내에 남은 연료가 이미 발생된 연소의 흐름에 의해 연소되는 것으로 후연소기간(After Combustion Peroid)이라고 한다. 이 기간 동안에는 실린더 내에 연소생성물이 다량으로 존재하지만 산소농도가 낮기 때문에 남은 연료는 산소와 충분히 혼합되지 않는 상태이므로 그을음이 되어 배출되는 수가 많다. 이 후기연소기간에 연소되는 양이 많아지면 연료소비율면에서 좋지 않으며 배출가스의 온도도 높아지고 열효율도 저하되므로 후연소기간을 짧게 하는 것이 엔진의 성능을 향상시키는데 도움이 된다.

이것을 방지하기 위하여 연료의 미립화, 연소실 내의 와류 등을 이용한 공기와의 혼합을 촉진 등으로 이 기간을 단축시키기도 한다.

5.5 디젤노크와 가솔린노킹

5.5.1 디젤노크의 발생 원인

디젤노크는 디젤엔진에서의 착화지연기간 중에 분사된 다량의 연료가 급격연소기간중에 일시적으로 연소하여 실린더내의 압력이 급격히 상승하는데 원인하여 실린더벽이나 피스톤 등에 충격을 가하여 둔탁한 금속음 등의 소음을 내는 현상이다.

즉, 디젤노크의 원인은 착화지연기간이 길어지는 가운데 이 기간 중에 분사된 연료의 양이 많은 상태에서 급격연소를 통한 압력상승률이 높은 것이 주원인이라 할 수 있다. 디젤노크로 인해 차량의 출력이 저하되고 운전이 정숙하지 못하는 현상이 발생한다.

디젤엔진의 노크는 연소에 의한 최대 압력의 크기보다는 압력상승도에 의해 좌우된다. 노크 현상을 완화시키려면 압력의 상승도를 가능한 한 낮게 하여야 한다, 디젤노크현상을 줄이기 위해서는 착화지연기간을 짧아지도록 해야 하고, 이를 위하여 디젤노크 방지법에 관련되는 항목들을 완화시키는 방법으로 개선해야 한다.

5.5.2 디젤노크의 방지법

디젤노크는 착화지연기간 중에 분사된 많은 양의 연료가 급격연소기간 중에 일시적으로 연소하여 실린더내의 압력이 급상승하여 발생하는 것으로, 가능한 초기 가연혼합비를 적게 하고 착화지연기간을 짧게 하는 것이 필요하다. 디젤노크를 방지하는 방법은 다음과 같다.

1. 세탄가가 높고 착화성이 좋은 연료를 사용한다.
2. 압축비를 높여 압축말의 온도와 압력을 높게 한다.
3. 연소의 초기 분사량을 적게 하여 착화지연기간중의 압력의 급격한 상승을 피한다.
4. 실린더벽의 온도를 높인다.
5. 흡입공기의 온도를 높인다.
6. 연료의 분사시기를 알맞게 조정한다. 연료의 분사시기가 지나치게 빠를 경우에는 연소실내에 공기의 온도가 충분히 상승하지 않은 상태에서 연료가 분사되면 착화지연기간이 길어져 디젤노크를 일으키기 쉬워진다.
7. 엔진의 온도와 회전속도를 높인다.

5.5.3 가솔린엔진과 디젤엔진과 노크 비교

가솔린엔진의 정상적인 연소는 점화플러그에서 점화된 화염핵에 의해서 화염면(炎面)이 순차적으로 팽창하여 화염이 전파되면서 종료한다. 이에 반해 이상연소인 가솔린 노킹현상은 순차적으로 팽창하여 화염이 후미까지 전달되지 않고, 혼합기가 가장 늦게 연소하는 곳인 엔드가스 존에서 미연가스가 순간적으로 연소하는 자발화(自發火)현상으로 충격파를 동반하여 급격한 압력상승으로 노크를 유발한다.

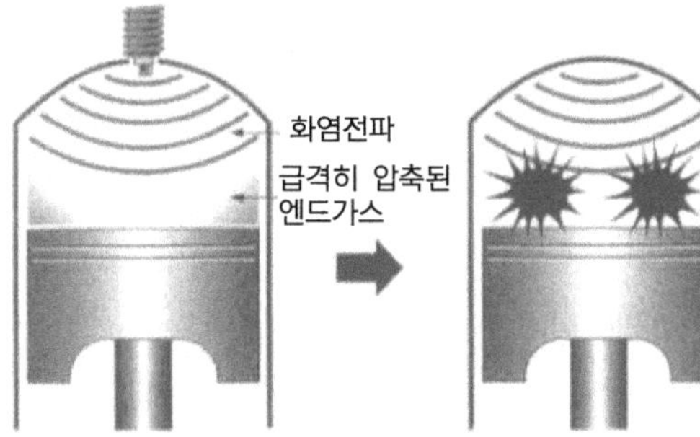

그림 5-4 가솔린엔진의 노크 발생

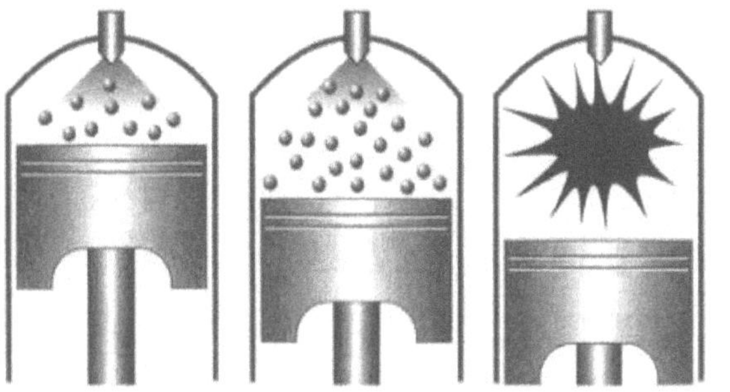

그림 5-5 디젤엔진의 노크 발생

이에 반해 디젤엔진에서의 노크는 고온의 압축공기 중에 분사된 연료의 자기착화가 늦어지고 있을 때 뒤따라 분사된 연료착화와 동시에 한번에 폭발적으로 연소할 때 발생한다.

따라서, 가솔린 노킹에서는 연소행정 말기에 발생하는 반면, 디젤노크는 연소행정 초기에 발생한다. 가솔린 노킹에서는 자기발화가 빠를 때 발생하기 쉽지만, 디젤에서는 자기착화가 늦을 때 발생한다. 따라서 노크를 경감시켜주기 위해서는 대체적으로 가솔린기관에서는 자발화를 늦추는 방향으로, 디젤기관에서는 자발화를 빨리 해주는 방향으로 노킹을 억제한다.

표 5-1은 가솔린엔진과 디젤엔진의 노크 발생 원인을 비교한 것으로 발생원인은 반대인 경우가 많아 그 방지법도 다름을 알 수 있다. 표 중에서 엔진회전속도는 가솔린기관에서는 엔진회전수를 증대시키면 혼합기의 농후도가 회전수 증대와 더불어 크게 된다. 따라서 화염전파속도가 증대되어 노크가 경감된다. 반면, 디젤기관에서 엔진회전수를 증대시키면 그 연료분사량은 회전수에 의하여 규제되므로 속도 증가와 더불어 착화지연기간에 분사된 연료는 많게 되므로 가솔린기관과는 반대로 착화직후의 압력상승률은 크게 되어 노크가 증대한다. 따라서 디젤기관에서는 엔진회전수를 낮추는 것이 노크를 경감시키는 데 도움이 된다 할 수 있다. 즉, 회전수

가 낮으면 피스톤의 속도가 낮아지므로 분사초기에 분사된 연료가 충분히 착화될 수 있는 시간이 확보됨으로 노크가 방지될 수 있다.

표 5-2는 가솔린엔진과 디젤엔진의 노크 방지책을 비교 한 것이다.

표 5-1 가솔린엔진과 디젤엔진과 노크 발생 원인과 비교

조 건	가솔린엔진	디젤엔진
발생원인	자기착화가 일어나기 쉽기 때문에	자기착화가 일어나기 어렵기 때문에
발생시기	연소과정 말기 발생	연소과정초기 발생
압축압력	높을 때	낮을 때
흡기압력	높을 때	낮을 때
흡기온도	높을 때	낮을 때
실린더벽온도	높을 때	낮을 때
엔진회전속도	낮을 때	높을 때
연료의 착화온도	낮을 때	높을 때
연료의 착화지연	짧을 때	길때
실린더체적	클 때	작을때
압축비	클 때	작을때
부하	고부하시	저부하, 아이들링시
분사(점화시기)와의 관계	앞세우면 일어나기 쉽다	앞세우면 일어나기 쉽다
연료와의 관계	옥탄가가 낮을 때	세탄가가 낮을 때

표 5-2 가솔린엔진과 디젤엔진의 노크 방지책

조 건	가솔린엔진	디젤엔진
착화지연	장(長)	단(短)
연료의 착화점	고(高)	저(低)
압축비	저	고
흡기온도	저	고
실린더벽 온도	저	고
흡기압력	저	고
실린더체적	소(小)	대(大)
엔진회전수	고	저
연료와의 관계	옥탄가가 높을때	세탄가가 높을 때

5.6 디젤엔진 연소실의 형식

디젤엔진의 연소실은 연료를 피스톤헤드 부분에 가공된 오목한 부분에 직접분사하는 단실식(직접분사방식)과 연소실이 최소한 2개 이상인 주연소실에 연결된 부실에 연료가 분사되는 부실식(간접분사방식)이 있다. 부실식은 주실(主室)과 부실(副室)이 가느다란 통로(연락공)으로 연결되어 있다. 또한 이 부실식은 다시 예연소실식과 와류실식으로 구분할 수 있다.

5.6.1 직접분사방식

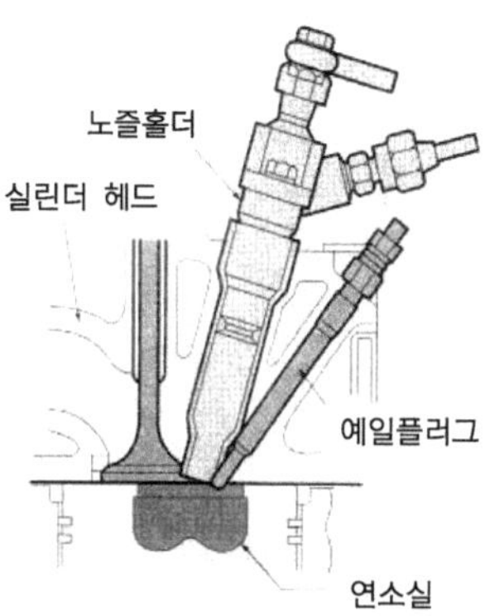

그림 5-6 직접분사실식

직접분사식은 연소실이 실린더헤드와 피스톤헤드에 설치된 요철(凹凸)에 의해 형성되고, 여기에 연료를 직접 분사시키는 방법이다. 직접분사식은 대형 상용자동차기관과 정치식 기관에 주로 이용되어 왔으나, 오늘날 디젤 승용차에서도 대부분 사용되고 있다.

분사노즐은 일반적으로 분출구가 여러 개인 다분공형으로 연소실 중앙에서 4~8개 방향의 방사상으로 연료가 분사된다. 연료의 분사개시압력은 200~300 kg/㎠ 으로 연료를 고압으로 분사하여야 한다. 이 직접분사실은 공기와 연료의 혼합이 주로 공기의 와류인 스월이나 스퀴시에 의해 이루어지고, 연료의 분사에 따른 연료의 미립화에 의해 이루어지므로 흡입공기유동과 관련이 있는 흡기포트의 형상이나, 연료의 분사압력 등의 특성이 다른 연소실에 비해 중요하다고 볼 수 있다. 그림 5-6과 같이 실린더헤드의 아래면과 피스톤헤드와의 사이에 요(凹)부가 형성되어 있고 여기에 고압의 연료를 직접 분사하도록 되어 있다. 그리고 저온시의 시동성을 좋게 하기 위하여 예열플러그를 부착하고 있다.

◆ **직접분사실식의 장점**

① 연소실 구조가 간단하며 열효율이 높고, 연료소비율이 작다.

② 연소실 체적에 대한 표면적의 비율이 작아 냉각손실이 작다

③ 엔진시동이 용이하다

④ 실린더헤드의 구조가 간단하고 열부하를 적게 받으므로 대출력기관에 적합하다.

◆ **직접분사실식의 단점**

① 분사압력이 높아 분사펌프와 노즐의 수명이 짧다.
② 연료의 성질에 민감하고 노크의 경향이 높다
③ 폭발압력이 상대적으로 높기 때문에 진동과 소음이 크다
④ 엔진의 회전속도 및 부하의 변화에 민감하다.
⑤ 다른 형식에 비하여 공기과잉율이 높은 상태에서 연소가 급격히 진행되므로 NO_x가 비교적 많이 배출된다.
⑥ 다공형 노즐을 사용하므로 단공형에 비해 고가이며, 노즐상태의 따라 엔진의 성능에 미치는 영향이 크다.

5.6.2 간접분사방식

간접분사방식은 주연소실에 연결된 부실에 연료가 분사되는 방식으로 **예연소실식과 와류실식**이 있으나, 자동차용으로 사용 빈도가 낮다.

1) 예연소실식

예연소실식은 그림 5-7과 같이 실린더헤드와 피스톤사이에 형성되는 주연소실과 실린더헤드에 마련된 예연소실로 구성되어 있다. 예연소실의 상부에는 분사노즐이 장착되어 있고, 연소는 압축행정에서 주연소실로부터 예연소실의 분구를 통해 예연소실 내로 밀려들어간 고온의 공기 중에 분사노즐을 통해 고압의 연료가 분사되면서 자기착화된다. 그러나 예연소실에 존재하는 산소로는 분사된 연료 중 일부만 연소시킬 수 있기 때문에 예연소실 내에서 형성된 농후한 혼합기의 대부분은 연소압력에 의해, 피스톤헤드에 설치된 주연소실로 분출되면서 연소하는 2단 연소방식을 취하고 있다.

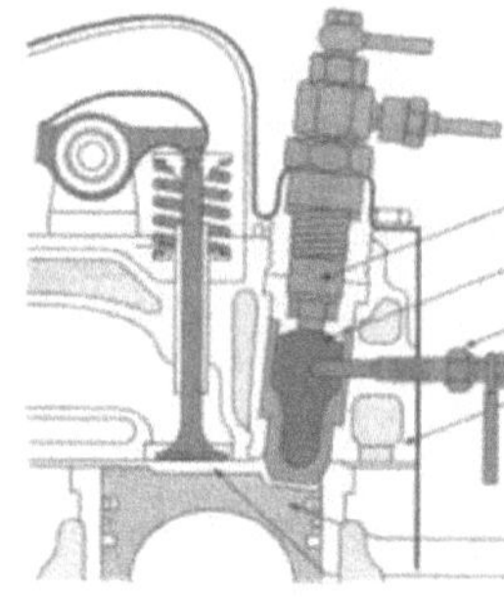

그림 5-7 예연소실식

착화지연이 짧고, 주연소실의 압력수준이 전반적으로 낮게 유지되면서 연소가 진행되므로 소음이 낮고 크랭크기구에 작용하는 부하도 작다.

예연소실식은 그동안 중·대형엔진에 많이 채용되어 왔지만, 연비가 좋지 못하여 직접분사식으로 전환되면서 현재는 거의 사용하지 않는 실정이다.

2) 와류실식

와류실식의 구조는 그림 5-8과 같다. 이 연소실 방식은 실린더헤드와 피스톤헤드 사이에 형성된 주연소실과 실린더헤드에 구형(Ball Type)으로 된 부실인 와류실(부실)을 갖추고 있는데, 와류실은 대부분이 실린더헤드와 일체구조로 되어 있다. 와류실은 접선방향으로 뚫린 연결통로로 통하여 주연소실과 연결된다. 와류실의 체적은 간극체적의 약 50~80%이고, 연결통로의 단면적도 피스톤단면적의 약 1~3.5% 정도로 비교적 크다. 분사압력은 100~125 bar 이며 압축비는 15~17:1 정도이다.

그림 5-8 **와류실식**

와류실식은 압축행정 중에 연결통로를 통하여 주연소실로부터 와류실로 접선방향으로 유입되는 공기는 와류실에서 강한 와류가 발생되도록 한 구조이며, 이 와류실에 연료를 분사하면 분사된 연료는 강한 선회(旋回)운동을 하고 있는 공기와 만나 빨리 혼합되어 착화연소하면서 주연소실로 분출되어 다시 여기서 미연소연료가 새공기를 만나면서 연소하는 형식이다. 와류실식은 부실인 와류실에서 먼저 연소한 후 나머지 일부분의 연료는 주연소실에서 연소되는 2단 연소로 되어 있고 시동성을 향상시키기 위해 예열플러그가 구비되어 있다. 와류실식의 장·단점은 다음과 같다.

- **와류실식의 장점**

① 압축행정에서 발생하는 강한 와류를 이용하므로 회전속도 및 평균유효압력이 높다.

② 직접분사식에 비해 분사압력이 낮고 엔진의 상용회전속도의 범위가 넓어서 운전성이 좋다.

③ 강한 공기와류를 이용하여 혼합시킬 수 있기 때문에 분사압력이 낮아도 된다.

④ 와류가 강하여 혼합이 용이하여 NO_x 및 스모크의 배출비율이 직접분사식에 비해 낮다.

⑤ 연료소비율이 예연소실식에 비해 낮다.

- **와류실식의 단점**

① 실린더헤드의 구조가 복잡하고 열부하 문제가 발생된다.

② 저속에서는 공기와류가 약하기 때문에 저속에서 노크가 발생하기 쉽다.

③ 연소실 표면적이 넓기 때문에 냉각손실의 증대로 직접분사식에 비해 열효율이 떨어지고, 연비가 나쁘다.

④ 엔진을 시동할 때 예열플러그가 필요하며 기동성이 떨어진다.

표 5-3 디젤기관 연소실 형식 비교

비교항목	직접분사식	예연소실식	와류실식
연소실 형식	간단	복잡	복잡
표면적 대 체적비 (S/V)	작다	크다	약간 크다
열손실	작다	크다	약간 크다
압축비	15~22(낮다)	17~23 (높다)	20~23(높다)
연소압력	높다80~190 bar	비교적 낮다 50~60 bar	55~65 bar
최고회전속도	낮다	약간높다	높다
분사압력	175~200 bar	80~120 bar	100~130 bar
분사노즐구조	다공식	스로틀형, 핀틀형	스로틀형, 핀틀형
연료분사장치 영향	영향이 가장 크다	영향이 가장 작다	영향이 다소 있다.
연료와 공기의 혼합	주로 분사노즐에 의해 이루어짐	주로 예연소실에서의 와류에 의해 혼합(좋음)	공기와류에 의해 혼합(좋음)
와류생성정도	압축행정말기에 약간 발생	거의 없다	압축말기에 격렬하게 발생(크다)
냉시동보조장치 (예열플러그 등)	필요없음 냉시동성이 우수함	필요함	필요함
연료의 민감성	가장 높다 (사용연료범위 좁다)	가장 낮다 (사용연료범위 넓다)	낮다 (사용연료범위 넓다)
디젤노크 발생빈도	가장 높다	아주 낮다	낮다
평균유효압력	가장 낮다	약간높다	높다
연료소비율	195~270 g/kWh(낮다)	270~310 g/kWh	260~300 g/kWh

5.7 디젤엔진의 가솔린엔진에 대한 비교

5.7.1 디젤엔진이 가솔린엔진에 비해 연비가 좋은 이유

디젤엔진이 가솔린엔진보다 연비가 좋아지는 이유는 첫째는 압축비가 가솔린기관 보다 높기 때문이다. 연소의 메카니즘을 볼 때 디젤기관은 공기만을 압축하는 반면, 가솔린엔진은 공기과 연료의 혼합인 혼합기를 압축하는 하기 때문에 공기만을 압축하는 편이 당연히 압축비가 높게 나온다. 일반적으로 디젤기관의 압축비는 16~24인 반면, 가솔린기관은 7~13 정도이다. 압축비가 높으면 당연히 열효율이 좋게 된다.

두 번째는 펌프손실을 들 수 있다. 가솔린엔진의 요구 출력은 스로틀 밸브의 개도에 의해 공기의 흡입량을 제어하게 되므로 흡입공기의 스로틀링에 의한 펌프손실이 크다고 볼 수 있다. 이에 반해 디젤엔진은 가솔린엔진과 같은 흡입공기량을 제한하는 스로틀 밸브를 필요로 하지 않으며 엔진은 공기를 충분히 흡입하고 출력은 연료의 분사량으로 제어하기 때문에 펌프손실을 줄일 수 있다.

5.7.2 디젤엔진이 가솔린엔진에 보다 출력이 낮은 이유

디젤기관은 연료를 실린더 내에 직접 분사하기 때문에 혼합기 형성 시간이 짧아서 공기 이용률을 가솔린기관 정도로 높이는 어렵다. 또한, 디젤엔진은 연소 시 연료분무의 입자주위에 형성되는 국소적인 혼합기의 농도는 대단히 농후하다. 이것은 연료입자를 연소시킬 공기가 부족한 것을 의미하고 이때에는 많은 양의 스모크가 발생된다. 스모크의 배출농도를 한도이하로 저감시키기 위해서는 연료분사량을 억제하여야 하고, 이렇게 되는 경우는 흡입공기의 전체량 중에서 70~80%만이 연소에 참여한다. 이와 같은 이유에서 배기량이 동일한 가솔린엔진에 비해 디젤엔진은 평균유효압력은 낮다.

또한, 디젤엔진은 압축비는 높고 거기다가 운동부분의 질량도 커서 마찰손실이 크다. 또 고속 회전역에서는 마찰마력이 증가하여 회전속도를 높여도 생각만큼의 출력을 올리기가 어렵고, 운동부분의 질량이 크기 때문에 부품의 강도의 한계, 연료분사장치의 성능 한계 등에 의해 가솔린기관에 비하여 최고회전속도는 낮다. 따라서 고속에서 최대출력이 낮아지게 된다.

디젤기관은 연소압력이 높아 이것에 견디는 구조로 하기 위해서는 크랭크축, 커넥팅로드, 피스톤 등의 운동부분 및 크랭크케이스, 실린더헤드의 기관 구조의 강도와 강성을 높게 하고 있다. 이 때문에 출력 당, 배기량 당 기관 질량이 가솔린엔진에 비해 커지게 되므로. 마찰손실로 그만큼 커지게 된다.

5.8 디젤엔진 연료분사장치의 개요

연료장치는 연료탱크 속의 연료를 여과하여 분사펌프로 보내서 분사순서에 맞추어 고압의 연료로 변화시켜 분사노즐에 연료를 공급한다. 엔진의 운전 상태에 따라 연료의 분사량 및 분사시간을 제어하며 연소실내로 분사하는 일련의 장치를 말한다. 특히, 연료분사장치는 연료를 적정한 양과 시기에 연소실 내에 고압으로 분사하여 연소를 위한 혼합기를 생성하는 역할을 한다.

혼합기의 상태는 연소실 내의 공기의 유동상태와 연료의 시간적, 공간적 변화에 의해 결정된다. 연료의 시간적 공급의 변화란 연료의 매시간당의 분사량으로 나타내는 분사율과 연료분사압력에 따라 평가되며, 연료의 공간적인 상태 변화는 노즐로부터 분사되는 연료분무의 형상, 입도 및 그 분포에 의해 평가된다.

이러한 분사율, 분사압력, 분무형상, 입도분포 등은 여러 가지의 다양한 측정방법이 개발되어 있고 정량적으로 구할 수 있다. 따라서 그 엔진에 적합한 최적의 분사장치는 이들의 측정결과와 엔진성능의 적합이 이루어짐으로써 그 제원이 결정된다.

인젝션 펌프는 열형과 분배형이 사용된다. 열형(독립식)은 대형기관에 주로 사용되며, 분배형은 소형디젤기관에 많이 채용되고 있다.

열형(독립식)은 그림 5-9에서와 같이 실린더와 같은 수의 펌프기구(연료분사펌프)가 필요하며, 구조가 복잡하지만 연료의 공급이 확실히 이루어지므로 고속회전에 적합하며 대형의 엔진에 주로 채용된다. 분배형은 펌프기구가 1개 사용되어 소형의 엔진에 적합하며 실린더수가 많은 엔진의 사용에는 다소 난점이 있다.

표 5-4는 열형과 분배형 펌프의 각각 다른 점을 비교한 것이다. 연료분사펌프는 그 동안 세계 각국의 펌프메이커에서 제각기 독자적인 연구개발이 폭넓게 이루어져 왔으며 그 가운데에서도 독일의 보쉬(Robert-Bosch)사에 의해 정밀도가 높으면서도 비교적 낮은 값으로 공급이 가능한 것이 개발되면서 자동차용 디젤엔진에 가장 널리 사용되고 있다.

연료장치는 그림 5-10에 나타낸 것과 같이 연료는 **연료탱크 → 피드펌프 → 연료필터 → 인젝션펌프 → 인젝션 파이프 → 인젝션 노즐**로 흘러 규정압력으로 연소실내에 분사된다.

또한 인젝션펌프 내에서 노즐로 압송되지 않았던 연료 및 노즐의 니들을 윤활한 연료는 각각 리턴 파이프를 경유하여 연료탱크로 되돌아가도록 되어 있다.

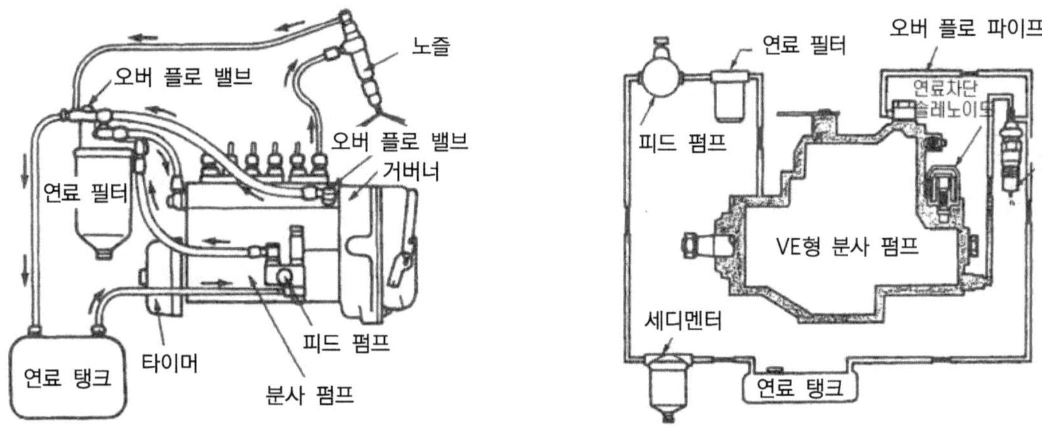

그림 5-9 기계식 연료분사장치의 연료 계통도

표 5-4 열형과 분배형 펌프의 비교

항 목	열 형	분 배 형
실린더 수	1~12	2~6
연료분배방식	각 플런저에서 실린더로 직송	각 플런저의 회전운동
연료가압방식	플런저 식	플런저 식
윤활방식	오일 윤활 (플런저는 연료윤활)	연료 윤활
타이머구조	기계식(외장형, 내장형)	유압식(내장)
피드펌프	피스톤 식	베인식(내장)

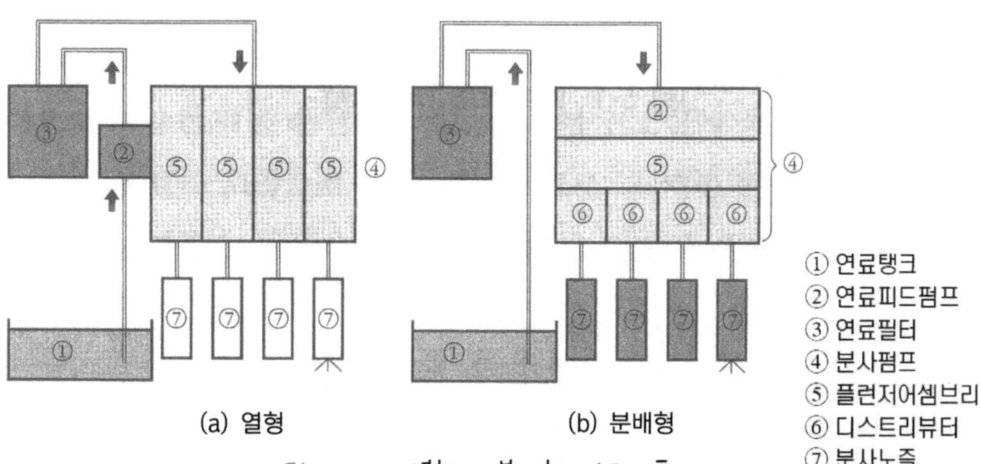

(a) 열형 (b) 분배형

그림 5-10 열형과 분배형 연료계통 비교

▌디젤엔진 열형 분사펌프

열형분사펌프는 실린더 수만큼 플런저(피스톤식 펌프)를 필요로 하고, 분배형은 실린더 수와 무관하게 1개의 플런저에 의해 연료를 각 실린더에 압송, 분배, 공급하도록 되어 있다. 분사펌프의 구조는 다음과 같은 부분으로 구성되어 있다.

① 연료의 압송을 담당하는 플런저(Plunger)와 플런저 배럴(Plunger Barrel)
② 플런저를 구동하는 캠축, 태핏, 플런저 스프링 및 스프링 시트
③ 연료분사량을 조정하는 제어 래크 및 제어 피니언, 제어 슬리브
④ 연료분사 후 후적을 방지하는 딜리버리 밸브

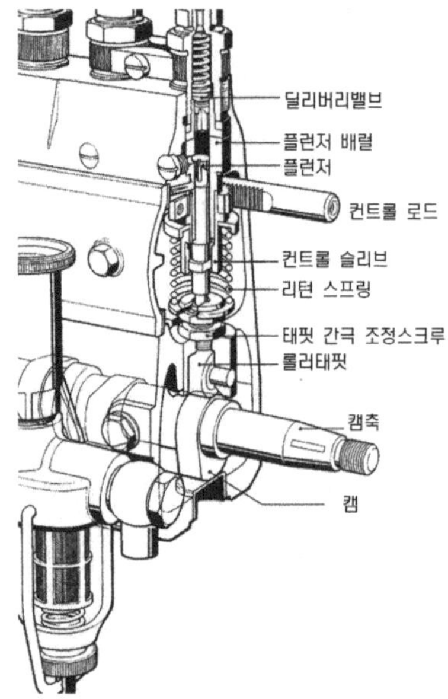

그림 5-11 열형 분사펌프

열형 분사펌프는 그림 5-11과 같이 **실린더 수와 같은 수의 플런저를 일렬로 배치하여 캠축으로 구동하는 방식이기 때문에 독립형이라고 하며 독일의 보쉬식이 대표적이다.** 펌프 하부에 있는 캠축은 엔진의 크랭크축에 의해 기어 또는 체인으로 구동되지만 이 캠의 로브부에 의해 움직이는 플런저는 일정한 거리를 왕복 운동하여 연료를 흡입, 압송한다.

▌디젤엔진 분배형 분사펌프

분배형 분사펌프는 **승용차 등의 소형 디젤엔진에서 주로 사용하는 형식**으로, **하나의 펌프 엘리먼트에서 연료를 각 실린더로 공급되도록 한 형식**이다. 즉, 열형 분사펌프는 실린더수에 따른 각각의 독립된 플런저를 가지고 있는 것에 비하여, 분배형 분사펌프는 실린더 수와는 무관하게 1개의 플런저에 의해 연료를 각 실린더에 압송, 분배, 공급하도록 되어 있다. 따라서 엔진은 소형, 경량으로 만들 수 있고, 고속화가 가능한 것이 특징이다. **주로 6기통 이하의 소형 엔진용 기관에 사용**된다.

분배형 분사펌프의 특징은 다음과 같다.

① 소형, 경량이고 고속회전이 가능하다
② 기관시동이 용이하다(최대분사량의 2배 이상 과잉 분사가 가능하다)
③ 불균일이 2% 이내로 연료 분사량이 균일하다

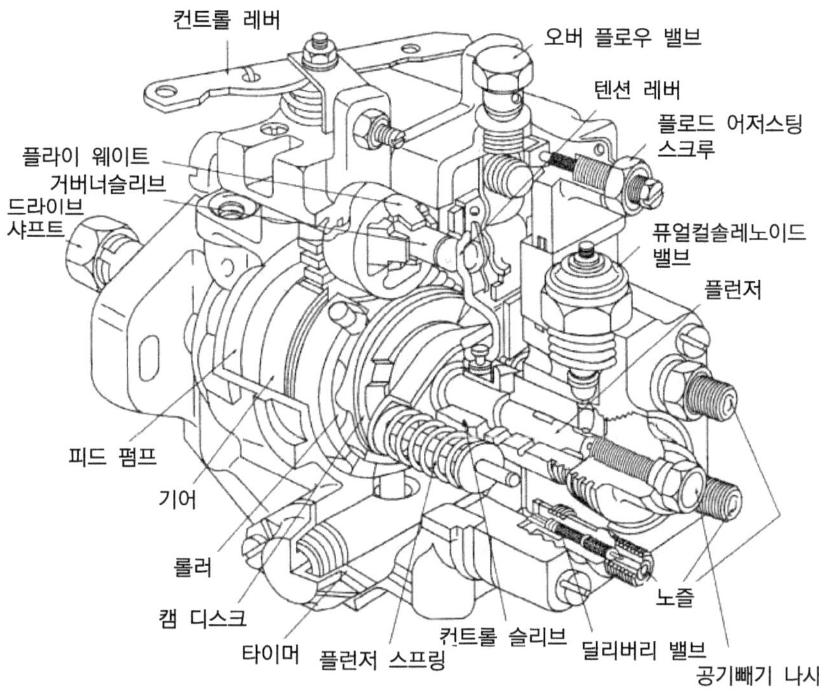

그림 5-12 **분배형 분사펌프**

④ 펌프윤활을 위한 특별한 윤활유가 필요 없다.

⑤ 엔진의 흡입효율이 양호하다.

5.9 거버너(governor, 조속기, 연료량 제어장치)

자동차용 디젤기관은 그 사용조건의 변화가 커 부하 및 회전속도 등이 광범위하게 변동하므로 오버런(Over Run)이나 기관정지를 일으키기 쉽다. 이를 방지하기 위하여 분사펌프에 **거버너를 두고 자동적으로 분사량을 가감하여 운전을 안정시킨다**. 특히, 저속에서는 분사량이 상당히 작고 제어래크의 작은 움직임에 대해 분사량의 변화가 커서 회전속도가 크게 달라지게 된다. 그리고 기관의 부하 변동에 대해서도 거버너가 없는 상태에서는 그것에 만족할 만큼의 추종이 어렵고 제어가 불가능하다. 그러므로 **거버너를 설치하여 기관의 회전속도나 부하변동에 따라서 자동적으로 제어래크를 움직여 연료의 분사량을 증감시킨다.**

5.10 타이머(분사시기 조정장치)

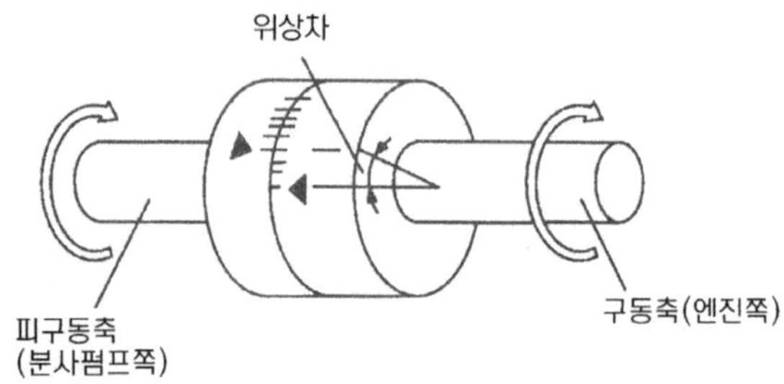

그림 5-13 타이머의 구조

디젤엔진의 연소에 있어서 실린더 내에 분사된 연료가 착화 연소하여 피스톤에 유효한 일을 할 때에는 어느 정도의 시간을 요하게 된다. 디젤엔진의 연료전달의 경우는 분사펌프에 의해 가압된 연료는 분사관을 통해 분사노즐로 압송되는데 이때, 연료 압송의 개시시기와 실제 분사노즐로부터 연료가 분사되는 시기에는 반드시 시간적인 지연이 생긴다. 따라서 **타이머는 노즐로부터 연료의 분사가 개시되는 시기를 일정하게 하기 위해서 엔진의 회전속도가 상승하는데 따라 연료의 압송개시시기를 그에 상응하는 것만큼 앞당기게 하는 기능**을 한다.

디젤엔진의 연료계통은 분사지연과 아울러 착화지연도 발생한다. 분사지연은 플런저가 플런저배럴의 퓨얼 포트를 닫은 다음, 고압의 연료가 분사노즐에서 분사되기까지는 압력도달시간을 요하는데 지체되는 시간을 말한다. 그리고 착화지연은 연료가 연소실 내에 분사노즐을 통해 분사되고 나서 착화되기까지의 지연되는 시간을 말한다.

따라서, 이러한 분사지연과 착화지연으로 말미암아 엔진의 회전속도가 높아질수록 크랭크각도가 커지면서 최적의 착화시기를 얻어지지 못하게 한다. 그러므로 적정의 착화시기를 얻기 위해서는 플런저의 상승시기, 즉 연료의 분사개시를 빠르게 하여 엔진의 회전속도가 상승되는데 따라 **연료의 압송개시시기를 그에 상응하는 만큼 앞당기게 하는 역할**을 하는 필요하다. 이러한 역할이 타이머이고, 타이머는 분사지연과 착화지연을 보상하기 위해 고압연료 송출개시 시점을 기관의 회전속도에 따라 진각시키는 장치이다.

타이머는 기관의 작동 중 분사펌프 구동축을 기관의 크랭크축에 비해 상대적으로 더 회전시켜 분사펌프의 송출 시기를 진각시킨다. 그림 5-13과 같이 엔진측의 구동축과 분사펌프 측의 피동축의 회전방향에 위상차를 줌으로써 분사펌프의 분사시기를 조절하는 역할을 한다.

엔진과 분사펌프의 구동축간의 위상을 바꾸어 회전속도가 빠르면 분사시기를 빠르게 하고, 속도가 떨어지면 분사시기를 늦추는 작용을 하는 것이다. 종류는 외장형과 내장형이 있다. 외장형은 엔진 구동축의 선단에 부착된 커플링에 의해 구동되고, 내장형은 타이머에 기어가 부착되어 엔진쪽의 기어와 직접 물려서 구동된다.

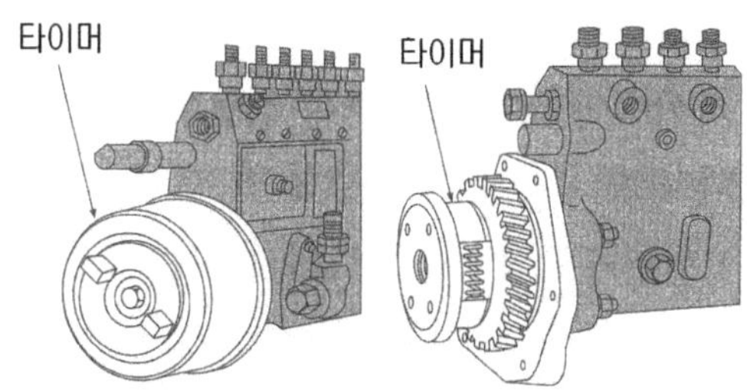

그림 5-14 타이머의 구동방식

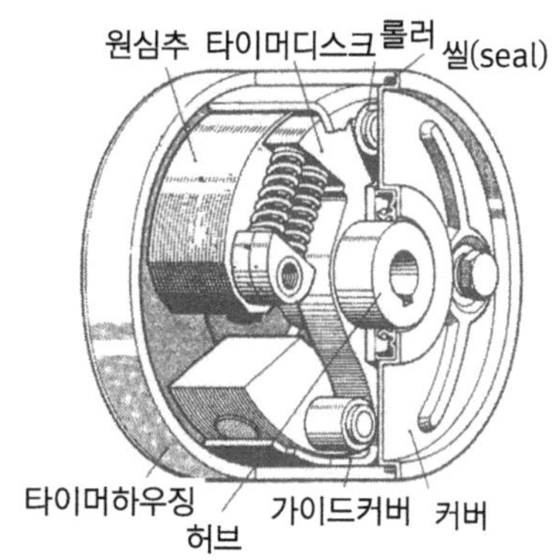

그림 5-15 분사타이머(Injection timer)

타이머는 고속기관인 자동차엔진이거나 고압 파이프의 길이가 긴 기관들에는 반드시 설치한다. 이러한 타이머는 그림 5-15와 같이 원심력을 이용한 **원심식 분사 타이머가 주로 사용**되고 있다.

5.11 커먼레일 연료분사장치(CRDI)

5.11.1 개요

최근의 디젤엔진에서는 저연비 고출력화를 목표로 엔진 성능 개선을 도모하고 있다. 1970년대 까지는 실린더 지름이 160 mm 이하의 소형 디젤엔진은 부실식 연소실이 주류로 이루고 있었으나, 자동차용 디젤 엔진의 직접분사화가 시작되고 1, 2차 오일쇼크를 계기로 산업, 선박용 시장으로 급격한 발전을 보이게 되었다. 종래의 디젤엔진의 최고 연료분사압은 500 bar 정도이나 커먼레일 엔진에서는 1600 bar까지 상승시키고 있다. 이것은 연소실 형식 및 출력 면에서 크게 관계하고 있다. 즉, 고압직접분사 방식 연소실은 부실식보다 미세한 연료분무를 할 필요가 있는데, 연료분사밸브의 분출구 면적이 작으면서도 고출력으로 단시간에 약 3 ms에 다량의 연료를 분사시키기 위해서는 연료의 분사압을 상승시키지 않을 수 없다. 이에 **커먼레일 디젤분사시스템(Common Rail Direct Injection System)은 고압의 연료공급펌프에 의해 가압된 연료를 커먼레일에 축적한 다음, 피스톤 상단부의 연소실로 1300~1600 bar정도의 고압으로 연료를 분사한다.**

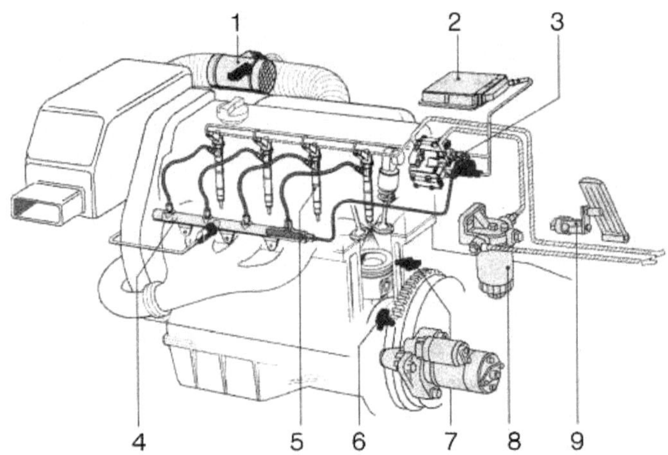

1. 열막식 공기질량 계량기
2. 엔진-ECU
3. 고압펌프
4. 커먼레일(축압기)
5. 인젝터
6. 크랭크축 회전 속도 센서
7. 기관온도센서
8. 연료필터
9. 가속페달센서

그림 5-16 커먼레일 장착 4실린더 디젤기관

이 시스템은 기존의 디젤엔진에 적용했던 개념에 비해 연비향상과 출력성능, 배기가스 배출 면에서 많은 장점을 가지고 있다. 종전의 디젤연료 분사장치는 캠 구동장치를 사용하여 분사압력을 만들었으나 분사압력의 한계를 나타내었다. 또한 기계식으로 분사시기를 조정함으로 그 조정의 신뢰성이나 범위에서 한계를 나타내게 되었다. 이러한 시스템은 디젤기관에 있어서 제어의 한계성을 가지고 있으므로, 이에 대한 대책으로 마련된 것이 **커먼레일 전자제어 분사시스템**이다. 노즐홀더 위치에 솔레노이드가 부착된 노즐이 장착되고, 레이디얼 피스톤 펌프(Radial Piston Pump)에 의해서 고압이 생성되는데, 일정한 범위 내에서는 엔진 회전수와는 독립하여 자유롭게 회전속도를 조정할 수 있다. 이렇게 압력 발생과 분사를 분리하기 위해서는 고압을 유지할 수 있는 고압 어큐뮬레이터나 레일(rail)이 필요하게 된다. 이것을 커먼레일이라 하며 분사시기와 분사율을 자유롭게 조정할 수 있기 때문에 배출가스를 적게 배출되도록 제어가 가능하다. 결국 커먼레일 시스템으로 인해 디젤엔진은 획기적으로 배기가스를 저감하고, 연비를 향상시키는 것이 가능하게 되었다.

▌커먼레일 엔진의 장점은 다음과 같다.

- 기존 디젤엔진에 비해 출력, 연비 및 배출가스 저감이 우수하다.
- 파일럿분사(Pilot), 후분사(Post)가 가능하며 분사량, 분사시기, 분사압력 그리고 분사율을 유연하게 전자제어 할 수 있다.
- 엔진의 회전수와는 관계없이 분사량, 분사시기 및 분사압력 등을 독립적으로 제어가 가능하여 출력뿐만 아니라 배출가스 면에서 유리하다.
- 3 ms의 단시간에 다량의 연료를 분사시키므로 고출력을 내는데 유리하고, 기관 중량

대 출력 비율이 다른 형식의 기관에 비해 월등히 향상되어 차량 경량화가 가능하다.

- 연소실구조가 간단하여 냉각면적이 적어 열효율이 높고 연료소비량도 다른 형식에 비해 적다.

▮ 단점으로서는

- 분사압력이 높기 때문에 분사펌프, 노즐, 연료파이프 등의 내구성이 요구되고, 고압 연료펌프 등의 성능향상이 요구된다.
- 분사노즐의 상태가 변화하면 엔진의 성능이 크게 좌우된다.
- 디젤노크를 일으키기 쉽고, 사용연료의 변화에 민감하다.

5.11.2 커먼레일 시스템의 구성

커먼레일 디젤엔진은 고압분사와 다단분사를 이용하여 배기가스의 규제에 만족하고 연비를 향상시킨 엔진이라고 볼 수 있다. 커먼레일 디젤분사장치는 다음과 같은 주요 부분으로 구성되어 있다.

1. 연료를 공급하는 부품들로 구성된 저압부
2. 고압펌프, 커먼레일, 인젝터 및 고압연료 파이프로 구성된 고압부
3. 센서, ECU,액추에이터로 구성된 전자제어 시스템

1) 커먼레일(Common Rail)

커먼레일은 고압축압기의 역할로서 고압펌프로부터 공급받은 연료를 저장하는 곳이다. 또한, 고압연료의 압력을 그대로 유지하는 하면서 연료를 개별 인젝터로 분배하는 기능을 한다. 커먼레일내의 압력은 최대 1600 bar 정도의 고압 상태이다.

고압펌프와 연료분사 사이클 때문에 발생되는 연료압력의 변화는 축압기의 체적을 이용하여 감쇄시킨다. 따라서 인젝터가 레일로부터 연료를 분사하더라도 레일내의 압력은 일정하게 유지되고 분사압력 또한 일정하게 유지된다.

연료압력은 레일내의 레일압력센서에 의해서 측정되고, 레일압력조절밸브에 의해서 원하는 값으로 유지된다.

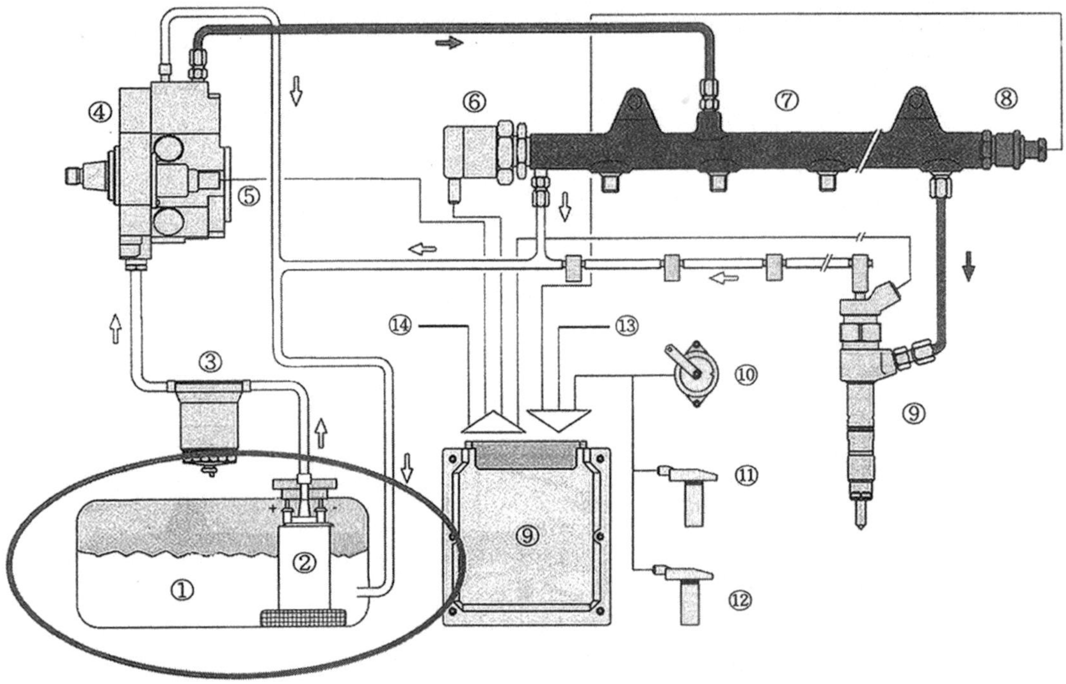

① 연료탱크 ② 연료펌프 ③ 연료필터
④ 고압펌프 ⑤ 고압펌프 솔레노이드밸브 ⑥ 레일압력조절기
⑦ 커먼레일 ⑧ 레일압력 센서 ⑨ 인젝터
⑩ 가속페달 센서 ⑪ 크랭크 포지션 센서 ⑫ 캠샤프트 포지션 센서
⑬ 기타 센서 ⑭ 기타 액츄에이터

그림 5-17 커먼레일 시스템 연료라인

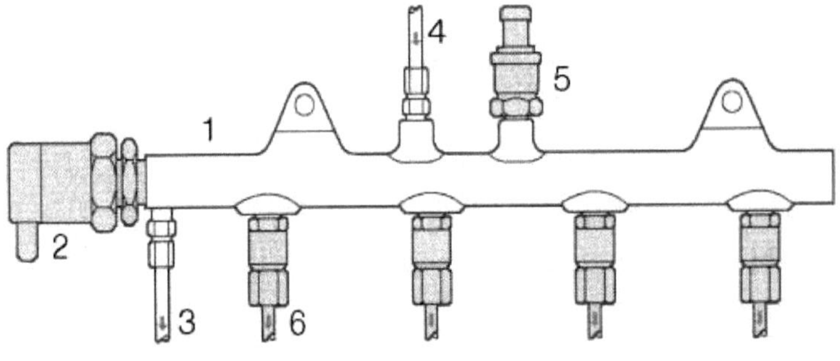

1. 커먼레일(축압기)
2. 압력제어 밸브
3. 커먼레일로부터 연료탱크로 복귀하는 연료
4. 고압펌프로부터 유입되는 연료
5. 레일압력센서
6. 인젝터가 접속되는 파이프

그림 5-18 디젤엔진 커먼레일 어셈블리

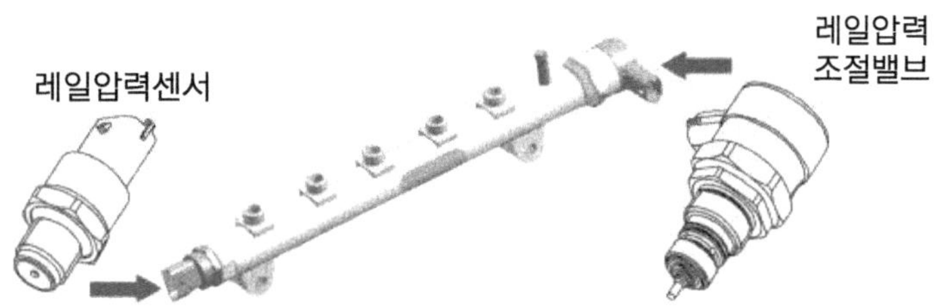

그림 5-19 디젤엔진 커먼레일 모듈

2) 인젝터

커먼레일 엔진의 인젝터는 고압 연료펌프로부터 송출된 연료가 레일을 통해 인젝터까지 공급되고 공급된 연료를 연소실에 직접 분사하는 DI(Direct Injection)방식이다.

인젝터는 엔진의 ECU(ECM)에 의해 제어되며 분사개시와 분사량은 전기적으로 조정된다. 인젝터는 전기적으로 작동하는 솔레노이드, 솔레노이드 밸브, 인젝터 니들 및 인젝터 노즐 등으로 구성되어 있다. 인젝터 노즐은 141 μm 크기의 7개의 노즐 홀을 가지고 있다.

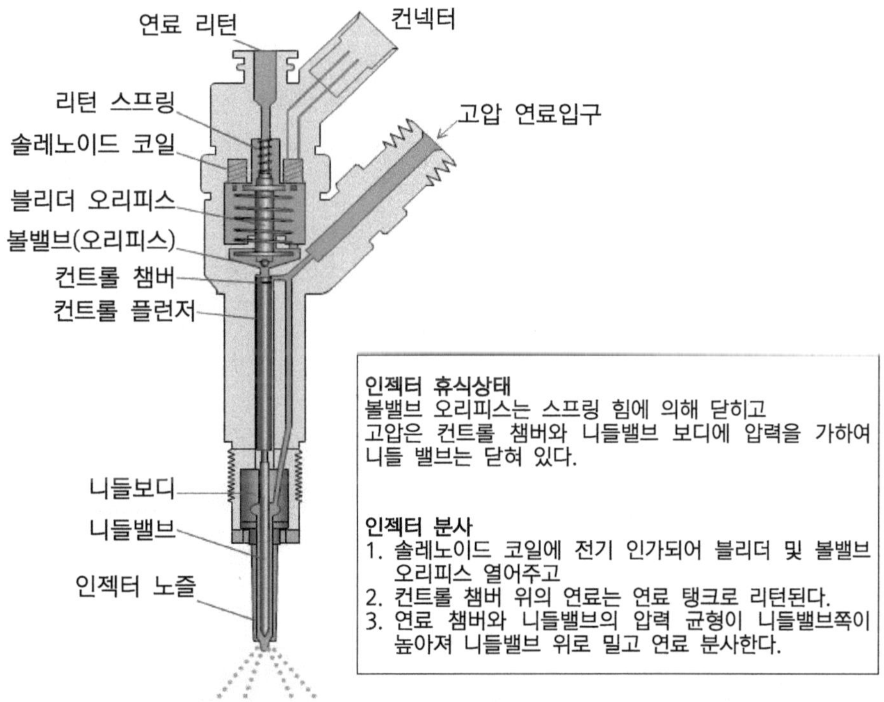

그림 5-20 인젝터의 작동

5장 연습문제

1. 디젤엔진의 연료분사 3대 조건을 설명하라.

2. 디젤엔진의 제손실을 크게 5가지로 구분하여 설명하라.

3. 디젤엔진이 가솔린엔진에 비해 연비가 좋은 이유를 간략히 설명하라

4. 디젤엔진은 3원촉매장치의 촉매효율 저하로 잘 사용하지 않는데 그 이유를 설명하라.

5. 디젤엔진이 배기량이 동일한 가솔린엔진에 비하여 출력이 낮아지는 이유를 설명하라.

6. 디젤기관의 연소실 구조에 대하여 ①직접분사식 ②와류실식 ③예연소실식의 특징과 장단점을 비교 설명하라.

7. 연료의 성상을 나타내는 옥탄가와 세탄가에 대하여 비교 설명하라

8. 가솔린노킹과 디젤노크의 발생 메카니즘을 비교 설명하라

9. 가솔린엔진과 디젤엔진의 노크 방지책에 대하여 세부적으로 설명하라

10. 디젤엔진의 연소과정을 4단계로 나누어 압력-크랭크각 선도를 그리고 설명하라

11. 디젤엔진의 분사펌프에서 열형과 분배형을 비교 설명하라.

6장 배출가스와 그 대책

6.1 가솔린 자동차 배기가스의 배출원 및 성분

6.1.1 배기가스의 배출원

자동차에서 배출되는 가스는 배출원에 따라 배기관을 통해 배출되는 배기가스와 연료탱크 등에서 발생되는 연료 증발가스 및 크랭크 케이스로부터의 블로바이 가스의 3가지를 들 수 있다.

1) 배기가스

배기가스는 연료가 실린더내에서 연소한 후 배기 파이프를 통하여 대기 속으로 배출되는 가스로서 유해성가스와 무해성가스가 혼합되어 배출된다.

- 무해성가스 : 수증기(H_2O), 이산화탄소(CO_2) 등
- 유해성가스 : 일산화탄소(CO), 탄화수소(HC) 질소산화물(NOx), 납화합물, 탄소입자 등 엔진 내부에 흡입된 가솔린과 공기의 혼합기가 완전 연소하면 CO_2, H_2O가 생성되나 혼합기가 불완전 연소될 경우 인체에 유해한 물질이 발생된다. 이중에서도 CO, HC, NOx가 유해물질의 주요원인이다.

2) 연료 증발가스

연료 증발가스는 기화기나 연료탱크내의 가솔린이 증발해서 대기중에 방출되는 가스로서 연료의 HC와 같은 조성을 하고 있다. 이것은 자동차로부터 배출되는 전체 HC량의 15%를 차지하고 있다.

3) 블로바이 가스

블로바이 가스는 피스톤과 실린더 간극에서 크랭크 케이스 내에 빠져 나오는 가스이며 가스의 조성은 70~95%가 미연소 가스상태로 된 연료(HC)이고 나머지는 연소가스 및 부분 산화된 혼합가스로 되어 있다.

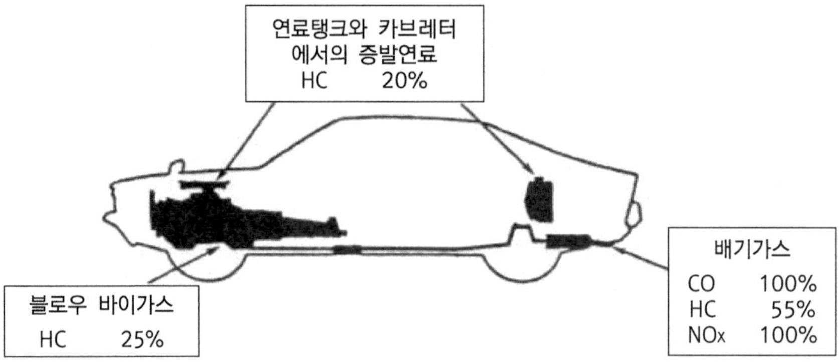

그림 6-1 유해물질의 배출개소

6.1.2 배출가스의 영향

자동차에서의 배출가스 중 CO의 배출량이 가장 많다. CO는 Hb(혈액중의 헤모글로빈)와 결합하여 혈액중의 산소 운반을 방해하여 두통과 현기증을 유발하며 심할 경우는 사망하게 된다.

HC와 NO_x는 자외선과 결합하여 광스모그 현상을 일으킨다. 광스모그 현상은 눈이나 호흡기 계통에 자극하여 폐 손상시키기도 한다. 특히, NO_x(NO, NO_2, N_2O)는 광화학 스모그 현상의 주원인이 된다.

6.1.3 유해가스의 발생원리

1) 가솔린엔진의 연소

가솔린 연료의 주성분은 HC(탄소와 수소의 화합물)로 이것이 전부 연소될 경우를 완전 연소라 하고 일부가 연소될 경우를 불완전 연소라고 한다.

가솔린이 완전 연소되기 위해 필요한 공기량은 중량비로 가솔린 1에 대해 공기 15가 필요한데 이것을 이론 공연비라 한다. 배기가스 중의 **CO, HC, NO_X 발생은 이 공연비에 밀접한 관계**가 있다. 일반적으로 CO는 공기가 부족한 경우에 많이 발생되고 HC는 공기가 부족하거나 또는 공기가 너무 많은 경우에 많이 발생한다. 또한 NO_X는 가솔린이 완전 연소되는 이론 공연비 부근에서 최대로 발생하는 경향이 있다.

2) CO(일산화탄소)의 발생

CO가 발생하는 원인은 산소(O_2)가 부족하여 불완전 연소된 경우에 발생된다. 가솔린을 구성하고 있는 원소인 탄소(C)가 연소하면 이산화탄소(CO_2)가 발생한다.

$$C + O_2 = CO_2$$

그러나 공기의 공급이 불충분하면 산소가 부족하므로 불완전 연소하여

$2C + O_2 = 2CO$ 의 반응이 일어나 CO가 발생된다.

3) HC(탄화수소)의 발생

HC는 엔진의 실린더내에서 가솔린이 완전 연소가 되지 않아 연료가 분해되거나 연료가 증발하여 발생된다. 실린더 벽 등이 냉각되어 있으면 혼합기의 일부만 연소되고 실린더 벽 또는 피스톤 링 주위의 혼합기는 연소되지 못한 상태로 실린더 밖으로 배출된다. 또 공연비가 희박하여 실화가 발생할 경우에도 발생 할 수 있는데 이 가스를 HC(탄화수소)한다.

4) NO_X(질소산화물)의 발생

질소(N_2)와 산소(O_2)의 화합물을 총칭하여 NO_X라 부른다. 공기중의 78%(체적비)를 점유하고 있는 질소는 상온에서는 불활성 원소로 타 물질과 반응하지 않으나 엔진 내부의 온도가 1500℃이상이 되면 반응성이 활발해 진다. 연소실 내에서 압축된 혼합기가 급격히 연소하여 온도가 상승하면 질소는 산소와 반응하여 NO(일산화질소)가 발생된다.

$$N_2 + O_2 = 2NO$$

이 NO는 공기 속으로 방출되고 공기중의 산소와 용이하게 반응하여 NO_2(이산화질소)로 변화된다.

$$2N_2 + O_2 = 2NO_2$$

질소 산화물에는 여러종류가 있으나 자동차에서 배출되는 것은 주로 NO이고 이것이 대기중에서 NO_2로 변화하여 대기를 오염시킨다.

6.2 유해가스의 저감방법.

배기가스 속의 CO와 HC의 **배출 농도는 주로 혼합비에** 따라 좌우되고 NO_X의 **배출 농도는 주로 연소온도**에 따라 결정된다.

6.2.1 배기가스 재순환 장치

EGR(Exhaust Gas Recirculation)은 배기가스 재순환 장치로서 그림 6-2과 같이 흡기계통으로 **배기가스의 일부를 재순환시켜 연소할 때의 최고 온도를 낮춤으로써** NO_x**의 발생을 억제하는 장치**이며, 그 대책으로 연소가 끝난 배기가스의 일부를 연소실 내로 유입시켜 연소 가능 혼합기를 줄임으로써 **최고 연소온도를 낮추어** NO_x**를 줄이는 장치**이다.

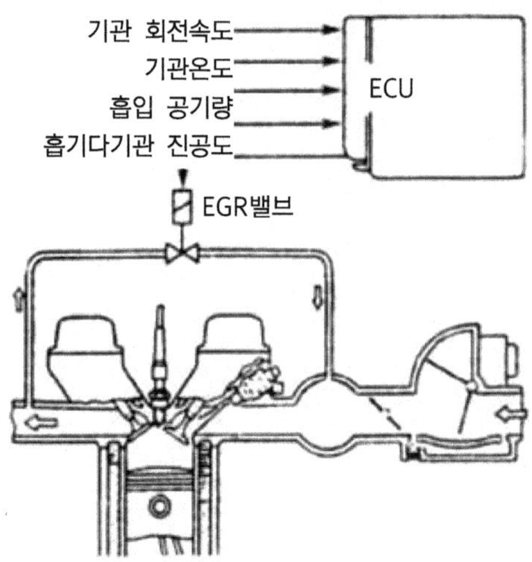

그림 6-2 배기가스 재순환 장치 (EGR)

6.2.2 증발가스의 제어 장치

연료 증발가스 제어장치는 연료탱크 또는 카브레터에서 발생한 연료 증기를 대기로 방출시키지 않고 일시 저장하였다가 엔진이 회전할 때 흡기계통으로 보내 연소시키는 장치를 사용한다. 주로 HC의 발생을 억제한다. 증발된 연료가스를 다시 연소시키는 방법으로는 크랭크케이스 저장방식, 공기 청정기 저장방식 및 카콜 캐니스터 방식이 있으나 **대부분의 가솔린엔진에서는 차콜 캐니스터 방식을 이용**하고 있다.

차콜 캐니스터 방식은 엔진이 멈추었을 때 가솔린의 증발가스를 활성탄(Charcoal)에 가볍게 흡착시켜 저장하였다가 시동이 걸린 후 웜업이 되면 연소실로 보내 연소시키는 장치이다.

그림 6-3은 증발가스 제어장치의 개략도이고, 그림 6-4는 활성탄 캐니스터의 구조를 보여준다.

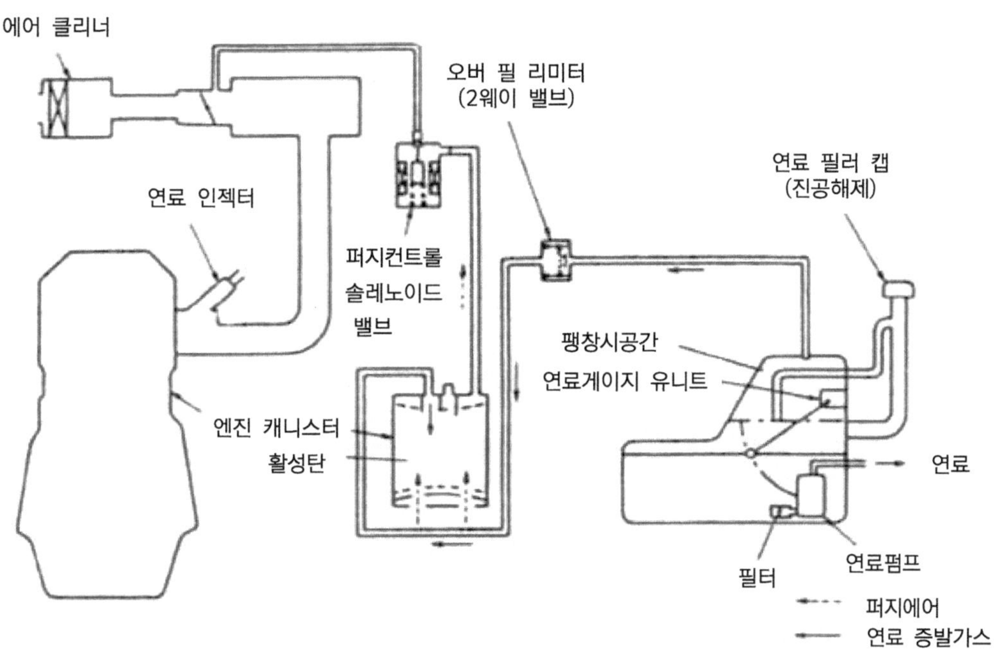

그림 6-3 증발가스제어 장치

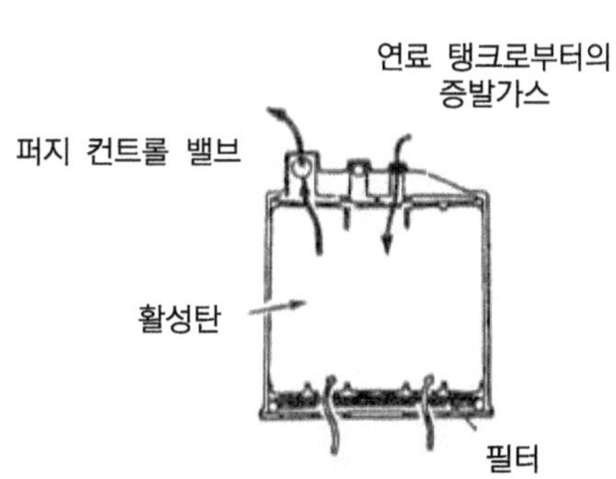

그림 6-4 활성탄 캐니스터

6.2.3 블로바이가스 환원 장치

블로바이 가스는 피스톤과 실린더를 통해 크랭크 케이스 내에 흡입된 가스를 말한다. 블로바이 가스에는 압축행정에서의 미연소 가스로 볼 수 있는데 일반적으로 압축압력이 저하된 엔진은 블로바이 가스 발생량이 많다. 블로바이 가스 중에 포함된 유해성분은 주로 HC로 이것이 대기중에 방출되는 것을 방지하기 위해 현재 클로즈업 형식을 주로 사용한다. 그림 6-5은 블로바이가스 제어장치의 개략도이다.

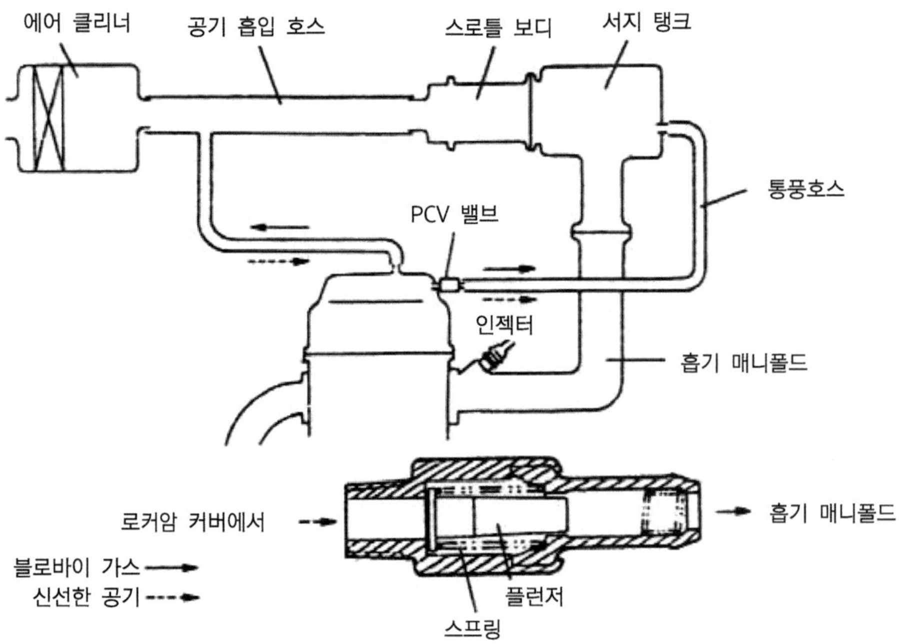

그림 6-5 블로바이 가스 제어장치

6.2.4 삼원촉매 및 2차 공기도입 장치

이 장치는 연소실에서 발생된 배출가스중 HC, CO, NO_x가 촉매를 지나는 동안 촉매에 코팅되어 있는 Pt, Ph에 의해 산화 및 환원작용으로 CO_2, H_2O, N_2로 정화되어 배출시키는 장치이다. 또한 산화작용에 필요한 공기를 리드 밸브(Reed Valve)와 2차 공기파이프 및 호스를 통하여 추가 공기를 공급해 산화작용을 돕는다.

1) 구성도

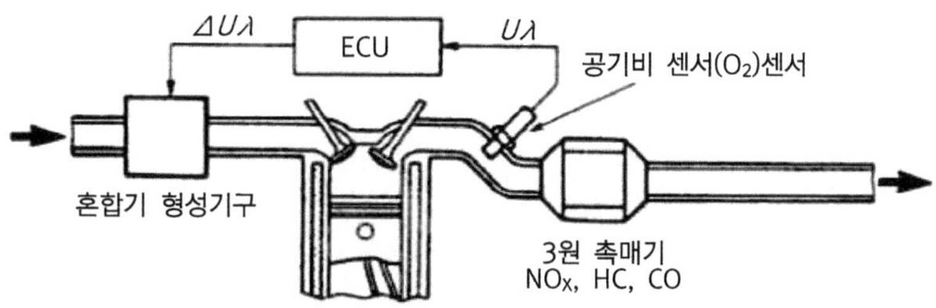

그림 6-6 3원촉매기의 개략도

◆ **촉매 컨버터(Catalytic Convert)**

연소실에서 발생한 유해가스가 촉매를 통과하는 동안 촉매에 코팅되어 있는 귀금속에 의해 화학반응을 일으켜 인체에 무해한 가스로 정화시켜 대기중으로 방출한다.

배기가스		귀금속		정화가스
$CO+O_2$ $HC+O_2$ NO_X	→	백금(Pt) 팔라듐(Pd) 로듐(Rh)	→	CO_2 $CO+H_2O$ H_2O, CO_2+N_2

그림 6-7 3원 촉매기의 작용

6.3 디젤엔진 배기가스의 종류와 생성

디젤엔진으로부터 배출되는 유해 배출물은 기체 상태의 배출물과 입자 상태의 배출물로 크게 구분할 수 있다. 이들은 혼합되어 배출되고 있는데 이를 유해 배출물(Emission)이라고 표현한다. 이 유해 배출물의 종류에는 다음과 같다.

6.3.1 가스상의 유해 배출물

디젤엔진에서는 공기의 과잉상태($\lambda > 1$)에서 연소가 진행되기 때문에 일산화탄소(CO)의 배출량은 크게 문제가 되지 않는다. 하지만, 저부하운전시나 냉간 운전시에 발생하는 미연탄화수소(HC)는 문제가 된다. 질소산화물(NO_x)은 대기 중의 질소(N_2)와 산소(O_2)가 열에 접촉하여 생성하며 접촉하는 열의 온도가 높을수록 많은 양이 생성된다고 볼 수 있다. 즉, 완전연소를 할수록 많이 생성되는 경향이 있으며, CO나 HC와는 전혀 다른 반대현상에 의해 발생하는 물질이다. 따라서 디젤기관에서는 주로 흡입공기의 과잉상태에서 연소가 진행되기 때문에 NO_x의 생성량은 많아질 수 있다. 바로 이런 점이 디젤엔진의 유해 방출물을 줄이는데 어려운 점이라고 할 수 있다. 그 외 디젤엔진에서는 아황산가스(SOX), 입자상 물질(PM,Particulate Matter)을 배출한다.

▌아황산가스(SOX)

아황산가스는 자극성 있는 기체로서 공기에 대한 비중은 2.26정도이다. 산성비의 가장 중요한 원인으로 연료중 유황성분의 연소에 의해 발생한다. 아황산가스는 이산화황(SO_2)과 삼산화황(SO_3)등이 있는데, 가솔린에서는 거의 유황성분이 없지만 디젤에서는 약간의 유황성분이 있어 이황산가스가 배출되기도 한다. 체내에 들어가면 위장장애를 일으키기도 하고 기관지염이나 천식을 유발하기도 한다.

▌입자상 물질(PM, Particulate Matter)

배출되는 입자상물질의 종류에는 주로 매연이라고 알려진 그을음(Soot), 황산화물, SOF (Soluble Organic Fraction), 미연소된 연료분과 오일성분 등이 있다. 이러한 떠돌아다니는 입자상 입자들을 통칭 PM(Particulate Matter)이라고 한다. 입자상 유해물질은 가솔린기관보다 디젤기관에서 훨씬 더 많이 생성된다. PM은 대기 중으로 방출되면 시계(視界)를 흐리게 하고, 인체에 흡입하면 다양한 호흡기 질환을 유발하며 폐암의 원인이 되기도 한다.

- 입자상 물질 (PM)
  - 불용분
    - 흑연(그을음)
    - sulfate(황화합물)
  - 가용분 (SOF)
    - 미연 연료분
    - 미연 oil분

6.4 가솔린엔진과 디젤엔진의 배출물

6.4.1 가솔린엔진과 디젤엔진의 배출물 비교

가솔린엔진의 경우에는 CO, HC의 배출량이 많았으며 한때 도시에서의 CO 배출량의 90%는 자동차로부터 배출되는 것으로 보고되었다. 하지만 가솔린엔진의 경우는 촉매장치의 부착으로 그 유해물질을 화학적으로 대부분 처리하여 실제로 대기 중에 방출되는 양은 지극히 작아졌다. 디젤엔진의 경우에 있어서는 근본적으로 항상 공기의 과잉의 상태에서 운전되므로 HC 및 CO의 배출량은 적어 크게 문제가 되는 것은 아니다.

그런데, NO_x는 디젤엔진에서 많이 배출된다. 가솔린엔진에는 그 생성을 제한하기 위하여 EGR장치가 부착되어 있고, 이 EGR장치는 고부하 때 연소 과정에서 연소실 내의 온도가 고온, 고압으로 되면서 NO_x의 생성이 촉진될 경우 배출가스의 일부를 연소실로 재유입하여 연소 온도를 강제적으로 저하시키는 역할을 한다. 여기서의 배출 가스는 수증기 및 CO_2가스로서 연소되지 않는 불활성의 물질이다. 이와 같이 하여 연소온도가 저하되면 NO_x의 생성을 억제하게 되고 그 나머지는 배출되는 약간의 NO_x는 3원촉매에 의해 충분히 환원(산소와 질소로 분리)된다.

그러나 디젤엔진의 경우는 EGR을 하게 되면 배출가스 중의 PM이나 SO_x가 엔진에 좋지 못한 영향을 미치고, 또한 부식을 촉진시키게 되어 엔진 자체의 내구성에 문제가 된다. 또한 디젤엔진에서는 3원촉매를 사용해도 큰 효과를 보지 못한다. 그것은 디젤엔진은 항상 공기량이 풍부한 상태에서 운전되므로 배출가스 중에는 산소가 잔존, NO_x의 환원이 불가하다. 또한 3원촉매는 이론공연비 하에서의 연소에서 정화율이 높으며, 그리고 배출되는 가스의 온도가 어느 온도 이상으로 높아지지 않으면 반응을 하지 않게 된다. 그런데 디젤엔진의 경우는 배출가스의 온도가 낮기 때문에 지금까지의 촉매의 부착이 적합하지 않는 것으로 되어 있다.

표 6-1 가솔린엔진과 디젤엔진의 배출물 비교

종 류	CO	HC	NO_X	PM	SO_X	삼원촉매	EGR
가솔린기관	배출	배출	배출	.	.	-대부분처리(CO, HC, NO_x)	NO_x감소
디젤기관	미소량	미소량	다량	배출	배출	효과가 없음	NO_x감소

PM의 경우에는 가솔린차에서는 거의 배출되지 않으나 디젤차에서는 문제가 된다. 이 PM은 가스 상태의 물질과 달라서 산화가 용이하지 않다. 따라서 디젤차에서의 PM의 저감은 DPF나 PM캐터컨버터 등의 후처리장치나 최근의 코먼레일방식에 의한 연료의 고압분사, 연료분사최적화, 공기유동의 개선 및 연료의 저황화 등으로 PM을 줄이고 있다.

6.4.2 PM과 NO_X의 상반관계

디젤엔진에 있어서 NO_x와 PM은 서로 상반되는 이율배반적인 관계가 있다. NO_x의 저감은 연소온도를 낮추는 것이 가장 확실한 방법이지만, 이것은 불완전연소를 초래하여 결과적으로 PM물질의 배출을 증가시키고 연비의 악화를 초래한다. PM물질을 저감시키기 위해서는 연소온도의 고온화와 연소후기의 공기도입 개선에 의한 재연소의 촉진이 유효한 방법이지만 반대로 NO_x는 증가된다. 이와 같은 NO_x와 PM은 서로 상반(Trade Off)관계가 있다.

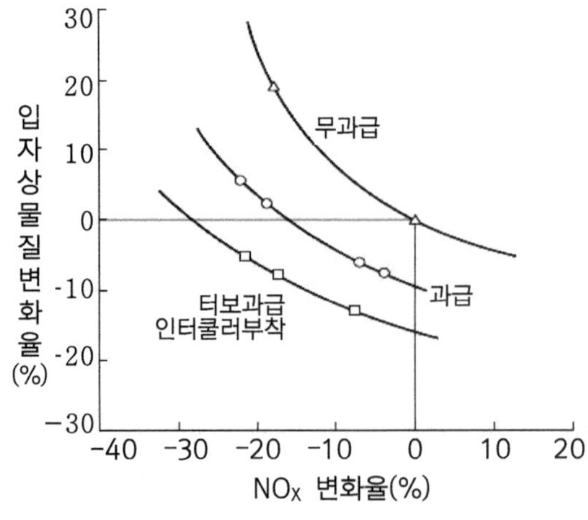

그림 6-8 NOx와 PM의 상반관계

6.5 디젤엔진 유해 배출물의 저감

디젤엔진의 배출가스 저감 대책은 크게 엔진 연소시스템의 개선, 후처리 시스템의 개발 및 대체연료의 사용에 의한 방법으로 나눌 수 있다. 여기서는 우선 엔진 연소시스템의 개선과 후처리 시스템의 개발에 의한 유해 배출물 저감에 대하여 기술한다.

6.5.1 엔진 연소시스템의 개선에 의한 방법

1) 분사시기의 지연

연료의 분사시기를 지연하는 것이 NO_x 저감의 가장 효과적인 수단이다. 팽창행정 하에서 초기연소가 일어나므로 실린더 내의 온도가 낮게 되어 NO_x 저감의 효과가 크다. 그러나, 연료의 분사시기를 지나치게 늦추면 열효율이 저하되어 연료소비율의 증가와 출력 등의 성능이 악화된다. 또 PM, HC, CO가 증대하여 저온시동성의 악화 등으로 연결된다.

2) 노즐 섹부 체적의 감소

연료분사 노즐의 선단부는 가공을 용이하게 하기 위해 복수로 하고, 분사구멍의 유량계수를 크게 하기 위해 자루 모양의 작은 체적이 있다. 이것을 노즐 섹(Nozzle Sack)이라고 한다. 이 노즐 섹의 체적을 줄임으로써 연료 분사 종료 후의 후적이 감소하여 미연 연료에 기인하는 HC를 저감시킬 수 있다.

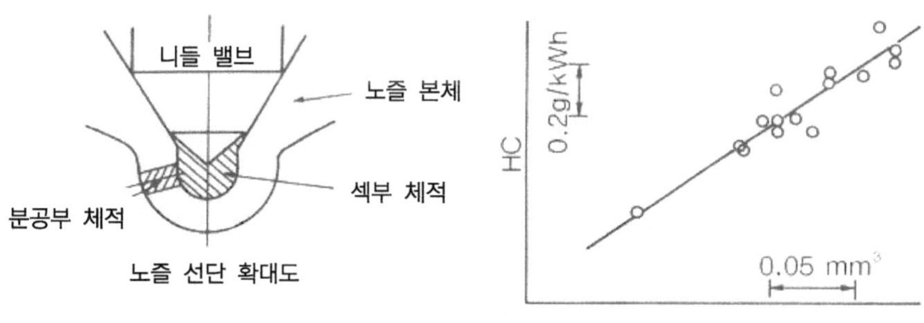

그림 6-9 노즐 섹부 체적의 저감 효과

3) 인터쿨러 사용

터보과급엔진에서 과급기 통과 후 압축된 공기는 100℃를 초과한 고온으로 이대로 연소에 이용하면 연소온도가 상승한다. 이 급기온도를 냉각하는 것에 의해 실린더내의 온도를 낮출 수 있고, NO_x의 저감을 낮출 수 있는 수단이 된다. 또 급기 온도를 낮추면 실린더 내의 공기밀도가 크게 되고, 연소에 관여하는 공기량의 증가와 함께 연소개선, 흑연저감, 연료소비율 저하의 효과가 있다. 동시에 급기온도의 냉각은 연소 후 배기온도의 저하로 되고 엔진의 내구성도 향상시킬 수 있다.

4) 스월(Swirl)비의 감소

스월(Swirl)비의 저감은 연소 초기에 관여하는 예혼합 연소량을 저하시켜 NO_x를 저감하는 효과가 있다. 그러나 스월비를 저하시키면 고속영역에서의 성능은 개선되지만, 저속 고부하 영역에서는 혼합기의 생성이 불충분하게 되어 매연농도와 CO의 배출이 증가하는 경향이 있다.

5) 연소실의 개량

실린더 내에서는 와류라고 부르는 공기의 선회운동이 있지만, 피스톤의 상사점 부근에서는 공기의 대부분이 소경의 연소실로 들어가서 실제의 연소는 이 연소실내에서 이루어지게 된다. 따라서 연소실의 치수와 형상은 연소에 많은 영향을 미친다. 일반적으로 연소실에 대하여 입구부를 작게 한 리엔트런트 볼(Reentrant Bowl)형에서는 팽창행정에서 피스톤이 하강하기 시작해도 높은 와류비가 잔존하여 후 연소기의 연소개선, 입자상 물질 저감 효과가 있다. 그러나 이 리엔트런트형 연소실은 피스톤 모서리(Edge)부의 온도가 상승하기 때문에 피스톤 냉각을 충분히 고려하기 위해서 오일 갤러리(Oil Gallery)형 피스톤을 병행하여 사용하기도 한다.

6) 고압연료분사

연료분사의 고압화는 분사된 연료의 미립화가 촉진되어 공기와의 혼합을 쉽게 하기 때문에 PM 저감에 많은 효과가 있다. 고압화에는 연료분사펌프의 대형화 등에 의해 연료의 송유율을 향상시키는 방법과 노즐 분공경을 작게 하는 방법이 있다. 연료의 송유율을 향상시키면 분사압력이 높게 되고, 분무의 미세화와 혼합기 생성의 촉진에 의해 PM 물질의 저감이 가능하다. 동시에 단위시간당의 연료량이 많아지기 때문에 연소기간이 단축되는 이점이 있지만, 역으로 연소온도의 상승에 의해 NO_x의 배출량 증대와 예혼합 연소의 증가에 의한 소음증가 등의 단점도 있다.

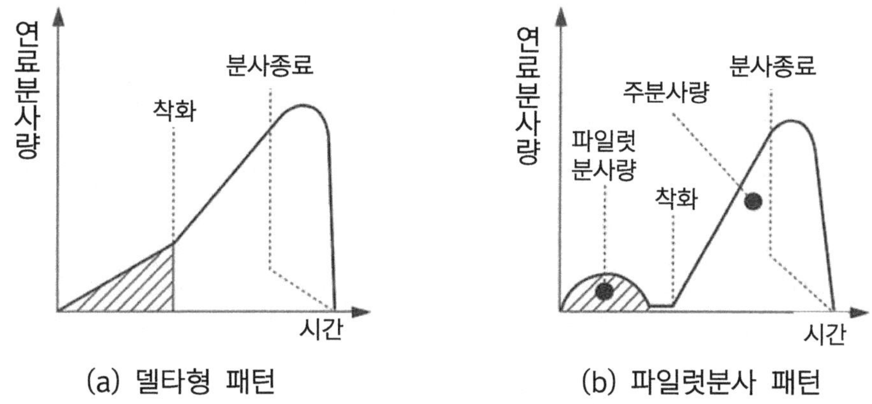

그림 6-10 파일럿분사와 일반형 분사의 패턴

7) 파일럿(Pilot) 연료분사

파일럿 분사는 2단 분사 방법으로 초기에는 극히 적은 양의 연료를 분사하고 일단 분사를 정지한다. 그 연료의 분사가 정지되는 동안 실린더 내에서는 착화에 의해 화염이 발생되고 그 화염의 발생과 동시에 본분사를 시작하게 되는 2회로 나누어지는 분할분사이다. 이렇게 함으로써 착화지연기간 중의 연료분사량의 감소에 의해 예혼합 연소량이 감소하고, 이에 따라 NO_x의 생성을 최소화하고 소음 저감 효과가 있다. 그리고 파일럿 분사로부터 본 분사를 하는 사이의 간격을 달리하는데 따라 엔진에 부가되는 고·저부하에 따른 분사율의 제어가 가능하다.

8) 배기가스 재순환(EGR : Exhaust Gas Recirculation)

EGR은 CO_2 등 불활성가스가 많이 함유되어 있는 배출가스를 흡기쪽에 흡입하도록 하여 연소 때의 최고온도를 저하시킴으로써 NO_x의 발생을 저감시키는 것이다.

9) 오일 소비량의 감소

PM은 일반적으로 흑연과 SOF(가용분)로 구성되지만, 디젤엔진의 개량으로 흑연을 감소하면 연소에 의한 것 이외에 오일 소비에 의한 SOF분도 배출가스로서 무시할 수 없게 된다. 엔진 실린더 내 피스톤 링 부분의 오일 상승이나 밸브 스템 부에서의 오일 하강 등에 의해 일부는 연소실에 들어가 연소하지만 나머지는 HC로서 배출된다. HC 중 일부는 흑연에 부착되어 PM이 증가하게 된다.

10) 연료의 개량

원유에 포함되어 있는 황(S)은 탄소, 수소에 이어서 3번째로 많이 함유되어 있는 원소이다. 연소시 황에 포함되어 있는 설페이드(Sulfate, 황성분)은 입자상 물질인 PM의 발생에 큰 영향을 미치고 있다.

디젤엔진의 PM은 흑연이나 가용성 유기성분(SOF), 그리고 이 설페이드(Sulfate)로 구성되어 있다. 그 가운데에서 흑연이나 SOF는 연소개선에 의해서 어느 정도까지 줄일 수 있지만, 경유 중의 황 성분은 일부는 3산화황(SO_3)으로 되고 그것이 배출가스 중의 물과 결합되어 설페이드(Sulfate)로 되어서 흑연(Dry Soot, 그을음)에 부착하여 PM을 증가시키는 원인이 된다. 또한, 황산화물은 촉매 효율의 저하에도 큰 영향을 미치기 때문에 사용연료의 저황화가 요구되고 있는 실정이다. 국내 정유회사에서도 2004년부터 50 ppm 이하의 초저황경유의 공급을 개시하고 있다.

6.5.2 후처리 시스템의 의한 배출가스의 저감

가솔린엔진에서는 삼원촉매에 의해 NO_x, HC, CO의 배기가스 대부분을 저감할 수 있었지만, 디젤엔진의 경우는 배기 중에 O_2가 존재하기 때문에 가솔린엔진의 삼원촉매와는 다른 후처리 장치가 요구된다. 특히, 디젤엔진의 후처리 장치는 PM물질 저감이 필수적으로 요구된다. 이에 따라 산화촉매 또는 필터 등의 새로운 대응기술이 연구되고 있다. 이들 후처리장치는 계속적인 연구 개발로 자동차용으로 실용화되고 있는 실정이다.

1) 디젤산화촉매(DOC, Diesel Oxidation Catalyst)

산화촉매기(DOC)를 이용하여 매연이나 CO, HC의 배출농도를 줄일 수 있다. 디젤엔진용 산화촉매는 가솔린엔진의 촉매와 같은 벌집모양의 세라믹담체 또는 메탈담체에 촉매기제와 촉매활성성분을 담지시킨다. 촉매물질로는 백금(Pt), 팔라듐(Pd) 및 로듐(Rh)등이 사용된다. 이 산화촉매는 백금(Pt), 팔라듐(Pd) 등의 촉매효과로 배기중의 O_2를 사용하여 HC와 CO를 산화 제거하는 것이다. 디젤엔진은 HC와 CO 등의 배출은 적지만, 산화촉매에 의해 PM 구성성분인 SOF(주성분 HC)를 감소하여 PM을 15~30% 저감할 수 있다.

2) DeNOx 촉매(catalyst)

NO_x 저감을 위한 가장 이상적인 방법은 추가적인 환원물질을 사용하지 않고 분해 촉매기만을 사용하여 열적으로 불안정한 NO 분자를 N_2와 O_2로 환원시키는 것이다. 하지만 현재 실용기술로서는 자동차용 디젤엔진에서 후처리를 통한 NO_x 저감은 환원물질을 추가해야만 가능한 실정이다.

현재 연구되고 있는 D_eNO_x촉매로는 산소가 과다한 영역에서 엔진에서 배출되는 HC를 이용하여 NO_x를 NO_2로 변환시키는 LNC(Lean NO_x Catalyst)방식과, 희박한 영역에서 NO_x를 포집하였다가 농후영역에서 배출하고 촉매에 의해 N_2와 CO_2로 변환시키는 NO_x 트랩(Trap) 방식이 있다. LNC방식은 충분히 많은 양의 HC가 요구되기 때문에 디젤엔진에 사용하기에는 아직 실용성이 떨어지고, 효율적인 측면도 15~30% 이하이다. NO_x 트랩(trap) 방식은 고온 내구성이 우수한 장점이 있으나 연료 속에 황성분에 피독되는 단점을 가지고 있고, 가솔린엔진처럼 농후한 공연비에서 연소하지 않고 대부분의 영역에서 공기과잉상태로 운전되기 때문에 NO_x트랩을 적용하기가 용이하지 않다.

NO_x 환원 촉매는 배출가스 중의 HC, CO, H_2를 환원제로 하여 NO_x를 N_2로 환원하는 것이다. 디젤자동차용 NO_x환원 촉매의 개발이 어려운 것을 다음의 이유로 기인한다.

- 디젤연소에 있어서 산소가 과잉 존재하는 배기가스에서 NO_x를 환원시키야 함.
- NO_x환원 반응이 저온을 포함한 고온영역에서도 실현 가능해야 함.
- 배기가스 중에 SO_x와 PM등의 촉매 피독 물질이 다량으로 존재

따라서, 디젤자동차용 NO_x환원 촉매는 아직 만족할 만한 실용기술이 확립되어 있지 않은 실정이다.

3) 선택적 환원 촉매법(SCR: Selective Catalytic Reduction)

디젤엔진은 거의 모든 운전영역이 공기 과잉 상태에서 운전되므로 배기가스 중에는 다량의 O_2가 존재하게 된다. O_2의 존재를 근거로 NO_x를 제거하는 2가지 방법이 있다. **SCR(Selective Catalytic Reduction, 선택적 환원촉매)법과 SNCR(Selective Non- Catalytic Reduction, 선택적 비촉매 환원)법이 있다.**

SCR 촉매에서 선택적(Selective)이라는 말은 배기가스에 비교적 많이 포함되어 있는 산소분자(O_2)와의 사이에서 환원물질의 산화가 아닌, NO_x에 포함된 산소와의 사이에서 우선적으로 이루어진다는 것을 의미한다. SCR법은 암모니아(NH_3)를 환원제로 하고 적당한 촉매를 사용하여 NO_x의 분해 반응속도를 높여 줄이는 방법이다.

NO_x 촉매는 산업용으로 개발되어 사용되고 있으며 촉매로는 T_iO_2, Al_2O_3 계의 세라믹 바나듐(V)을 혼합 또는 도포한 것이 가장 많이 사용되고 있다. 자동차인 대형 디젤자동차에서도 SCR 촉매기를 사용하여 NO_x의 배출수준을 낮추고 있는 연구가 진행되고 있다.

SCR 촉매기의 반응원리는 다음과 같다. 먼저, NO에 작용할 환원제로서 암모니아(NH_3)를 촉매기 전방에 분사한다. 이때의 화학반응은 다음과 같다.

$$4NO + 4NH_3 + O_2 \rightarrow 4N_2 + 6H_2O \quad (1)$$

$$NO + NO_2 + 2NH_3 \rightarrow 2N_2 + 3H_2O \quad (2)$$

$$6NO_2 + 8NH_3 \rightarrow 7N_2 + 12H_2O \quad (3)$$

보통 300℃ 이하의 저온에서는 식(2)에 의한 반응이 주로 이루어진다. 따라서 NO : NO_2의 비율을 1 : 1로 유지하기 위해서는 온도를 낮게 유지하는 것이 중요하다.

자동차에는 아직 암모니아가스(NH_3)의 사용이 일반화되지 않고 있다. 그것은 설치 공간, 안전 등의 이유와 차량용 엔진회전수 및 부하가 광범위하게 변화하기 때문에 과잉 암모니아 배출 등의 문제가 있어 아직 실용화 되지 못하는 실정이다. 따라서 그 대안으로서 위험도가 낮으면서도 암모니아를 함유한 물질인 요소SCR 촉매를 사용하기도 한다. NM요소 SCR(Urea Selective Catalytic Reduction)촉매는 요소($(NH_2)_2CO$) 수용액을 엔진으로부터 배출되는 배출가스에 분출, 반응시키는 방법으로 NO_x의 정화방법 중 가장 정화율이 높다.

고압 공기를 이용하여 요소 농도 32.5%인 액체를 기관의 부하에 따라 적정량을 배기가스 시스템에 분사한다. 평균적으로, 경유 소비량의 약 3%에 해당하는 요소를 분사한다. 현재의 기술로는 지금까지 약 70%인 환원률을 온도범위 250~450℃에서 약 90%까지 높일 수 있다. 하지만 이 요소 SCR촉매는 NO_x에 대해서만 유효하고 PM에 대해서는 별도의 정화장치인 DPF 등이 필요하다. 그 밖에 요소액을 공급하기 위한 별도의 장비가 있어야 하고 별개의 시스템인 요소탱크를 탑재하는 스페이스 등의 레이아웃 설정이 쉽지 않은 면을 가지고 있다. 그림 6-11은 SCR 촉매기를 부착한 한 예를 보여주고 있다.

4) 선택적 비촉매 환원법(SNCR : Selective Non-Catalytic Reduction)

SNCR법은 촉매를 사용하지 않은 대신에 950℃ 부근의 높은 온도에서 암모니아 또는 요소와 같은 환원제를 투입하여 NO_x을 N_2와 H_2O로 환원시키는 방법이다. 이 방법은 산업용 디젤엔진에서 널리 사용되고 있다. 차량용 디젤엔진에서는 회전수와 부하의 변동에 의해 운전상태가 항상 변화고, 남은 암모니아 배출 등의 문제가 남아 있어 아직 실용화되지 못하고 있다.

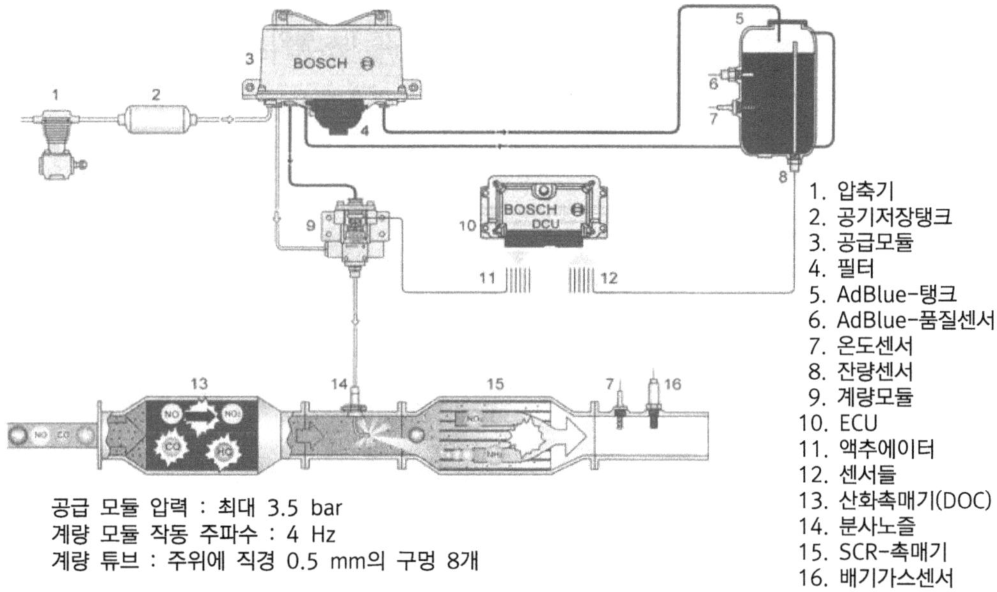

그림 6-11 SCR 촉매기의 한 예

5) 매연여과장치(DPF : Diesel Particulate Filter)

PM물질을 저감하기 위한 방법들이 오랫동안 연구되어 왔으며, 현재 가장 효율적인 기술로는 매연여과장치(DPF)이다. 이 장치는 그림 6-12에서와 같이 디젤엔진에서 배출되는 PM을 필터로 포집한 후 연소 등의 방법으로 제거하고 다시 PM을 포집하여 계속적으로 사용하는 기술이다.

6) 미립자형 촉매필터(CPF : Catalyzed Particulate Filter)

PM을 제거하기 위한 배기가스 후처리 장치는 DPF(Diesel Particulate Filter : 디젤미립자형 필터), CDPF(Catalyzed Diesel Particulate Filter : 디젤미립자형 필터) 또는 CPF(Catalyzed Particulate Filter : 미립자형 촉매필터))로 통칭한다.

CPF란 디젤엔진의 배기가스 중 PM을 필터를 이용해 물리적으로 포집하고, 일정거리 주행 후 PM의 발화 온도(550℃) 이상으로 배기가스 온도를 상승시켜 연소시키는 장치이다. 즉, CPF는 디젤엔진에서 배출되는 PM을 필터로 포집한 후 이것을 태우고 (재생) 다시 포집하기를 반복하는 기술로써 약 70% 이상 저감할 수 있는 장치이다. CPF는 매연 저감 성능 면에서는 우수하나 PM이 포집됨에 따라 엔진에 배압이 걸리며 이것에 의하여 출력과 연료소비율이 떨어질 수 있는 단점이 있어 제어기술이 중요하다. CPF 기술은 크게 P M 포집(Trapping)기술과 재생(Regeneration)기술로 나누어진다. 시스템은 기본적으로 필터, 재생장치, 제어장치의 3부분로 구성되어 있다.

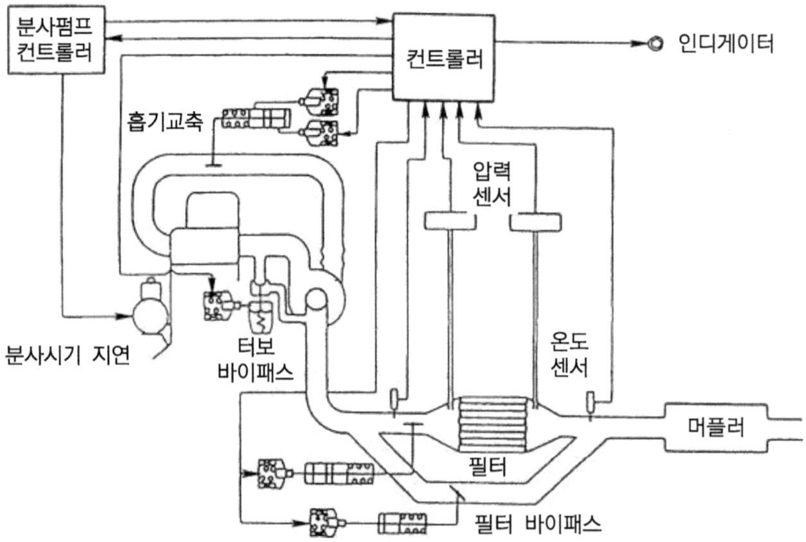

(a) DPF 시스템

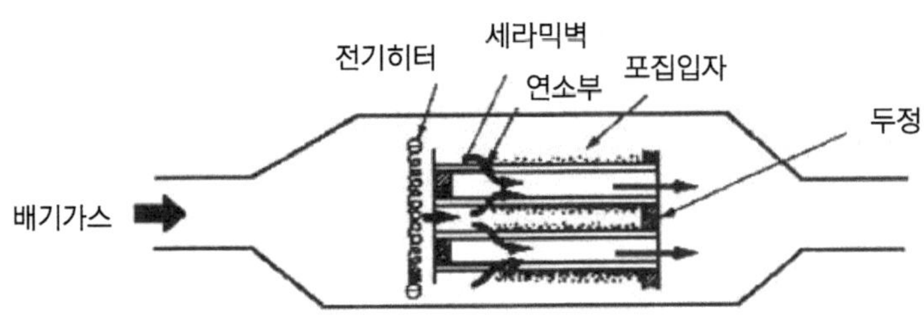

(b) 재생시 트랩의 상태

그림 6-12 DPF 시스템

6장 연습문제

1. 가솔린엔진과 디젤엔진의 배출물을 비교 설명하라.

2. 공연비와 배출가스(3원 가스)농도와의 관계를 도표로 그리고 설명하라.

3. 가솔린엔진에서는 삼원촉매의 효율성이 높은 반면, 디젤엔진에서는 효율성이 낮은 이유는 무엇인가?

4. 입자상물질(PM)에 대한 종류를 구분하여 설명하라.

5. 디젤엔진에서 다량으로 발생하는 PM과 NOx의 상반관계에 대하여 설명하라.

6. 유해배출물의 저감에서 엔진 연소시스템의 개선에 의한 방법을 설명하라.

7. 디젤산화촉매(DOC)와 SCR촉매기, DPF에 대하여 간단히 설명하라.

7장 동력전달장치

7.1 동력전달장치(Power Train) 개요

동력전달장치는 기관에서 발생한 동력을 구동바퀴까지 전달하는 장치로서 클러치, 변속기, 추진축, 종감속장치 및 차동기어장치, 구동축, 구동바퀴 순으로 동력이 전달된다.

동력전달장치의 구성부품
- 클러치(Clutch)
- 변속기(Transmission Speed Change Gear)
- 유니버셜 조인트(Universal Joint)
- 추진축(Propeller Shaft)
- 종감속기어(Final Reduction Gear)
- 차동장치(Differential Gear System)
- 구동차축(Drive Shaft)
- 차륜과 타이어(Wheel And Tire)

- **클러치**(Clutch) : 엔진의 동력을 변속기에 전달하거나 차단하기 위한 장치
- **변속기**(Transmission) : 변속기는 엔진의 동력을 자동차의 주행 상태에 알맞도록 회전력과 속도를 바꾸어 구동바퀴에 전달하고, 동력차단 (중립)과 후진의 기능을 담당
- **추진축**(Propeller Shaft) : 변속기에서 종감속 기어 장치에 길이의 변화와 각의 변화를 주어 동력을 전달하는 축

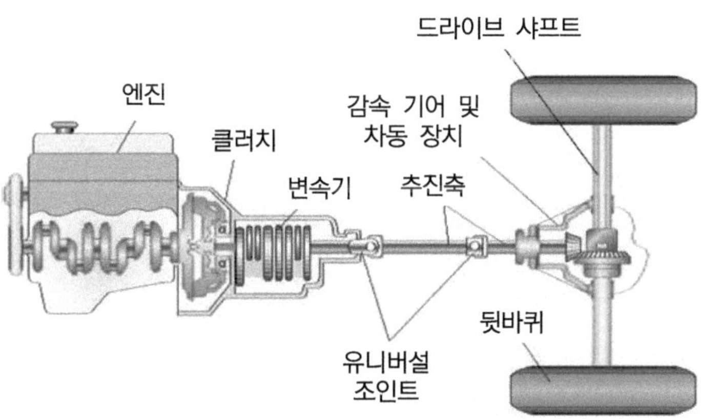

그림 7-1 동력전달장치(FR방식)

- **종감속기어**(Final Reduction Gear) **및 차동기어장치**(Differential Gear) : 종감속기어는 추진축에서 오는 동력을 최종 감속(4~8:1)시켜 직각에 가까운 각도로 뒤액슬 축에 전달하며, 차동장치는 양쪽 바퀴의 회전수 변화를 가능케 하여 요철 도로 및 선회 할 때 무리 없이 원활하게 회전하게 하는 장치
- **구동바퀴**(Drive Wheel) : 기관의 회전력을 받는 바퀴

7.2 클러치

엔진과 변속기 사이에 설치되어 엔진의 회전력을 구동바퀴에 전달 및 차단하는 역할을 한다.

즉, 클러치는 플라이 휠과 변속기의 입력축 사이에 설치되어 변속기로 전달되는 엔진의 동력을 단속한다. 엔진을 시동하거나 기어변속시에 클러치를 끊어 일시적으로 무부하 상태로 만들어 동력을 차단하고, 발진할 때는 엔진의 동력을 서서히 연결해 주는 역할을 한다.

클러치의 종류에는 마찰식, 유체식, 전자식 3종류가 있다.

마찰식은 수동변속기에 주로 사용되며 마찰 패드를 분리하여 동력을 차단한다. 유체식은 무단변속기(CVT ; Continuously Variable Transmission), 자동변속기(AT ; Auto Transmission)에 사용되고 있으며, 클러치 내부를 오일로 채워 넣어 이 오일의 흐름을 변화시키면서 동력을 연결, 차단하게 된다. 토크컨버터가 이러한 유체클러치의 일종이다. 그리고 전자식은 일부 CVT에 사용되며 전자석의 원리와 유사하게 자력을 제어하여 동력의 단속을 행한다.

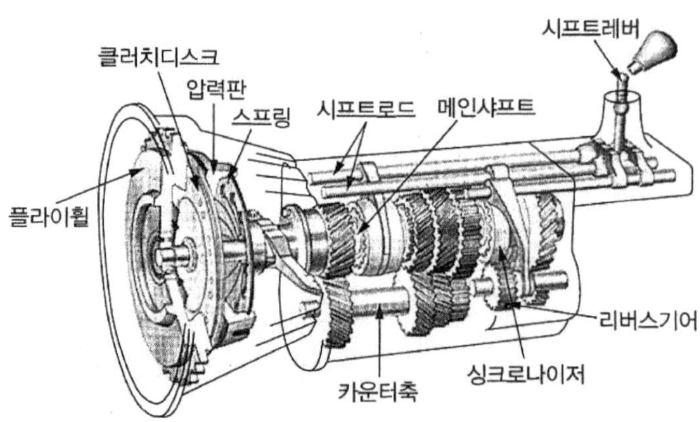

그림 7-2 후륜구동 클러치와 변속기

7.2.1 마찰클러치

마찰 클러치는 플라이 휠과 클러치 판의 마찰력에 의해 엔진의 동력을 전달하는 클러치를 말한다. 수동변속기 차량에 주로 사용한다. 클러치 판이 1장인 것을 단판식, 여러장 조합한 것을 다판식이라고 하며 현재 건식 단판클러치가 주로 사용되고 있다. 그러나 큰 토크 전달을 필요로 하는 상용차량 또는 회전속도가 높고 급격한 변속조작을 필요로 하는 경주차 등은 다판식을 사용한다.

클러치는 그림 7-3과 같이 클러치 판(디스크), 압력판, 다이어프램 스프링, 클러치 커버로 구성된다.

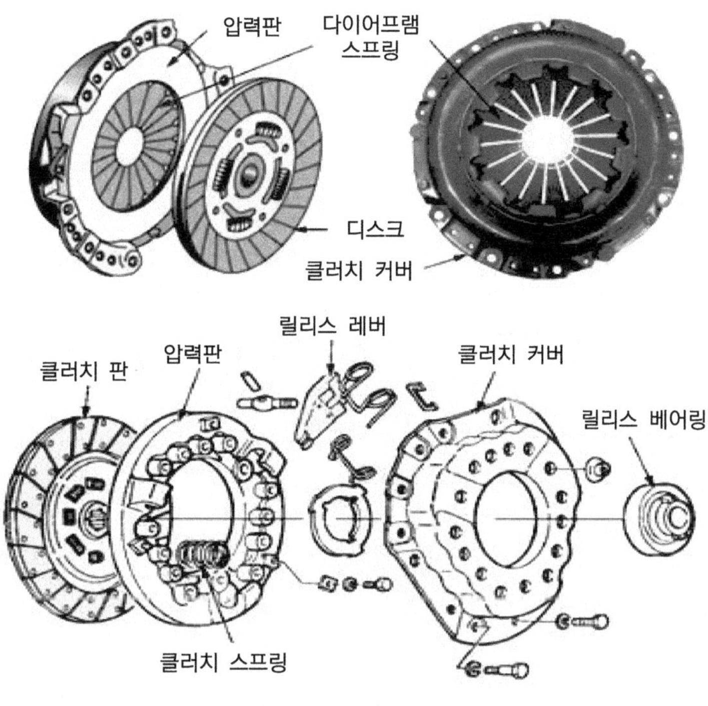

그림 7-3 클러치 구조

▮ 기관의 동력을 차단할 때(클러치 페달을 밟으면)

클러치 페달을 밟으면 유압에 의해서 압력판과 클러치 판(디스크)이 분리되어 동력이 차단된다. 즉, 릴리스 베어링이 다이어프램 스프링(또는 릴리스 레버)을 밀게 되므로 압력판이 뒤쪽으로 이동한다. 이에 따라 압착되어 있던 클러치 판이 플라이휠과 압력판에서 분리되므로 기관의 동력이 변속기로 전달되지 않는다.

■ 기관의 동력을 전달할 때(클러치 페달을 놓으면)

클러치 페달을 놓으면 클러치 판은 압력판에 의해 플라이 휠과 접촉하여 마찰에 의해서 부드럽게 엔진의 동력이 전달되게 된다.

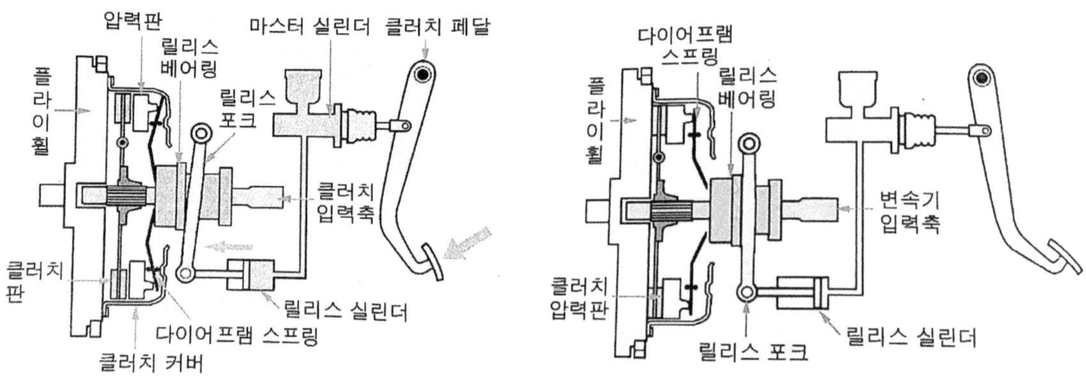

클러치 분리(동력 차단) 클러치 연결(동력 전달)

그림 7-4 클러치 분리와 연결

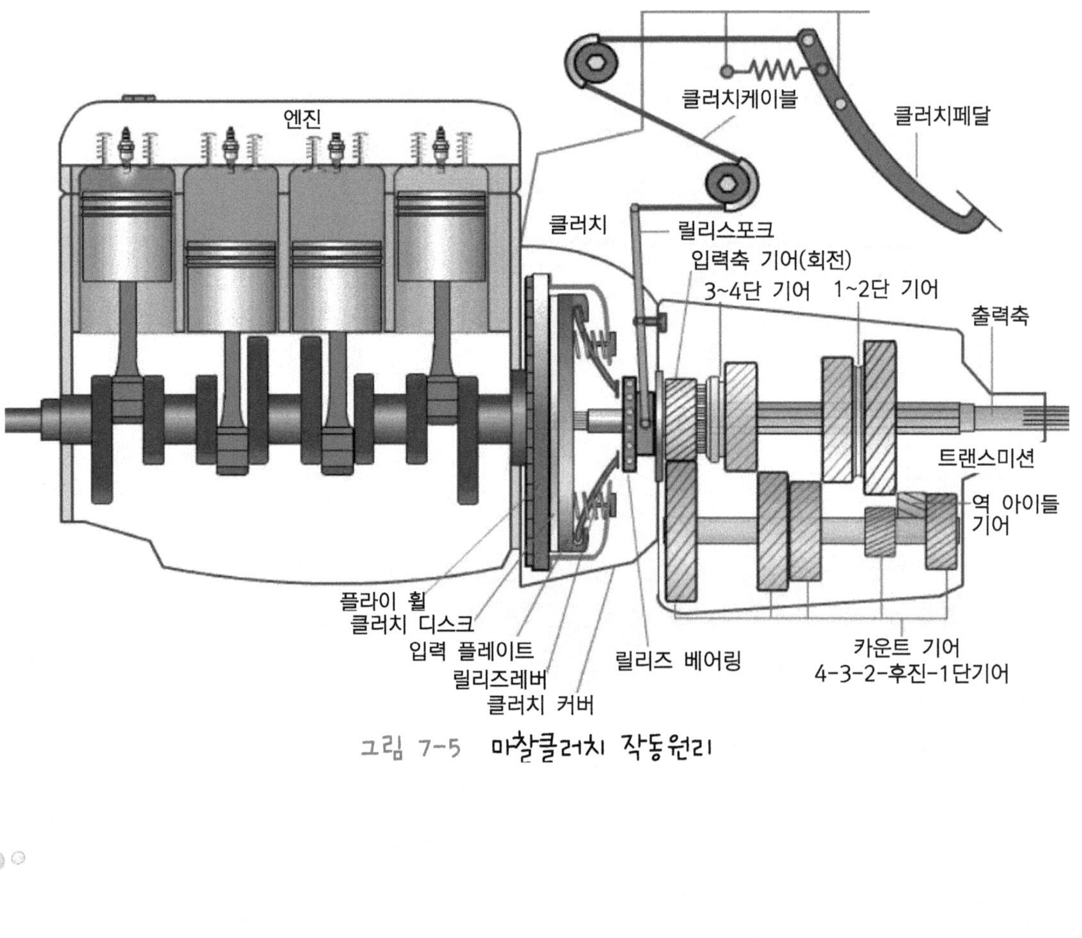

그림 7-5 마찰클러치 작동원리

작동 순서(원리) : 클러치 페달 → 클러치 케이블 → 릴리스포스 → 릴리스 베어링 → 베어링 → 압력판(릴리스 레버) → 압력판(뒤쪽으로)) → 클러치 디스크가 플라이휠과 압력판에서 분리되어 엔진의 동력이 변속기로 전달되지 않는다.

7.2.2 유체클러치(Fluid Clutch, Fluid Coupling)

1) 원리

엔진의 회전력을 전달하는 매체로서 오일을 사용하는 것으로 자동변속기에 사용되며, 그 한 종류로서 토크컨버터(Torque Converter)를 많이 사용한다. 토크컨버터는 자동변속기에서 클러치역할을 하는 부품이다. 유체클러치의 원리는 그림 7-6과 같이 2대의 선풍기를 마주 보게 세우고 한쪽에 스위치를 넣어 회전을 증가시키면 다른 한쪽도 서서히 회전하기 시작하여 나중에는 거의 같은 속도가 된다. 이와 같은 원리로 케이스 속에 오일을 채운 상태에서 서로 마주 보는 날개(터빈)를 설치하여, 한쪽을 돌리면 다른 쪽 날개도 돌아간다. 이 원리를 힘의 전달에 응용한 것이 유체 클러치인 토크 컨버터이다.

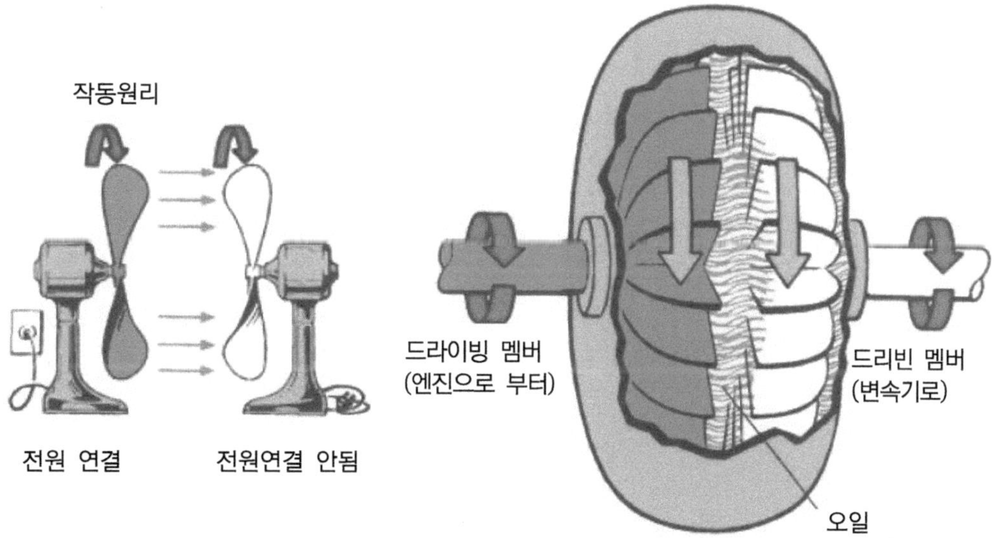

그림 7-6 유체클러치(fluid clutch) 원리

2) 구조 및 작동

유체 클러치는 기관의 크랭크축에 직결되어 회전하는 펌프 임펠러, 유체의 운동 에너지에 의해서 회전하여 변속기에 동력을 전달하는 터빈 런너, 오일이 순환할 때 발생되는 와류에 의해서 동력전달 효율이 저하되는 것을 방지하는 가이드 링 및 펌프 임펠러와 터빈 런너 사이에 오일이 가득 채워져 있는 구조로 되어 있다. 또한, 펌프 임펠러와 터빈 런너에 설치되어 있는 날개는 방사선상으로 배열되어 있다.

기관이 회전하면 크랭크 축에 직결되어 있는 펌프 임펠러도 회전하므로 오일에 운동에너지가 공급된다. 이때 오일은 운동에너지에 의해서 원심력이 발생되어 펌프 임펠러 중심에서 바깥쪽으로 유출되어 변속기 입력축과 결합되어 있는 터빈 런너의 날개에 동력이 전달된다. 따라서 터빈 런너는 유체의 운동에너지에 의해서 마찰클러치와 같이 기계적인 연결이 없어도 변속기에 동력이 전달되며, 이 때의 토크 변환율은 1:1이 되고 동력전달 효율은 97~98%이다.

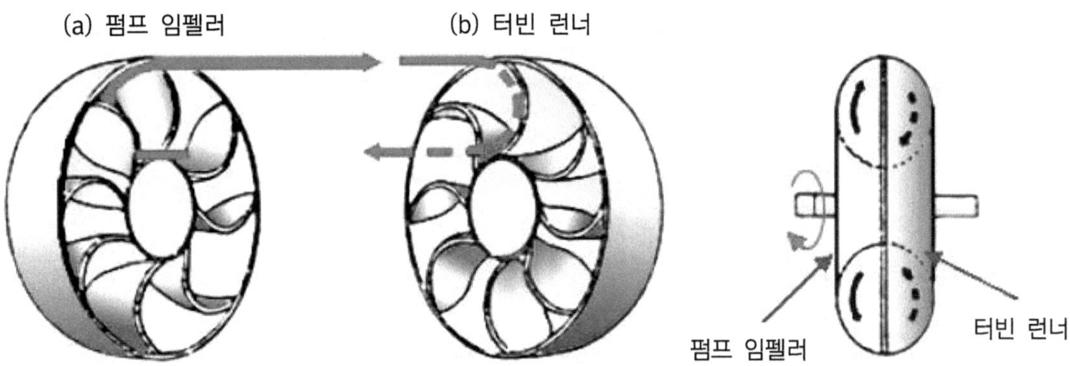

그림 7-7 유체클러치(fluid clutch)의 오일 흐름

7.3 변속기(Transmission)

변속기는 엔진에서 발생하는 동력을 자동차의 속도에 따라 필요한 회전력으로 바꿔 바퀴에 동력을 전달하는 기구이다. 다시 말해서 변속기는 엔진의 힘을 자동차의 동력원으로 전환시키는 동력전달장치의 시작이다. 즉, 엔진과 바퀴의 중개자 역할을 하고 엔진이 생성하는 높은 동력을 바퀴를 움직이게 하는 토크(동력원)로 변환한 다음 바퀴를 회전시키는 차축으로 전달한다.

변속기는 자동차뿐만 아니라 자전거 기계장치 및 회전속도와 토크가 적용되는 다양한 곳에서 사용되는데, 주목적은 동력원의 회전이나 움직임을 조절하여 **속도와 토크를 조절하는 것을 주요 목적**으로 한다.

변속기의 기능으로서는 엔진은 높은 회전속도(600~7000 rpm)에서 작동한다. 이에 반해 휠(바퀴)의 회전속도는(0~1800 rpm) 상대적으로 느리게 회전한다. 이로 인해 높은 회전속도가 제어가 되지 않은 상태에서 바퀴에 동력을 직접 전달하면 자동차의 속도를 적절하게 제어할 수 없게 된다.

▮ 변속기의 기능

① 엔진의 회전 토크를 변환시켜 전달한다.

② 엔진의 회전속도를 변환시켜 전달한다.

③ 정차 시 엔진의 공회전을 가능하게 한다.

④ 후진을 가능하게 한다.

변속기는 이러한 엔진의 rpm과 바퀴의 rpm을 최적 속도로 유지할 수 있도록 하여, 적절한 속도제어를 통해 바퀴를 회전시키는 힘을 전달한다. 예를 들어 자동차가 처음 출발할 때 회전속도는 느리지만 큰 힘(토크)을 필요로 하고, 가속이 붙은 다음에는 큰 힘이 필요하지 않지만 빠른 회전이 필요하다. 변속기는 이때 자동차 동력의 힘(토크)과 속도를 조절할 수 있다. 이외에도 역 회전을 할 수 없는 내연기관의 특성을 보조하기 위해 후진 기능을 부여한다.

$$\text{변속비(기어비)} = \frac{\text{입력측(엔진) 회전속도}}{\text{출력측(변속기) 회전속도}} = \frac{\text{출력측(변속기) 기어잇수}}{\text{입력측(엔진) 기어잇수}}$$

기어비 〉 1	-회전속도 감속, 토크 증가 -입력측 잇수보다 출력측 잇수가 많다.
기어비 =1	-입력측과 출력측 잇수가 같다. -엔진/바퀴축이 직적연결
기어비 〈 1	-회전속도 증가, 토크 감소 -입력측 잇수보다 출력측 잇수가 적다.

차량의 상태에 맞는 토크(힘)를 내기 위해서는 어느 정도의 변속을 하는가가 중요한데 이러한 척도를 나타낸 것이 변속비(기어비)이다. 이 변속비는 출력측(변속기에서 변속된 후)의 회전속도에 대한 입력측(엔진)의 회전속도 비, 또는 기어의 잇수로 표현하자면 입력측(엔진) 기어 잇수에 대한 출력측(변속기) 기어 잇수의 비가 된다.

그림 7-6를 예로 들면 입력측의 잇수가 10개, 출력측의 잇수 20개이면 변속비는 2이 되는데 이때 입력측이 2회전 해야 출력측이 1회전을 하게 된다. 즉, 입력측에 비해 출력측의 회전수는 1/2로 줄어드나 토크는 2배로 증대되게 된다.

보통 승용차량의 경우 전방6~7단, 후진 1단으로 합계 7~8단의 변속이 가능한데, 이러한 각 단별로 다양한 기어비를 가지는 기어를 배치하여 속도와 토크를 조절한다. 이러한 기어비는 차량별로 다양한 기어비 조합을 가지고 있다. 변속기는 보통 형식에 따라 수동, 자동, 무단변속기로 구별하며 단수에 따라서는 5단, 6단, 등으로 구분하기도 한다.

▮변속 방식 및 구조에 의한 분류

① 수동 변속기 : 변속비가 수동 조작에 의해 변화되는 변속기

② 자동 변속기 : 변속비가 자동적으로 변화되는 변속기

③ 무단 변속기 : 변속비를 무단계로 제어할 수 있는 변속기

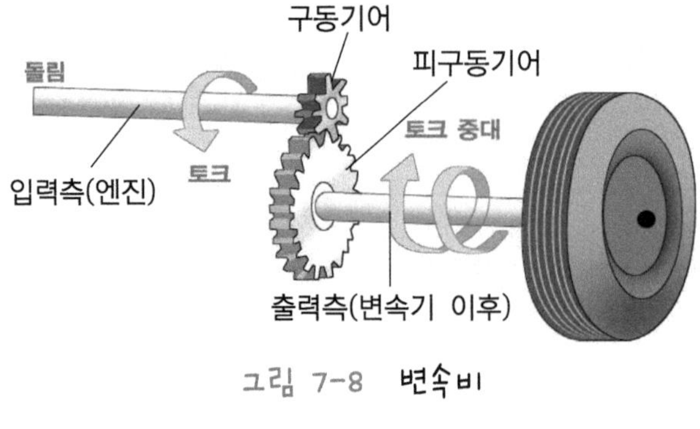

그림 7-8 변속비

7.3.1 수동변속기

수동변속기(Manual Transmission, MT)는 선택기어식 변속기, 혹은 스틱 트랜스미션이라고 하는데, 운전자가 직접 변속 단수를 결정하여 동력차단장치인 클러치와 함께 조작하도록 한 변속기이다. 현재는 주로 동기물림식(Synchro-Mesh Type)의 변속기가 주로 사용되고 있다.

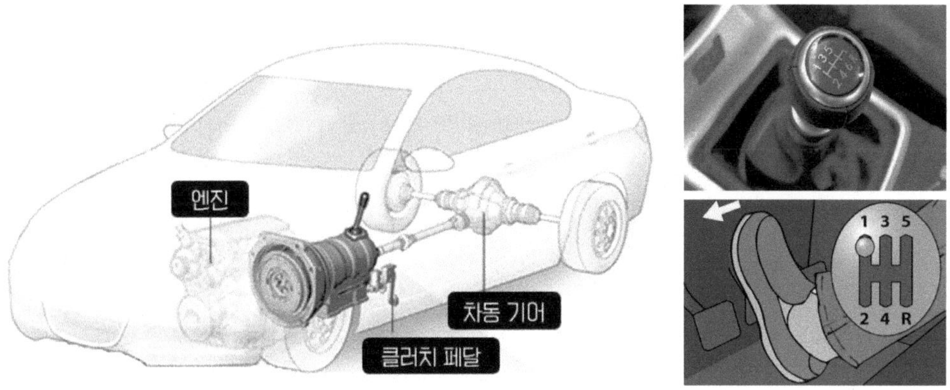

그림 7-9 수동변속기 장착

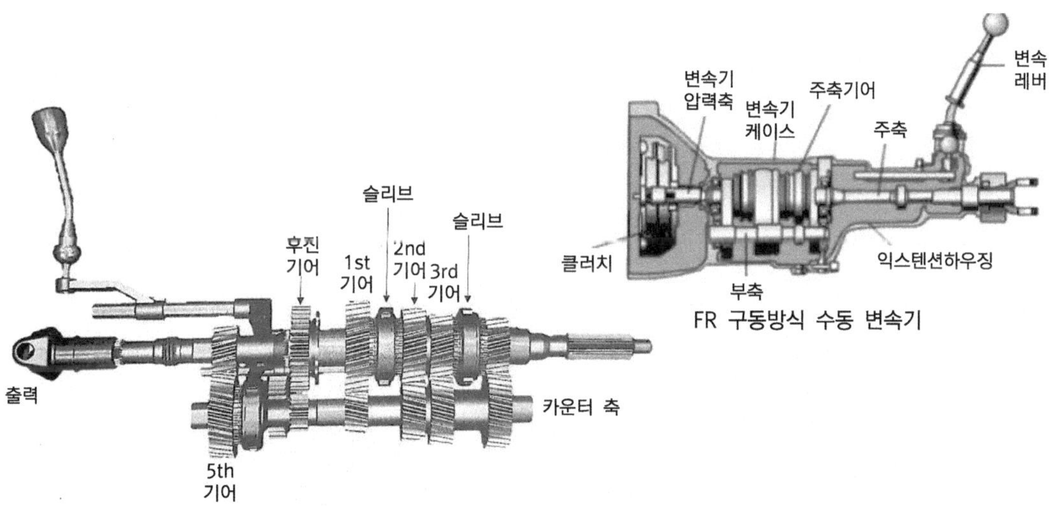

그림 7-10 수동변속기의 구조-5단 (FR구동방식)

1) 수동변속기의 종류

▮ 점진기어식 변속기

오토바이, 트랙터에 많이 사용하며 1단 2단 3단 차례대로 변속되며 1단에서 바로 3단으로 변속이 불가능하다.

▮ 선택 기어식 변속기 : **섭동기어식. 상시물림식. 동기물림식**

(1) 섭동기어식(Sliding Gear Type)

섭동기어방식은 주축과 부축이 평행하며 주축에 설치된 각기어는 스플라인에 끼워져 축방향으로 미끄럼운동을 할 수 있다. 이 방식은 기어가 주축 스플라인에서 직접 슬라이딩 이동하여 물리게 되는 형식이다. 즉, 단순히 단기어를 밀어 움직이는 것만으로 변속이 가능하다. 속력을 조절하기엔 좋지만, 소음이 심하고 단을 변경할 때 기어가 맞물리기 까다롭다는 것이 단점이다. 현재 섭동기어식의 수동변속기는 거의 사용되지 않는다.

(2) 상시물림 방식(Constant Mesh Type)

상시물림 방식은 주축기어와 부축기어가 항상 물려 있는 상태로 작동하며, 주축에 설치된 모든 기어는 공회전을 한다. 도그 클러치(dog clutch)가 출력축 스플라인과 물려 있어 도그 클러치가 주축 위를 섭동하며 동력을 전달한다. 이 방식은 섭동기어식의 단점인 단을 변경할 때 기어가 맞물리기 까다롭다는 것을 해결했지만, 회전속도가 다른 단기어와 도그클러치가 기어에 연결되는 과정에서 생기는 충격과 간섭이 기어와 도그클러치의 손상 및 마모로 이어진다. 일반적으로 토크가 큰 대형차량이나 레이싱 경주용 차량에는 상시물림 방식을 사용한다.

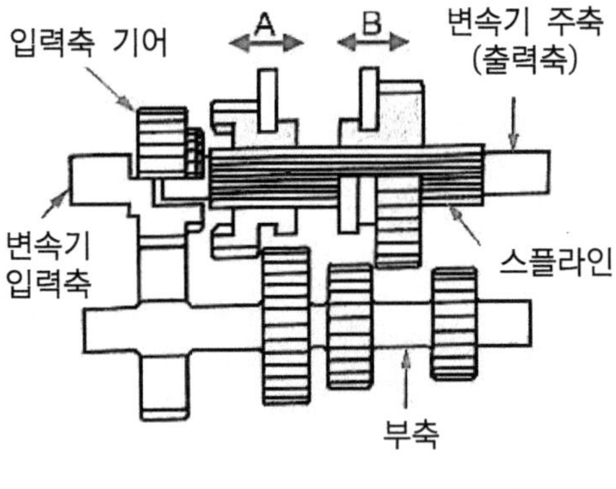

그림 7-11 섭동기어 방식 변속기

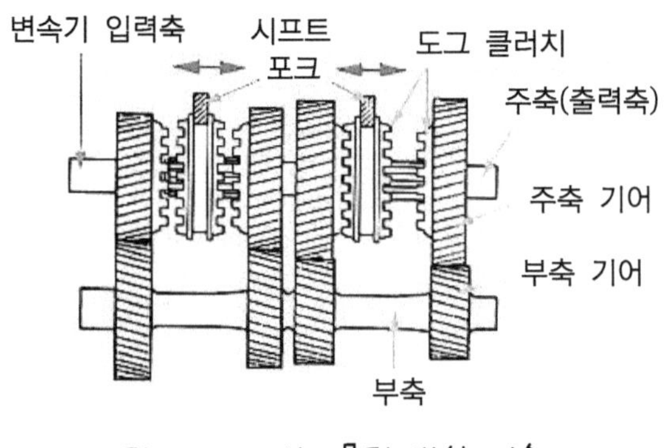

그림 7-12 상시물림 방식 변속기

(3) 동기물림 방식(Synchro Mesh Type)

이 방식은 주축기어와 부축기어가 항상 물려져 있으며 주축 위의 제1속, 제2속, 제3속 기어 및 후진 기어가 공전한다. 엔진의 동력을 주축 기어로 원활히 전달하기 위하여 기어에 싱크로 메시기구(동기물림기구)를 두고 있다. 싱크로 메시기구는 기어를 변속할 때 기어의 원뿔 부분에서 마찰력을 일으켜 주축에서 공회전하는 기어의 회전 속도와 주축의 회전 속도를 일치시켜 기어 물림이 원활하게 이루도록 하는 방식이다. 싱크로 메시 기구의 구성은 클러치 허브, 클러치 슬리브, 싱크로나이저 링과 키로 이루어져 있다. 장점은 원활한 기어물림이 가능하고 변속조작이 신속 용이하므로 다른 방식보다 가속성능을 크게 향상 시킬 수 있다. 변속소음이 거의 없다. 일반 자동차에는 동기물림 방식 변속기가 사용된다.

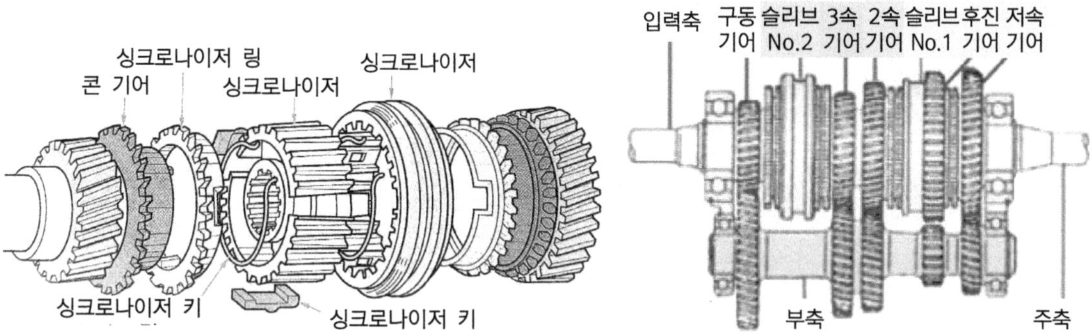

그림 7-13 동기물림 방식 변속기

2) 수동변속기의 원리

수동변속기는 기본적으로 엔진의 회전이 전달되는 입력축과 기어의 회전을 출력축으로 전달하는 부축, 부축에서 전달받은 회전을 디퍼렌셜 기어로 보내는 주축, 도그클러치, 단기어, 후진기어, 그리고 후진기어와 맞물리는 아이들 기어로 구성된다. 동기물림방식의 경우에는 도그클러치 대신 슬렉터 슬리브와 싱크로나이저 링으로 구성된다.

상시물림방식을 중심으로 구체적인 원리를 살펴보면 다음과 같다.

먼저 피스톤 왕복운동으로 엔진에서 생산된 동력이 커넥팅로드를 통해 크랭크축의 회전운동으로 전환된다. 그리고 이 회전운동은 플라이 휠, 크랭크축의 출력축으로 전달된다. 클러치 페달을 밟으면 유압식 압력이 클러치 압력판을 플라이휠과 멀어지게 하고, 놓으면 가까워지게 하여 동력을 전달한다. 이후 동력은 기어박스로 전달되고 주축과 부축에 있는 기어들이 서로 맞물려 돌아간다. 변속은 도그클러치를 통해 이뤄지는데, 예를 들면 1단에서는 도그 클러치가 왼쪽으로, 2단에서는 오른쪽으로 움직인다. 이후 동력은 차동장치로 전달되어 자동차 바퀴에 이른다. 동기물림방식도 기본원리는 동일하다.

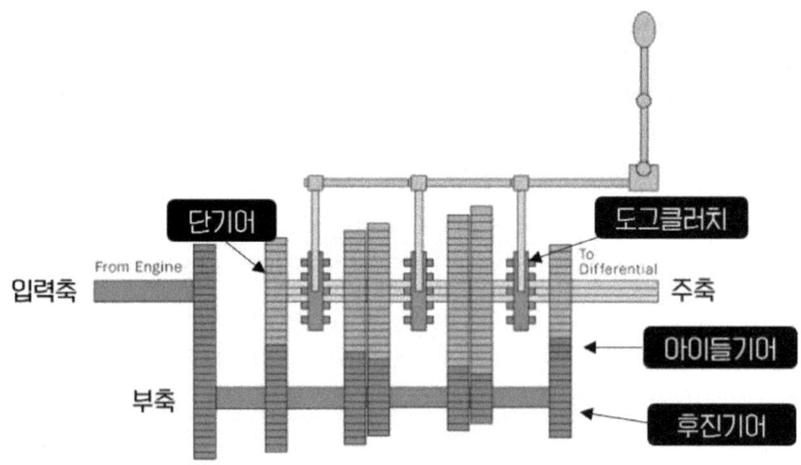

그림 7-14 수동변속기의 원리

7.3.2 자동변속기(A/T, Automatic Transmission)

자동변속기는 클러치나 변속 레버의 조작 없이 액셀레이터와 브레이크의 조작만으로 속도와 구동력을 자동으로 변환하는 변속기로, 자동차의 주행속도와 부하에 맞춰 자동적으로 최적의 토크 변환을 얻게끔 한다. 자동변속기는 크게 토크컨버터(또는 유체 클러치), 마찰클러치, 유성기어장치, 변속제어기구 등으로 구성되어 있다

1) 토크컨버터의 구조 및 기능

토크컨버터는 **펌프(또는 임펠러)**. **스테이터(Stator)**, **터빈(또는 러너(Runner))**의 **3요소**로 구성되어 있다. 펌프는 구동판을 통해 크랭크축에 연결되어 있으며, 스테이터는 한쪽 방향으로만 회전이 가능한 일방향 클러치(One Way Clutch)를 통해 토크컨버터 하우징에 지지되어 있다. 그리고 터빈은 펌프에서 전달된 구동력을 동력전달 계통으로 전달하는 변속기 입력축과 스플라인으로 결합되어 있으며, 토크컨버터는 오일이 가득 채워진 하우징 내에 이들 3요소가 들어 있다. 또 토크컨버터는 기관 플라이휠에 볼트로 설치되어 있다.

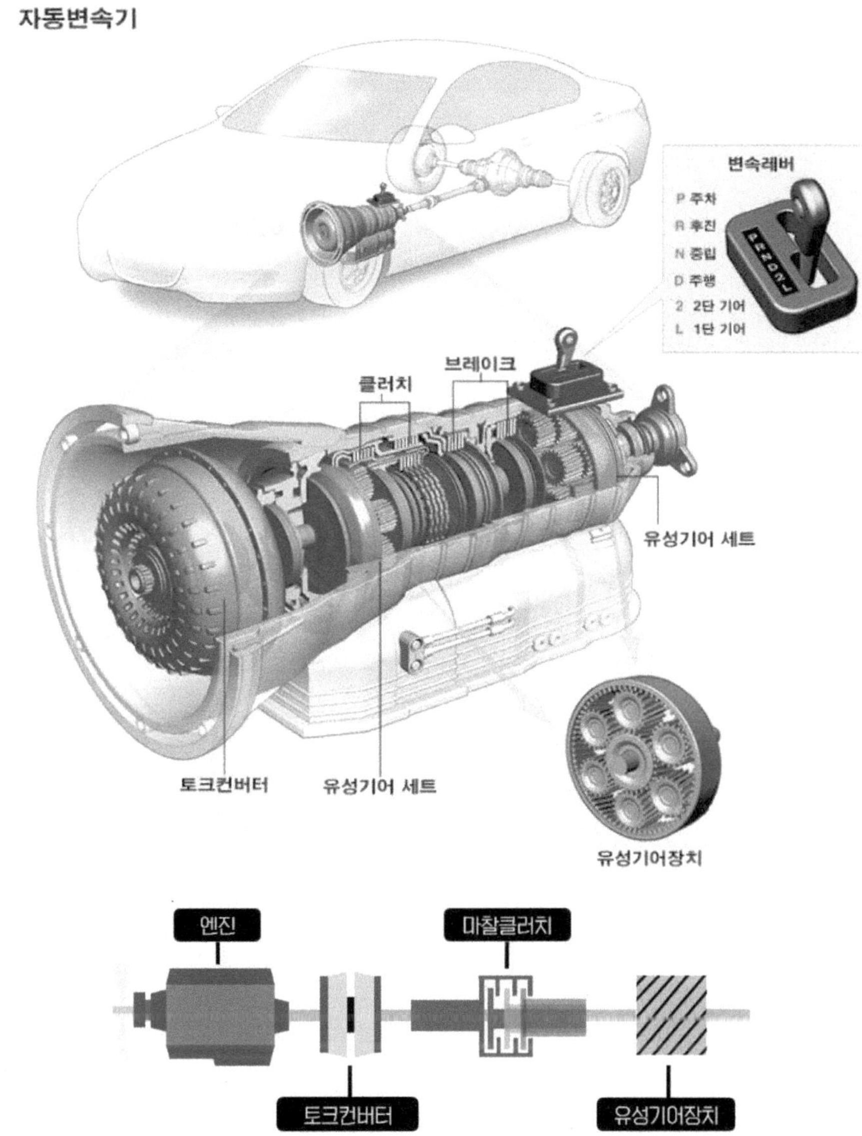

그림 7-15 자동변속기의 구성

토크컨버터는 2가지 기능을 가지고 있다. 그 하나는 기관의 동력을 오일을 통해 변속기로 원활하게 전달하는 **유체커플링**(Fluid Coupling)의 기능이고, 또 다른 하나는 기관으로부터 **회전력을 증가**시켜주는 기능이다.

토크컨버터 방식의 자동변속기 동력전달과정은 다음과 같다.

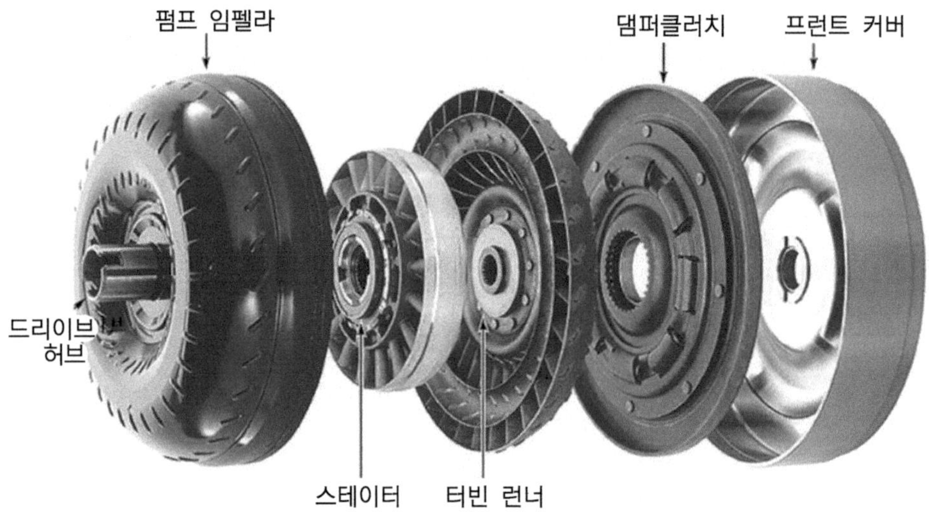

그림 7-16 토크 컨버터의 구조

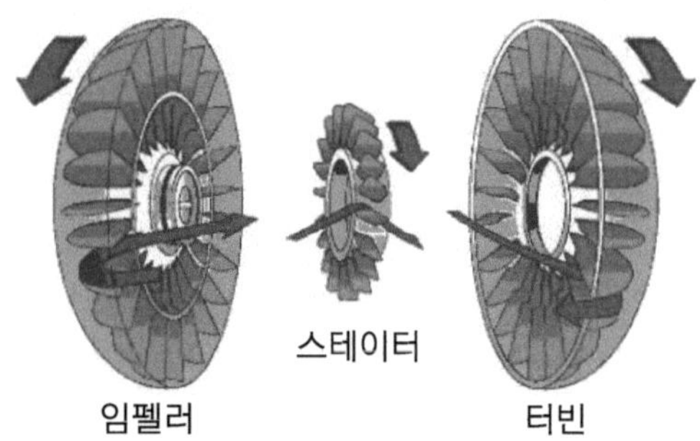

그림 7-17 토크 컨버터의 작용

토크컨버터는 유체클러치라고도 할 수 있는데, 자동변속기에서 **1차적인 동력전달장치**이다. 이것은 엔진의 플라이휠과 샤프트로 연결되어 오일의 회전력을 발생시키는 펌프(임펠러)와 그것과 마주보고 그 오일에 의해 회전됨으로써 변속기로 회전력을 전달하는 터빈으로 구성되어 있다. 동일 회전축상에 2개의 샤프트(Shaft)가 이너 샤프트(Inner Shaft), 아웃 샤프트(Outer Shaft)로 위치하여 회전력을 전달한다. 이렇게 전달받은 엔진의 동력은 변속기로 유입되는데 다양한 기어비(변속비)는 **유성기어 유닛**(Planetary Gear Unit)로 통하여 이루어진다.

유성기어장치는 토크 컨버터의 보조 변속기구로 사용되고, 후진 또한 가능케 하는 장치이다. 그림 7-17과 같이 유성기어 유닛은 중앙부에 **선기어**(Sun Gear), 바깥쪽에 **링기어**(Ring Gear)가 있으며 선기어와 링사이에는 2개 또는 그 이상의 **유성기어**(Planetary Gear)가 물려 있고, 이 유성기어는 캐리어(Carrier)에 의해 핀으로 고정하고 있다. 이 유성기어 유닛의 각각을 회전시키고 고정시킴에 따라 기어비가 달라 입력(Input)과 출력(Output)간에 다양한 변속(단수 조절)이 가능하고 후진이 가능하게 한다. 즉, 자동변속기의 변속 기어비 선택은 유성기어 세트 제어를 통해 하며, 주행 중에는 TCU시스템에 의해 자동으로 변속된다.

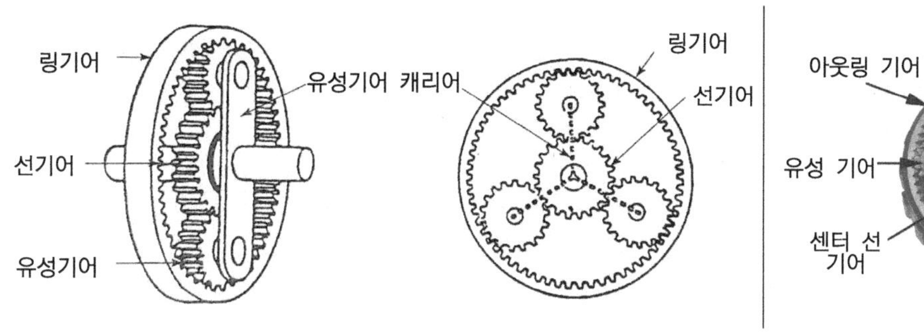

그림 7-18 유성기어의 구조

자동변속기에서 **다판클러치**라고도 불리는 **마찰클러치**는 토크컨버터에서 발생한 동력을 기어부에 전달하는 역할을 한다. 즉, 클러치 디스크와 클러치 플레이트가 붙었다 떨어졌다를 반복하며 기어 부위에 동력을 전달하고 끊는 것이다. 엔진 rpm이 올라가서 변속시점이 되면, 유압시스템에 의해 마찰클러치가 자동으로 조작된다.

7.3.3 무단변속기(CVT : Continuously Variable Transmission)

자동변속기는 자동으로 변속을 하지만 변속기 내부에서는 수동변속기와 마찬가지로 단계적으로 변속비가 전환된다. 따라서 회전수와 단속 변화가 효율적이지 않을 수 있다. 이러한 단점을 보완한 변속기가 연속 가변 변속기인 무단변속기(CVT)이다. CVT는 **변속의 각 단계가 없이 무단계로 변속비를 바꿀 수 있기 때문에** 가장 효율이 좋은 엔진 회전수를 유지할 수 있으며, 따라서 연비나 가속 성능 등을 높일 수 있다는 장점을 가진다. 우리나라에는 2000년도에 대우 마티즈를 통해 CVT가 처음 소개됐다. 이후 현대 뉴EF소나타와 옵티마 등에 적용되기도 했다. 하지만 변속 느낌도 좋지 않고 헐렁한 느낌에 고장이 자주 났고, 수리비도 비싸 널리 쓰이지 못했다.

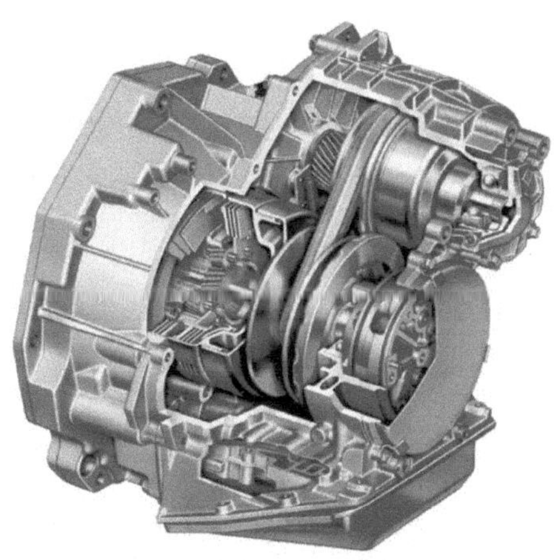

그림 7-19 무단변속기(CVT)

1) CVT의 원리

CVT는 기능면에서는 자동변속기와 비슷하지만, 변속을 위한 기어 구조가 없다. 대신 엔진으로부터 나온 구동력을 받아들이는 구동 풀리와 바퀴 쪽으로 구동력을 전달하는 피동 풀리가 있고, 두 개의 풀리는 푸시벨트 또는 링크체인으로 연결되어 있다.

두 V-풀리에서 서로 대각선 방향의 풀리 반쪽은 축에 고정되어 있고, 나머지 반쪽 부분은 유압에 의해 축 중심선을 따라 이동이 가능한 구조로 되어 있다.

두 풀리에서 이동이 가능하도록 제작된 반쪽 부분들은 동시에 서로 반대방향으로 운동한다. 즉, 구동 풀리의 유효반경이 커지면 피동 풀리의 유효반경은 작아진다. 구동 풀리의 유효반경이 최소가 되고, 피동 풀리의 유효반경이 최대가 되면, 최대 변속비 즉, 최대토크를 얻을 수 있다. 반대로 제어하면, 최소 변속비 즉, 최고속도를 얻을 수 있다.

CVT는 무수한 변속비를 무단으로, 그리고 지속적으로, 동력을 차단하지 않고 얻는다. 하지만 문제점은 푸시벨트나 링크체인의 슬립이다. 구동벨트의 장력이 낮아 슬립률이 상승하지 않도록 해야 하며, 반대로 장력이 과대해져 과부하가 걸리는 것도 방지해야 한다.

구동, 피동 풀리에 작용하는 유압을 제어하기 위한 주요 입력변수들은 실렉터-레버 위치, 가속페달의 위치, 기관 회전속도 및 주행속도 등이다. 변속기 ECU는 주행 중 수시로 변화하는 입력변수들을 근거로, 최적 변속비를 산출한다.

승용차용 CVT는 구조적 특성에 따라 크게 **가변지름풀리식 CVT와 파워롤러식CVT 방식**으로 나뉜다. 가장 널리 쓰이는 가변지름방식은 앞서 설명한 구조와 동일하다. 비교적 구조가 간단해 변속기가 작고 가볍지만, 벨트와 풀리 조절장치의 정확성 및 내구성이 전반적인 성능에 영향을 미친다.

파워롤럭식 CVT는 도넛의 안쪽과 비슷한 곡면을 지닌 원판과 롤러를 이용하고, 원판 사이의 롤러 각도를 조절함으로써 동력전달 비율이 조절된다. 롤러를 사용하기 때문에 롤러방식이라고도 부른다.

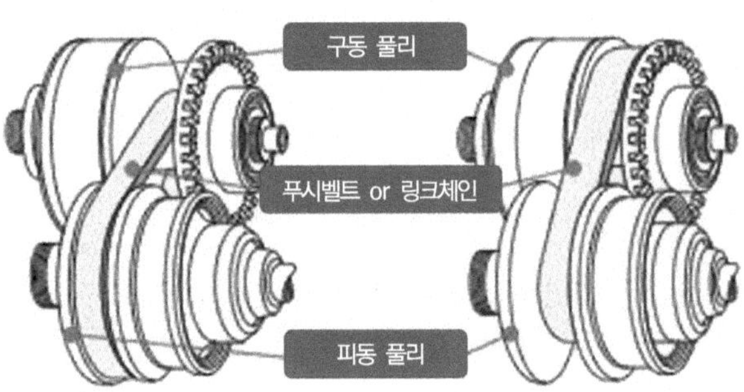

그림 7-20 CVT의 원리

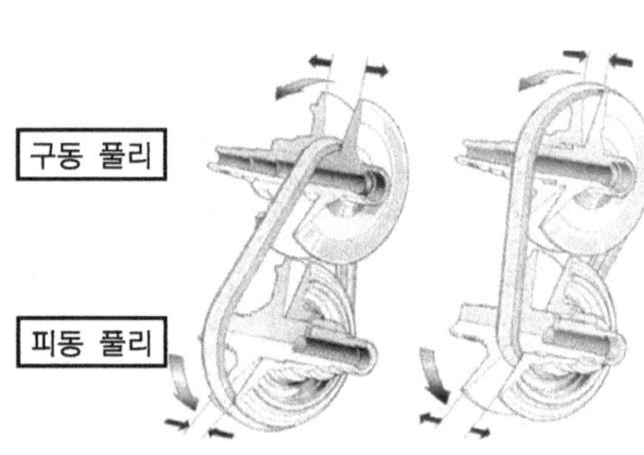

그림 7-21 CVT의 작동

2) CVT의 특징

CVT의 특징은 다음과 같다.

▮ 장점

① CVT는 변속이 부드럽게 이뤄져 변속시 발생하는 동력의 손실을 줄일 수 있고, 기어변속에 따른 충격이 없다.

② 자동변속기 대비 약 20% 이상 연비가 향상되고, 이에 따른 배기가스 절감효과도 있다.

③ 광역 변속비를 사용해 가속 성능이 개선되어 언덕길 등반주행은 물론 오버-드라이브 시에 유리하다.

▮ 단점

① 엔진이나 바퀴 회전에 변속기가 반응하기까지 시간이 걸려 응답성이 떨어진다.

② 엔진회전과 바퀴회전이 일치하지 않는 경우가 생길 수 있다.

즉, 엑셀레이터를 밟아 엔진회전이 빨라져도 곧바로 가속되지 않거나, 회전이 느려져도 속도는 오히려 빠를 수 있다. 이런 이질감 때문에 운전자들이 답답하게 느끼기도 한다.

7.3.4 듀얼 클러치 변속기(DCT; Dual Clutch Transmission)

듀얼 클러치 변속기(DCT : Dual Clutch Transmission)는 이름에서 알 수 있듯 두 개의 클러치를 갖는 자동변속기를 말한다. 수동변속기와 자동변속기의 장점을 동시에 갖추고 있는 것이 특징이라 볼 수 있다. 기존의 자동변속기와 달리 토크컨버티가 없기 때문에 변속 충격 없이 부드럽게 기어변속이 가능하고, 수동변속기와 마찬가지로 클러치와 기어에 의해 동력이 전달되므로 전달효율이 우수하여 연비가 좋으며 자동변속기와 같이 정숙한 변속이 가능하다.

듀얼 클러치(DCT)는 외부로 클러치 페달이 없는 자동변속기의 형태이지만, 기계적인 원리는 수동변속기 형태를 가지고 있다. 기계적인 원리는 2개의 클러치와 2조의 기어들로 구성되어 있다. 예를 들면 기어부 한조가 1,3,5,7단,후진기어로 구성되고, 다른 한조는 2,4,6단 기어들로 구성되어 있다. 즉 듀얼 클러치는 두 개의 독립적인 변속기가 들어가 있다.

▌듀얼 클러치의 원리

작동원리는 처음에 클러치 1에 의해 1단 기어가 연결이 되며, 이때 동시에 클러치 2가 2단의 기어를 접속시켜 변속할 준비를 미리 하게 된다. 1단에서 2단으로 변속이 될 때는 클러치 1을 차단함과 동시에 클러치 2를 바로 연결함으로써 정숙한 변속을 완료하게 된다. 일반 수동변속기의 경우 클러치가 **차단되고 → 기어를 바뀌고 → 클러치를 다시 연결하는 3단계**의 과정을 거치지만 듀얼 클러치의 경우는 한 클러치가 떨어짐과 동시에 다른 클러치가 연결이 되는 하나의 과정으로 변속이 끝나게 된다. DCT는 수동변속기의 클러치 조작과 기어 변경을 엔진의 회전수를 바탕으로 액추레이터를 통해 컴퓨터(ECU)로 자동으로 조작한다. 즉, 수동변속기에서 운전자가 했던 클러치 조작과 기어 변경을 액추에이터가 대신한다. 액추에이터는 클러치 액추에이터(Clutch Actuator)와 기어 변경 액추에이터(Shift Actuator)의 2종류가 있다. 엑추에이터는 보통 DC 모터나 BLDC 모터를 사용한다.

▌듀얼 클러치의 구조 및 작동

듀얼 클러치 변속기는 자동변속기처럼 간접적인 유체전달식이 아니라, 일단 수동변속기처럼 클러치로 동력을 전달한다.

우선 6단 듀얼 클러치 미션의 핵심부분 그림을 보면 다음과 같다.

파란색으로 된 부분이 1,3,5 홀수단을 담당하는 Odd Clutch이고, 녹색으로 된 부분이 2,4,6 짝수단을 담당하는 Even Clutch이다. 그리고 회전축 가운데는 파란색의 홀수단이 관통하고(Inner 미션 축), 그 외부를 감싸는 파이프 형태로 짝수단의 회전축(Outer 미션 축)이 존재한다. 즉 짝/홀 모두 같은 구동축상에서 회전하게 된다. 결과적으로 홀수 클러치와 함께 기계적으로 3단 기어가 맞물린 상황이라면, 짝수 클러치쪽에서 미리 2단과 4단 기어를 맞물려 놓는다. 한마디로 어느 한단의 기어가 맞물려 돌아가고 있을 때, 클러치로 떨어져 있는 바로 윗단 또는 아랫단의 기어를 상황에 맞게 미리 예측하여 끼워 놓는다.

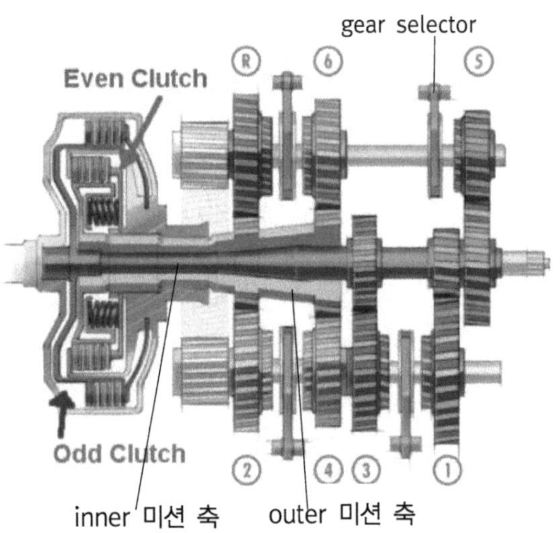

그림 7-22 6단 듀얼클러치 변속기

그림 7-23
폭스바겐의 DSG 듀얼클러치 단면도

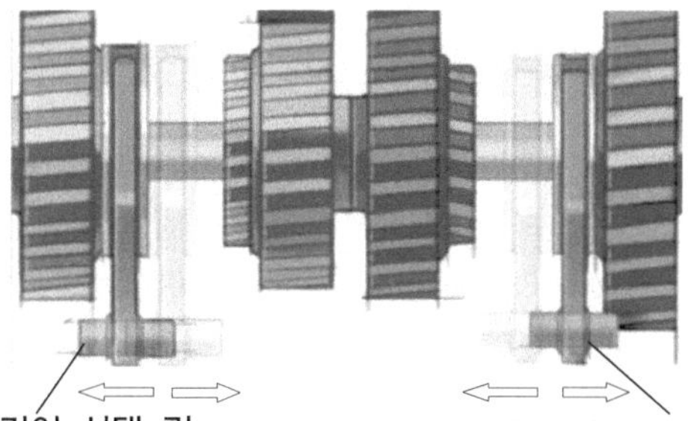

그림 7-24 듀얼클러치 변속기의 변속과정

이 과정을 좀더 자세히 설명하면, 실제로 미션 내의 모든 기어는 이미 구동축의 톱니바퀴와 맞물려서 돌아가고 있는 상태이다. 다같이 맞물려 회전은 하지만, 중요한 건 어느 단의 기어에 구동력을 실어주느냐의 문제이다. 구동력을 전달할 기어를 선택하는 역할은, 위 전체 그림에서 기어셀렉터링(Gear Selector Ring) 4개가 그 역할을 한다. 기어셀렉터링이 가운데에 있을 때는 양쪽 기어 모두 구동력이 실리지 않은 상태이며, 상황에 따라 각기 좌-우를 왔다 갔다 하면서 다음에 구동되어야 할 기어단을 미리 물어줌으로써, 구동력을 옮길 준비를 한다. 이때 미리 연결한 기어단의 클러치는 떨어져 있으니, 링이 끼워져 있다 해도 문제가 없는 상황으로 대기중인 것이다. **이렇듯 듀얼 클러치에 있어서 변속과정은 실제로 기어를 바꾸는 과정이 아니라, 다음단 기어가 이미 준비된 상태에서 두개의 클러치가 서로 교차적으로 떨어지고 붙는 과정**이 된다.

기어는 이미 변속되어 있고, 클러치만 타닥! 하고 교환하는 것이다. 그렇기 때문에 변속 충격이 거의 없으면서도 엄청나게 빠른 변속이 가능하게 된다.

▮ 듀얼 클러치의 장점

① 클러치와 기어결합으로 직접적인 동력전달을 함으로써, 수동변속기처럼 동력손실을 최소화하고 연비를 확보할 수 있다.

② 클러치 조작과 기어 변경을 엔진의 회전수를 바탕으로 액추레이터를 통해 컴퓨터(ECU)로 자동으로 조작하기 때문에 조용히 미리미리 기어를 결합해놓고 클러치만 옮기기 때문에 변속충격이 최소화된다.

③ 유체결합식이 아니면서도 자동변속 동작의 구현이 쉽다.

▮듀얼 클러치의 단점

① 복잡한 구조 때문에 듀얼 클러치 변속기는 크고 무겁고, 또 비싸다.

② 자동모드가 아주 부드럽지는 않다. 즉 유체결합방식이 아니라 기어체결방식이라 오토미션 만큼 부드럽기 힘들다.

③ 소음과 고장 우려가 크다. 유체결합 방식의 오토미션과 달리, 수동미션은 기계적인 기어 맞물림이기 때문이다. 특히 저단에서 서행하거나 천천히 정지할 때 기어가 끼릭끼릭 변속되는 기계음이 들리수 있다.

④ 가혹 주행시의 오동작 우려가 있다.

듀얼클러치의 종류는 건식과 습식로 나눌 수 있다. 습식 듀얼클러치는 클러치 동작부에 DCT 전용 미션오일을 채워서 촉촉한 상태로 클러치를 사용해, 클러치에서 발생하는 마찰열을 식혀줄 수 있어 포르쉐 같은 고출력/고급차량에 사용된다. 반면 복잡하고 가격이 비싸다.

건식 듀얼클러치은 구조가 간단하고 비용이 적게 들지만 마모한계가 있어서 일정 주기로 교환의 필요성이 있으며, 허용 토크가 낮아서 현재 토크가 2000 cc급 이하의 중간급 엔진에 주로 적용된다. 현대자동차의 엑센트(2015년형) 디젤, 아반떼 AD 가솔린 터보와 디젤, LF 소나타 가솔린 터보와 디젤 모델에서 건식 DCT가 적용되어 있다.

7.4 드라이브 라인(추진축, 등속축, 액슬축)

1) 추진축(Propeller Shaft)

기관의 동력을 변속기로부터 종감속 기어까지 동력을 전달하는 축으로서 주로 FR방식과 4DW 방식에서 변속기와 종감속기어 사이에 설치되어 있다. FF차량에선 추진축이 없다.

추진축은 보통 변속기 쪽과 차동기어 쪽으로 나뉘며, 변속기 및 차동기어에 연결하기 위해 유니버설조인트를 사용한다. 이것은 노면 충격 등에 의해 변속기 및 차동기어의 상하 위치가 변화하는 것을 막아 준다.

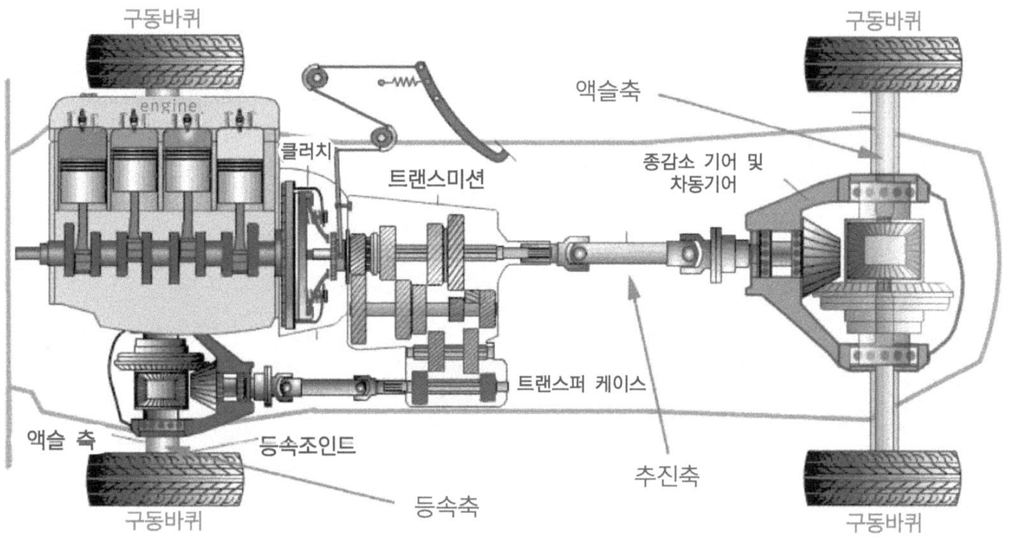

그림 7-25 **4WD 동력전달장치**

2) 등속축(Constant Velocity Shaft)

종감속 기어에 나온 구동력을 구동바퀴까지 각의 변화와 길이의 변화를 주어 구동력을 전달하며 주로 FF방식. RR방식. 4DW 방식에서 많이 사용한다. 축은 많은 힘을 받고 각의 변화가 크므로 고정형 등속조인트를 사용하고, 종감속기어 쪽에는 허용각도가 작지만 축 방향으로 신축가능한 슬립형 등속조인트가 사용되는 것이 일반적이다.

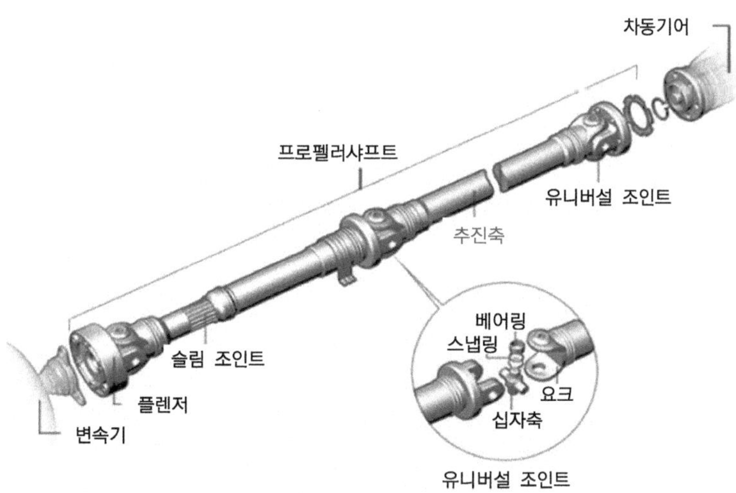

그림 7-26 **추진축의 구조**

3) 액슬축(Drive Shaft)

종감속장치에서 바퀴로 구동력을 전달하는 회전축이다. 독립 현가장치의 경우 자재이음(유니버설 조인트)에 의하여 각도가 변화되어도 구동력을 전달하며, 축 방향으로 신축할 수 있는 기능을 갖추고 있다.

7.5 종감속기어 및 차동장치

1) 종감속 기어(Final Reduction Gear)

종감속 기어는 구동 피니언과 링 기어로 구성되어 변속기 및 추진축에서 전달되는 회전력을 직각 또는 직각에 가까운 각도로 바꾸어 앞차축 또는 뒤차축에 전달함과 동시에 최종적으로 감속하는 역할을 한다.

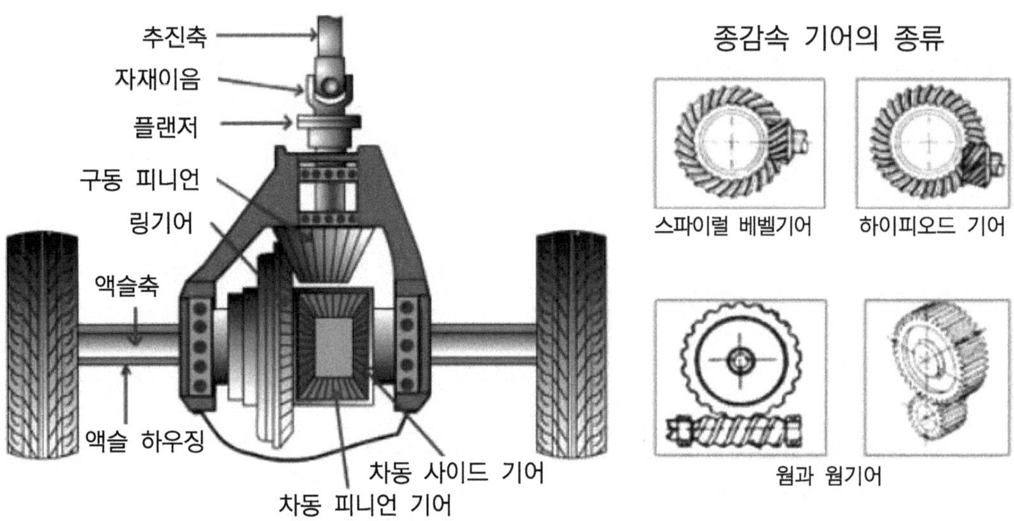

그림 7-27 종감속기어 및 차동장치

2) 차동기어장치(Differential Gear)

차동기어는 자동차가 선회할 때, 회전각의 차이로 인해 달라지는 휠 스피드를 보정하여 엔진으로부터 온 동력을 양 바퀴에 적절하게 나누어 주는 역할을 한다. 구조는 차동기어 케이스, 차동 피니언 기어, 차동 사이드 기어 등으로 구성되어 있다. 추진축에서 온 동력이 피니언 기어에서 링 기어(크라운휠)로 전달된다. 링 기어의 회전은 곧 구속되어있는 차동기어의 일부인 차동 피니언기어의 회전이 된다.

자동차가 평탄한 도로를 직진할 때는 좌우 구동 바퀴의 회전 저항이 동일하기 때문에, 차동기어 전체가 한 덩어리가 되어 회전하게 된다. 선회할 때 안쪽 바퀴는 저항을 느껴 바깥쪽 바퀴보다 회전수가 감소되고, 안쪽 바퀴의 회전수가 감소한 만큼 차동 피니언이 회전하여 바깥쪽 바퀴를 증속시킨다.

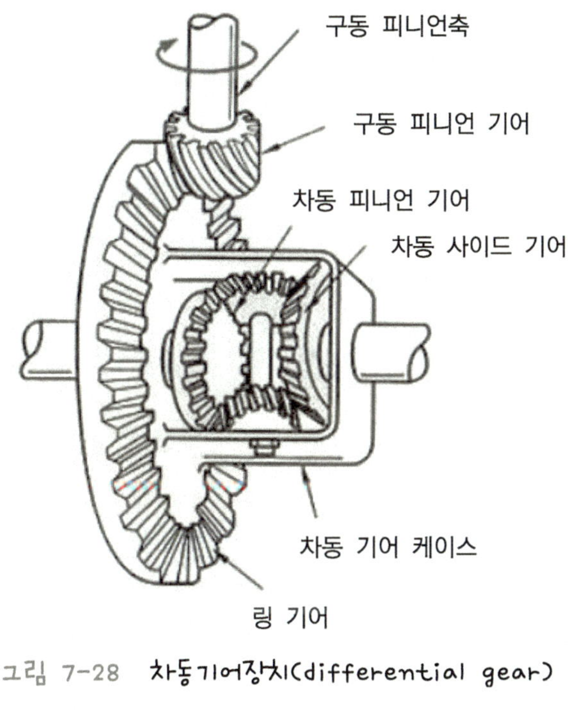

그림 7-28 차동기어장치(differential gear)

7.6 바퀴(Tire)

7.6.1 휠(Wheel)

자동차 바퀴는 휠(Wheel)과 타이어(Tire)로 구성되어 있고 주행에 있어 대단히 중요한 역할을 한다. 바퀴는 자동차의 하중을 지지하고, 제동 및 주행할 때의 회전력, 도로면에서의 충격, 선회할 때 원심력, 자동차가 경사졌을 때의 옆 방향 작용을 지지한다.

휠의 구조를 살펴보면 크게 두 부분으로 나뉘는데, 밖에서 쉽게 보이는 면을 **디스크**(Disk)라 하고, 휠의 테두리 부분을 **림**(Rim)이라고 한다. 림은 타이어에 끼워지는 부분으로 타이어를 지지하고 디스크는 휠을 허브에 지지한다.

휠의 종류에는 휠의 모양에 따라 디스크 휠(Disk Wheel), 스포크 휠(Spoke Wheel), 스파이더 휠(Spider Wheel)이 있다.

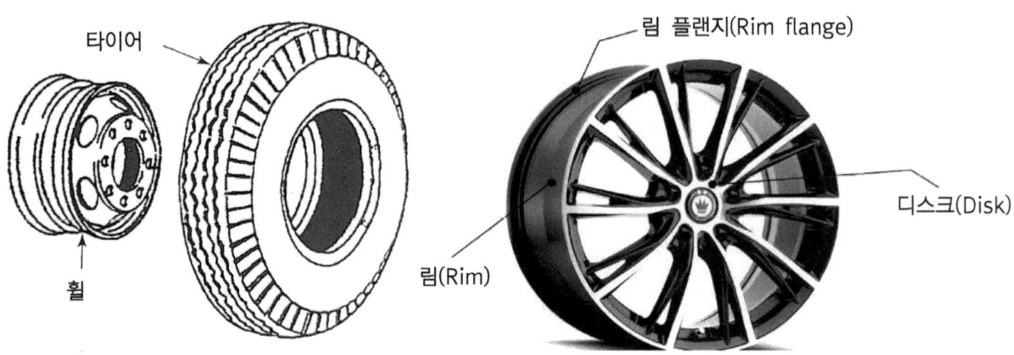

그림 7-29 타이어와 휠

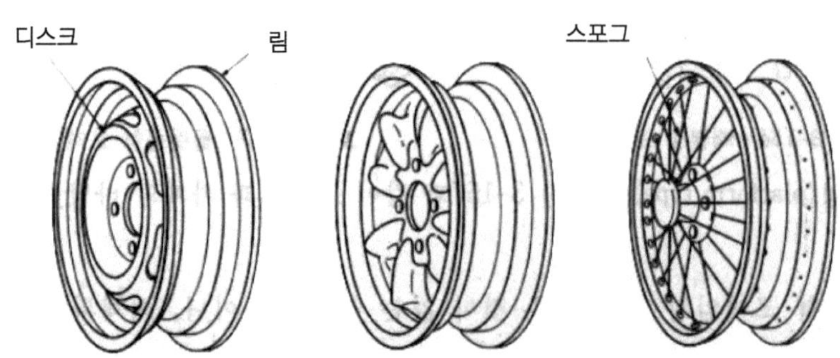

(a) 디스크 휠 (b) 스파이더 휠 (c) 스포크 휠

그림 7-30 휠의 종류

디스크 휠은 연강판을 프레스 성형하였기 때문에 가볍고 구조가 간단하여 승용차나 경트럭에 주로 이용된다. **스파이더 휠**은 방사선상으로 림 지지대가 있어 강성이 크고 지지대 사이에 공간이 넓기 때문에 브레이크의 효과가 크므로 중형이나 대형차량에 적합하다. **스포크 휠**은 허브와 림을 강선으로 연결하여 가볍고 탄성력이 높고 냉각효과가 좋아 스포츠 차량이나 2륜차에 이용된다. 하지만 가격이 비싸고 실용성이 떨어지는 단점이 있다.

7.6.2 타이어(Tire)

타이어는 림에 끼워져 일체로 회전하며 노면으로부터 충격을 흡수하고 노면과 점착되어 자동차의 구동이나 제동을 가능하게 하는 역할을 한다. 타이어의 구조는 7-31과 같다.

1) 타이어의 단면 구조

타이어는 우리 눈에 보이는 고무층인 트레드를 포함하여 총 9가지로 구성되어 있다.

(1) **트레드**(Tread) - 노면과 접촉하는 두꺼운 고무층으로 되어 있다. 카커스와 브레이크를 보호하는 부분이다. 트래드 패턴은 타이어의 사이드 슬립이나 전진방향의 미끄럼을 방지하고, 타이어 내부의 열을 방산하고, 트레드에서 발생한 절상의 확산을 방지하는 구조이어야 한다.

그림 7-31 타이어 단면 구조

그림 7-32 타이어 트레드 패턴

▮트레드 패턴의 종류

① **리브패턴**(Rib Pattern) : 이 패턴은 타이어 원둘레 방향으로 몇 개의 홈을 둔 것이며, 사이드 슬립에 대한 저항이 크고, 조향성능이 양호하며, 포장도로에서 고속주행에 알맞다. 승용차의 기본형으로 많이 사용된다.

② **러그패턴**(Lug Pattern) : 이 패턴은 타이어 회전방향의 직각으로 홈을 둔 것이며, 전·후진방향에 대해서 강력한 견인력을 발휘하며 제동성능과 구동력이 우수하다. 주로 버스, 트럭, 건설차량, 산업차량에 사용된다.

③ **블록패턴**(Block Pattern) : 타이어의 트레드가 독립된 블록으로 이루어진 것이며 사각, 육각, 마름모형이 있다. 겨울철 스노우 타이어나 건설용 차량에 주로 사용된다.

④ **리브-러그 패턴** : 타이어 숄더부분에 러그패턴을 넣어 구동력과 제동력을 얻고, 중앙부에 지그재그의 리브형을 넣어 조종성과 안정성을 도모한 타이어다. 포장, 비포장 도로를 동시에 주행하는 차량에 적합하다. 트럭이나 버스용 타이어에 많이 사용된다.

(2) **숄더**(Shroud) - 트레드와 사이드월 사이에 위치하고 있고 구조상 고무의 두께가 가장 두껍기 때문에 주행 중 내부에서 발생하는 열을 쉽게 발산시길 수 있도록 설계한다.

(3) **비드**(Bead) - 타이어가 림과 접촉하는 부분으로서 카커스 코드의 끝을 고정하여 공기압을 유지하도록 하여 타이어가 림에서 빠지는 것을 방지한다.

(4) **사이드월** - 타이어의 옆부분으로써 카커스를 보호하고 굴신 운동을 통해 승차감을 좋게 한다. 타이어 규격 등 타이어 관련 정보들이 표기되는 곳이기도 하다.

* **굴신운동** : 타이어가 자동차의 무게로 인해 주행 중에 눌렸다 펴졌다를 반복하는 것. 이를 통해 열에너지가 발생하고 바퀴를 굴리는데 필요한 힘을 분산시키게 된다.

(5) **카커스** - 타이어의 뼈대가 되는 부분이다. 즉, 타이어 내부의 섬유나 스틸로 구성된 코드층으로써 하중을 지지하고 충격에 견디며 주행 중 굴신운동으로 인해 생기는 피로도를 버텨내는 역할을 한다.

2) 타이어 제원과 치수

타이어의 사이드 월에는 8가지의 정보가 들어가 있다. 제조회사와 브랜드명, 패턴명(모델명), 규격, 구조, 최대 하중 및 최대 공기압, 원산지, 제조주차(DOT)를 확인할 수 있다.

규격의 경우 205/60 R 15 94 H이라고 적혀있다면 205는 타이어의 단면이 폭(mm)을 뜻하며 그다음 60은 편평비, R는 레이디얼 구조, 15는 타이어의 인치, 94는 하중지수, H는 속도기호를 뜻한다.

편평비란 타이어 단면의 폭에 대한 높이의 비율로서 과거에는 주로 100(높이와 폭이 같음)이었으나 점차 70, 60, 50, 40 등으로 낮아지고 있다. 고성능 타이어일수록 단면높이가 낮아진다.

제조주차의 경우 DOT M5 H3 **** 2016 표기 되어 있는 것이 바로 제조공장과 생산일자를 나타낸다, DOT는 Department of Transportation의 약자를 뜻하며 M5는 제조공장의 코드, H3인 타이어의 사이즈, **** 제조회사 고유식별 번호, 2016은 2016년도에 20주차에 생산을 의미한다.

①제조회사: KUMHO
②브랜드명: ECSTA
③패턴명(모델명): PS71
④규격: 225/45 ZR1794Y
⑤구조: Radial/Tubeless
⑥최대하중 및 최대공기압
⑦원산지: MADE IN KOREA
⑧DOT(제조주차): 2016

그림 7-33 타이어의 사이드월에 새겨진 정보

$$\text{편평비}(\%) = \frac{H}{W} \times 100$$

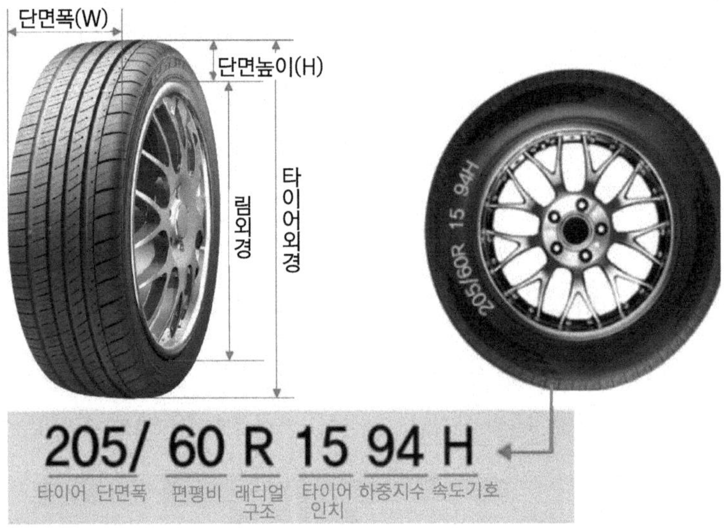

속도표시(심볼)	Q	R	S	T	U	H	V	W	Y
한계속도(km/h)	160	170	180	190	200	210	240	270	300

그림 7-34 타이어 사이즈 보는 법

3) 타이어의 종류

일반적으로 승용자동차에 시용되고 있는 타이어는 크게 나누어서 **보통(바이어스) 타이어(Bias Tire)**, **레이디얼 타이어(Radial Tire)**, **벨티드 바이어스 타이어(Belted Bias Tire)**, **튜브 리스 타이어(Tube Less Tire)**가 있다. 또한 계절적인 사용에 따라 **스노타이어** 또는 **스파이크** 등이 있다.

① 바이어스 타이어(Bias Tire)

예전에 승용자동차의 타이어 거의 바이어스 타이어를 표준으로 하고 있다. 이 타이어는 커커스를 구성한 코드가 트레드 센터라인을 중심으로 일정한 각도 (약38°)를 이룬 타이어를 말한다. 커커스와 벨트는 나일론 재질을 사용한다. 이 타이어의 특징은 정숙성이 뛰어나며, 비포장길 등에서 가로 방향의 충격에 강하다. 바이어스 구조는 건설차량용, 농경용, 산업차량용 타이어 제작에 적용되고 있다.

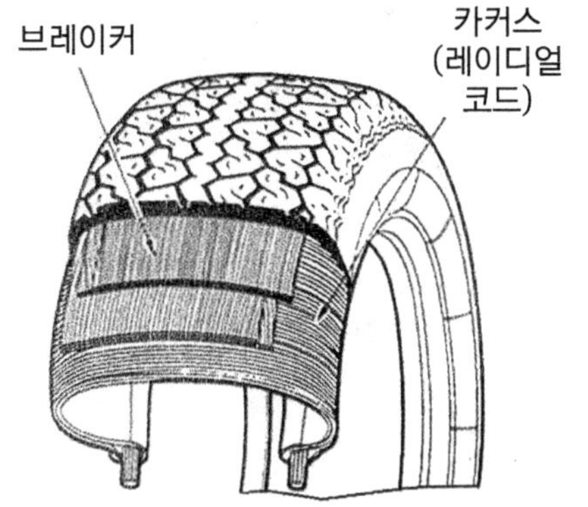

그림 7-35 레이디얼 타이어

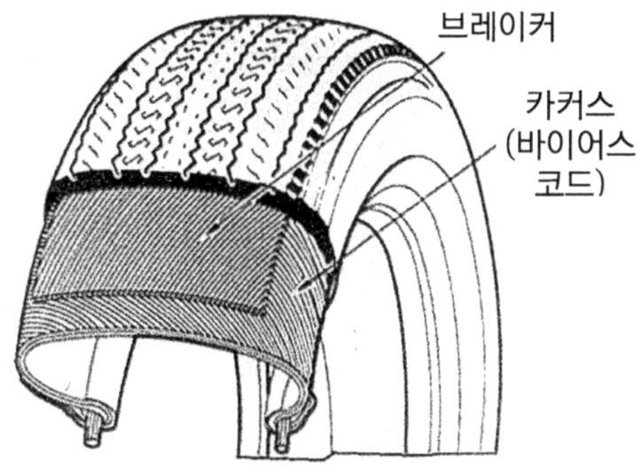

그림 7-36 바이어스 타이어

② 레이디얼 타이어(Radial Tire)

카커스 코드가 트레드 센터라인에 90°또는 90°에 가까운 각도로 배열된 구조로서 스틸벨트로 잘 보강된 타이어를 말한다. 이 타이어의 특징은 다음과 같다.

- 타이어의 편평률을 자유롭게 할 수 있어 접지면을 크게 하고 내슬립성을 향상시킬 수 있다.
- 브레이커가 튼튼해 트레드가 하중에 의한 변형이 적다.
- 구름저항에 작아 연비에 유리하다.
- 전동저항이 적고, 로드홀딩(road holding)이 향상되며 스텐딩 웨이브가 잘 일어나지 않는다.
- 고속으로 주행할 때 안전성이 크다.
- 단점은 사이드월 부분이 약하다.

래이디얼 타이어 구조는 승용차용 타이어, 소형트럭용 타이어, 트럭/버스용 타이어 제작에 적용된다.

③ 벨티드 바이어스 타이어(Belted Bias Tire)

바이어스와 레이디얼의 중간적인 특성을 가진 것으로 유럽에서 발달된 레이디얼에 대항하기 위하여 바이어스의 제조 설비를 그대로 사용하여 미국에서 개발된 것이다. 이것은 바이어스 구조의 카커스 위에 8~10°정도의 각도가 낮은 벨트(재질은 레이온, 폴리에스테르, 케블라 또는 파이버 글라스 등)를 덧붙인 구조이다.

④ 튜브 리스 타이어(Tubeless Tire)

튜브리스 타이어는 자동차의 고속화에 따라 고속 주행중 펑크사고의 위험에서 운전자와 차를 보호하고자 하는 목적으로 개발된 것이다. 이 타이어에는 튜브를 사용하지 않는 대신에 타이어의 내면에 공기투과성이 적은 이너 라이너(얇은 고무막)를 붙여 이 막에 의해서 타이어 안의 공기를 밀폐시키고 있다. 이 막은 신축성이 좋고 작은 상처 정도는 공기가 빠지지 않도록 되어 있다. 주행 중에 못에 찔려도 공기가 급격히 빠지지 않는 특징이 있고 공기를 넣기 위한 밸브는 림에 직접 고정되어 있다.

▮튜브리스 타이어의 장점

- 공기압의 유지가 좋다.
- 못 등에 찔려도 급속한 공기누출이 없다.
- 타이어 내부의 공기가 직접 림에 접촉되고 있기 때문에 주행중의 열발산이 좋다.
- 튜브 불림 등의 튜브에 의한 고장이 없다.

▮튜브리스 타이어의 단점

- 타이어의 내측, 비드부에 흠이 생기면 분리 현상이 일어난다.
- 타이어와 림의 조립이 불완전하거나, 림 후랜지 부위에 변형이 있으면 공기누출을 일으키는 일이 있다.

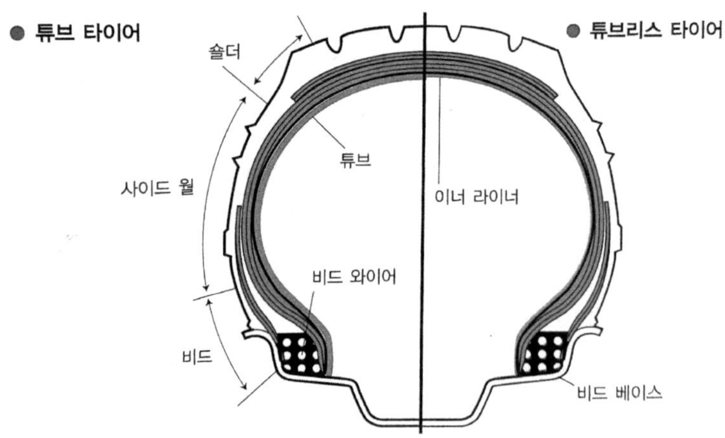

그림 7-37 튜브타이어와 튜브리스타이어

4) 타이어에서 발생하는 이상 현상

(1) 스탠딩 웨이브(Standing Wave)

스탠딩 웨이브 현상은 타이어 공기압이 낮은 상태에서 자동차가 고속으로 달릴 때 일정 속도 이상이 되면 **타이어 접지부의 바로 뒷부분이 열에 의해 부풀어 물결처럼 주름이 접히는 현상**을 말한다. 즉, 자동차가 고속으로 달릴 경우 타이어 찌그러지는 현상으로 제동력이 떨어져 연료 효율이 낮아진 상황을 말한다.

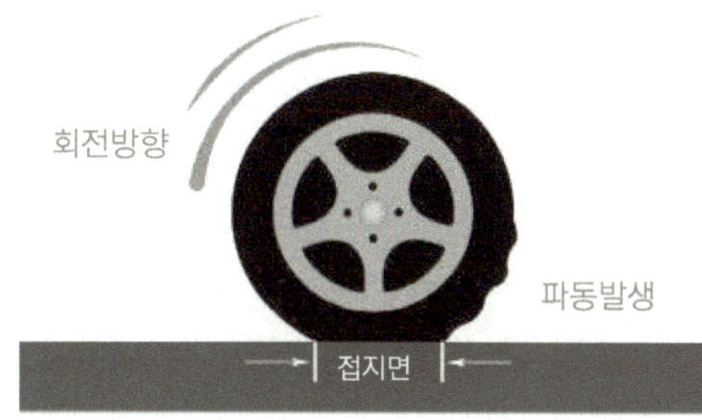

그림 7-38 **스텐딩 웨이브 현상**

발생원인은 주로 2가지 경우이다.

▮ 스탠딩 웨이브 발생원인

① **타이어가 견뎌야 할 하중이 늘어났을 경우**이다. 휴가철 여행을 할 때 평소의 차량 무게보다 무게가 늘어난다면 타이어에 가해지는 하중이 늘어나면서 변형이 이루어지게 된다.

② **공기압이 부족한 상태에서 고속주행을 할 경우**이다. 공기압이 부족하게 되면 내부의 공기가 타이어를 제대로 유지하지 못해 스탠딩 웨이브 현상이 발생하게 된다. 자동차가 고속으로 주행하여 타이어의 회전속도가 어느 정도 이상 빨라지면 접지부에서 받은 타이어의 변형(주름)이 다음 접지 시점까지도 복원되지 않고 접지부의 뒤쪽에 변형 부위가 물결처럼 남게 된다.

이 상태로 계속 주행하게 되면 타이어 파손이 발생할 수 있다.

▮ 스탠딩 웨이브 방지책

① **타이어의 공기압을 표준보다 10~30%정도 높여준다.**

② **150 km/h 전후의 고속주행에서 주로 발생하기 때문에 규정속도를 준수한다.**

③ **레이디얼 타이어나 편평비가 작은 타이어를 사용한다.**

④ **장거리 주행 전에는 타이어 공기압을 검검하는 것이 중요하다.**

(2) 하이드로 플래닝(Hydro Planing, 수막현상)

하이드로 플래닝

자동차가 주행 중 물에 덮인 노면을 고속으로 지날 때 갑자기 조종성을 잃는 현상을 **수막현상** 즉, **하이드로 플래닝**이라고 한다. 수막현상은 노면과 타이어 사이에 물이 들어오면서 마찰이 극단적으로 감소하는 현상을 말한다. 이때 타이어가 지면과 닿는 것이 아니라 수면 위를 달리는 수상스키를 타는 것 같은 현상이 발생해 조종이 불가능해지는 위험한 상황이 생기게 된다. 수막현상은 특히 고속으로 주행할 때 발생한다. 저속이나 중속으로 주행하는 경우에는 타이어 아래쪽의 물이 튀어 나가면서 노면과의 접촉이 유지되는 반면, 일정 속도 이상이 되면 물이 튕겨져 나갈 수 있는 시간이 없어 노면이 아닌 수면 위를 달리는 현상이 발생하는 것이다. 노면과 타이어 사이에 들어온 물이 원활하게 배수가 되려면 배수 홈이 커야 하는데 마모가 심한 타이어의 경우 트레드 홈의 깊이가 얕아져 배수가 원활하지 않게 된다. 하이드로 플래닝과 스탠딩 웨이브 모두 고속 주행시 발생하는 현상들이다. 하이드로 플래닝은 타이어의 마모상태와 관계가 있고, 스탠딩웨이브는 공기압의 상태와 관계 있는데 두 가지 모두 조종성을 잃을 수 있어 매우 위험하다고 볼 수 있다.

■ 하이드로 플래닝 방지책

① **타이어 마모도 체크하기**

- 트레드 홈의 깊이가 중요한데 타이어의 마모가 심한 경우에는 트레드 홈이 얕아져 배수가 잘 이뤄지지 않기 때문에 마모한계선에 도달하기 전에 교체하는 것이 좋음.

② **타이어 공기압을 높게 한다.**

③ **감속운전하기**

④ **리브 패턴 타이어를 사용한다.**

그림 7-39 하이드로 플래닝(수막현상)

7장 연습문제

1. FR자동차에서 동력전달순서를 들고 구성 부품에 대하여 간략히 설명하라

2. 자동차 클러치의 종류에 대하여 마찰식, 유체식, 전자식을 나누어서 설명하라

3. 토크컨버터의 원리에 대하여 간략히 설명하라

4. 자동차의 변속기의 기능에 대하여 설명하라

5. 수동변속기의 종류 중 동기물림방식(synchro-mesh type)에 대하여 설명하라

6. 자동변속기의 장치 중 토크컨버터의 구조와 기능에 대하여 설명하라

7. 타이어의 트래드 패턴 중 ①리브패턴, ②러그패턴, ③리브-러그패턴,④블록패턴의 특징에 대하여 설명하라

8. 무단변속기(CVT)의 개요와 장점, 단점에 대하여 설명하라

9. 타이어에서 발생하는 이상현상 중 1)스탠딩 웨이브(standing wave) 2) 하이드로 플래닝(hydro planing)에 대하여 발생원인 및 방지책을 설명하라

8.1 조향장치
8.2 차륜정렬(Wheel Alignment)
8.3 현가장치
8.4 자동차의 진동
8.5 전자제어 현가장치(ECS)

8장 조향 · 현가장치

8.1 조향장치

8.1.1 조향장치 개요

조향장치란 자동차의 진행 방향을 운전자 임의대로 바꾸기 위한 장치로, 조향 시스템이라고도 한다. 운전자가 스티어링 휠, 즉 자동차 운전대에 가한 회전력에 근거하여 차륜의 조향각을 변화시키는 장치이다. 조향장치는 스티어링 휠(핸들)과 바퀴의 돌아가는 각도를 조절하고, 노면의 충격을 핸들에 전달되는 것을 방지하며, 선회 시 저항을 줄여 주는 등 다양한 기능한다.

조향장치는 조작기구, 기어장치 및 링크기구의 3가지로 구성되어 있다. **조작기구**는 운전자와 직접적으로 연관되어 있는 부분이고, **기어장치**는 스티어링 휠(핸들)의 회전력을 직선 운동으로 바꿔주는 부분이다. **링크기구**는 기어부의 움직임을 바퀴에 전달해 각도를 바꿔주는 부분이다.

전달순서 : 조작기구→기어장치→ 링크기구→바퀴

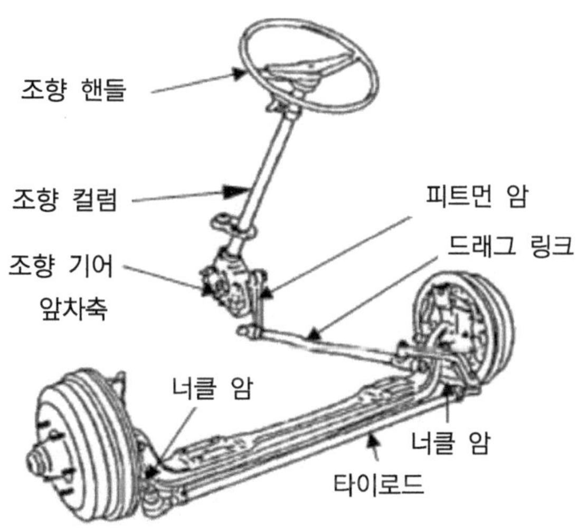

그림 8-1 조향장치의 구성

(1) 조작기구

조작기구는 운전자가 직접 스티어링 휠(조향 핸들)을 조작하여 그 조작력을 조향기어와 링크에 전달하는 기능을 한다. 크게 **휠**, **축**, **칼럼**으로 구성되어 있다.

스티어링 휠(핸들)은 림, 스포크, 허브 등으로 구성되어 있으며, 스티어링 휠 축은 스티어링 휠과 조향기어를 연결하는 부분입니다. 스티어링 칼럼은 스티어링 휠 축이 들어 있는 원통모양의 튜브이다.

(2)기어장치

조향 기어장치는 조향축의 회전을 약 20:1로 감속하여 조작력을 크게 함과 동시에 조작기구의 운동방향을 바꿔 조향 링크부에 전달하는 기능을 한다. 즉, 조작부로부터 회전력을 받아 토크를 증가시켜 운동방향을 직선 운동으로 바꿔준다. 크게 볼 너트형 조향기어와 랙&피니언형 조향기어로 나눌 수 있다. 주로 랙&피니언형이 사용되고 있다. 랙 피니언형 조향기어는 조향축 끝에 피니언을 설치하여 랙과 물리도록 한 구조로 되어 있으며, 피니언이 회전하면 랙은 옆 방향으로 움직이고 랙 양쪽 끝에 연결된 타이로드(Tie Rod)를 통해 너클과 함께 조향바퀴가 움직이도록 되어 있다.

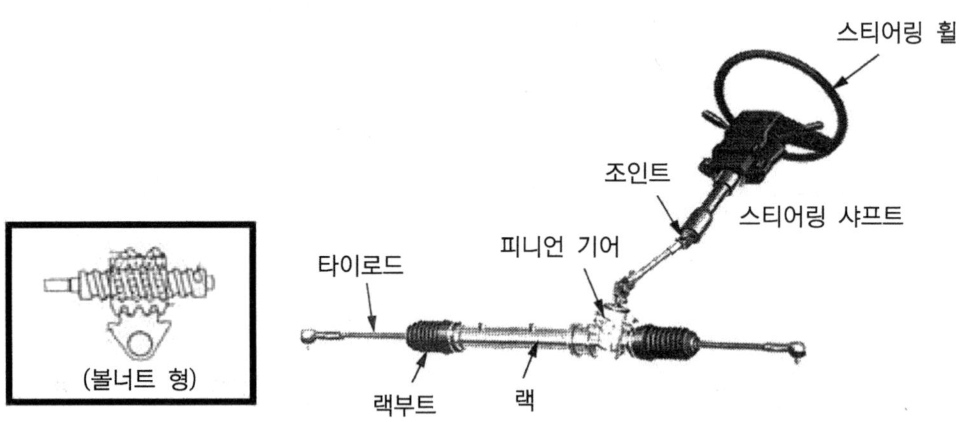

그림 8-2 조향 기어장치(랙 피니언식 스티어링의 구조)

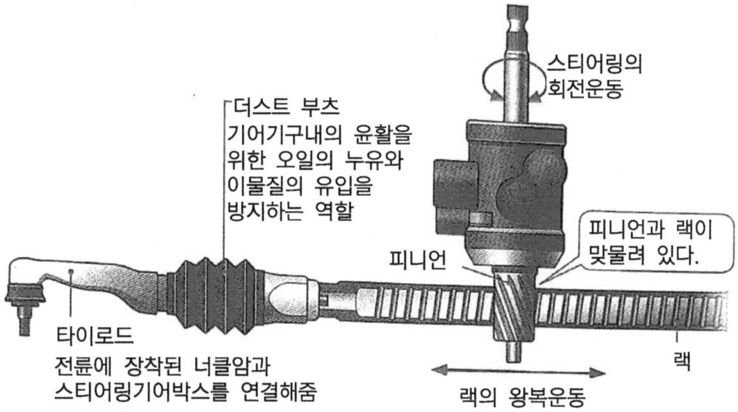

그림 8-3 랙 피니언 기어기구

(3) 링크기구

조향 링크부의 역할은 조향 기어의 움직임을 바퀴에 전달해 바퀴의 각도를 바꿔주는 것이다. 기어 기구의 작동을 앞바퀴에 전달하고, 좌우 바퀴의 관계 위치를 바르게 지지하는 부분으로 피트먼 암, 드랭크 링크, 타이로드, 타이로드 엔드, 너클 암으로 구성 되어 있다.

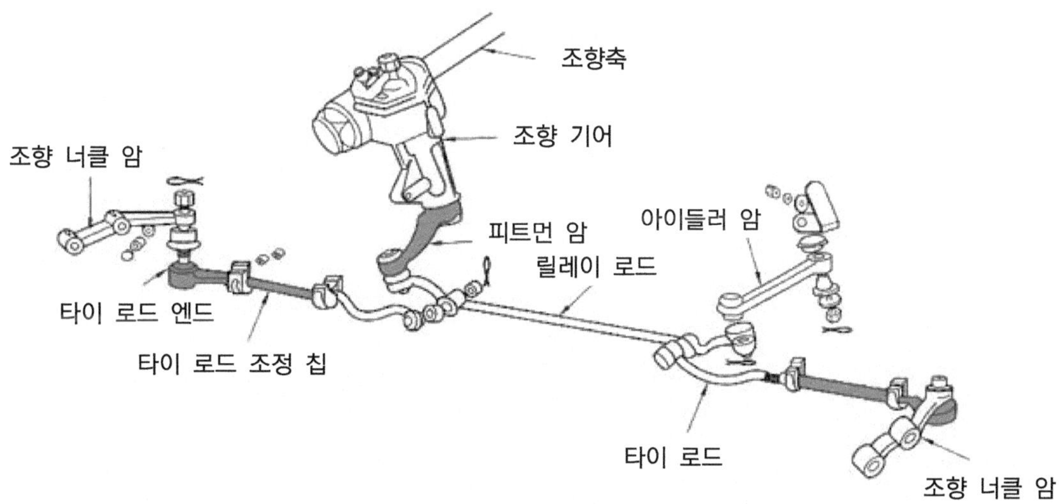

그림 8-4 조향 링크부의 구성

8.1.2 조향장치 종류

조향장치는 현가장치 형식에 따라 일체차축식과 독립 현가식 조향장치로 나뉘어지고, 작동 방식에 따라 수동식, 동력식 및 전자제어 동력 조향장치(ESP)로 나뉘어 진다.

- ♦현가장치 형식에 따른 종류
  - 일체차축 현가식 조향장치
  - 독립 현가식 조향장치
- ♦작동 방식에 따른 종류
  - 수동 조향장치(Manual Steering)
  - 동력 조향장치(Power Steering)
  - 전자제어 동력 조향장치(EPS:Electronic Control Power Steering)

1) 현가장치 형식에 따른 분류

독립 현가식 조향장치란 한 쌍의 바퀴 두 개가 각각 독립적으로 움직이는 형식을 말한다. 좌우의 차륜이 따로 진동할 수 있어 승차감을 우선시하는 승용차에 많이 사용된다.. 일체차축 현가식 조향장치란 앞바퀴와 뒷바퀴 두 쌍이 각각 하나의 연결부로 연결되어 있는 차축을 말한다.

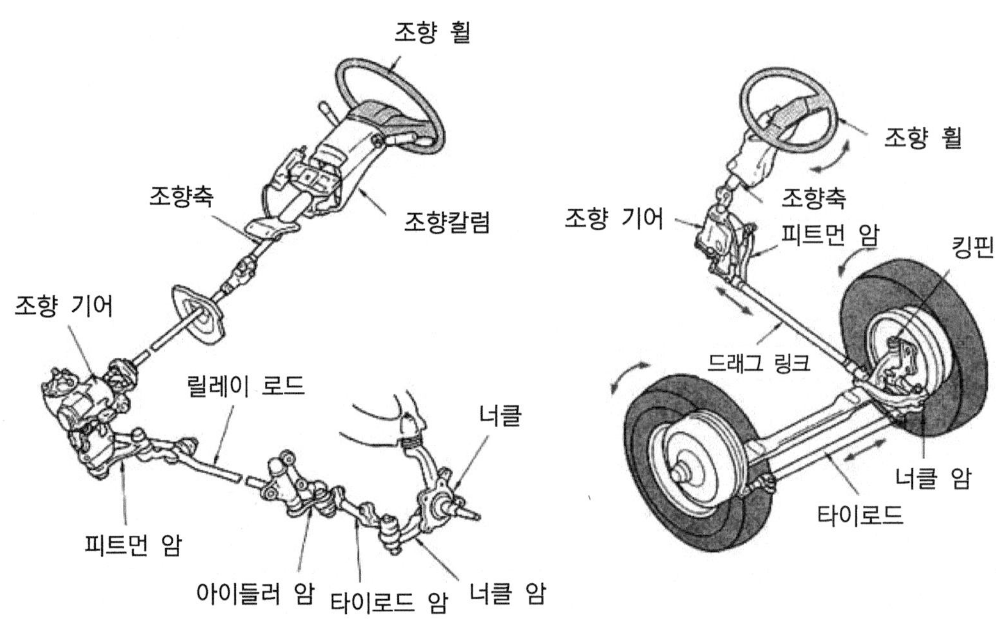

독립 현가식 일체 차축식

그림 8-5 현가장치 형식에 따른 분류

2) 작동방식에 따른 분류

(1) 수동 조향장치(Manual Steering)

이 방식은 온전히 사람의 힘으로 스티어링 휠을 조향하기 때문에 정차 시에는 조향하기 쉽지 않아 현재는 거의 쓰이지 않고 있다.

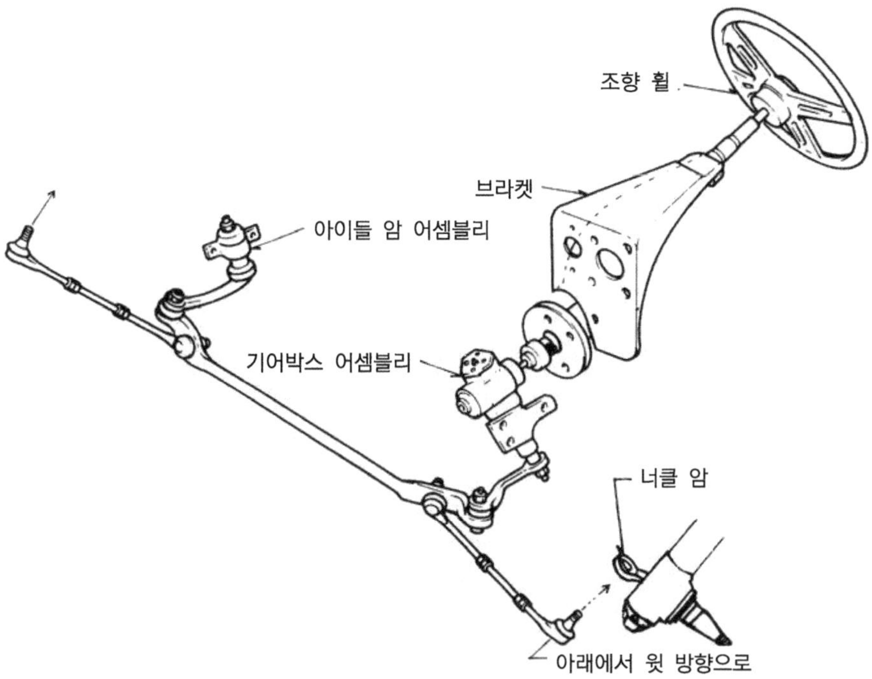

그림 8-6 수동 조향장치

(2) 동력 조향장치(Power Steering)

동력조향장치는 흔히 '파워핸들'이라는 조향장치이다. 수동 조향장치를 보완하기 위해 개발된 것으로 엔진의 동력으로 유압펌프를 이용해 스티어링 휠의 조작력을 가볍게 만들어 신속하게 조향하도록 도와주는 장치이다. 동력조향장치는 파워스티어링의 유량을 조절하는 컨트롤 밸브와 유압을 힘으로 변환시켜주는 파워실린더에 의해 운전자의 조작을 보조해준다.

좀더 개량하여 **유압방식 전자제어 동력조향 장치**가 있다. 이 방식은 기관에 의해 구동되는 유압펌프의 유압을 동력원으로 사용하는 기존의 일반적인 유압방식 동력조향 장치에 유량제어 기구인 **유량제어 솔레노이드 밸브를** 추가하여, 주행속도의 변화에 대응하여 조향기

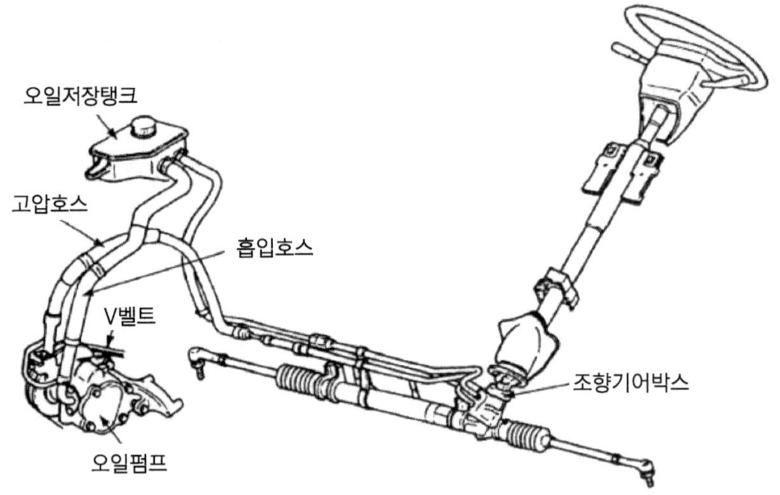

그림 8-7 동력 조향장치(래크와 피니언형)

어박스로 공급되는 유량을 적절하게 제어한다. 이 유량제어 솔레노이드 밸브는 주행속도 및 조향핸들 각속도 센서의 정보를 입력받은 컴퓨터에 의해 제어된다.

유압방식 동력조향장치의 기본원리는 다음과 같다.

승용자동차에서 주로 사용되는 래크&피니언 방식을 기준으로 설명하고자 한다. 조향기어박스는 랙&피니언에 의해 좌우방향으로 조향된다. 랙&피니언 어셈블리 좌우에는 실린더가 설치되어 있으며 운전자가 조향핸들을 조작하면 토션스프링이 오일회로의 방향을 바꿔주므로 유압펌프에서 형성된 유압이 해당 실린더로 작용하여 조향이 이루어진다.

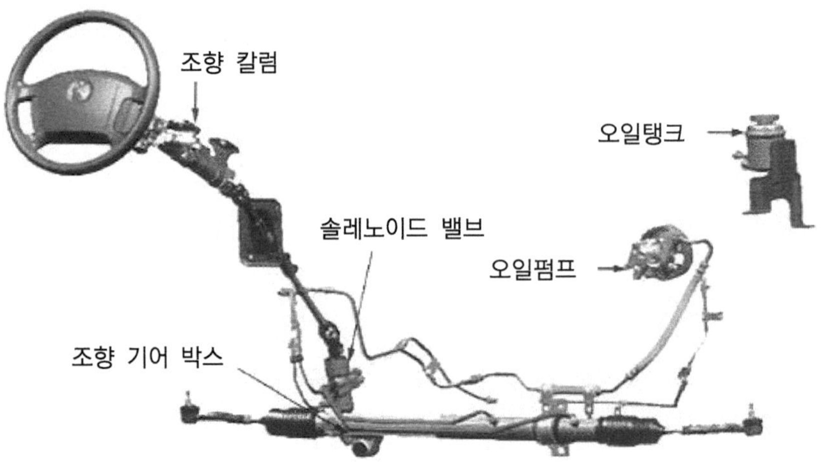

그림 8-8 유압방식 전자제어 동력조향장치

(3) 전자제어 동력 조향장치(EPS; Electronic Control Power Steering)

표 8-1 전자제어(전동식) 동력 조향장치(EPS)

방식	컬럼 구동식 (Column Type)	피니언 구동식 (pinion Type)	랙 구동식 (Rack Type)
구분			
개요	전동모터를 조향 휠 아래의 컬럼 축에 설치	전동모터를 조향기어 박스의 피니언 축에 소형화하여 설치	전동모터를 조향기어 박스의 동축에 설치
적용	소형차	고급차	대형차

전자제어 동력 조향장치(Electric Power Steering)는 전동식 조향장치라고도 하는데 유압이 아닌 모터가 조향을 도와주는 방식으로 가장 진화한 조향장치라고 할 수 있다. 전동식 동력 조향장치는 전동모터의 장착 위치에 따라 그 종류를 구분한다. 이 중 컬럼 구동식은 전동기 및 제어부가 실내에 설치되어 엔진룸에서의 구성품 배치에 유리하고, 가격이 저렴하여 소형차에 많이 적용되고 있다. 랙 구동식은 상대적으로 엔진룸 공간이 여유로운 대형차에 주로 적용되는 추세이다.

8.1.3 조향장치 이론

1) 애커먼-장토식(Ackerman-Jantoud Tupe) 원리

이 원리는 조향 각도를 최대로 하고 선회할 때 선회하는 안쪽바퀴의 조향 각도가 바깥쪽 바퀴의 조향 각도보다 크게 되며, 뒤차축 연장선상의 한 점 O를 중심으로 동심원을 그리면서 선회하여 사이드 슬립 방지와 조향 핸들 조작에 따른 저항을 감소시킬 수 있는 방식이다.

즉, 자동차를 직진상태로 하였을 때 킹핀과 타이로드 엔드와의 중심을 연결하는 선의 연장선 A와 B가 뒤차축 중심점 P에서 만나게 되어 있으며, 이와 같이 하면 조향 핸들을 회전시켰을

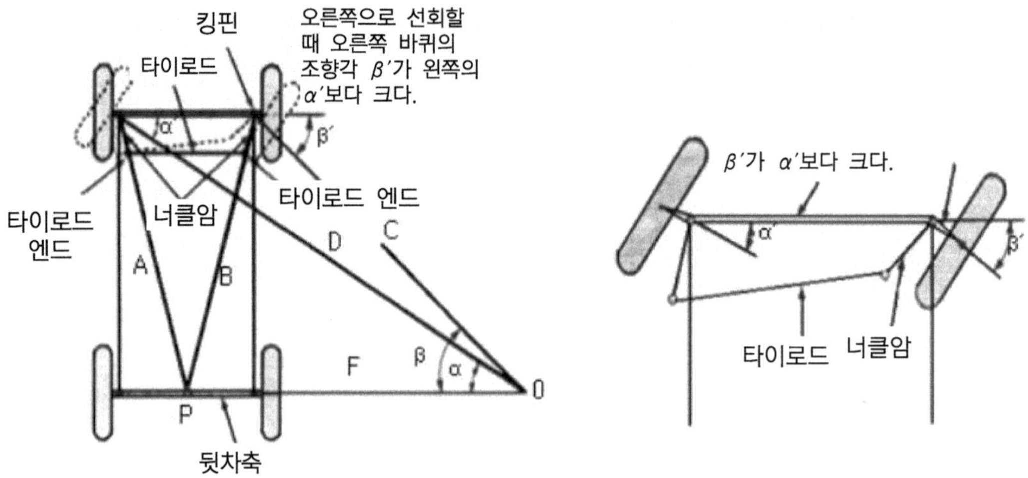

그림 8-9 애커먼-장토식(Ackerman-Jantoud tupe)의 원리

때 타이로드의 작용으로 양쪽 바퀴의 너클 스핀들 중심의 연장선 C와 D가 뒤차축의 중심선과 O점에서 만나게 된다. 이에 따라 앞/뒷바퀴는 어떤 선회 상태에서도 중심이 일치되는 원을 그릴 수 있다.

2) 최소회전 반경

자동차가 최대로 선회할 때 바깥쪽 앞바퀴가 그리는 동심원의 반지름을 **최소회전 반경**이라 한다.(오른쪽 선회 할 때:왼쪽 바퀴가 그리는 동심원. 왼쪽으로 선회 할 때:오른쪽 바퀴가 그리는 동심원)

다음의 공식으로 산출된다.

$$R = \frac{L}{\sin\alpha} = r$$

여기서,

R : 최소 회전반지름,

L : 축간 거리(축거 Wneel Base),

$\sin\alpha$: 가장 바깥쪽 앞바퀴의 조향각도,

r : 바퀴 접지면 중심과 킹 핀과의 거리

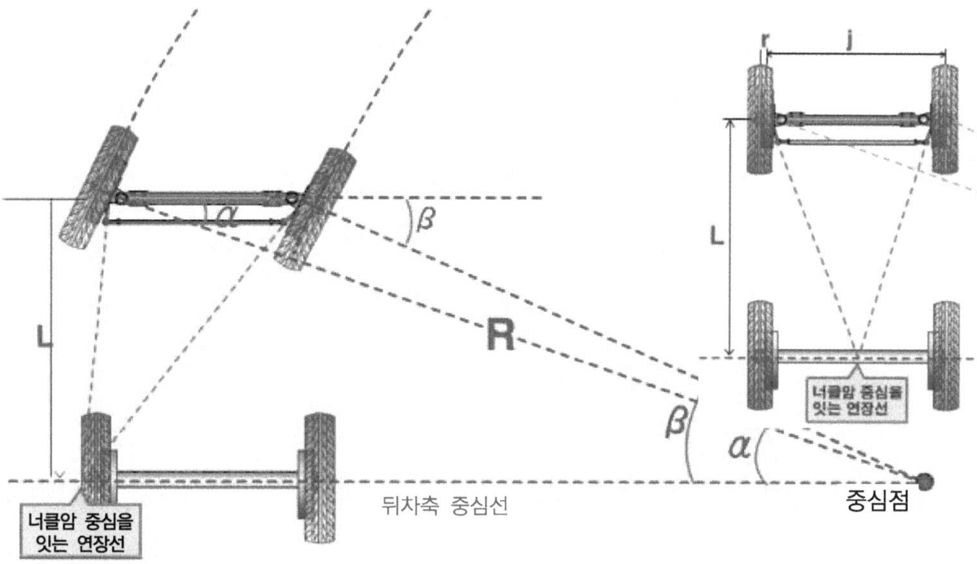

그림 8-10 최소회전 반경

8.1.4 조향 기어비

스티어링 기어(Steering Gear)에는 스티어링 휠의 회전수를 감속하고 조작력을 증대시키기 위해 스티어링 기어비가 있다. 일반적으로 스티어링 휠과 기어 암의 회전각도를 기어비(감속비)라고 하고 다음과 같이 나타낸다.

$$조향기어비 = \frac{조향휠의\ \ 회전각}{기어암의\ \ 유동각}\ (피크먼\ 암\ 방식)$$

$$조향기어비 = \frac{조향휠의\ 조향원호}{랙\ 좌우\ 양단이\ 움직인거리}\ (랙\ 피니언\ 방식)$$

예를 들어 스티이링 휠을 1회전 (360°)시켰을때 기어 암이 24°움직일 경우, 기어비는 15(=360°/24°)가 된다. 일반적으로 기어비는 승용차의 경우 15~24, 대형차에서는 23~30 정도이다. 일반적으로 기어비가 클수록 조향 휠을 가볍게 조작할 수 있으나 너무 크면 스티어링 휠

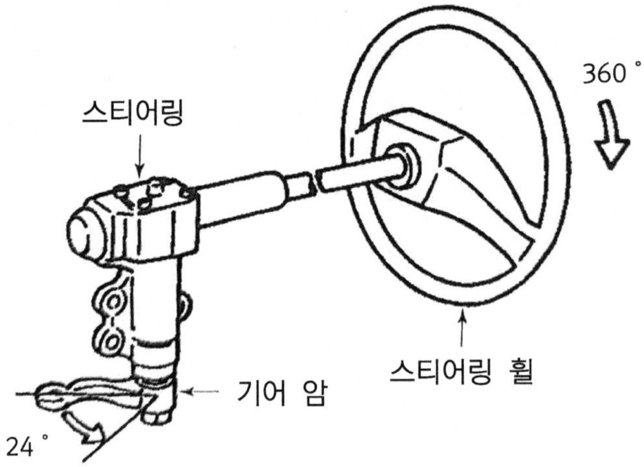

그림 8-11 스티어링 기어비

의 복원성이 나빠지고 둔감하게 느껴진다. 기어비가 작을수록 큰 조작력이 필요하며 작은 조향에도 민감하게 작동한다.

랙 피니언식에서는 조향 기어비는 스티어링 휠의 조향 원호(mm)와 랙 좌우 양단의 이동 거리(mm)의 비로 표시된다.

8.2 차륜정렬(wheel alignment)

차륜정렬(Wheel Alignment)이란 주로 앞 바퀴 정렬을 말하는데, 휠이 차체에 대해 어떠한 위치, 각도, 방향으로 정렬이 되어있는지를 나타내는 것이다. 자동차의 바퀴는 주행성, 안정성 그리고 조종성 등을 고려하여 기하학적으로 특정 각도를 가지고 설계되며, 바퀴의 위치와 관련된 기하학적인 각도 관계를 정확하게 하는 작업을 휠 얼라이먼트라고 한다. 이것이 정확하면 스티어링 휠 조작의 안정성, 스티어링 휠의 복원성, 타이어 마모 최소화 등이 가능하다.

휠 얼라이먼트는 주로 앞바퀴의 캠버각, 캐스터, 킹핀각, 토우각을 의미한다.

1) 캠버(Camber Angle)

(1) 정의

자동차의 바퀴를 **앞에서 보았을 때** 바퀴의 위쪽이 바깥쪽으로 비스듬하게 장착되어 있는데, 캠버(Camber)는 바퀴의 중심선과 수직선이 이루는 각도를 말한다. 캠버는 타이어 마모와 핸들의 쏠림에 영향을 미치는 요소로 타이어 접촉점이 부하 작용점에 근접하도록 하고, 하중이 내부 휠 베어링과 스핀들에 실릴 수 있도록 하여 조향을 쉽게 하는 역할을 한다.

바퀴의 위쪽이 바깥쪽으로 기울어져 있으면 (+) 캠버, 위쪽이 안쪽으로 기울어져 있으면 (-) 캠버라 한다. 일반적으로 승용차는 전륜은 (+) 캠버, 후륜은 차량의 안정감을 위해 (-) 캠버가 주어지게 된다.

(2) 역할

① 조향 핸들의 조작을 가볍게 한다.

② 수직 방향으로 작용하는 하중에 의한 앞차축의 휨을 방지한다.

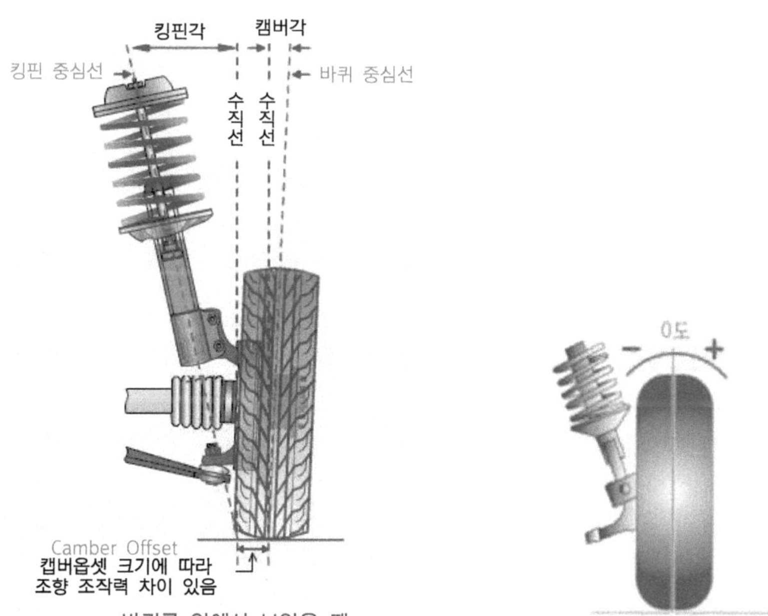

바퀴를 앞에서 보았을 때

그림 8-12 캠버각

2) 킹핀각(Kingpin Aangle)

(1) **정의 : 앞바퀴를 앞에서 보았을 때** 수직선과 킹핀 중심선 (스트러트 바)이 이루는 각

(2) **역할** : 캠버와 같이 핸들의 조향력을 적게 하고, 조향시에 바퀴에 복원력을 준다

(3) **협각**(Included Angle) : 캠버각과 킹핀각을 합한 것을 말하며 이 각이 너무 크면 캠버 옵셋은 적어져 조향 조작력이 무겁게 되고, 반대로 너무 적으면 조향 조작력은 가벼운 대신 시미현상이 일어난다.

시미(Shimmy)현상 이란?

- 바퀴가 옆으로 흔들리는 현상으로 타이어의 동적평형(회전 중심축을 옆면으로 보았을 때 회전하고 있는 상태의 평형)이 잡혀있지 않으면 시미 현상이 발생한다. (예,한쪽으로 치우친 중량의 휠 경우)

시미(Shimmy)현상이 나타나는 주요 원인은?

- 주로 타이어 원주방향의 무게 균형을 말하는 휠 밸런스의 균형이 정확하지 않을 경우 회전저항이 증가하며, 특히 고속에서 핸들이 떨리는 시미(Shimmy)현상이 발생할 수 있다.

3) 캐스터(Caster)

(1) 정의

앞 바퀴를 옆에서 보았을 때 수직선과 킹핀 중심선(스트러트 바아 중심선)이루는 각이다. 일반적으로 승용차의 경우 0.5~4°를 둔다. 이때 킹핀 중심선이 노면과 만나는 점 B는 타이어 접지면의 중심점 A보다 전방으로 된다. 타이어 접지면 A와 B점과의 거리를 **캐스터 트레일**이라고 하며 B점이 A점보다 전방에 있는 것을 정의 캐스터, 후방에 있는 것을 부의 캐스터라 한다.

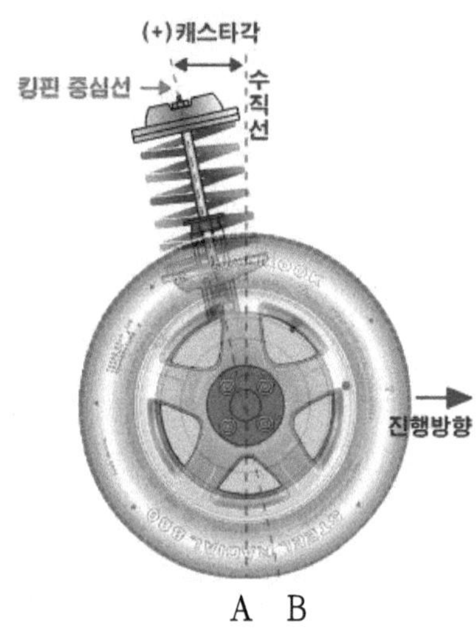

그림 8-13 캐스터각

(2) 역할

① 주행 중 조향바퀴에 방향성을 부여한다.

② 바퀴를 조향시 직진방향으로 되돌아오는 복원력을 발생시킨다.

4) 토우각(Toe Angle)

(1) **정의** : 자동차의 앞바퀴를 **위에서 보았을 때** 양쪽 타이어 앞뒤 중심선의 거리가 앞쪽이 뒤쪽보다 적은 것을 토인(Toe-In)이라 하고, 큰 것을 토우 아웃(Toe-Out)이라고 한다. 토인은 일반적으로 2~8 mm 정도를 둔다.

(2) **역할** : 앞바퀴를 평행하게 회전하게 해주며 Side slip을 방지하여 준다.

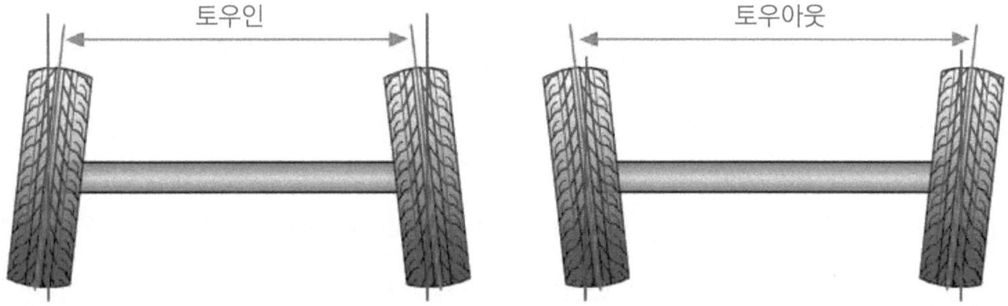

그림 8-14 토우 인과 토우 아웃

* 사이드 슬립(SIDE SLIP) : **자동차가 주행 중 캠버에 의해 바퀴가 옆으로 미끄러지는 것을 말하며 미끄러지는 것을 방지하기 위하여 토인을 주며, 자동차 안전기준에서는 1m주행시 5 mm 이내로 미끄러져야 한다. (5 mm/m)**

5) 셋 백(Set Back)

액슬축 중심선에서 좌우 한 개의 바퀴가 앞,뒤로 밀려난 상태를 말하며 뒷쪽으로 밀려난 상태를 (+)셋백이라하며, 앞쪽으로 나간 상태를 (-)셋백이라 한다. 주 원인은 격심한 차량 충돌로 인하여 발생한다.

6) 트러스트 앵글(Thrust Angle)

트러스트 라인은 뒤차축 중심선과 직각이 되는 선을 말하며 기하학적 센터라인과 이루는각을 말하며, 불량하면 타이어 마모를 증가시키고 조향 방향성을 감소시킨다.

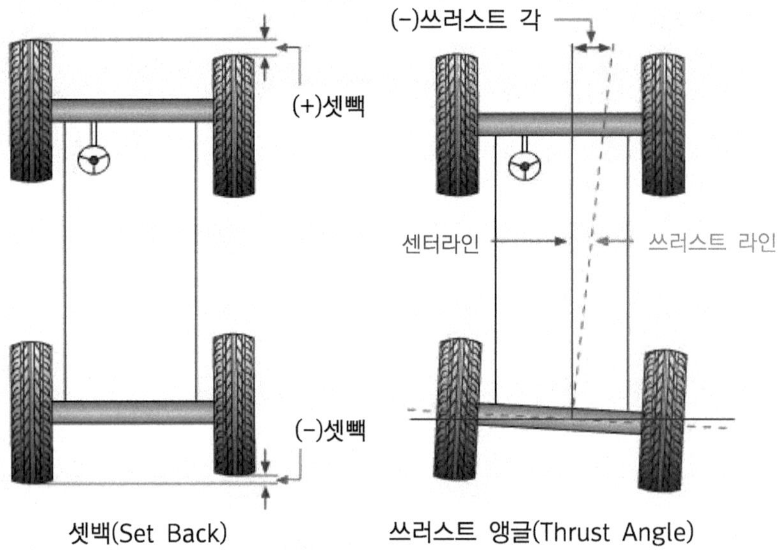

그림 8-15 셋백(Set Back) 트러스트 앵글(Thrust Angle)

8.3 현가장치

8.3.1 현가장치의 개요

1) 정의

현가장치(Suspension System)는 차축을 차체 또는 프레임에 연결하여 자동차가 주행 중 노면으로부터 바퀴를 통하여 받게 되는 충격이나 진동을 흡수하여 차체나 화물의 손상을 방지하고 승차감을 좋게 하는 장치이다. 현가장치는 자동차의 승차감을 결정하는 중요한 요소이며, 이 장치는 차체와 차축 사이에 설치된 완충장치로 차체의 무게를 지지하고, 노면으로부터의 진동이나 충격을 흡수하는 역할을 한다. 또한 급가속, 급제동, 급선회시 적절한 접지력을 확보하여 조종 안정성에 영향을 미치기도 한다.

서스펜션은 주행 중 충격흡수 외에도, 세팅 정도에 따라 승차감과 코너링에 지대한 영향을 미친다. 서스펜션이 부드럽다면(Soft) 지면의 충격을 잘 흡수해 승차감이 좋고, 하드하게(Hard) 세팅된다면 승차감은 떨어지지만 빠른 코너링이 가능해진다.

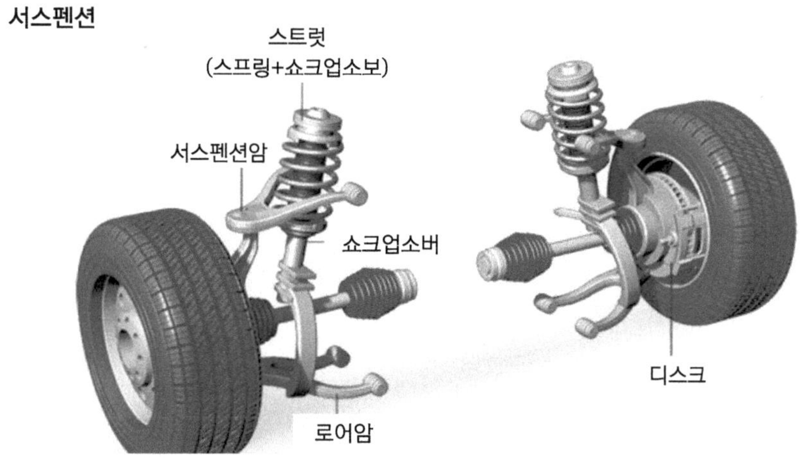

그림 8-16 현가장치의 기본인 구조

2) 현가장치의 구성

현가장치는 새시스프링, 쇽업쇼버, 스테빌라이저, 링크 등으로 구성되어 있다.

① **새시 스프링(Chassis Spring)** : 차량의 하중을 지지, 노면 충격의 흡수 및 완화

② **쇼크 옵서버(Shock Absorber)** : 새시 스프링의 진동의 억제, 감쇄 작용

③ **스테빌라이저(Stabilizer)** : 좌우의 요동 방지, 롤링의 최소화

④ **링크** : 차체의 위치를 결정하며 구동력, 제동력을 차체에 전달

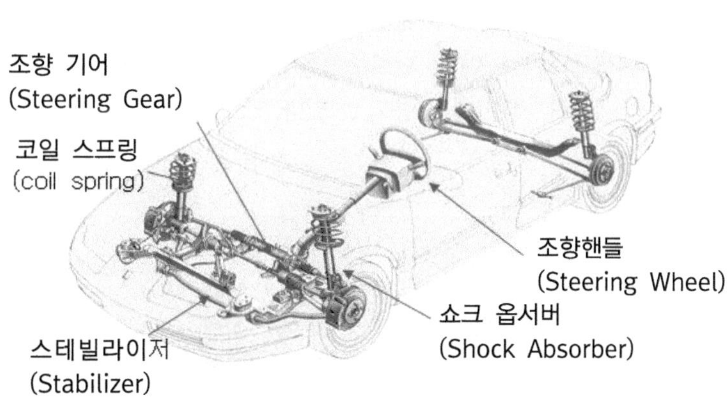

그림 8-17 전륜구동 현가장치

8.3.2 현가장치의 구조와 분류

자동차의 현가장치는 일반적으로 좌우 바퀴가 1개의 차축에 연결되어 있는 **차축 현가식**과좌우 바퀴가 각각 독립적으로 움직이는 **독립 현가식**의 두 종류로 나뉜다. 승용차는 앞·뒤 현가장치에 모두 독립식을, 또는 앞 현가장치는 독립식, 뒤 현가장치는 차축식을 적용하고 있다. 트럭이나 버스는 대부분 앞·뒤 현가장치로 주로 차축 현가식이 사용되고 있다.

아래 표는 전륜 현가장치와 후륜 현가장치를 분류한 표인다.

전륜 현가장치(Front Suspension)

<table>
<tr><th>분 류</th><th colspan="2">구 분</th></tr>
<tr><td rowspan="4">차축현가식</td><td colspan="2">평행 판 스프링</td></tr>
<tr><td colspan="2">가로 판 스프링</td></tr>
<tr><td colspan="2">코일 스프링</td></tr>
<tr><td colspan="2">에어 스프링</td></tr>
<tr><td rowspan="5">독립 현가식</td><td rowspan="3">위시본형</td><td>코일스프링</td></tr>
<tr><td>토션 바</td></tr>
<tr><td>가로판스프링</td></tr>
<tr><td colspan="2">맥퍼슨 스트럿</td></tr>
<tr><td colspan="2">트레일링 암형</td></tr>
</table>

후륜 현가장치(Rear Suspension)

<table>
<tr><th>분 류</th><th>구 분</th></tr>
<tr><td rowspan="3">차축현가식</td><td>판 스프링</td></tr>
<tr><td>코일스프링</td></tr>
<tr><td>토션바</td></tr>
<tr><td rowspan="3">독립 현가식</td><td>맥퍼슨 스트럿형</td></tr>
<tr><td>트레일링 암형</td></tr>
<tr><td>세미 트레일링 암형</td></tr>
</table>

1) 차축현가식(Rigid Axle Suspension Type)

좌우의 바퀴가 하나의 축에 설치되고 그 축이 현가장치를 통해 장착한 형태이다. 즉, 좌우 바퀴가 하나의 축으로 구속이 되어있기 때문에 한쪽에 하중이 가해지면 다른 반대쪽에도 영향을 주게 된다. 주로 대형트럭이나 버스, 험로주행을 하는 오프로드 차량에서 앞뒤 차축으로 사용되며, 일부 승용차의 뒤 현가장치에 사용되고 있다. 스프링은 주로 판 스프링(Leaf Spring)으로 사용된다.

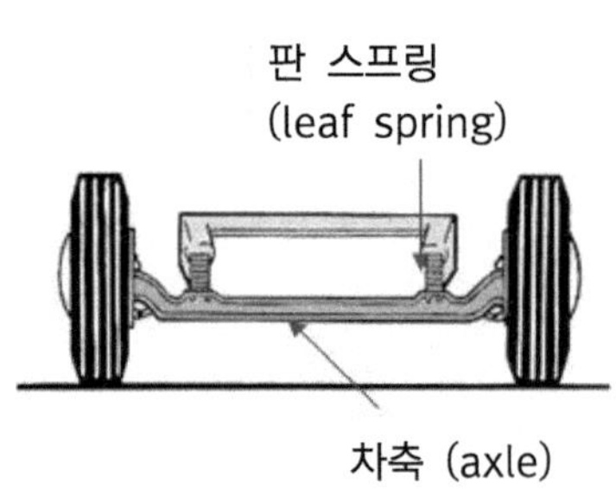

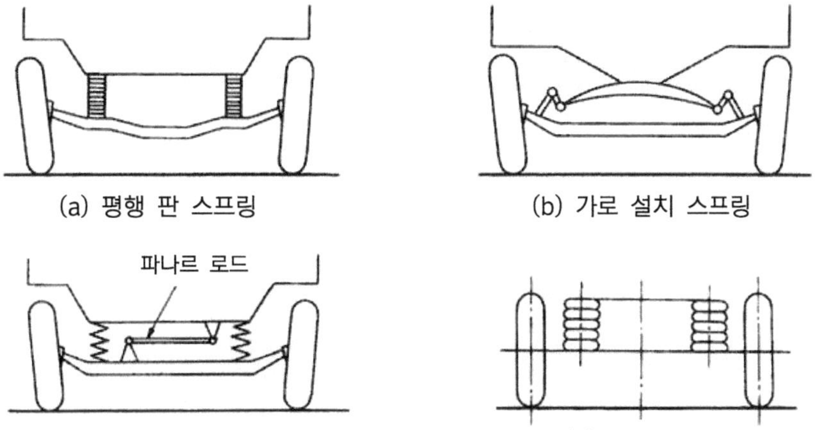

(a) 평행 판 스프링　(b) 가로 설치 스프링

(c) 코일 스프링　(d) 공기 스프링

그림 8-18 전방 차축현가식의 종류

(a) 평행(세로)형 판 스프링식

구조가 간단하고 값이 저렴하며 세로방향의 외력에 강하다

(b) 가로방향 판 스프링식

겹판스프링을 가로방향으로 배치한 것이며 스프링 유연성이 커서 소형차에 사용된다. 가로방향 외력에 강하나 세로방향 외력에는 약하므로 링크기구로 보강한다.

(c) 코일 스프링식

유연한 스프링이나 세로와 가로 두 방향의 수평 외력에 대해서 강성이 아주 낮고 이들의 힘을 받는 링크 기구가 필요하다.

(d) 공기 스프링식

공기의 체적탄성을 이용한 것이며 압축탄성은 비선형이며 하중이 변해도 스프링의 고유 진동수는 변화되지 않는다.

■ 차축현가식의 특징

- 부품수가 적어 구조가 간단하고 비용이 저렴하다.
- 선회시 차체 기울기가 작으며, 일체형 차축이기 때문에 매우 튼튼하다.
- 앞바퀴에 시미현상이 발생하기 쉬우며, 스프링 밑 질량이 크기 때문에 승차감과 성능이 다소 떨어지는 편이다.
- 왼쪽과 오른쪽 바퀴의 작동이 연동되기 쉽고 진동이 생기기 쉽다.

2) 독립현가식(Independent Suspension Type)

이 방식은 승용차에 가장 많이 사용하는 형식으로 차축을 분할하여 양쪽 바퀴가 서로 관계 없이 움직이도록 하여 승차감과 안정성이 향상되도록 한 것이다. 독립 현가식의 대표적인 형식으로는 더블위시본 형과 맥퍼슨 형이 있다.

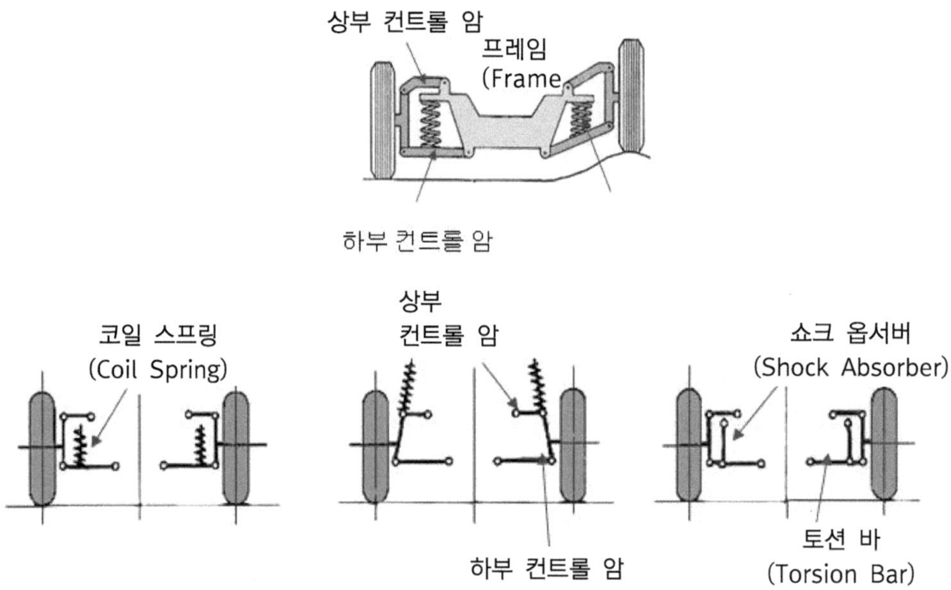

그림 8-19 독립현가식(Wishbone Type)

▮ 독립현가 방식의 특징

① 좌.우륜을 연결하는 축이 없기 때문에 엔진과 트랜스미션의 설치 위치를 낮게 할 수 있다.

② 스프링 아래 하중이 적어 승차감이 좋아진다.

③ 단차가 있는 도로 조건에서도 차체의 움직임을 최소함으로서 타이어의 접지력이 좋다.

④ 휠 얼라인먼트 변화에 자유도를 가할 수 있어 조종 안정성이 우수하다.

⑤ 연결 부분이 많아 구조가 복잡하게 되고 이들의 마모에 의해 휠 얼라인먼트가 변하기쉽다.

⑥ 주행 시 바퀴가 상하로 움직임에 따라 윤거나 휠 얼라인먼트가 변하기 때문에 타이어가 빨리 마모된다.

3) 차축 현가식과 독립 현가식의 비교

차축 현가식(Rigid Axle Suspension Type)은 한쪽 타이어가 돌출된 노면을 넘어가는 경우 차체가 크게 경사지게 된다. 좌우가 1개의 튼튼한 차축을 지닌 차축 현가 방식은 무거운 화물을 적재하는 차량의 경우에 적합한 구조이다

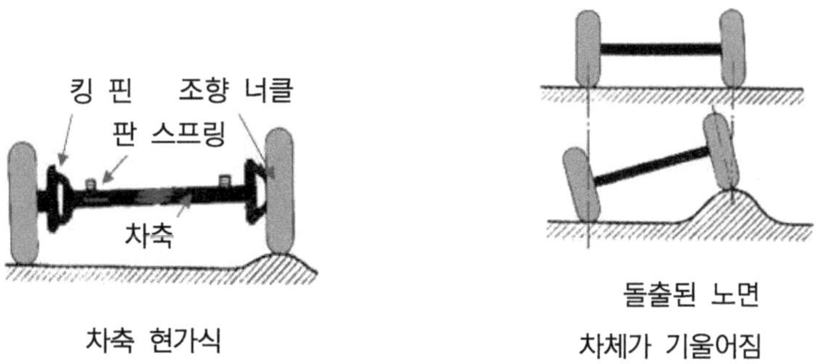

그림 8-20 차축현가식의 작동

독립 현가식(Independent Suspension Type)은 한쪽 타이어가 돌출된 노면을 넘어가는 경우에 독립 현가 방식은 좌우의 바퀴가 독자적으로 움직이기 때문에 차체에 대한 영향이 적다.

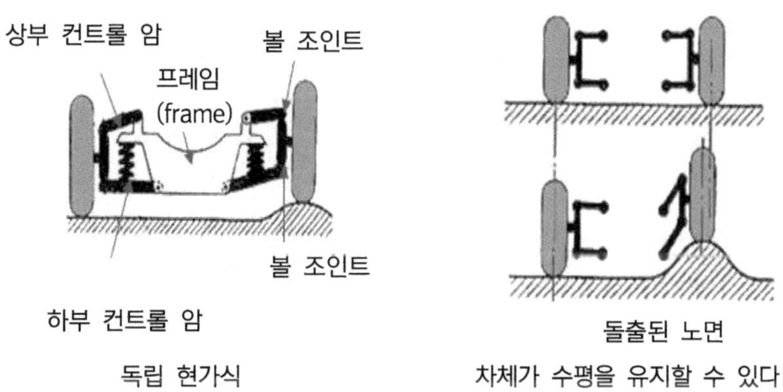

그림 8-21 독립현가식의 작동

8.3.3 전륜 현가장치(Front Suspension)의 종류

1) 더블 위시본식(Double Wishbone Type)

(1) 개요

2개의 암이 V 또는 Y자 모양이고 새의 쇄골(Wishbone)을 닮았다고 해서 더블 위시본이라고 불린다. 상하로 2개의 암을 가져 더블A 암 방식이라고도 한다.

위시본형은 위·아래 컨트롤 암(Upper & Lower Control Arm), 조향너클(Steering Knuckle). 코일스프링 등으로 구성되어 있어 바퀴가 스프링에 의해 완충되면서 상하운동을 한다.

이 방식은 노면에 대해 수평인 상하 2개(어퍼 암, 로어 암)의 컨트롤 암, 쇼크업소버와 스프링 등으로 구성된다.

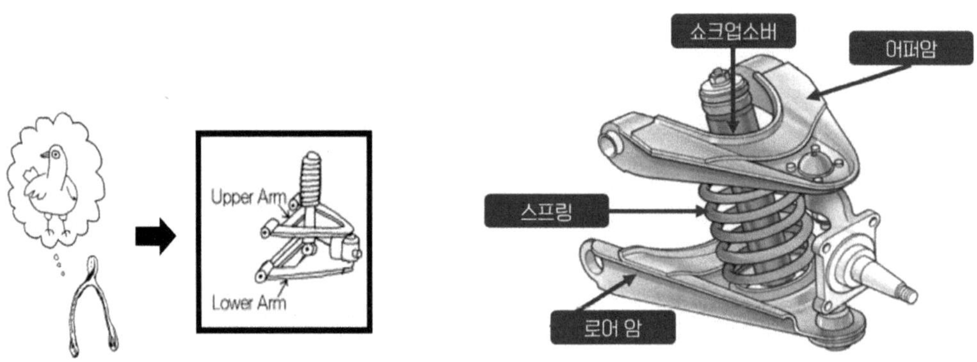

그림 8-22 더블 위시본식(Double Wishbone Type) 독립현가장치

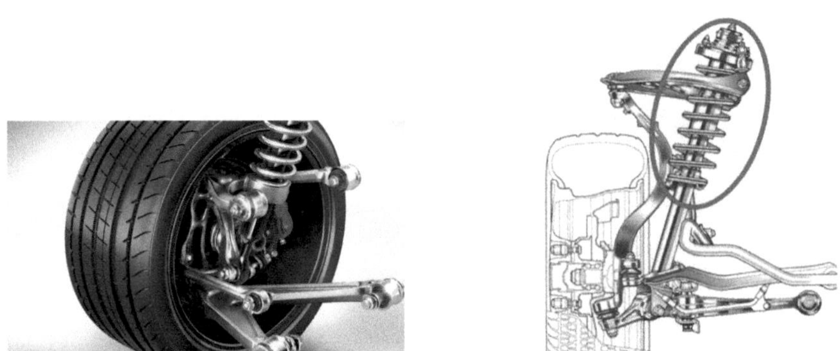

그림 8-23 더블 위시본식(Double Wishbone Type) 장착

상하 2개의 암은 주행 방향에 대한 강성 증가를 위해 대부분 삼각형으로 제작된다. 삼각형의 정점은 볼 조인트를 매개로 스티어링 너클(축과 축받침으로 구성된 단조물)과 연결되고, 이 상하의 볼 조인트를 잇는 직선, 킹핀축을 중심으로 타이어의 방향이 변환된다. 또한 상하 컨트롤 암 사이 또는 어퍼 암의 위 쪽으로 코일 스프링이 설치된다. 이렇게 설치된 코일 스프링과 쇼크 업소버에 의해 더블 위시본은 완충 및 상하 운동으로 충격을 흡수한다.

▮ 더블위시본 서스펜션의 특징

- 설계가 자유롭고 형태 및 배치 방식에 따라 얼라인먼트 변화나 차량의 자세의 자유 조절이 가능하며, 강성과 내구성, 조종 안정성이 모두 높다.
- 반면 구성 부품수가 많고, 제조단가도 높다. 높이를 낮출 수 있긴 하지만, 일반적으로 설치공간을 많이 차지한다.
- 제동력이나 선회력 모두 암이 지지하므로 부싱에 강성이 커야 하며, 승차감은 좋지만 비포장도로에서 소음이 발생하기도 한다.
- 주로 전륜에 이용되지만, 주행성을 강조하는 경우 후륜이나 4륜 모두에 사용되기도 한다. 주로 중형 이상의 차량이나 스포츠카, 슈퍼카 등 고가차량에 많이 적용되고, 최근에는 많은 차가 이 형식을 채용하고 있고, F1머신도 이 방식을 채용하고 있다.

(2) 더블 위시본 서스펜션의 종류

▮ 더블 위시본 서스펜션의 종류

어퍼암의 위치 : 로우 마운트 타입, 하이 마운트 타입 구분

컨트롤 암의 길이 : SLA(Short Long Arms)식, 평행사변형식 구분

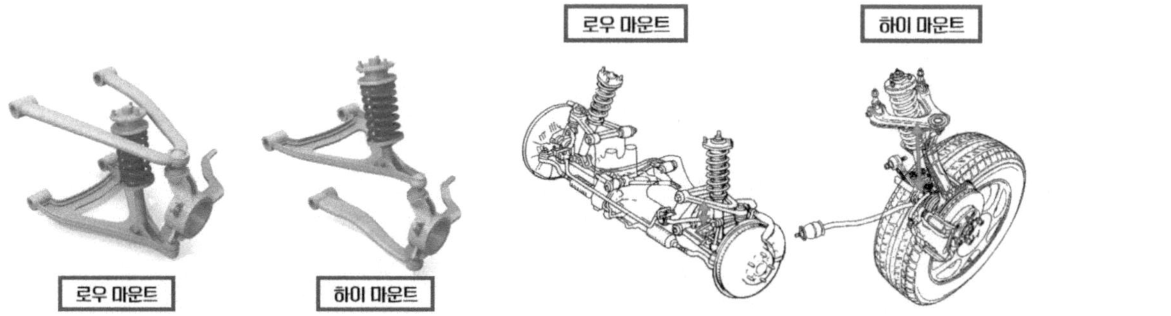

그림 8-24 더블 위시본식(Double Wishbone Type) 종류

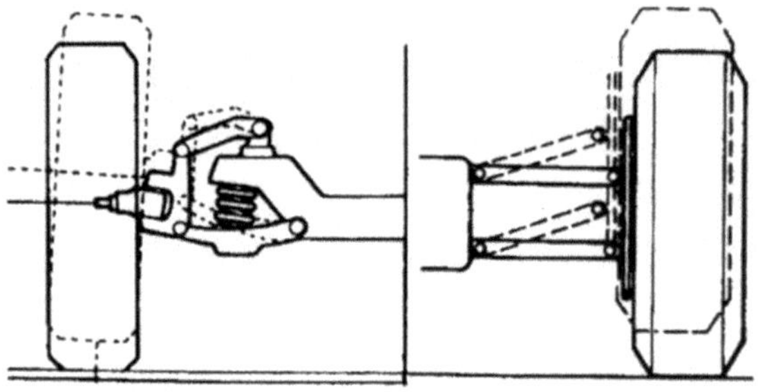

그림 8-25 더블 위시본식
(Double Wishbone Type)의 SLA식과 평행사변형식

암의 배치가 이전과 달리 변화하고 있는데, 어퍼 암(Upper arm)이 타이어 높이보다 낮은 위치에 있으면 로우 마운트 타입(low mount type), 높은 위치에 있으면 하이 마운트 타입(High Mount Type)이라고 한다. 원래는 로우 마운트 타입이 일반적이었으나, 최근에는 하이 마운트 타입이 증가되고 있다.

로우 마운트 타입은 앞 차축 서스펜션에 적용된 경우 후드를 낮게 할 수 있지만, 상하의 볼 조인트 간격이 좁아져 조인트에 가해지는 힘이 집중되기 어렵다. 반면 하이 마운트 타입은 볼 조인트의 간격이 커 얼라인먼트가 잘 변화되지 않는다.

또한 컨트롤 암의 길이에 따라 SLA(Short Long Arms)식과 평행사변형식으로 구분하기도 한다. SLA식은 상부 컨트롤암의 길이가 하부 컨트롤암의 길이보다 짧고, 평행사변형식은 상하 컨트롤암의 길이가 같다.

2) 맥퍼슨(Macpherson) 스트럿 방식

맥퍼슨 스트럿 서스펜션은 1940년대 미국 자동차 기술자 얼 맥퍼슨에 의해 고안되었다. 이 방식은 간략히 말하자면 더블 위시본에서 어퍼 암을 제외한 형태다. 맥퍼슨 스트럿은 구조가 단순해 주로 앞바퀴에 많이 사용하며, 간단히 스트럿(Strut;기둥)식 서스펜션이라고도 부른다. 이 방식은 전륜구동 방식의 중형 이하의 승용차는 많이 사용하고 있고 경제성과 설계도의 높은 자유도로 인해 시장의 절반 이상을 차지하고 있는 실정이다.

맥퍼슨 스트럿은 코일스프링과 쇽업소버를 하나로 결합한 빔 형태이다. 하부 컨트롤 암은 조향너클에 연결되고 상부 컨트롤 암은 사용되지 않고, 스트럿(Strut;기둥)의 상단은 차체에 부착되어 있다. 스태빌라이저 바는 하부 컨트롤 암의 끝에 부착되어 있어서 하부 컨트롤 암의 위치를 잡아준다.

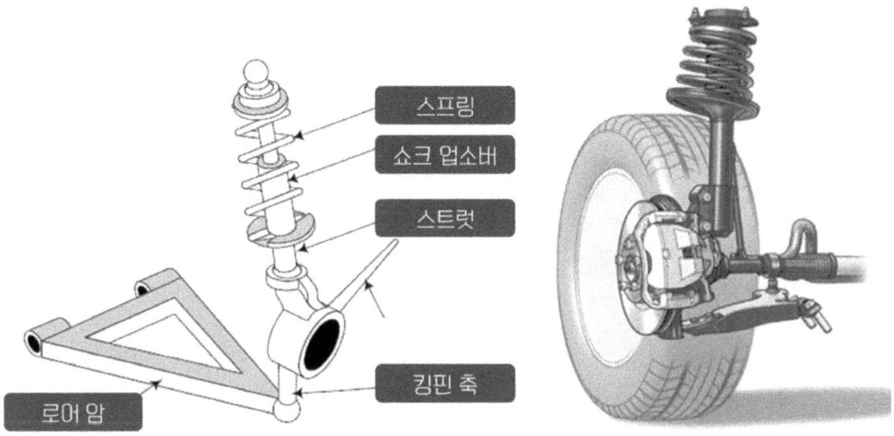

그림 8-26 맥퍼슨(Macpherson) 스트럿 현가장치의 구조

스트럿(Strut)은 기둥을 뜻하는 것으로 이 서스펜션의 기본적인 구조는 스프링과 함께 쇼크 업소버를 기둥으로 하여 상단을 차체에, 하단을 허브 캐리어나 로어암 끝에 장착한 구조이다.

코일 스프링과 쇼크 업소버에 의해 완충 및 상하운동으로 충격을 흡수하는 원리는 앞서 설명한 더블위시본과 거의 동일하다.

주로 앞 차축에 사용되므로 조향을 위해 축이 회전가능 해야 한다. 따라서 스티어링 너클을 스트럿과 일체화하고 스트럿 상단에 베어링을, 하단에 볼 조인트를 설치한다. 그리고 이 양 끝을 잇는 킹핀축을 중심으로, 설치된 스트럿 전체가 바퀴를 장착하는 액슬 하우징을 조향 방향에 맞게 회전시킨다.

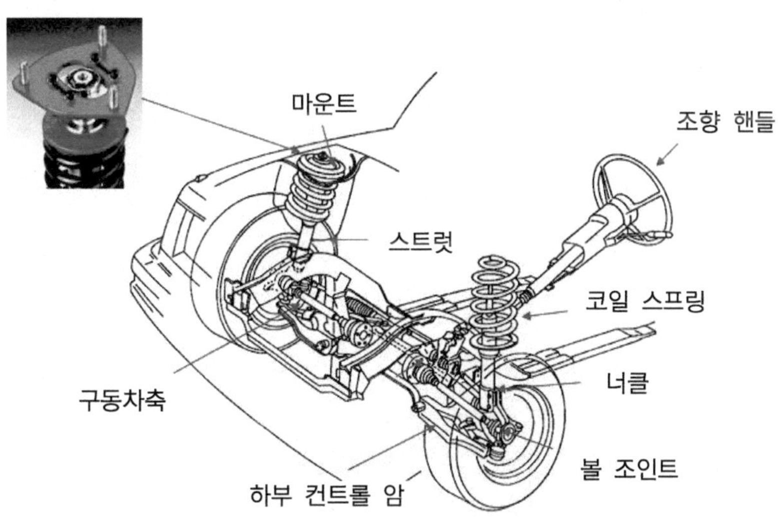

그림 8-27 맥퍼슨(Macpherson) 스트럿 전방 현가장치

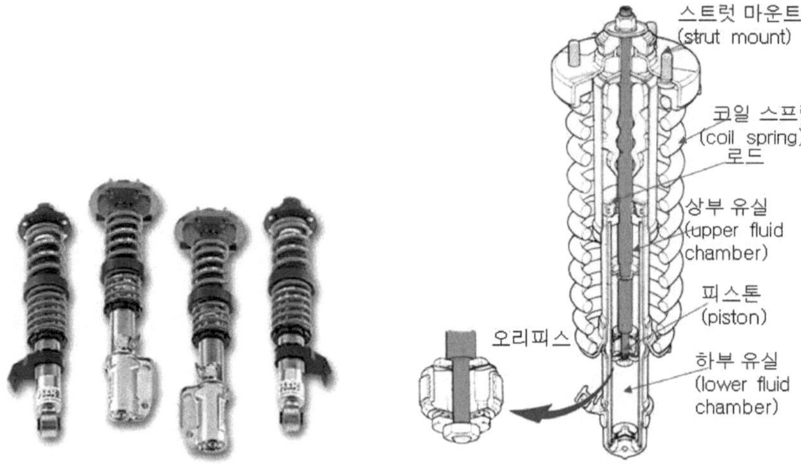

그림 8-28 맥퍼슨 스트럿 단면도

그림 8-29 맥퍼슨 스트럿과 더블위시본 현가장치의 비교

▮특징

① 구조가 간단해 공간 효율이 뛰어나고, 제작비가 저렴해 대량 생산이 편리하다.

② 쇽업소버가 차체에 장착되는 지점이 높아 얼라인먼트를 정확하게 설정할 수 있고, 얼라이먼트 수치 변화가 적으며, 노면의 충격을 넓은 범위로 분산할 수 있다.

③ 스트로크를 크게 설정할 수 있고, 차체측의 설치점이 더블 위시본 식에 비해 상하로 분산되어 있어 바디에 작용하는 힘이 적다.

④ 후륜의 경우 횡력에 의한 타이어의 토우 각 변화를 적극적으로 사용하여 타이어의 그립을 향상시킬 수 있다.

⑤ 단점으로는 스트럿이 타이어의 위치 결정과 하중 부담이라는 두가지 역할을 한다.

⑥ 서스펜션이 가라앉았을 때 발생하는 캠버 변화를 임의로 설정하기 어렵다는 점, 스트럿이 길어 후드 높이가 높아진다는 점 등이 단점으로 작용한다.

3) 멀티 링크형

멀티 링크형은 쉽게 말하면, 더블 위시본의 컨트롤 암을 링크로 분해하여 자동차의 바퀴를 여러 개의 링크로 지지하는 서스펜션의 한 방식이다. 기본 구조는 더블 위시본과 비슷하지만, 상하 두 개의 암을 가진 더블 위시본과 달리 멀티링크는 독립된 여러 개의 링크로 구성된다.

완충 및 상하운동으로 충격을 흡수하는 원리는 더블위시본 서스펜션과 거의 동일하다. 더블 위시본은 강성 높은 2개의 암이 확실하게 지지하므로 한정된 범위에서 움직이지만, 멀티링크는 복수의 링크에 의해 자유롭게 세팅할 수 있고, 복잡한 움직임도 가능하다.

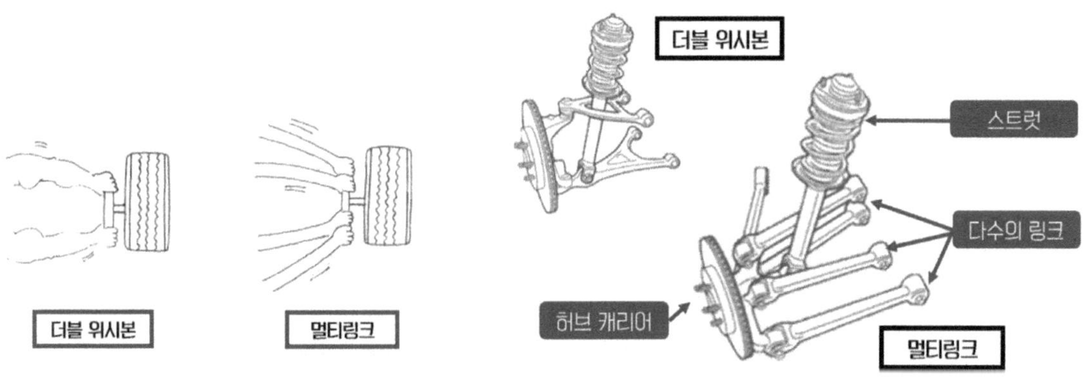

그림 8-30 멀티링크 서스펜션의 구조

▌특징

① 멀티링크는 주로 리어 서스펜션에 적용된다. 하지만 고출력 전륜구동 차량의 경우, 앞바퀴의 구동력이 부족해지므로 앞바퀴를 노면에 붙이기 위해 전륜에 사용되기도 한다.

② 멀티링크는 링크의 배치가 자유롭고, 설계를 정교하게 할 수 있으며, 타이어를 노면에 접지시키는 능력이 뛰어나다. 또, 얼라인먼트 변화를 항상 최적 상태로 제어하여 조종 안정성을 확보할 수 있다.

③ 주로 고급차나 스포츠카에 많이 쓰인다. 국산차 중에서는 제네시스 G80, EQ900, 2세대 현대 에쿠스, 기아 K9, 기아 카니발 등에 탑재되어 있다.

④ 단점으로는 구조가 복잡하고, 링크의 길이와 각도가 각각 달라 설계가 좋지 않은 경우, 바퀴 접지면 변화에 의해 타이어가 노면에 가로 방향으로 끌리는 현상, 입력과 다른 방향으로 차체가 흔들리는 현상이 생기기도 한다. 또한, 제작 및 유지비가 비싸고 무게도 많이 나간다.

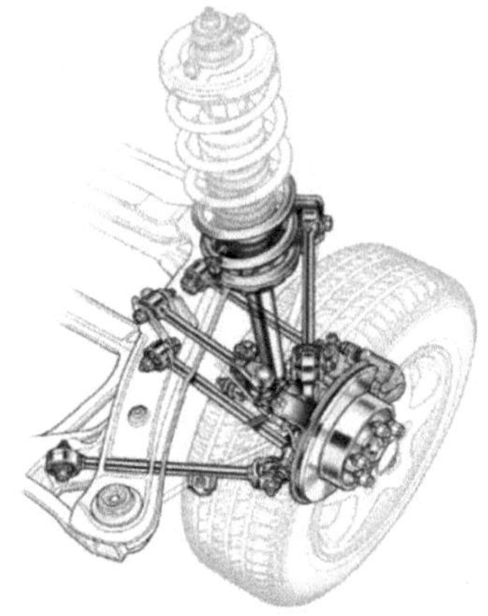

그림 8-31
멀티링크 서스펜션의 장착

4) 차축식 전방 현가장치(leaf spring; 판 스프링)

차축에 판 스프링을 장착하고 있으며, 킹 핀을 사용하여 조향너클을 차축의 끝에 부착한다. 판 스프링의 한쪽 끝은 행거에 의해 고정하고, 다른 쪽 끝단은 세클에 의해 차체나 프레임에 부착된다. 판 스프링은 차축 위에 설치되어 차체의 지상고를 높게 한다

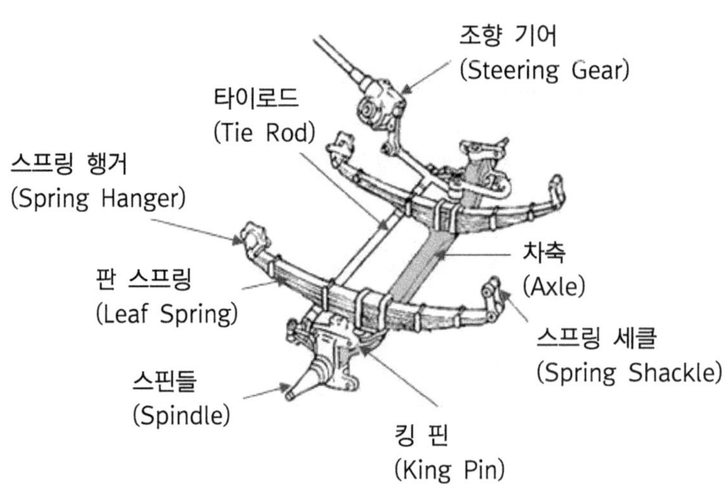

그림 8-32 차축식 전방 현가장치(판 스프링)

8.3.4 후륜 현가장치(Front Suspension)의 종류

1) 차축식 후방 현가장치(판 스프링)

판 스프링이 두 개의 U 볼트에 의해 후 차축의 위나 아래에 위치한다. 하중의 변화 때문에 스프링이 굽혀질 때 판 간에 미끄러짐이 일어나 진동을 감쇄한다 .

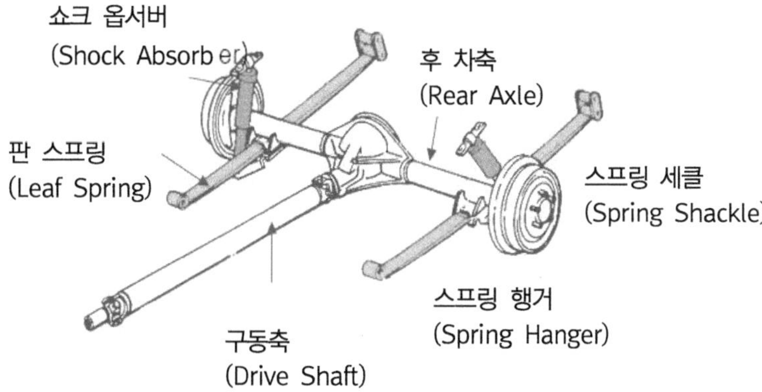

그림 8-33 차축식 후방 현가장치 (판 스프링)

2) 차축식 후방 현가장치(코일 스프링)

차축식 후륜 구동차량은 구동차축이 바퀴와 연결되어야 한다. 컨트롤 암은 차축의 상하 운동은 허용하지만 전후 운동은 하지 못하도록 하며, 각 차륜의 쇼크 옵서버는 스프링의 진동을 제어한다.

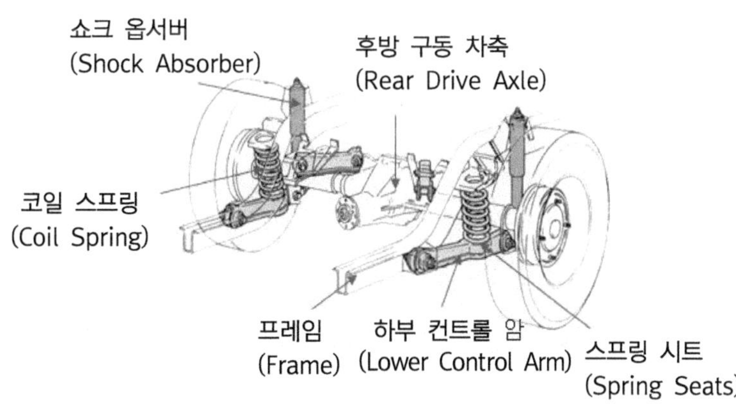

그림 8-34 차축식 후방 현가장치(코일 스프링)

3) 독립식 후방 현가장치(트레일링암 형, 코일스프링)

바퀴의 앞쪽에 요동이 중심을 갖는 두 개의 암에 의해 차축이 지지된다. 바퀴의 상하 운동에도 캠버와 좌우 바퀴의 거리가 변하지 않는다.

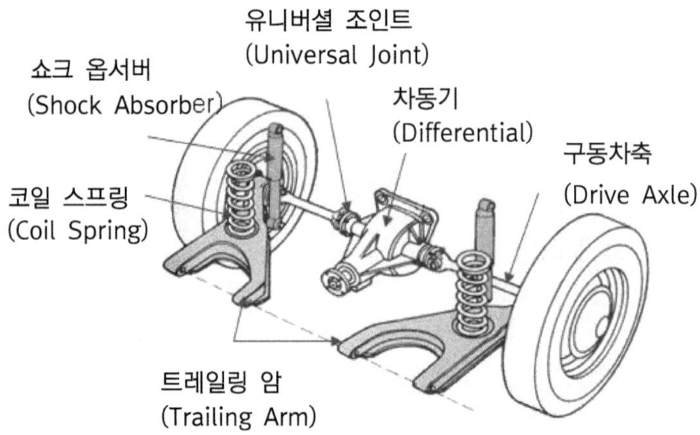

그림 8-35 독립식 후방 현가장치 (트레일링암 형,코일스프링)

4) 독립식 후방 현가장치(트레일링 암 형, 토션바)

두 개의 트레일링 암은 컨트롤 암의 역할을 하고, 두 개의 횡 방향 토션바에 의해 스프링 작용을 한다. 토션바의 한쪽 끝은 차체에 고정되어 있고, 다른 한쪽은 트레일링 암의 끝에 장착되어 있어서 바퀴와 트레일링 암이 상하로 움직일 때 토션 바가 비틀려지게 한다.

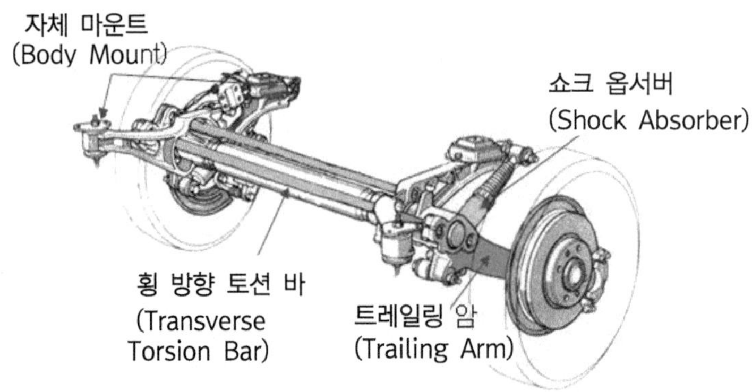

그림 8-36 독립식 후방 현가장치 (트레일링 암 형, 토션바)

5) 독립식 후방 현가장치(세미 트레일링암 식)

차륜의 트레일링 암이 차체 중심선에 대하여 경사지게 장착되어 있는 독립식 현가장치이다. 요동축의 각도를 변화시킴으로써 캠버각, 토우 각, 롤링 중심 높이의 변화를 조정할 수 있다.

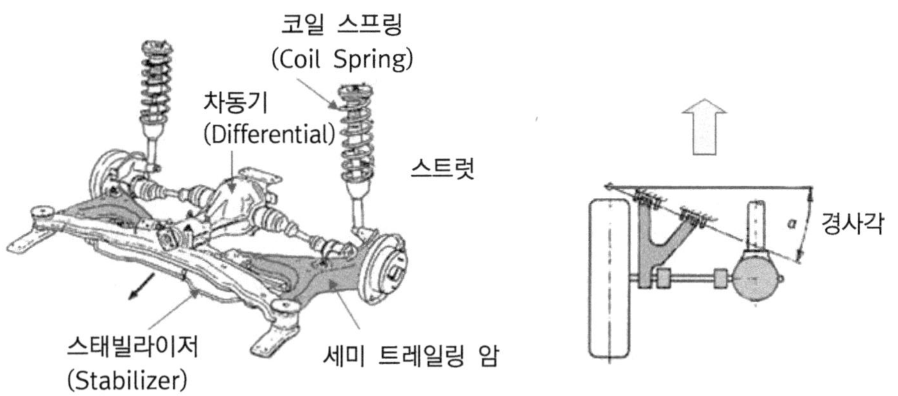

그림 8-37 독립식 후방 현가장치(세미 트레일링암 식)

6) 독립식 후방 현가장치(맥퍼슨스트럿, 전륜구동)

맥퍼슨 스트럿을 이용한 전륜 구동 차량의 후방 현가장치는 구동 차축이 없다. 맥퍼슨 스트럿은 쇽업소버 장치와 함께 차체와 스핀들 사이에 부착되고, 2개의 하부 로드와 스트럿 로드가 사용된다.

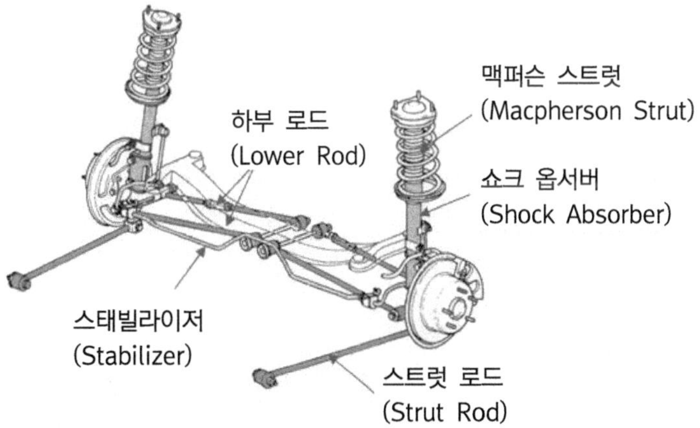

그림 8-38 독립식 후방 현가장치 (맥퍼슨스트럿, 전륜구동)

8.4 자동차의 진동

자동차의 진동 특성은 섀시 스프링으로 지지하고 있는 스프링 위 질량(보디)에 의한 진동과 타이어와 현가장치의 사이에 있는 스프링 아래 질량(차축 등)에 의한 진동으로 나눌 수 있다.

스프링 위 중량은 스프링 위쪽에 위치한 부분으로 차체와 차체에 적재된 중량을 말한다.

스프링 아래 중량은 스프링 아래쪽에 위치한 부분으로 휠 타이어, 브레이크 디스크(드럼), 캘리퍼, 로워암 및 서스펜션 일부의 중량을 말한다.

그림 8-39 스프링 위 질량과 스프링 아래 질량

1) 스프링 위 질량 진동

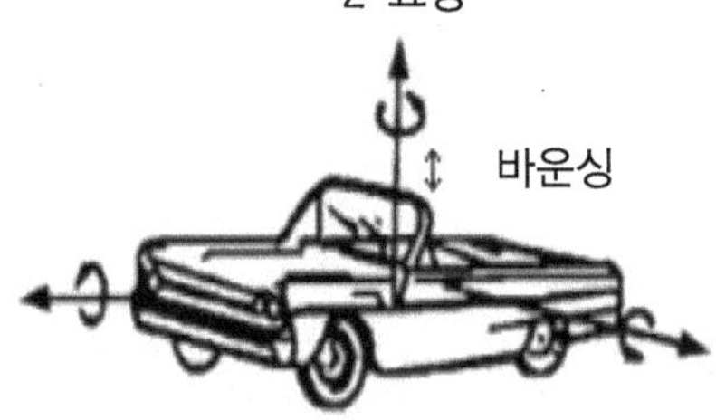

스프링 위 질량의 진동

① 바운싱(Bouncing : 상하진동): z축을 따라 차체가 상하로 움직이는 진동
② 피칭(Pitching : 앞뒤진동): y축을 중심으로 차체가 전후로 회전하는 진동
③ 롤링(Ralling : 좌우진동): x축을 중심으로 차체가 좌우로 회전하는 진동
④ 요잉(Yawing : 차체 뒷부분 진동) : z축을 중심으로 차체가 좌우로 회전하는 진동
⑤ 서징(Surging) : x축을 따라 차체가 전후로 움직이는 진동
⑥ 러칭(Lurching) : y축을 따라 차체가 좌우로 움직이는 진동

2) 스프링 아래 질량 진동

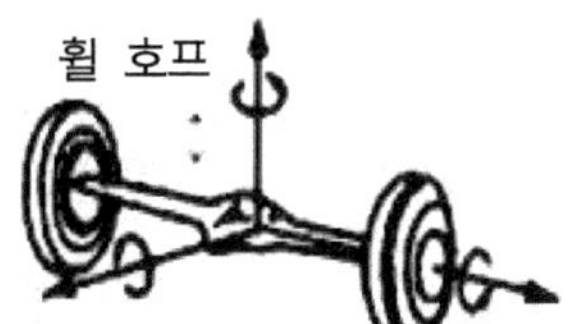

스프링 아래 질량의 진동

① 휠 홉(Wheel Hop) : Z축을 따라 차축이 상하로 움직이는 진동
② 휠 트램프(Wheel Tramp) : 차축이 X축을 중심으로 좌우 회전하는 진동
③ 와인드업(Wind Up) : Y축을 중심으로 차축이 회전하는 진동
④ 스키딩(Skidding) : 타이어가 슬립하면서 동시에 요잉하는 진동
⑤ 시미(Shimmy) : 조향너클핀을 중심으로 조향륜이 좌우 회전하는 진동

8.5 전자제어 현가장치(ECS)

8.5.1 개요

이상적인 자동차의 현가특성은 일반적인 주행 조건에서는 안락한 승차감을 확보하고, 고속 주행이나 코너링 시에는 주행 안정성(핸들링)을 확보하는 것이다. 하지만 주행 안정성과 승차감은 일반적으로 상반되는 특성을 가지고 있다. 현가특성을 부드럽게(Soft)하면 승차감은 확보할 수 있으나 주행안정성이 나빠지게 되고, 반대로 딱딱하게(Hard) 하면 승차감은 저하되고 주행 안정성을 확보할 수 있다. 따라서 차량의 용도에 따라 어느 한 가지 특성을 희생시키고 다른 특성을 좋게 하는 방법을 취하게 된다. 고급 승용차는 승차감에, 스포츠카는 주행 안정성에 주안점을 두고, 일반적인 승용차는 양자의 중간에서 적절하게 결정하게 된다.

하지만 전자제어 현가장치(ECS: Electronic Control Suspension)는 주행 상황에 따른 적절한 감쇠력 및 차고 제어 등을 통해 최적의 승차감 및 주행 안정성을 동시에 확보할 수 있는 장치라 할 수 있다.

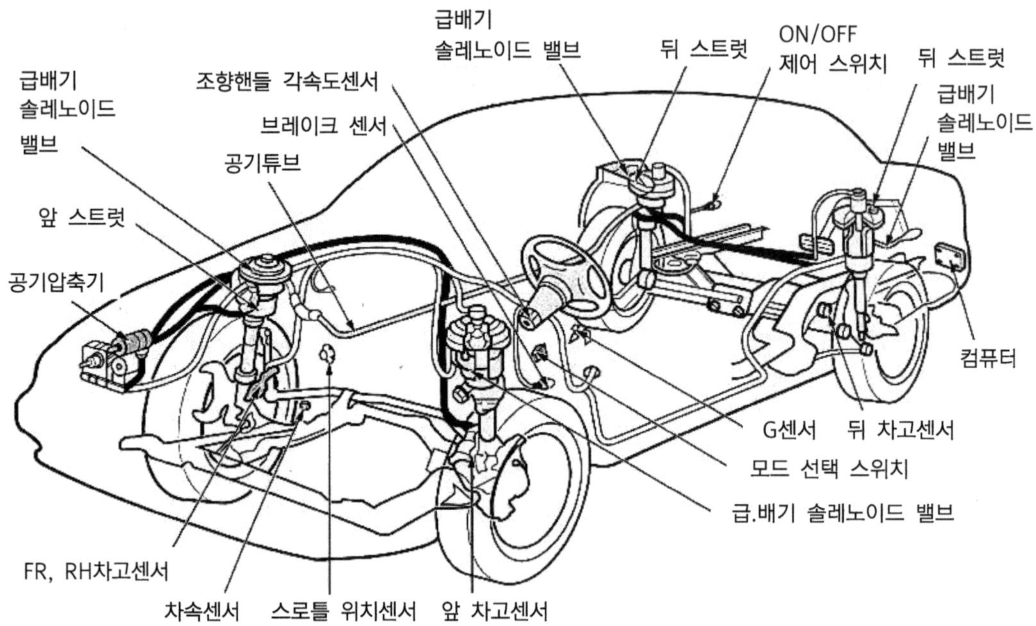

그림 8-40 전자제어 현가장치(ECS)의 구성(Active형)

ECS(Electronic Contol Suspension System, 전자제어 현가장치)는 컴퓨터(ECU), 각종 센서, 액추에이터 등을 설치하고 노면의 상태, 주행 조건, 운전자의 선택 등과 같은 요소에 따라서 자동차의 높이(차고)와 현가 특성(스프링 정수 및 감쇠력)이 컴퓨터에 의해 자동적으로 조절되는 현가장치이다.

즉 비포장도로를 주행할 때에 차체가 노면에 긁히지 않도록 하기 위하여 높아져야 하고, 포장된 도로를 주행할 때에는 안전성을 높이기 위해 차체가 낮아야 한다. 그리고 현가장치를 매 순간마다 딱딱하게(Hard) 또는 부드럽게(Soft) 조절하여야 하는데 이러한 작동을 컴퓨터로 조절한다.

ECS의 특징

① 급제동할 때 노스 다운(Nose Down)을 방지한다.

② 급선회할 때 원심력에 대한 차체의 기울어짐을 방지한다.

③ 노면으로부터의 차량 높이를 조절할 수 있다.

④ 노면의 상태에 따라 승차감을 조절할 수 있다.

8.5.2 전자제어 현가장치 입력요소들의 작동

전자제어 현가장치 입력 요소들의 작동은 아래와 같이 요약할 수 있다.

- **차속센서** : 자동차 주행 속도를 감지
- **가속센서** : 가속도를 감지하여 급 발진과 속도 변화 감지
- **차고센서** : 차체와 노면사이의 거리를 검출
- **조향각센서** : 조향핸들의 회전각, 작동속도를 감지
- **스로틀포지션센서**(TPS) : 스로틀밸브의 위치 정보로 급감속 또는 급가속 상태를 감지
- G(Gravity)**센서**(**중력 센서**) : 차체의 바운싱을 측정하여 노면 요철을 판별

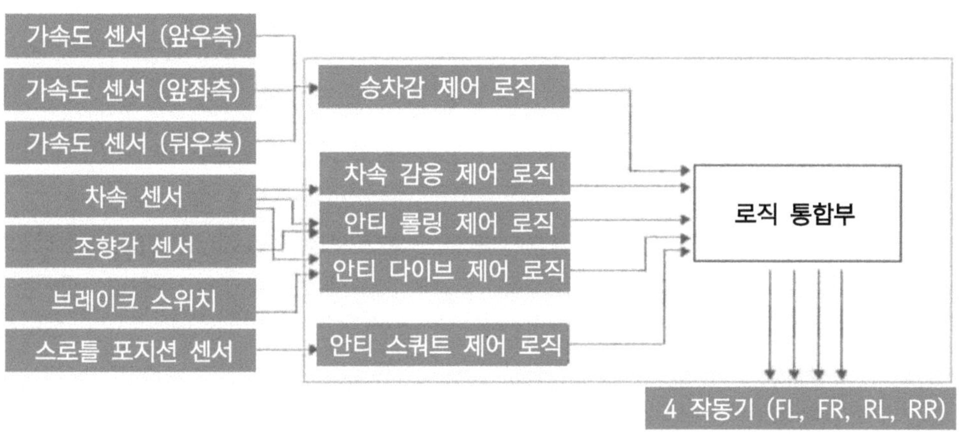

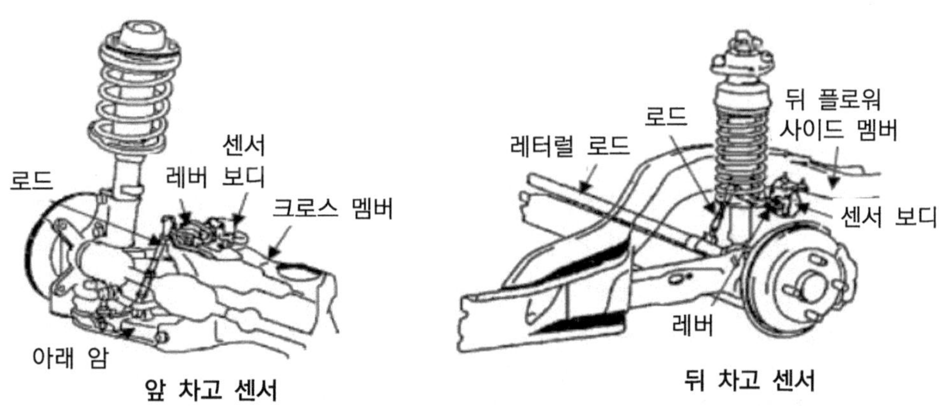

그림 8-41 ECS의 차고센서

8.5.3 전자제어 현가장치 출력요소들의 작동

전자제어 현가장치가 장착된 차량은 각종 센서들로부터 보내온 신호들을 이용하여 주행 조건이나 노면 상태에 따라 크게 **쇽업소버의 감쇠력 제어, 차고제어, 자세제어와 같은 3가지 제어**를 통해 기계식 현가장치에 비해 훨씬 넓은 영역에서 안정된 승차감과 주행안정성을 동시에 확보한다.

ECU는 각종 센서들로부터 보내온 신호들을 이용하여 쇽업소버 감쇄력 제어용 액추에이터를 작동시킨다. 컴퓨터로 입력되는 신호에는 주행속도, 조향핸들 각속도, 브레이크 압력 스위치 신호, 전조등 릴레이, 도어(Door)스위치, 스로틀위치 센서 등이 있다. 컴퓨터의 제어기능은 다음과 같다.

일반적으로 스프링이나 쇽업소버는 노면의 울퉁불퉁함이나 롤링에 의해서 충격을 받은 후 작동하는 패시브(Passive)서스펜션이다. 이에 대해 노면의 상황이나 차제의 진동에 대하여 스스로 쇽업소버의 스트로크를 변화시켜 조정하는 적극적(Active)인 진동 제어 작용을 수행하는 구조가 액티브 서스펜션이다. 액티브 ECS의 위주로 설명하면 다음과 같다.

▮감쇠력 제어

ECS는 도로 및 주행상태에 따라 4단계(Soft, Auto-Soft, Medium, High)로 적절하고 신속하게 제어해 승차감과 주행 안정성을 동시에 확보하는 제어를 수행한다. 즉 주행조건에 따라 ECU가 스텝모터를 이용 기존 쇽업쇼버 오일 통로(오리피스)의 크기를 조절함으로써 감쇠력을 제어하는 것이다. 일반 주행때에는 오일통로를 크게 해 부드러운 승차감을 유지하며, 고속주행 및 선회시, 제동시에는 통로를 작게해 딱딱하게 함으로써 승차감 및 주행 안정성을 확보한다.

▮차고 제어

승차인원 및 화물의 하중 변화 때 일정한 차고를 유지하기 위해 미리 설정하여둔 목표 차고를 벗어나는 경우 차고를 올리고 내리는 제어이다.
즉 차고센서로부터 현재 차고 높이를 ECU가 검출해 목표 차고보다 낮으면 저장 탱크의 압축공기를 공기 스프링에 공급해 차체를 상승시킨다. 반대로 목표 차고보다 높을 경우 공기 스프링에 있던 압축공기를 대기로 방출시켜 차고를 낮추어 승차 인원 및 화물무게와 상관없이 항상 일정한 높이를 유지하도록 앞. 뒤바퀴를 독립적으로 제어하는 기능을 말한다.

▮ 자세 제어

ECS의 자세제어는 자동차 주행 중 운전자 의지와 현가장치에서 일어나는 고유진동, 롤스쿼트, 피칭, 바운싱 등이 일어날 때 감쇠력 가변과 동시에 네 바퀴에 설치되어 있는 공기스프링의 압력을 독립적으로 공급 또는 배기시킨다.
이에 따라 노면에 대해 차체가 흔들림 없는 자세제어를 실현해 승차감과 주행 안정성을 비약적으로 향상시킨다.

▮ 자세제어의 종류

제어기능	제어 개요	제어 방법
앤티 롤 제어 (Anti-Rolling Contol)	선회때 좌우의 흔들림을 작게 한다	조향 휠 각속도, 횡가속도,차속에 의한 맵제어, 선회때 외륜측 공기를 스프링에 급기,내륜측은 배기한다.
앤티 다이브 제어 (Anti-Dive Contol)	제동때 앞은 내려가고 뒤는 들리는 현상을 작게 한다	브레이크 on시 차체전후 0.2G 이상에서 제어(감쇠력:Hard) - 개시시:프런트 배기,리어 급기 - 복귀시:프런트 급기,리어 배기
앤티 스쿼트 제어 (Anti-Squat Contol)	출발 때 앞이 들리고 뒤는 내려가는 형상을 작게 한다.	TPS 개폐속도,차속제어 - 개시시:프런트 배기,리어 급기 - 복귀시:프런트 급기,리어 배기
피칭,바운싱 제어	노면상태에 따른 차체 흔들림을 작게 한다.	차고센서에서 상하 주기를 검출해 제어 - 공기 스프링 수축 측:급기 - 공기 스프링 신장 측:배기
AT시프트 스쿼트제어	-	변속신호,차속으로 제어 - AT 변속조작에 따라 감쇠력 특성을 Hard로 한다.

그림 8-42 ECS의 자세제어의 종류

8.5.4 전자제어 공기압 현가장치

1) 개요

공기압 현가장치는 네 바퀴 모두에 코일스프링 대신 공기스프링을 장착하며, 공기압을 제어하여 자동으로 차고와 자세를 제어하고 있다. 에어 서스펜스는 대형차나 고급차 또는 튜닝차에 이용되고 있고, BMW의 '뉴 7시리즈', 볼보자동차의 '올 뉴 XC90' 등 가격이 비싼 차들에도 적용되고 있다.

스프링을 제외한 나머지 요소들은 다른 서스펜션 구성과 유사하다. 에어스프링의 구조는 그림 8-45와 같다. 일정 온도에서 기체의 압력과 부피는 반비례한다. 즉, 기체 부피를 1/2로 압축하면 압력은 2배가 되고, 반발력도 2배가 된다. 에어스프링은 이런 성질을 이용한 것으로, 사람이나 화물을 적재했을 때는 압축되어 반발력이 강해지며, 내리면 원래의 반발력으로 돌아온다.

이에 컴프레서를 통해 압축된 공기는 차 높이 상승 시 스프링에 채워지고, 하강 시 밖으로 방출된다. 스프링이 차량의 충격을 흡수하지만, 스프링 자체만으로 억제하기 어려워 쇼크업소버를 통해 차량의 안정성과 승차감을 향상시킨다.

2) 에어서스펜션의 특징

스프링의 종류로는 벨로스형, 다이어프램형 등이 있다. 벨로스형은 오로지 상하 방향의 충격을 흡수하도록 개발되어 횡방향에 대한 강성이 매우 낮아 초기에 사용되었다. 다이어프램형은 횡방향에 대해서도 복원력을 갖게 한 것으로, 상하좌우 어느 방향의 충격도 흡수한다.

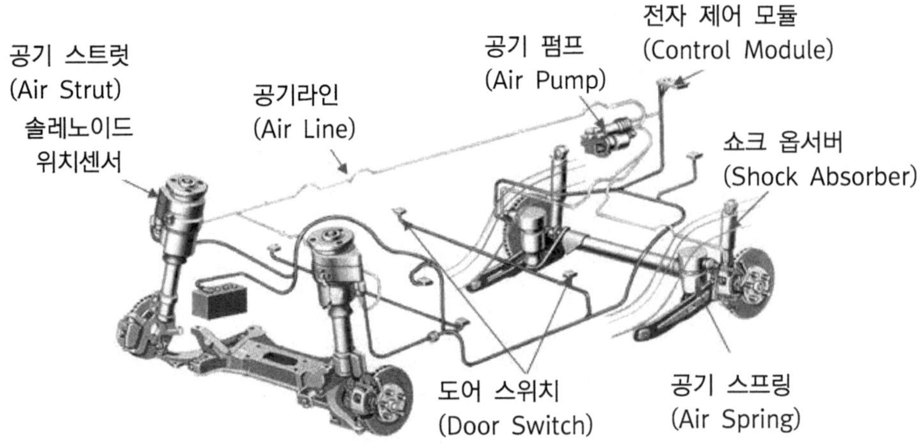

그림 8-43 전자제어 공기압 현가장치

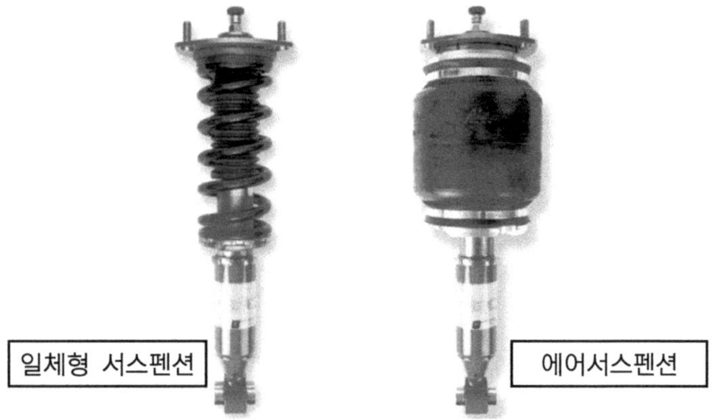

그림 8-44 일체형 서스펜스와 에어 서스펜스

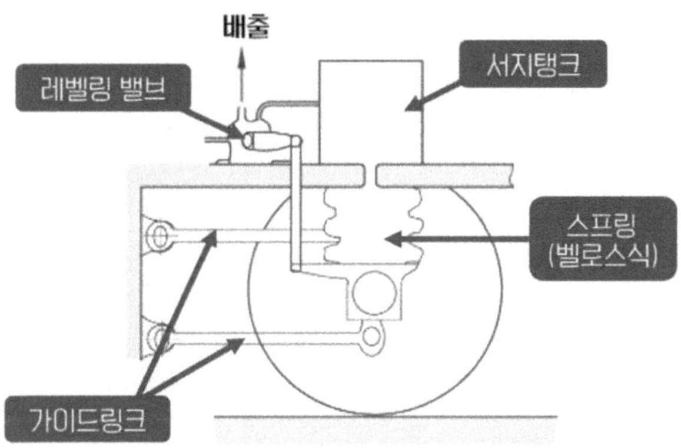

그림 8-45 에어 서스펜스의 구조

■ 특징

① 장점은 필요에 따라 차고 및 무게중심을 조절할 수 있다. 즉, 일반적으로 저속에서는 차량을 높이고, 고속에서는 차량 높이를 낮춰 달린다.

② 노면 변화에 따라 차체의 진동을 줄여주는 제어시스템을 함께 적용해 편안한 승차감도 제공한다.

③ 단점은 비싸고 수리가 어려워 일반 소비자들이 이용하기가 어렵다.

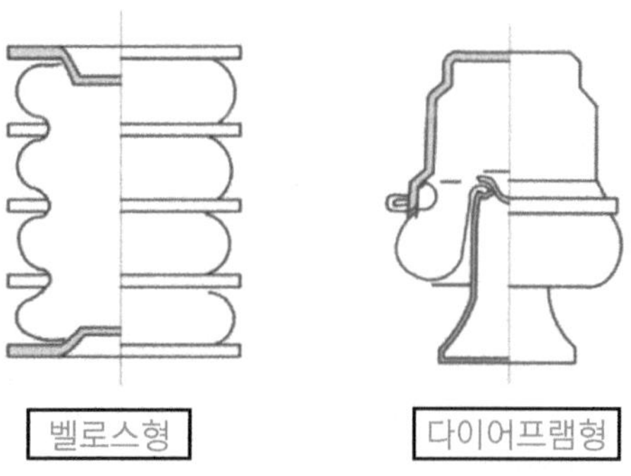

그림 8-46 에어 스프링의 종류

9장 제동장치

9.1 제동장치의 개요

제동장치(Brake System)는 주행하는 자동차를 감속 또는 정지시키거나 주차상태를 유지하기 위해 사용하는 안전상의 중요한 장치이다. 현재 자동차에 들어가는 브레이크의 대부분은 마찰력을 이용하여 자동차의 운동에너지를 열에너지로 바꾸어 그것을 대기중으로 방출시켜 제동 작용을 하는 마찰식 브레이크이다.

제동장치에는 여러 가지 형식이 쓰이고 있으며, 기본적인 구조는 운전자가 브레이크 페달을 밟는 힘을 링크나 유압을 이용해서 증대시켜 전달하는 조작기구와 그 힘을 받아 제동력을 발생하는 본체로 되어 있다. 또한 제동장치에는 주행시 주로 사용하는 풋브레이크 타입의 주 브레이크와 주차시 사용하는 핸드 브레이크 타입의 주차브레이크(Parking Brake) 및 보조 브레이크가 있다. 보조 브레이크는 주 브레이크의 사용을 피하고 운전자의 피로를 경감시키기 위한 제3의 브레이크이다. 이것은 고속주행시 초기 제동이나 내리막길에서 차량속도의 증가를 둔화시키기 위해 사용되는 것으로 엔진브레이크 등을 말한다.

풋 브레이크는 드럼브레이크와 디스크 브레이크 타입이 있다. 브레이크 장치의 조작기구는 로드나 와이어를 사용하는 기계식과 유압를 이용하는 유압식이 있으며 일반적으로 풋 브레이크는 유입식이고 주차 브레이크는 기계식을 사용하고 있다. 그림 9-2은 브레이크 종류를 용도 및 작동 방식에 따라 분류한 것이다.

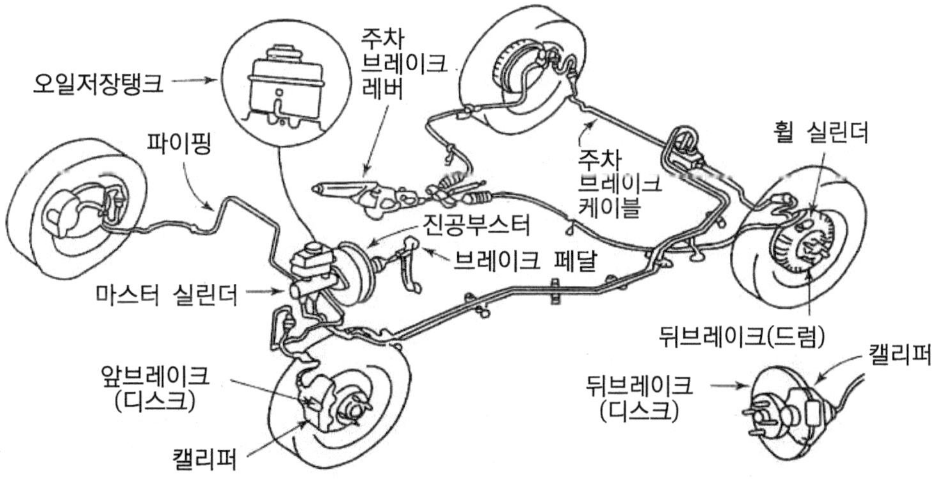

그림 9-1 제동장치의 구성

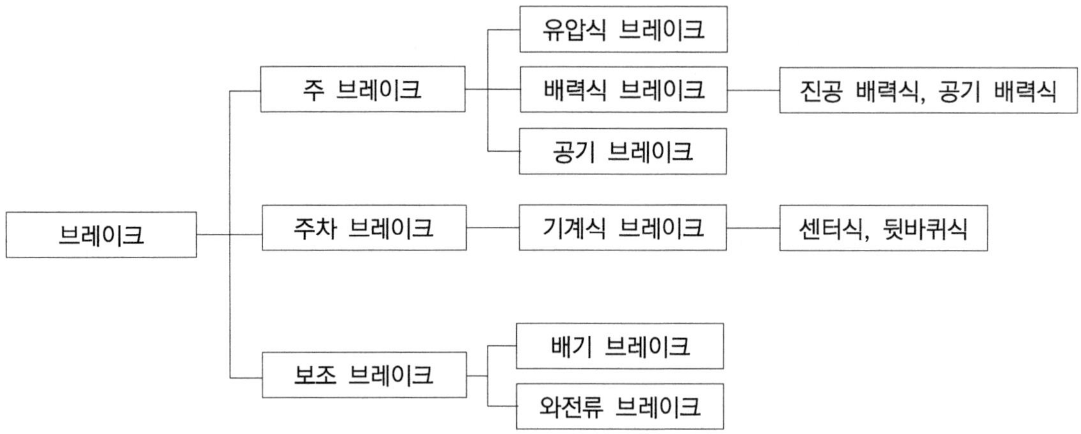

그림 9-2 브레이크의 시스템의 분류

9.2 제동장치의 종류

9.2.1 용도에 따른 분류

주 브레이크, 주차 브레이크, 보조 브레이크로 나눈다.

1) 주 브레이크

주 브레이크는 운전자가 자동차의 감속이나 제동을 위하여 페달을 밟아 작동시키는 브레이크로서 풋 브레이크(Foot Brake)라고도 한다. 디스크식과 드럼식이 있는데 승용차에서는 앞, 뒤바퀴에는 디스크식, 화물차량에는 드럼식이 주로 사용한다.

2) 주차 브레이크

주차 브레이크(Parking Break)는 자동차의 주차 상태를 유지하기 위한 브레이크로서 보통은 손으로 작동시키기 때문에 핸드 브레이크(Hand Brake)라고도 한다. 주로 언덕길 주차 시 저절로 굴러 내려가지 않도록 하는 기능이다. 뒷바퀴를 제동하는 뒷바퀴 브레이크와 추진축을 제동하는 센터 브레이크(Center Brake)가 있다.

3) 보조 브레이크

보조 브레이크는 주 브레이크의 사용을 피하고 운전자의 피로를 경감시키기 위한 제3의 브레이크이다. 이것은 고속 주행시 초기 제동이나 내리막길에서 차량 속도의 증가를 둔화시키기 위해 사용되는 것이다. 보조 브레이크는 주 브레이크에서 발생할 수 있는 페이드(Fade)현상이나 베이퍼록(Vapor Lock)현상을 방지하여 브레이크의 수명을 연장하는 효과가 있다. 보조 브레이크는 다음과 같다.

① **엔진 브레이크** : 엔진 브레이크(Engine Brake)는 저단기어로 변속하여 타이어의 회전 속도보다 엔진의 회전 속도를 낮추어 엔진을 주행 저항력으로 작동시켜 감속효과를 얻는 방식

② **배기 브레이크**(Exhaust Brake) : 배기관 중간에 밸브를 설치하고 밸브를 닫으면 엔진 회전력의 저항 증대로 브레이크 효과를 얻는 방식

③ **와 전류**(Eddy Current) **브레이크** : 전류에 의한 자장을 이용하여 바퀴와 연결된 원판을 제동하여 브레이크를 작동시키는 방식이다.

★ 페이드(Fade) 현상

반복적인 브레이크 사용으로 드럼과 슈 또는 디스크와 패드에 마찰열이 축적되어 드럼이나 라이닝이 경화됨에 따라 제동력이 감소되는 현상이다. 디스크 브레이크의 경우 마찰면의 온도가 300℃ 이상, 드럼 브레이크의 경우 200℃ 이상이 될 때 이러한 현상이 일어난다. 계속적인 내리막길에서는 주 브레이크만 사용하지 말고 엔진 브레이크를 병용하는 것이 중요하다.

★ 베이퍼 록(Vapor Lock) 현상

유압 내에 액의 부분적인 증발로 기포가 발생하여 유압의 전달작용이 원활하지 않는 현상이다. 유압의 전달이 원활하지 못하면 페달의 유격이 커지고 제동력이 저하된다. 이러한 현상은 브레이크액에 수분이 혼입되어 이 수분이 증발하면서 기포를 발생해 제동이 잘 듣지 않게 된다. 따라서 브레이크액의 정기적인 점검과 5만 km 주기로 브레이크액을 교환하는 것이 좋다.

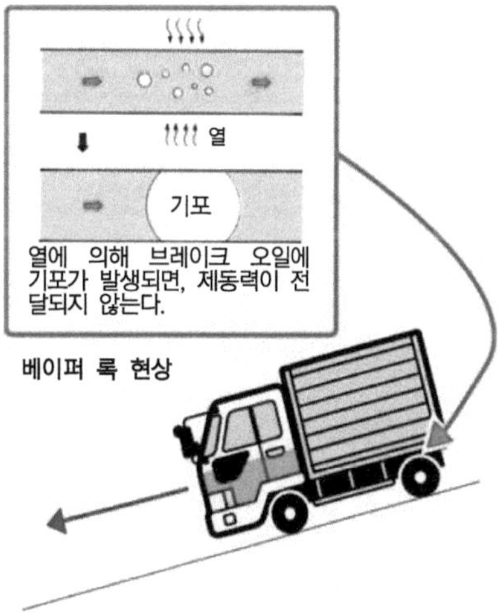

베이퍼 록 현상

9.2.2 작동방식에 따른 분류

브레이크의 작동 방법에는 로드나 와이어를 사용하는 기계식, 유압을 사용하는 유압식, 엔진의 부압을 이용하는 진공배력식, 압축공기를 사용하는 공기 브레이크식이 있다.

1) 기계식

주로 주차브레이크로 사용하는 방식이다. 브레이크 페달 또는 레버의 조작으로 로드나 와이어를 거쳐 제동기구에 전달하여 제동력을 발생시키는 구조이다. 구조가 간단하고 고장이 적고 제작비가 싸다는 장점이 있지만, 제동력이 약하고 제동력의 배분이 어렵다.

2) 유압식

유압 브레이크는 파스칼의 원리를 이용하여 브레이크 페달에 가해진 유압기구로 유압을 발생시켜 제동력을 발생시키는 방식이다. 제동력이 모든 바퀴에 균일하게 전달되고, 마찰손실이 적으며 조작력이 작아도 되는 장점이 있다. 현재 승용차에서는 이 방식을 채택하고 있다.

3) 배력식

중량이 큰 자동차나 고속 주행 중의 자동차와 같이 주행 관성이 큰 자동차에 대하여 엔진의 흡기 부압이나 압축 공기를 이용하여 조작력을 증대시켜 강력한 제동력을 작용시키는 브레이크이다. 유압브레이크의 보조장치로 사용된다. 진공배력식과 공기배력식 브레이크 등이 있다.

4) 공기식

압축공기의 압력을 이용하여 제동하는 장치로 큰 제동력을 얻을 수 있으나 구조가 복잡하고 비용이 많이 드는 단점이 있다. 일반적으로 대형버스나 화물자동차에 주로 사용된다.

9.3 유압식 브레이크의 원리

자동차에 쓰이는 브레이크는 다양한 종류가 있지만, 가장 많이 사용되는 유압식 브레이크 시스템을 중심으로 설명하면 다음과 같다.

어떻게 사람이 페달을 밟는 작은 힘으로 수천킬로의 자동차를 정지시킬 수 있을까? 그 해답을 바로 **"유압"**에 있다.

파스칼의 원리(Pascal'principal)에 의하여 밀폐된 용기에서 정지하고 있는 액체의 일부에 압력을 가하면 액체의 모든 부분에 같은 압력이 전해지는 원리이며 유합식 제동장치는 이 원리를 이용한 것이다.

가령, 그림 9-3와 같이 $F_1 = 1000\text{N}$의 힘이 작용하였고 $A_2 = 5A_1$이라고 하면 압력은

$$P_1 = \frac{F_1}{A_1} = \frac{1000}{A_1}, \qquad P_2 = \frac{F_2}{A_2} = \frac{5000}{5A_1},$$

파스칼의 원리에 의해서 $P_1 = P_2$ 이므로

F_2는 5000N으로 증대된다. 쉽게 말하자면, 유체를 이용하면 작은 힘으로 더 무거운 물체를 들 수 있다는 것이다. 이 원리를 이용하여 큰 힘이 필요한 많은 장치에서 유압식 실린더 등의 부품이 사용되고 있다. 자동차 또한 사람이 페달을 밟는 작은 힘으로 훨씬 무거운 차를 정지시켜야 하므로 보통의 차량에는 유압식 브레이크 방식을 사용하고 있다.

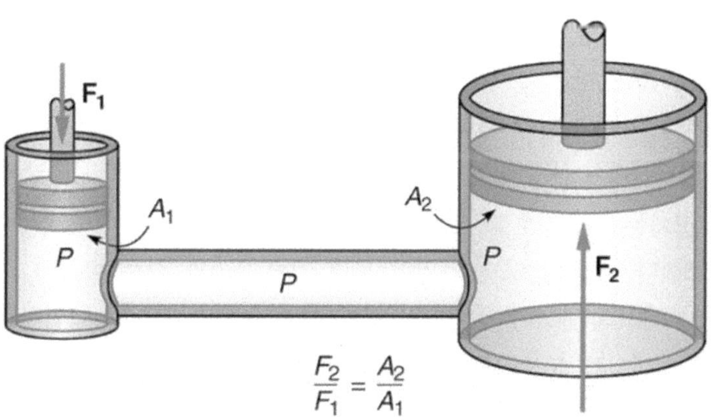

그림 9-3 **파스칼의 원리**

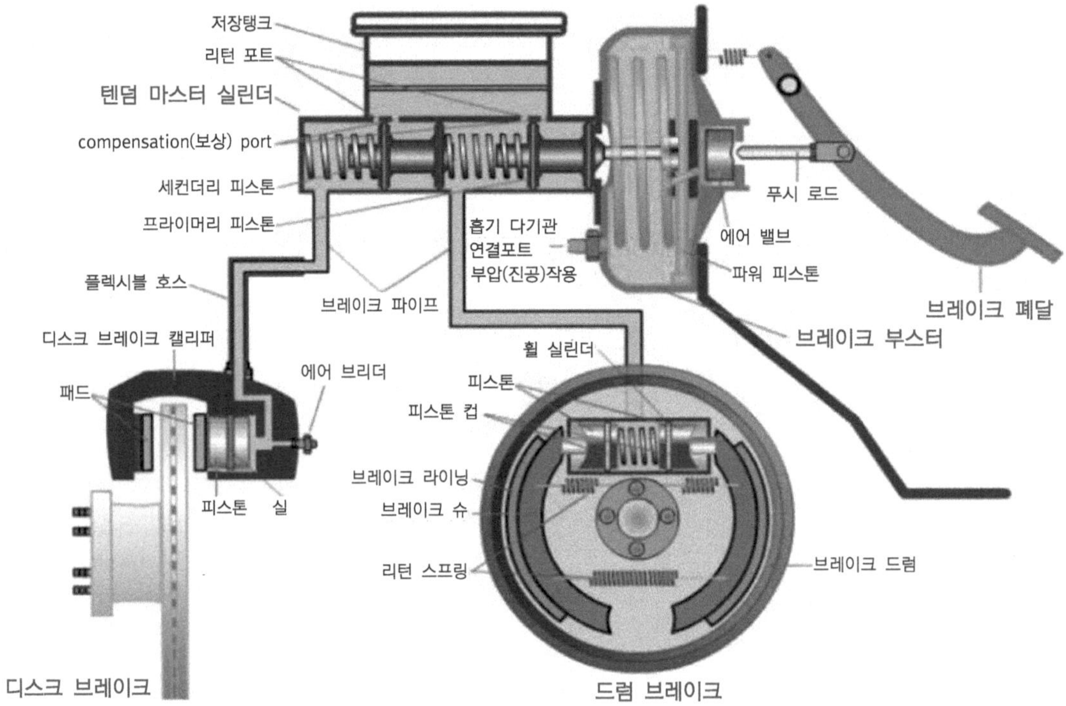

그림 9-4 브레이크 시스템의 원리

그림 9-4은 배력장치를 사용하는 디스크/드럼 방식의 브레이크 시스템이다.

먼저, 사람이 페달을 밟으면 지렛대의 원리를 이용해서 사람의 힘을 4~5배 정도 증가시켜 주고 **배력장치**를 통과해서 힘을 더 강하게 만들어 준다. 이렇게 증가된 힘으로 **마스터 실린더**를 누르게 되고 이때 생성된 유압이 브레이크 호스를 통해 각 바퀴에 있는 브레이크로 전달되게 된다.

배력장치(Brake Booster)는 브레이크 페달과 마스터 실린더 사이에 설치되어 있으며 작은 힘으로 큰 제동력을 얻는 역할을 한다. 현재의 자동차들은 대부분 이러한 배력장치가 장착되어 있으며 진공식, 공기압축식, 유압식이 있으나 일반 승용차에서는 주로 진공식을 사용하고 있다.

진공식 배력 장치는 일반적으로 대기압과 엔진 흡기 부압의 차이를 이용하여 페달을 통해 전달된 힘을 보조한다. 차량의 보닛을 열어 보면 그림 9-6와 같은 부품이 있는 걸 확인할 수 있다. 이 부품이 브레이크 페달과 연결되어 있는 배력 장치와 마스터 실린더이다.

이렇게 마스터 실린더를 통해 생성된 유압이 브레이크 호스를 통해 각 바퀴에 있는 브레이크로 전달되고 실질적인 마찰력을 만들어서 차를 멈추게 된다. 일반적인 차량에 쓰이는 마찰식 브레이크로는 드럼 브레이크와 디스코 브레이크가 있다.

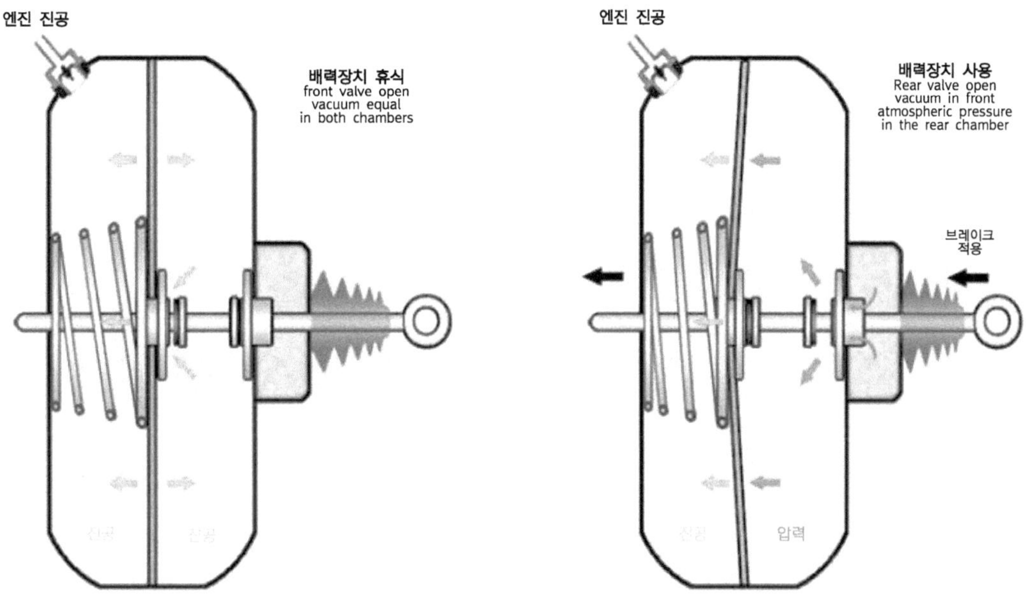

그림 9-5 브레이크 작동 전/후의 배력장치

그림 9-6 배력장치와 마스터 실린더

9.4 드럼과 디스크 브레이크

9.4.1 드럼 브레이크

드럼 브레이크와 디스크 브레이크는 모두 유압을 이용하여 마찰력을 만들어 주는 브레이크라는 공통점이 있다. 드럼 브레이크는 브레이크 호스를 통에 전달된 유압이 실린더를 통해 양쪽의 브레이크 슈를 누르게 되고 브레이크 슈에 부착된 브레이크 라이닝이란 마찰 소재가 휠과 연결된 드럼을 누르면서 마찰이 발생하게 된다. 즉, 페달을 밟으면 드럼브레이크는 휠 실린더내의 브레이크 오일 압력에 의해 마찰재인 브레이크 슈를 바퀴와 함께 회전하는 브레이크 드럼 내측에 압착하여 제동력을 얻는 것으로 내부확장식이다.

이 브레이크는 가격이 저렴하다는 장점이 있지만 마찰열이 원활히 방출되지 못한다는 단점이 있기 때문에 현재는 소형 트럭에서 주로 사용되고 있다.

드럼브레이크는 브레이크슈, 휠 실린더, 백플레이트 및 브레이크 드럼 등으로 이루어진다.

① 브레이크 슈

브레이크 슈는 일반적으로 2개가 서로 마주보는 모양으로 백 플레이트에 슈 홀드 핀(shoe hold pin)으로 고정되어 있으며 브레이크 드럼과 접촉하여 제등력을 발생시키는 부분인 라이닝이 부착되어 있다.

② 브레이크 드럼

바퀴와 일체로 회전하며 라이닝과 마찰에 의하여 제동력을 발생하는 부분으로 재질은 특수 주철이며 전열 성능을 좋게 하기 위하여 핀과 리브(Lib)가 설계되어 있다.

③ 휠 실린더

마스터 실린더에서 발생한 유압이 브레이크 배관을 거쳐 휠 실린더 피스톤에 작용하면, 슈홀드 핀은 슈를 드럼에 밀착시킨다. 휠 실린더는 백 플레이트에 고정되어 있으며, 상부에 공기 빼기 스크류가 설치되어 있다.

④ **백 플레이트**

백 플레이트는 휠 실린더, 슈 어드저스터 등이 장착되고 제동 시의 반력 토크를 받는 작용을 하고 브레이크 슈와 드럼 사이에 이물질이 들어가는 것을 방지한다.

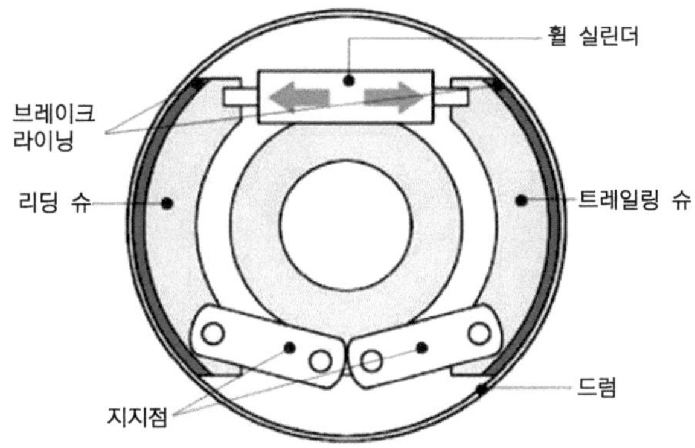

그림 9-7 드럼브레이크의 작동(1)

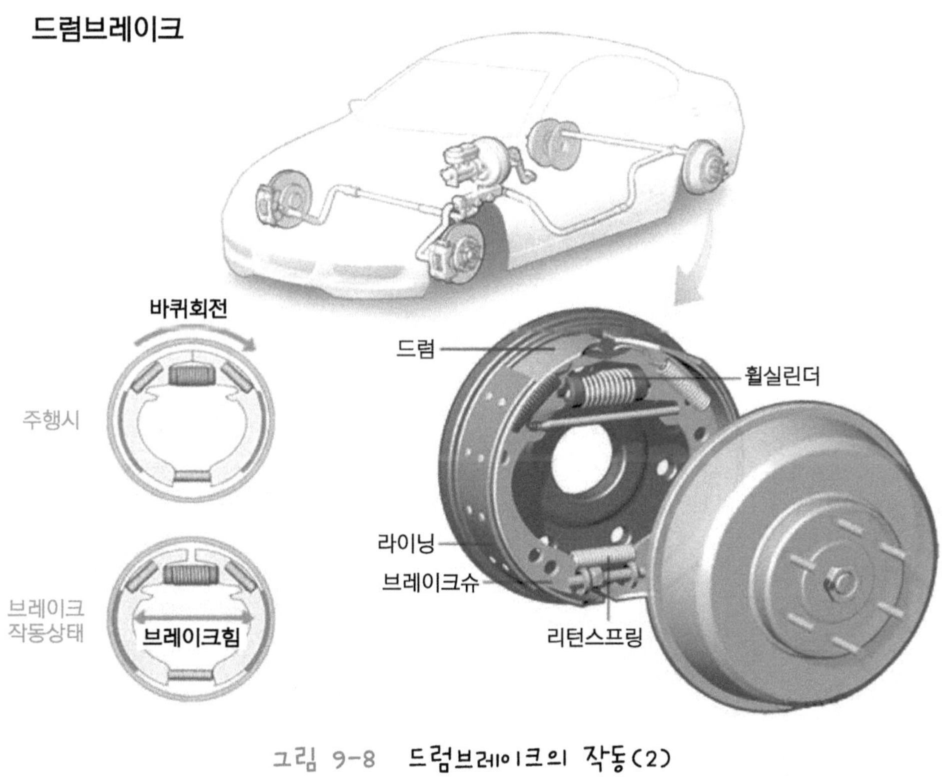

그림 9-8 드럼브레이크의 작동(2)

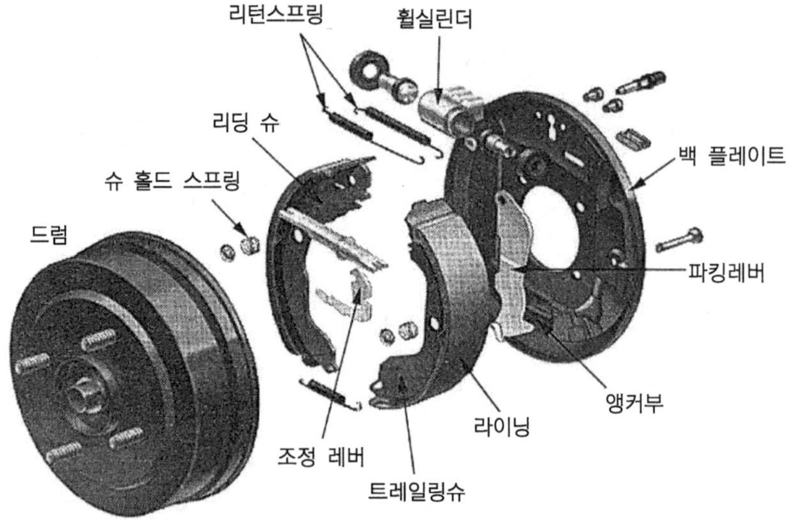

그림 9-9 드럼브레이크의 구조

9.4.2 디스크 브레이크

디스크 브레이크는 디스크라는 원판이 휠과 연결되어 있고, 유압이 캘리퍼에 있는 실린더로 전달되어 피스톤이 원판을 잡아 주면서 마찰력을 발생시킨다. 디스크 브레이크는 회전하는 원판형의 디스크(Disc)에 패드(Pad)를 밀착시켜, 제동력을 발생시킨다. 휠 허브(Hub)와 함께 회전하는 디스크, 디스크에 밀착되어 마찰력을 발생시키는 패드, 유압이 작용하는 피스톤, 피스톤이 설치되는 캘리퍼(Caliper) 등으로 구성된다.

요즘은 대부분의 차량에서 디스크 방식이 채택되고 있는데 고성능 차량의 경우에는 더 큰 제동력에 필요하므로 더 많은 열을 방출해야 한다.

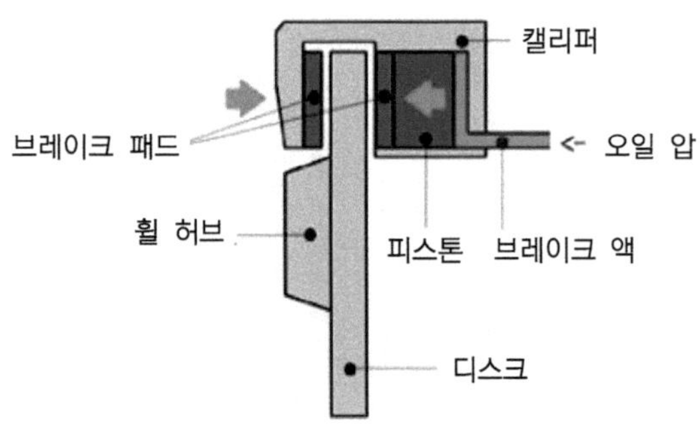

그림 9-10 디스크 브레이크의 작동

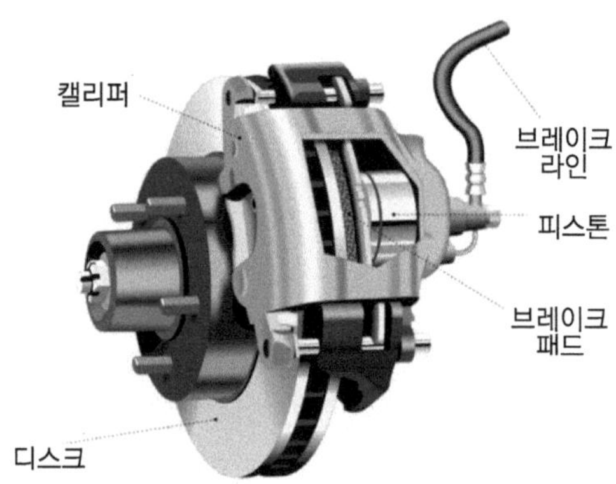

그림 9-11 디스크 브레이크의 구조

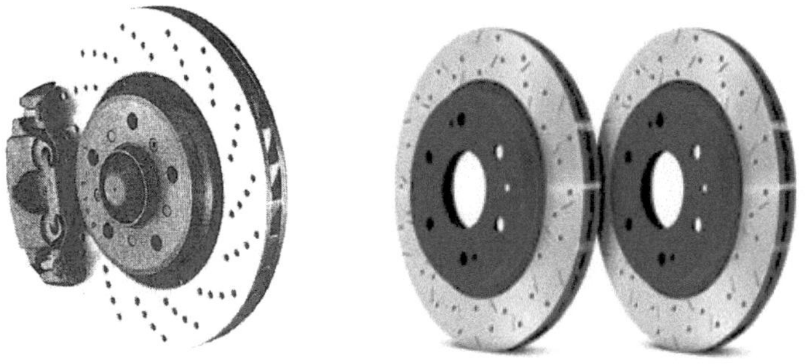

그림 9-12 벤티레이티드 디스크(Ventilated Disc) 브레이크

더 많은 열을 방출하기 위해 디스크를 두 겹으로 만들고 디스크에 구멍을 내서 디스크의 열이 원활히 방출될 수 있게 해주는 벤티레이티드 디스크(Ventilated Disc)를 사용하기도 한다.

디스크 브레이크의 특성은 다음과 같다

① 방열성이 양호하므로, 페이드(Fade) 경향성이 낮다.

패드 면적이 작고, 압착력이 크기 때문에 국부적으로 고온이 되기 쉬우나 방열성이 좋기 때문에 페이드 현상이 거의 발생하지 않는다.

② 자기작동작용(서보작용)을 하지 못한다.

마찰면이 평면이므로 자기작동작용을 하지 못한다. 따라서 압착력이 커야 하므로, 드럼 브레이크에 비해 휠 실린더 피스톤의 직경(약 40~50 mm)이 크며, 대부분 배력장치를 사용한다.

③ 편제동현상이 없다.

자기작동작용이 없고, 마찰계수의 변화가 적기 때문에 제동력 편차가 발생하지 않는다.

④ 패드의 마모가 빠르지만, 패드교환이 용이하다.

⑤ 공극이 자동적으로 조정된다.

⑥ 전/후진 즉, 주행방향에 상관없이 제동작용이 균일하다.

⑦ 자기청소작용이 양호하다(원심력에 의해)

⑧ 외부물질에 의한 오염에 민감하다.(예 : 빗물에 젖으면 마찰계수가 크게 감소한다.)

⑨ 주차브레이크가 복잡하다.

디스크 브레이크는 캘리퍼의 작동 방식에 따라 고정 캘리퍼형과 부동 갤리퍼형으로 분류한다.

1) 고정 캘리퍼형(Fxcd Caliper Type)

집게 모양의 고정 캘리퍼는 말 그대로 현가에 고정되어 있다. 고정 캘리퍼에 들어 있는 피스톤이 디스크의 양쪽에서 패드를 디스크에 밀착시켜 제동한다. 피스톤은 캘리퍼의 한쪽에 1개씩, 또는 2개씩 설치되어 있다.

고정 갤리퍼형은 그림 9-13와 같이 디스크 양쪽에 실린더가 있고 그 사이에 디스크를 끼워 넣은 대향 피스톤 형태로 휠과 함께 회전하는 디스크와 너클에 고정된 캘리퍼로 구성된다. 캘리퍼의 좌우 양단에 실린디가 장착되고, 마스터 실린더에서 유압을 받아 피스톤의 끝에 있는 패드를 디스크에 양면에서 압착하여 제동 작용을 한다. 그러나 고정 캘리퍼형은 다른 형식에 비해 상대적으로 무겁고, 패드의 단면적도 작은 단점이 있다.

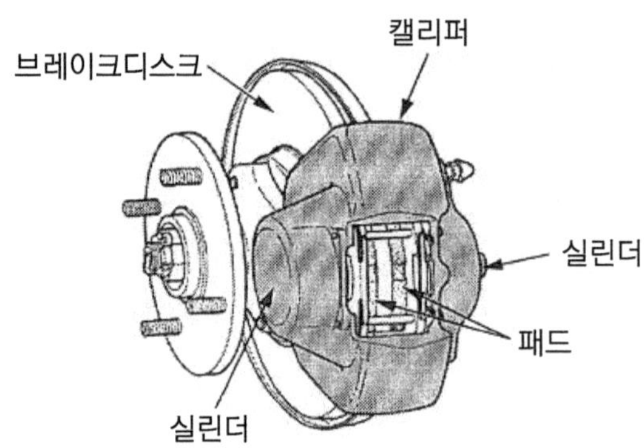

(a) 고정형

그림 9-13 고정 갤리퍼형 디스크브레이크

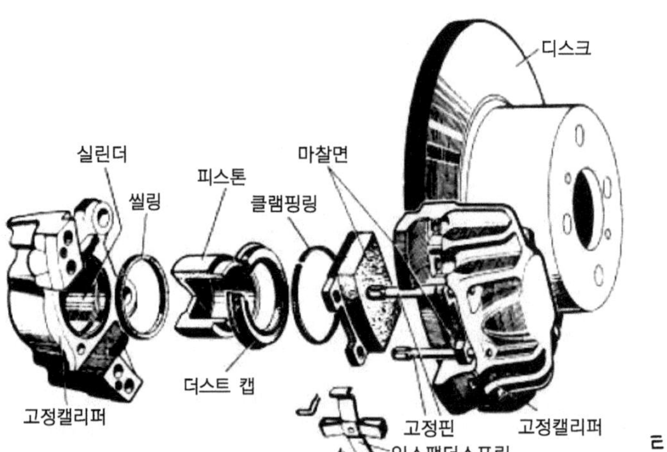

그림 9-14 고정 캘리퍼형 디스크 브레이크-2실린더형

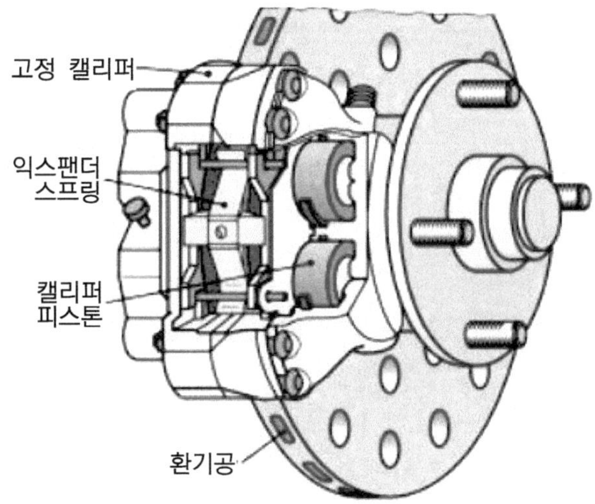

그림 9-15 고정 캘리퍼형 디스크 브레이크-4실린더형

2) 부동 캘리퍼형(Floating Caliper Type)

캘리퍼를 부동 상태(Floating)로 두고 캘리퍼 피스톤을 캘리퍼의 한쪽에만 설치한다. 제동할 때는 피스톤이 패드를 압착하고, 그 반력에 의해 캘리퍼가 이동하여 반대편 패드도 디스크에 압착, 제동하는 방식인데 이 형식은 대부분의 승용차의 앞, 뒷바퀴에 사용되고 있다.

주요 구성부품은 부동-캘리퍼와 브래킷(Bracket)이며, 다음과 같은 특징을 가지고 있다.

- 부품수가 적고, 가볍다.
- 설치공간을 작게 차지한다.
- 고정 캘리퍼형에 비해 패드의 단면적이 크다.
  설치공간을 작게 차지하는 대신에 패드의 단면적은 크기 때문에 패드의 마모가 적다.
- 브레이크액의 온도상승폭이 적다.
  차륜측의 캘리퍼 피스톤이 생략되어 열의 축적이 적고, 패드에서의 발열도 적다.
- 캘리퍼를 정비할 필요가 없기 때문에, 먼지나 오염물질에 민감하지 않다.

브래킷은 휠 서스펜션에 설치, 고정되고, 캘리퍼는 브래킷에 설치된다. 캘리퍼를 브래킷에 설치할 때 사용하는 가이드(Guide) 형식에는 여러 가지가 있다.

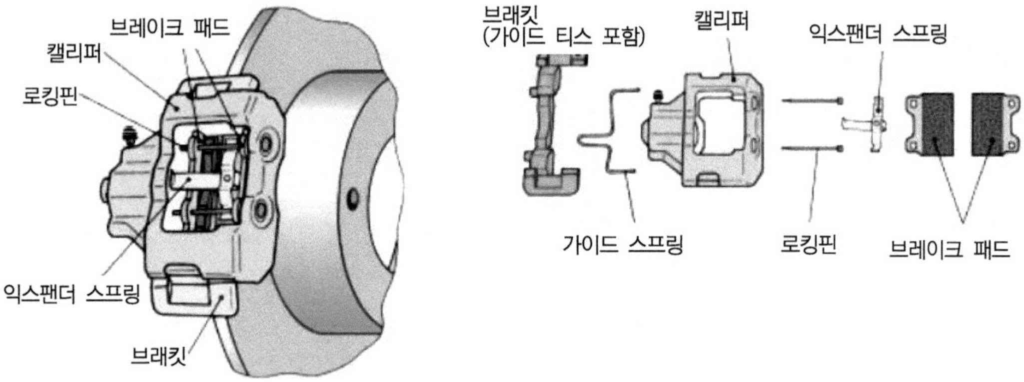

그림 9-16 부동 캘리퍼형 디스크 브레이크(가이드 티스 식)

9.5 주차 브레이크

손을 이용해 제동하기 때문에 **핸드 브레이크**라고 하고, 운전석 오른쪽 사이드에 있다고 해서 **사이드 브레이크**라고 한다. 보통 자동차를 정차시켜두거나 주차할 때 주로 사용한다고 해서 **주차 브레이크**라고도 한다. 주차 브레이크는 원래 손으로 당기는 방식의 핸드 브레이크였으나 자동차기술의 발달로 풋파킹 브레이크로, 요즘에는 전자식 파킹브레이크(EPS)로 개발되었다.

주차브레이크의 분류는 그림 9-17과 같다.

풋 브레이크와 핸드 브레이크의 가장 큰 차이점은 풋 브레이크의 경우는 유압장치를 이용한다는 것이고, 핸드 브레이크는 기계적 작동방식으로 어떠한 동력과도 상관없이 와이어가 당겨지면서 '브레이크 패드'와 '휠'을 밀착시킨다는 것이다.

주차브레이크인 사이드 브레이크의 특징을 살펴보면 다음과 같다.

1) 사이드 브레이크의 답력은 풋브레이크의 10% 정도이다.

2) 사이드 브레이크는 차종에 상관없이 대부분 차가 뒷바퀴를 제동한다.

- 자동차 브레이크는 유압으로 작동하지만 사이드 브레이크는 별도의 케이블로 작동이 된다.
- 오토/수동/전륜구동/후륜구동/사륜구동 상관없이 사이드 브레이크는 뒷바퀴에 작동된다.

3) 사이드 브레이크는 유압라인과 상관이 없이 별도이다. 따라서 브레이크 고장시에도 약하지만 작동이 된다.

4) 사이드 브레이크는 디스크 타입이 아니라 드럼 타입 작동된다.

대부분 ABS 적용된 차량은 뒷바퀴에도 디스크브레이크가 장착되어 있지만. 자세히 보면 뒷바퀴에 2계통의 브레이크가 연결되어 있다. 디스크에 유압 방식으로 작동을 하고, 디스크 뒤에 연결된 드럼식의 브레이크가 별도로 더 장착되어 여기에서 사이드 브레이크가 작동한다. 자세히 보면 뒷 디스크 브레이크쪽이 더 불룩한 것을 볼 수 있다.

그림 9-17 주차브레이크의 분류

핸드브레이크

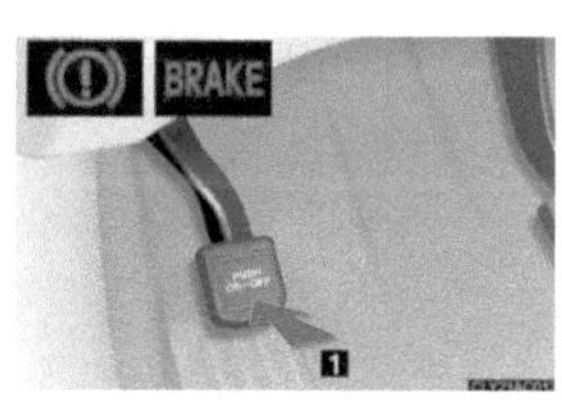

페달형(풋파킹브레이크)

전자식 파킹브레이크:
EPB(Electric Parking Brake)

그림 9-18 주차브레이크의 종류

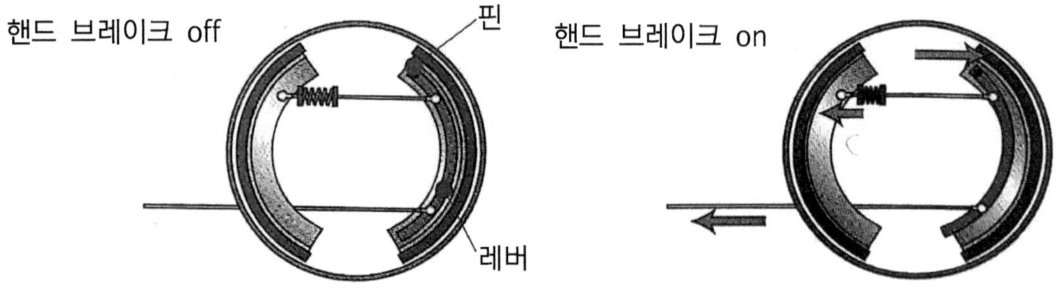

그림 9-19 핸드브레이크의 작동원리

그림 9-19에서와 같이 일반 주행시(핸드브레이크 off)에는 브레이크 슈가 드럼과 접촉하지 않고 있으나 핸드브레이크의 레버를 당기면(핸드브레이크 on) 브레이크 내부의 레버가 핀을 기점으로 당겨지면서 슈를 밀고 동시에 반대쪽 슈도 밀면서 정지상태를 유지하게 된다.

1) 드럼타입 주차브레이크

리어측의 브레이크에는 디스크 타입과 드럼 타입의 브레이크가 주로 사용된다. 언뜻 봐서는 디스크 브레이크에는 드럼이 없는것 같지만 사실 디스크 브레이크 내에도 드럼이 존재한다.

그렇기에 이 두 가지 방식 모두 겉으로 봤을때는 다르지만 주차브레이크를 위해 **드럼방식**을 채택하고 있다. 두 가지 방식 모두 풋 사이드를 밟던지 핸드 사이드를 당기던지 했을때 케이블에 의해 마찰재인 슈가 움직여서 드럼측과 맞닿아 차량을 잡고 있도록 하는 원리이다.

그림 9-20 디스크브레이크와 드럼브레이크

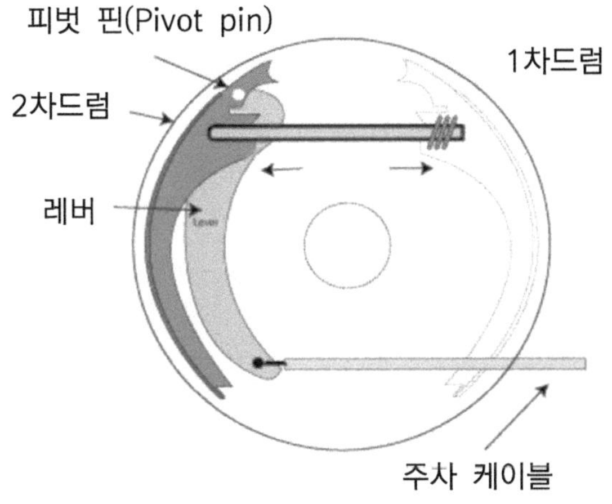

그림 9-21 드럼식 주차 브레이크 작동 원리

2) 켈리퍼 방식 주차브레이크(기계식 주차브레이크)

갤리퍼 방식의 주차 브레이크는 제동역할을 하는 갤리퍼를 활용하여 주차브레이크로도 활용하는 것이다

그림 9-22와 같이 케이블을 당기게 되면 브레이크 오일과 관계없이 볼트가 돌아가게 되고 기계식으로 피스톤을 밀게 되어 디스크를 잡고 있게 된다.

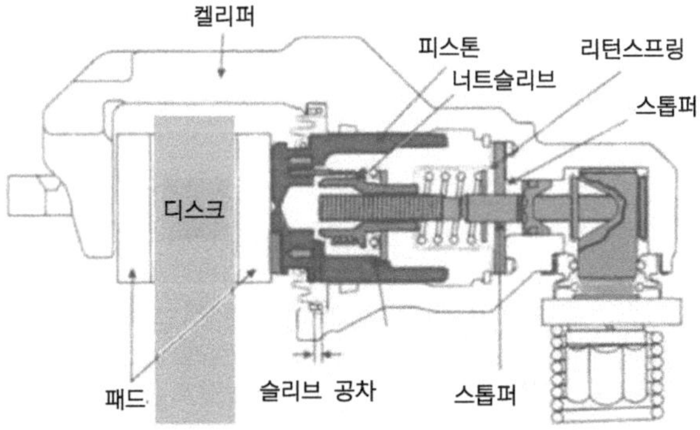

(a) 갤리퍼식 주차크레이크 작동 원리

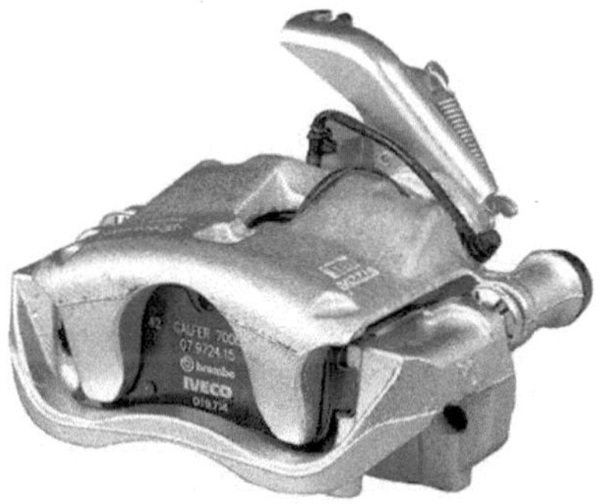

(b) 파킹브레이크용 켈리퍼

그림 9-22 갤리퍼식 주차크레이크 작동 원리

3) 전자식 파킹 브레이크(EPS)

전자식 파킹 브레이크(EPS)의 구조는 앞서 본 두가지 방식에서 기계적으로 작동하는 부분이 전자 신호를 통해 모터가 작동시키는 것이다

(a)갤리퍼식 전자파킹 브레이크의 구조

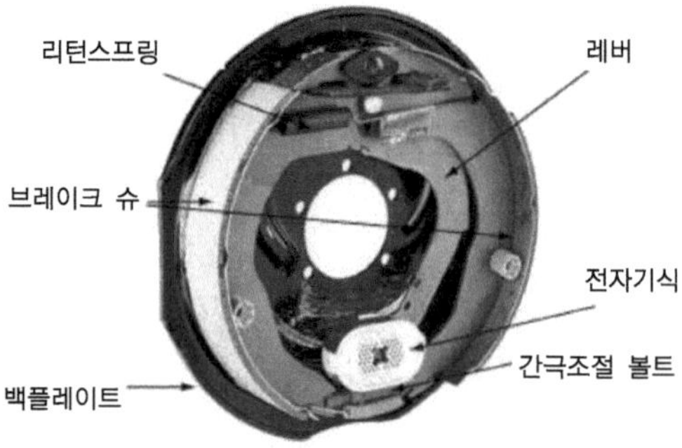

(b) 드럼식 전자파킹 브레이크의 구조

그림 9-23 전자파킹 브레이크의 구조

대부분의 중량이 무거운 대형 세단 혹은 SUV 차량에는 드럼식 전자파킹이 들어가며, 가벼운 승용차량 혹은 중소형 SUV에는 캘리퍼식 전자파킹이 들어간다. 드럼주차방식이 아무래도 정지 상태의 제동력이 크다. EPB는 결국 피스톤 혹은 슈를 밀고 당겨주는 주체가 기계식이 아닌 모터가 해주게 되는 것뿐이다. 물론 경사에서 미끄럼 방지 등 EPB를 활용한 좋은 기능들도 있다.

사이드브레이크를 당겨놓고 장시간 주행했을 때?

- 브레이크에 열 변형이 생길수 있다. 잠시라면 몰라도 장거리를 주행했다면 반드시 브레이크드럼을 열어서 점검 및 수리를 해야 한다. 사이드 브레이크 당겼을때 유격에 큰 차이가 생기지 않았다면 큰 문제가 생기지 않을수도 있지만, 점검은 하시는것이 좋다. 뒷바퀴 드럼은 사이드 당기고 장거리 주행하는 실수를 하지 않은다면, 보통 잘 사용하시면 폐차할 때 까지도 사용이 가능하다.

9.6 엔진 브레이크

고속으로 내리막에서 주 브레이크를 자주 장시간 사용하게 되면 브레이크의 과열로 인한 페이드 현상 또는 작동 유체의 베이퍼 록이 생겨 브레이크를 밟아도 잘 듣지 않고 미끄러지게 되는데 이를 방지하기 위해 엔진 브레이크를 사용하는 것이 효과적이다.

자동차를 운전하고 있을 때 액셀에서 발을 떼면 점점 속도가 떨어지게 되는데 이것은 공기의 저항과 엔진의 저항 때문이다. 엔진의 회전수를 의도적으로 높임으로써 보다 높은 엔진의 저항을 얻어 제동되는 것이 엔진 브레이크이다.

수동변속기의 차량에서는 내리막길에서 저단으로 놓고, 자동변속기 차량의 경우 변속레버를 D에서 2, 1(또는 S, L 등으로 표기)로 점차적으로 낮추게 되면 엔진회전수(rpm)는 올라가고 차체의 속도가 줄어들게 되어 내리막길 뿐 아니라 미끄러운 노면에도 안전하게 속도제어가 가능하다.

자전거를 탈 때도 기아를 내렸을 때 아무리 빨리 달리려 해도 앞으로 잘 나아가질 않는다. 이와 마찬가지로 자동차 운전 도중 기아를 내리게 되면 회전수(RPM)만 올라가고 실질적인 동력이 약해져 바퀴의 회전저항만 발생하게 되어 속도가 감소하게 된다. 따라서 저속 기어일수록 엔진 브레이크의 효과가 크게 나타나는 것이다. 그래서 엔진브레이크를 통하여 풋 브레이크를 사용하지 않더라도 적절한 속도로 내리막길을 내려올 수 있다.

대형트럭의 경우에는 배기 브레이크라는 제동장치가 장착되어 있다. 엔진과 머플러를 연결하는 배기관내에 설치된 셔터를 닫아 엔진의 배기를 역류시켜 압력을 높임으로써 엔진의 마찰을 늘리고 감속시킨다.

엔진 브레이크는 연비가 좋아진다??

- 엔진브레이크는 엔진의 회전수를 올려 저항을 높인다고 하였다. 그러나 "엔진회전수의 상승= 엔진이 더 일하는= 연료를 더 사용=연비가 나빠진다" 라고 생각할 수 있다. 하지만 이러한 공식은 액셀을 밟고 있을 때만 적용된다. 최근의 차량들은 퓨얼 컷(Fuel Cut)이라는 구조를 갖추고 있으며 액셀을 밟지 않은 상태에서 일정한 회전수를 넘어가게 되면 엔진에 연료를 공급하지 않는다. 즉, 엔진브레이크 시에는 엔진의 회전수가 올라가게 되지만 이것은 엔진의 관성에 의해 작동하고 있는 것이다. 그래서 엔진 브레이크를 사용하는 경우 연료는 거의 소비되지 않게 되며, 엔진브레이크를 사용하는 거리가 길수록 연료 소비가 낮아져 연비가 향상된다고 말할 수 있는 것이다.

브레이크, 안전하게 사용하는 방법은?

· 내리막길에서 브레이크 사용 방법

내리막길을 내려오다 보면 고무 타는 냄새가 심하게 나면서 브레이크가 밀리는 경우가 있다. 이는 엔진 브레이크를 사용하지 않고 풋 브레이크만 과다 사용하고 있다는 것이다. 내리막길에서 지속적으로 풋 브레이크를 밟으면 브레이크 패드와 디스크에 마찰열이 발생해 순간 온도가 700~800℃까지 올라간다. 장시간 브레이크 사용 시 뜨거운 열이 브레이크 오일에 포함된 수분을 끓게 만들어 기포를 생성하는 베이퍼 룩(Vapor Look) 현상이 일어나는데 충분한 제동이 이뤄지지 않아 사고로 이어질 수 있다. 내리막길 운전 시 저단 기어를 이용해 속도를 줄이는 엔진 브레이크를 이용하는 것이 좋다

· 브레이크 오일 주기적으로 점검하기

브레이크 오일은 차에 들어가는 여러 종류의 오일 중 교체주기가 가장 길다. 만약 브레이크 오일을 제때 교체해주지 않는다면 브레이크가 밀리거나 제동거리가 길어져 위험한 상황이 발생할 수 있다. 주로 3만~4만km 주행마다 교환해주는 것이 좋다.

9.7 전자제어 제동장치

9.7.1 ABS(Anti-Lock Break System), 잠김방지 브레이크 시스템

흔히 도로에서 급정거하는 차가 "끼익'하는 굉음을 내는 것을 들어본 경험이 있을 것이다. 급제동을 걸면 타이어의 회전은 멈추지만 자동차는 관성에 의해 아래 그림과 같이 곧바로 멈추지 않는다. 타이어가 회전하지 않는 상태(Lock상태)에서 마치 스키를 타듯이 도로와 타이어의 마찰력에도 불구하고 자동차는 미끄러지게 된다. 이렇게 되면 타이어의 한 단면만이 도로와 마찰을 일으켜 도로에는 검은 타이어 자국이 남게 이것을 브레이크 잠긴 Lock) 현상이라고 한다.

급제동시 타이어가 잠기게 되면 어떤 일이 벌어질까? 첫 번째 가장 큰 문제는 핸들로 차의 진행방향을 바꿀 수 없다는 것이다. 타이어가 회전하고 있어야 핸들로 앞 타이어의 각도를 바꿔 원하는 방향으로 갈 수 있는데 타이어가 잠긴 상태에서는 아무리 핸들을 돌려도 조종이 되지 않는다. 따라서 운전자의 의지와는 상관없이 자동차가 회전하거나 미끄러져 사고의 위험이 커지게 된다. 두 번째는 제동거리가 길어진다.

바퀴가 미끄러지는 경우 가장 효과적인 제동 방법은 열심히 발로 브레이크를 밟았다 놓기를 반복하는 것으로 타이어가 잠기기 바로 직전까지 브레이크 페달을 밟아 최대의 접지력을 유지시켜 주는 것이다.

그러나, 운전자가 밟는 빠르기로는 별 소용이 없다. ABS 브레이크 시스템은 1초에 10차례 이상의 이런 반복 동작을 수행한다. 이렇게 빠르게 브레이크의 작동을 반복시켜 사람의 힘으로 불기능한 속도로 바퀴가 잠기지 않도록 쉴새 없이 '잡았다 놓았다'를 반복하는 것이다.

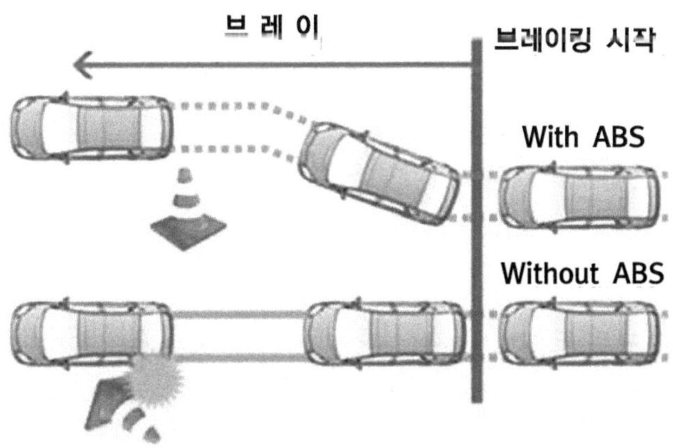

그림 9-24 자동차의 미끄러짐(skid)

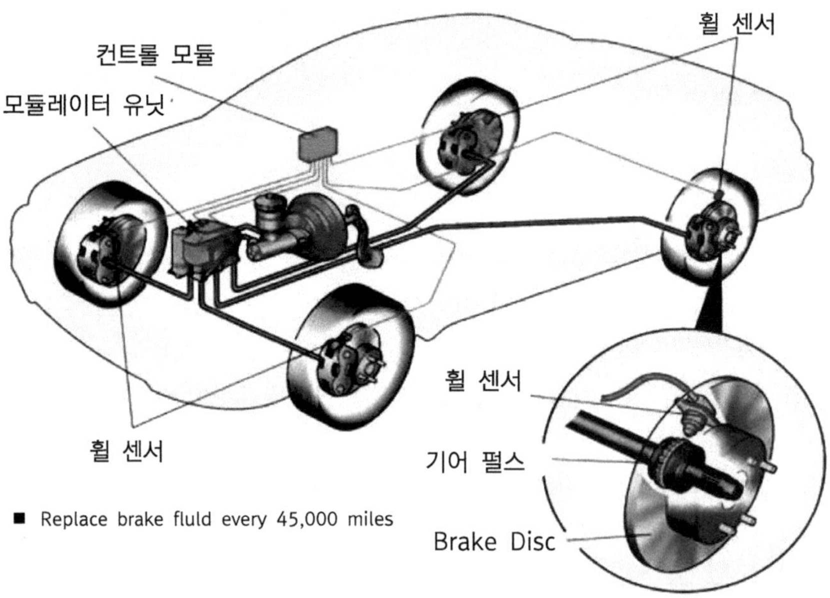

그림 9-25 ABS의 구성

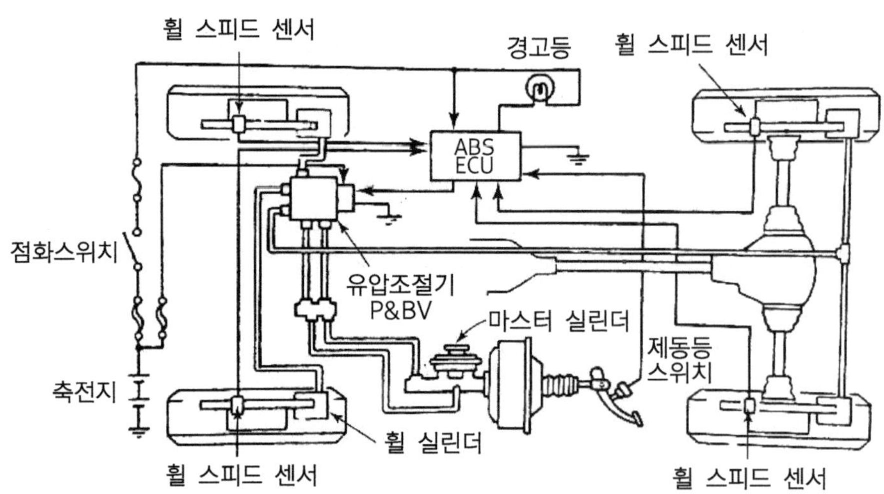

그림 9-26 전자제어식 ABS의 구조

이런 문제를 해결코자 적용하는 ABS 시스템은 주행하는 노면이 빙판, 빗물 등 타이어가 미끄러질 수 있는 조건에서 급 브레이크 시 바퀴의 회전축이 브레이크를 작동하는 동안 완전히 잠기지(Lock)않게 함으로 운전자가 핸들 작동을 가능케 함과 동시에 미끄러짐 없이 가능한 최단거리로 차량을 정지시킬 수 있게 하는 시스템이다.

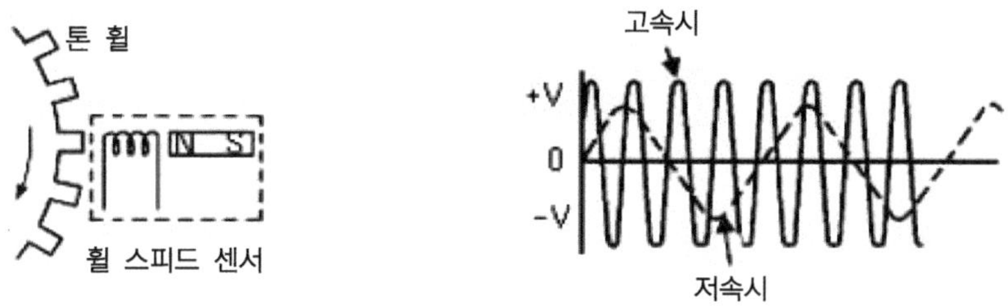

휠 스피드 센서의 구조

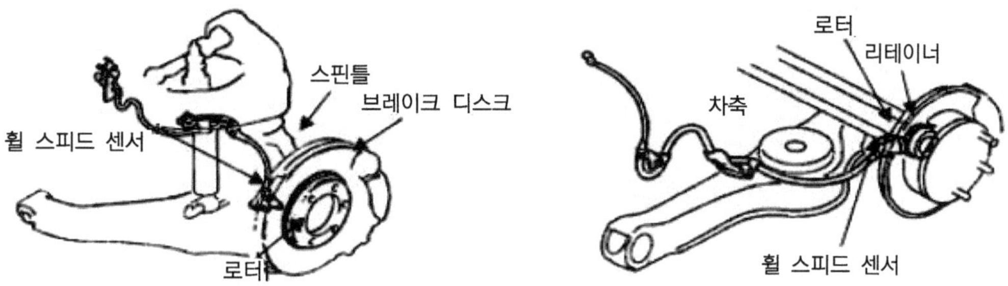

<휠 스피드 센서>

그림 9-27 휠 스피드 센서의 구조와 작동

ABS시스템은 주행 중 급제동을 하게 되면 타이어 미끄러짐을 휠스피드 센서로 감지한 후 컨트롤 유닛의 컴퓨터로 보내면 모듈레이터에서 브레이크 유압을 제어하게 된다. 따라서 여기서 감지되는 바퀴의 회전속도를 분석, 만일 한쪽 바퀴가 잠기면(Locked) 그 바퀴만 펌핑하여 네 바퀴의 접지력이 동일하도록 만들어 준다. ABS를 장착하면 조향 및 방향안전성 향상, 제동거리 단축, 타이어의 고른 마모 및 제동이음 감소 등의 효과가 있다.

그림 9-26은 전자제어식 ABS구조를 나타내고 있다. ABS를 구성하는 주요 부품은 다음과 같다.

① **부스터 및 마스터 실린더** : 브레이크를 작동시키면 마스터 실린더 내부의 오일압력이 유압 조정기로 전달된다.

② **휠스피드센서** : 각 바퀴마다 설치되어 있어서 급제동시나 코너링시에 속도 값을 ECU에 전달해 주는 역할을 한다. 마그네트와 코일로 구성되어 있으며, 톤 휠은 스피드센서로부터 나오는 자속이 변화하여 교류전압이 발생한다. 이 교류전압은 바퀴의 회전속도에 비례하여 주파수가 변화하기에 4바퀴 각각의 회전속도를 알 수 있다. 그림 9-27은 휠 스피드 센서의 구조와 작동을 보여준다.

③ **ABS모듈레이터**(HCU : Hydraulic Control Unit) : ECU로부터 명령을 받아 바퀴가 미끄러질 때 바퀴의 유압을 조정한다. 그림 9-28

④ **브레이크 스위치** : 브레이크를 밟는 상태를 감지하여 ECU로 전달

각 바퀴마다 유압호스가 이어져 있으므로 라인이 4개인 것을 확인할 수 있음.

그림 9-28 ABS 모듈레이터

⑤ ECU : 스피드 센서로부터 휠의 속도신호를 받아 각 바퀴의 상태를 파악하여 모듈레이터로 유압조정신호를 보낸다.

⑥ **프로포셔닝 밸브**(Proportioning Valve) : 급제동시 뒤 실린더쪽으로 전달되는 유압을 지연시켜 차량의 쏠림을 방지한다.

⑦ ABS **경고램프** : 키 스위치 on시 램프가 점등되어 ABS가 작동되고 있음을 알려준다.

9.7.2 ESC(electronic stability control), 전자식 차체 자세제어 시스템

ESC는 Electric Stability Control의 약자로, 자동차 회사마다 제 각각으로 부르지만 결국은 **차량의 자세제어에 그 목적**이 있다. 일부 회사에서는 ESP(Electronic Stability Program), VDC (Vehicle Dynamic Control), VSC(Vehicle Stability Control), DSC(Dynamic Stability Control)등 다양한 이름으로 명명되고 있다.

이 장치는 ABS와 더불어 전자식 안전 주행장치로 차량의 제동과 움직임을 안정시켜 안전한 운전을 돕는 시스템이다. 선회시에 차량의 상태, 노면의 상태 등에 따라서 오버스티어링에 의한 스핀 또는 언더스티어링이 생기는데 이러한 현상을 방지하도록 좌우의 브레이크 제어를 통해 자세를 안정시킨다.

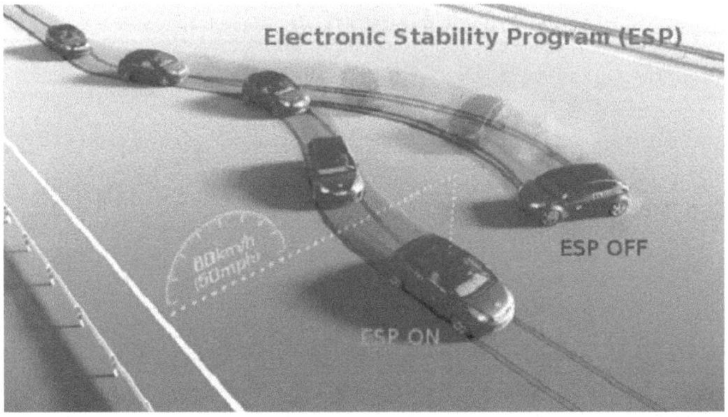

그림 9-29 ESP의 장착

- 언더스티어링(under steering) : 커버 바깥쪽으로 밀려나가게 함
- 오버스티어링(over steering) : 커버 안쪽으로 돌아가게 되며 심하면 스핀이 일어남.

차체 자세제어장치의 원조인 보쉬의 ESP를 기준으로 시스템을 구성하는 데 필요한 센서들은 다음과 같다. 달리고 있는 자동차의 바퀴 회전을 감지하는 휠스피드센서(Wheel Speed Sensor)와 차량의 회전정도를 감지하기 위한 자이로 센서(Gyra Sensor), 차량의 요(Yaw. 빗놀이, 수직축 회전)'와 롤 (Roll. 옆놀이, 세로축 회전), 그리고 피치(Pitch. 키놀이, 가로축 회전)를 감지하기 위한 가속도 센서(Acceleration Sensor)가 필요하다. 운전자가 스티어링 휠의 조타각을 얼마나 입력했는가를 계산할 때 필요한 스티어링 각도 센서(Steering Angle Sensor)도 필요하다.

여기에 차량의 주행에 직접 개입하기 위한 각종 기계장치들로는 ESP 컨트롤러와 유압제어시스템 등이 설치된다. ESP 컨트롤러는 위의 각종 센서로부터 획득한 정보와 차량의 ECU(엔진제어 유닛) 및 TCU(변속기 제어 유닛)에서 얻은 엔진 출력과 기어 단수 등의 정보 등을 분석 및 종합하여 자세제어 장치의 개입 여부를 판단하는 두뇌의 역할을 한다. ESP 컨트롤러가 자세제어 장치를 작동시켜야 한다고 판정을 내리면, TCS(Traction Control system)를 이용하여 엔진 출력의 제어하고, 유압 분배 장치를 제어하여 제동력이 필요한 바퀴에 각각 유압을 보내 제동을 가하는 식으로 작동하게 된다.

미국 연방고속도로교통안전청(NHTSA)의 조사에 따르면 차체 자세 제어 장치를 탑재한 자동차의 사고율은 미탑재 차량 대비 승용치 약 35%, SUV 차량 약 67%의 감소 효과를 보였으며, 일본 국토교통성에서는 자동차 단독 및 정면 충돌 사고율이 36%가량 감소했다는 조사 결과를 발표한 바 있어 장착되고 있는 추세이다.

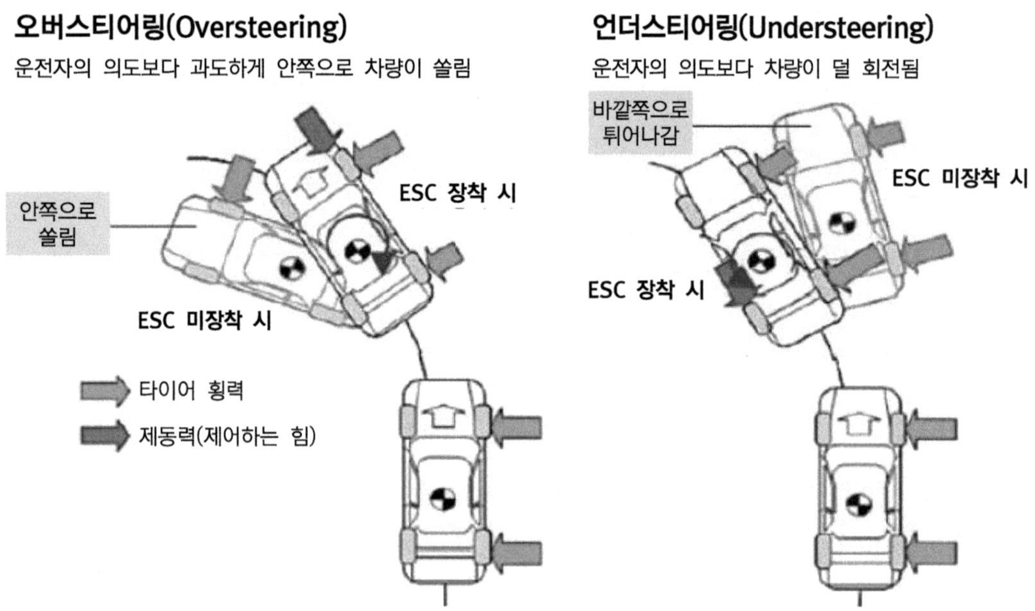

그림 9-30 ESP의 작동

9장 연습문제

1. 조향장치의 이론 중 애커먼-장토식의 원리에 대하여 설명하라

2. 휠 얼라이먼트에서 캠버각, 캐스터, 킹핀각, 토우각의 정의와 역할에 대하여 설명하라

3. 현가장치의 구성부품에 대하여 간략히 설명하라

4. 차축현가식과 독립현가식에 대하여 개요와 특징에 대하여 설명하라

5. 자동차의 진동 특성중에서 스프링 위 질량 진동과 스프링 아래 질량 진동을 나누어서 설명하라

6. 전자제어 현가장치(ECS) 입력요소들의 작동과 출력요소들의 작동에 대하여 간략히 설명하라

7. 제동장치의 용도에 따른 분류 중 ①주 브레이크, ②주차 브레이크, ③보조 브레이크를 나누어서 설명하라

8. 자동차 브레이크 작용 중 1) 페이드(fade)현상 2) 베이퍼록(vapor lock) 현상에 대하여 설명하라

9. 디스크 브레이크의 특성에 대하여 설명하라

10. 자동차의 엔진브레이크의 원리에 대하여 아는대로 설명하라

10장 친환경 자동차

친환경자동차는 내연 엔진과 전기자동차의 축전지 엔진을 동시에 장착하거나, 차체의 무게를 획기적으로 줄여 공기의 저항을 최소화하는 등 기존의 일반 차량에 비해 연비 및 유해가스 배출량을 획기적으로 줄인 차세대 자동차를 말한다.

전기자동차나 수소연료전지자동차는 유해가스를 기존의 차량보다 90% 이상 줄일 수 있고, 대도시의 공기와 주변 환경을 개선할 수 있으며, 교통통제·도로계획 등과도 잘 맞기 때문에 친환경자동차(Eco-Car)라고도 부른다.

하이브리드 전기자동차는 엔진+모터와 같이 두 개 이상의 동력원을 가진 자동차로 정의될 수 있고, 전기자동차는 순수 축전지를 사용하는 자동차로 정의될 수 있다. 특히 전기자동차는 배기가스가 전혀 배출되지 않으며, 내연기관에 비해 부품수가 현저히 감소하고 낮은 속도에서도 더 높은 토크를 낼 수 있다. 궁극적으로는 하이브리드 전기자동차가 전기자동차의 과도기적 성격을 지니고 있다는 점에서 전기자동차를 하이브리드 전기자동차를 포함한 넓은 의미로 쓰기도 한다.

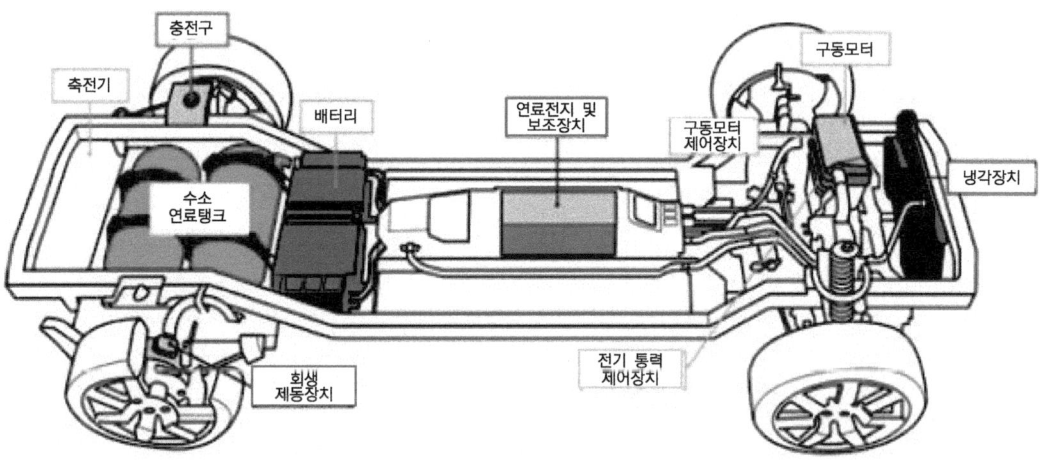

그림 10-1 친환경자동차(수소연료자동차)의 구조

10.1 친환경자동차의 구분

그림 10-2 친환경자동차의 종류

친환경자동차 구분

- 친환경자동차를 5종류로 나누어 보면 HEV, PHEV, EV, NEV, FCEV로 나눌 수 있다.
- HEV(Hybrid Electric Vehicle) : 하이브리드 전기자동차. 일반적인 내연기관과 모터 그리고 축전지가 장착되어 화석연료의 에너지와 전기에너지를 사용하여 구동되는 형식의 자동차로서, 기존 내연기관 자동차에 비하여 연비가 높고 공해물질 및 이산화탄소의 배출량이 적은 것이 장점이다. 엔진과 모터 그리고 구동축의 연결방식에 따라 크게 직렬/병렬/직병렬 방식으로 구분할 수 있으며 구동축과 전기모터가 직접 연결되어 있는 방식이면 직렬, 구동축에 전기모터와 엔진이 같이 연결되어 있으면 병렬, 그때 그때 전기모터, 엔진, 모터+엔진의 방식으로 구동할 수 있으면 직병렬 방식으로 분류된다. 병렬형 HEV를 기준으로 장점을 설명하자면, 가속 또는 등판시엔 모터에서 동력을 보조 받을 수 있기 때문에 동급의 엔진이라도 일반차량에 비해 가속/등판력이 좋으며 감속시엔 버려지는 에너지를 모터가 회생시켜 축전지를 충전하고 자동차가 정지시엔 엔진이 정지할 수 있어 연비개선 및 이산화탄소 배출 저감효과가 있다.
- PHEV(Plug-in Hybrid Electric Vehicle) : 가정이나 충전소에서 쉽게 충전 할 수 있는 전기플로그가 장착되어 있는 하이브리드 전기자동차를 의미하며, 가정 등에서 충전한 전기로 주행을 하다가 충전된 전기를 소모해 감에 따하 엔진을 동작시켜 추가로 전기에너지를 보충시키는 방식으로, 충전된 전기로 주행하는 구간에서는 EV와 같이 오염물질 및 이산화탄소 배출량이 없으며 엔진을 동작시켜 운행하는 구간에서도 HEV와 같은 높은 연비와 저공해 주행이 가능하다. 현재 출퇴근용 정도의 거리는 전기자동차모드로 주행이 가능하다고 하다. HEV와 비교하여 상대적으로 큰 축전지 용량이 요구되며, EV의 과도기적 기술로서 상용화가 계획되고 있다.

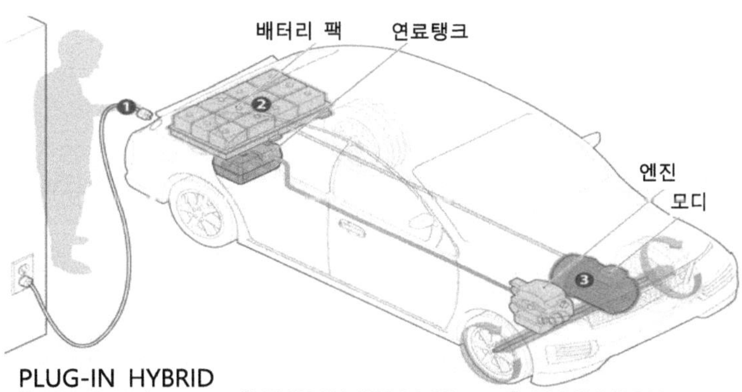

- EV(Electric Vehicle) : 내연기관 없이 모터와 축전지가 엔진과 화석연료의 역할을 대신하는 자동차를 말하다. 주행시 오염물질 및 이상화탄소배출량이 없어 무공해차량으로 불리며 이러한 특징들 때문에 HEV, PHev와 같은 과도기적 혹은 혼합식의 구조는 향후 축전지 기술의 발전에 따하 사라지고 EV화 될 것으로 기대되고 있다. 많은 완성차 제조업체들과 신생 벤처기업들에서 전기자동차를 출시하거나 이를 계획하고 있으며 작년 일본에서 i_MEV라는 전기자동차가 첫 상용화 되었다.

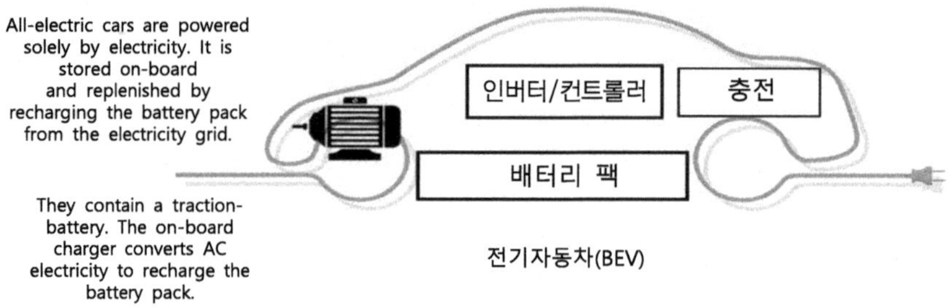

전기자동차(BEV)

- NEV(Neighborhood Electric Vehicle): 저속전기자동차라 불린다. 저속전기자동차는 아직은 부족한 축전지의 용량과 비싼 가격에 대응하기 위한 시도로써 PHEV와는 접근 방법을 달리한다.

NEV

- FCEV(Fuel Cell Electric Vehicle) : FCEV는 EV의 배터리가 갖는 문제점을 극복하는 과정에서 나온 것이다. 사실 EV는 배터리문제만 극복되면 세상에서 가장 완벽한 자동차이다. 배터리문제란 가볍고, 부피가 작고, 반영구적이며 값이 싼 배터리를 만들어야 한다는 것이다. 여기에 무엇보다 충전시간이 짧아야 한다. FCV는 EV의 배터리 충전문제를 해결하기 위해 수소만 공급해 주면 계속 전기가 생산되는 연료전지를 사용한다.

표 10-1 친환경자동차의 종류 및 특징

구분	하이브리드차 (HEV)	플러그인 HEV (PHEV)	전기자동차 (EV)	연료전지차 (FCEV)
동력계 구조		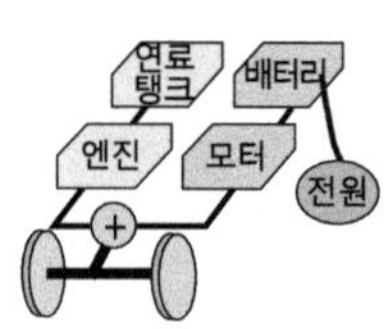	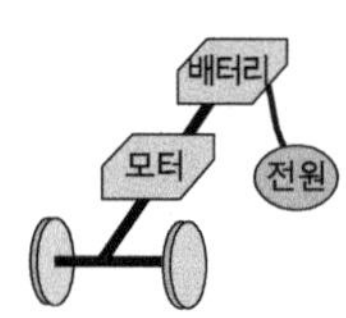	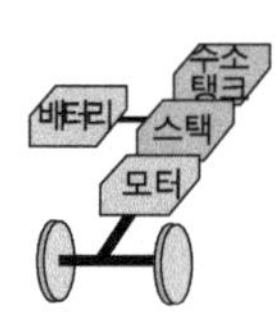
구동원	· 엔진 + 모터	· 모터 · 엔진(방전시)	· 모터	· 모터
에너지원	· 화석연료 · 전기	· 전기 · 화석연료(방전시)	· 전기	· 수소

다음

↳이전

특 징	· 구동시 내연기관/모터 적절히 작동시켜 연비 향상 · 별도 인프라 필요 없음 · 배터리 전용 주행 5km내외	· 단거리 전기로만 주행 · 장거리 주행시 엔진 직구동 · HEV대비 배터리 용량 증대(주행거리60km내외)	· Zero-Emission · 현재 근거리 주행만 가능(400km내외)	· 수소/산소반응으로 전 기를 생산하여 모터 구동 · Zero-Emission · 수소탱크, 스택 등 장 착(레이아웃불리) · 시스템 고가
구매비용	· 다소 고가	· 다소 고가	· 고가	· 초고가
배터리 용 량	· 0.98 ~ 1.8 KWh	· 4 ~ 16 KWh	· 16 ~ 100 KWh	· 10 KWh 내외
운영비용	· 다소 저비용	· 다소 저비용	· 저비용	· 고비용
운전편의	· 내연기관 대비 · 동일	· 내연기관 대비 · 거의 동일	· 내연기관 대비 · 불편(충전 필요)	· 내연기관 대비 · 불편(수소충전 필요)
적용사례	· 프리우스(도요타) · 시빅(혼다) · 소나타(현대) · K5(기아)	· VOLT(GM) · 프리우스(도요다) · F3DM((BYD) · i8(BMW)	· BOLT(GM) · 모델S(테슬라) · ZOE(르노) · 코나(현대)	· 미라이(도요다) · 클래리티(혼다) · 넥쏘(현대)

친환경자동차는 동력원의 전기화 정도에 따라 구분해 볼 수 있다. 즉 HEV는 동력원으로 전기모터와 내연기관을 동시에 쓰는 자동차, PHEV는 동력원은 전기만 쓰지만 충전에 필요한 내연기관을 내장한 자동차, BEV는 순수 전기로만 움직이는 자동차를 말한다.

① 기존의 엔진과 변속기를 동력원으로 사용하는 내연기관(Internal Combustion Engine)

② 정지시 엔진이 정지되어 연료를 저감하는 Micro(Mild) HEV

③ 기존 엔진에 모터로 보조하는 Soft(Power Assist) HEV

④ 전기 모터가 출발과 가속시에만 역할을 하는게 아니라 주행에 주된 역할을 하는 Hard(Full) HEV

⑤ 기본적으로 전기모터로 움직이지만 축전지 범위를 넘어서는 거리는 엔진을 이용해 발전기를 돌리는 방식인 Plug-in HEV

⑥ 순수 축전지로만 운행하는 EV 또는 수소연료전지를 이용하는 FCEV 등의 순서로 구분이 가능하다.

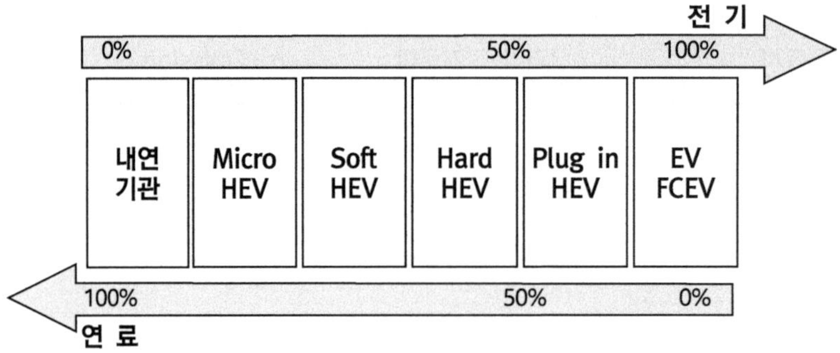

그림 10-3 에너지 사용률에 의한 분류

하이브리드 전기자동차의 경우, 두가지 이상의 동력원을 사용하기 때문에 전기자동차에 비해 여러 가지로 분류가 되는데 동력전달 방식에 따라 직렬형(Series), 병렬형(Parallel), 혼합형(직·병렬형)(Series/Parallel)이 있으며, 모터 사용정도에 따라 Micro(Mild) HEV, Soft(Power assist) HEV, Hard(Full) HEV로 분류된다.

플러그 인 하이브리드 전기자동차(PHEV)기본은 하이브리드 전기자동차 이지만, 축전지 용량을 하이브리드 전기자동차와 전기자동차의 중간 크기로 하고, 비상시에는 다시 충전해 두는 것으로 단거리는 전기자동차로서 활용하는 형식이다. 가정 전원이 이용 가능하고 어디서도 충전할 수 있다는 간편성을 염두해 둔 방식이다. 트럭에 비해 단거리 이용이 많은 승용차의 특성에 주목하여, 전동 주행을 단거리 이용으로 줄여서 전지 코스트를 줄인 가솔린 자동차와 전기자동차의 하이브리드 방식이다.

PHEV는 하이브리드 전기자동차와 마찬가지로 동력계 구조에 따라 바퀴축과 발전기가 연결된 직렬 하이브리드 시스템(Serial Hybrid System), 병렬 하이브리드 시스템(Parallel Hybrid System), 직병렬 하이브리드 시스템(Serial Parallel Hybrid System)으로 구분된다. 각 방식의 차이는 엔진과 전기모터가 어떤 역할을 맡고 있는지가 핵심이다.

전기자동차에 전기를 공급하는 방법은 무엇이 있을까? 방법은 연료전지와 축전지 두 가지다. 외부로부터 전기를 충전, 저장해야 하는 축전지방식은 수백 파운드의 무거운 축전지팩이 필요한데다 운행거리에 제한이 따르고 3～6년에 한 번씩 축전지를 교환할 때 많은 돈이 든다. 그래서 자동차 업계에서는 연료전지 방식에 더 주목하고 있다. 특히 수소연료전지는 축전지에 비해 작고 가벼우며 빠른 시간에 재충전된다는 것이 장점이다. 또 수증기만을 방출하기 때문에 가장 깨끗한 미래형 동력원이 될 것으로 보인다.

연료전지자동차의 경쟁자인 전기자동차는 엄밀한 의미에서 무공해차로 분류하기는 어렵다. 왜냐하면, 주행시 배기가스를 배출하지는 않지만 화력발전으로 전기를 생산한다면 화석 연료를 사용하기 때문이다. 연료전지(Fuel Cell)는 수소와 산소의 화학반응으로 생기는 화학에너

지를 직접 전기에너지로 변환시키는 기술을 이용한 전지이다.

수소 연료전지자동차가 가장 친환경에 가깝지만 아직 개발되어야 할 기술과 생산 단가를 많이 낮춰야 하는 문제점이 있다. 수소 연료전지자동차는 수소 연료 전지로 발전하고 전동기를 구동하는 타입으로 수소를 직접 연소하여 이용하는 수소자동차와는 에너지를 내는 방법이 다르다.

알코올 연료전지자동차는 알코올을 직접 연료전지에 공급하는 방식과, 연료 개질기를 사용하여 알코올에서 수소를 얻어, 수소 연료 전지에 공급하는 방식이 있다. 발전이후의 시스템은, 전동기를 구동하는 전기자동차와 거의 같다. 알코올을 연료로 하여 직접 내연기관에서 연소시키는 자동차와는 다르다.

10.2 하이브리드 전기자동차(HEV)

10.2.1 정의

하이브리드 전기자동차(Hybrid Electric Vehicle, HEV)는 하나의 자동차에 2종류 이상의 엔진을 장착한 자동차를 말하는데, 가솔린 엔진과 전기모터, 수소연소 엔진과 연료전지, 천연가스 가솔린 엔진과 디젤엔진과 전기모터 등 두 개의 동력원을 함께 쓰는 차를 말한다.

하이브리드 전기자동차

- 하이브리드(hybrid)는 잡종, 혼합이란 뜻
- 2개 이상의 동력원을 이용하여 구동되는 자동차
- 동력원
  - 가솔린 엔진 + 전기모터
  - 엔진 + 회생시스템
  - 전기모터 + 회생시스템
  - 가스터빈 + 전기모터
  - 디젤엔진 + 전기모터

그림 10-4 하이브리드 전기자동차(HEV)의 구분

10.2.2 HEV의 모터 사용 정도에 의한 분류

1) Micro(Mild) HEV

Micro(Mild) HEV는 공회전시 시동이 자동으로 꺼지고 출발시 엑셀레이터를 밟으면 시동이 켜지는 idle stop & go system을 장착한 차량으로 모터는 이때 보조역할만 하는 단순한 시스템이다. 기존의 내연기관에 부착하거나 제약조건이 많은 소형차량에 적합한 방식이다.

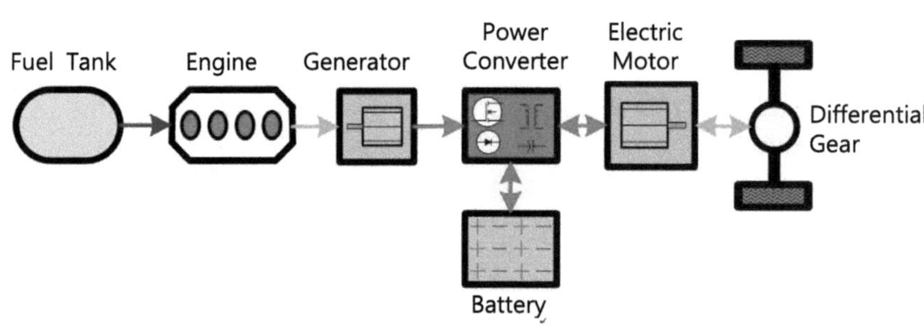

그림 10-5 Micro(Mild) HEV

2) Soft HEV

Soft HEV의 경우 Micro(Mild) HEV 방식보다는 모터의 보조역할이 더 크다. 대부분의 병렬형 방식이 Soft 타입으로 현대자동차의 아반테 LPI 하이브리드 및 혼다자동차의 시빅 하이브리드와 같이 엔진 + 전기모터 한 개 + CVT로 구성되어 있다. 이 경우 엔진과 변속기 사이에 모터가 삽입되어 있으며 모터가 엔진의 동력 보조역활을 수행하게 된다. 전기모터 단독으로 차를 움직일 수 있지만 모터는 단지 추진의 보조역할을 한다.

Soft 하이브리드 시스템은 전기적인 비중이 적어 가격이 저렴한 장점이 있지만 순수 전기모드 구현이 불가능하여 배기가스 저감 및 연비개선에서 상대적으로 불리하게 된다. Soft 타입은 시동이나 가속순간에만 모터가 엔진을 보조하고 정속 주행 시는 일반 자동차와 동일하게 엔진으로만 구동하는 타입이다. 그래서 하드타입에 비하여 연비가 나쁜 셋이다.

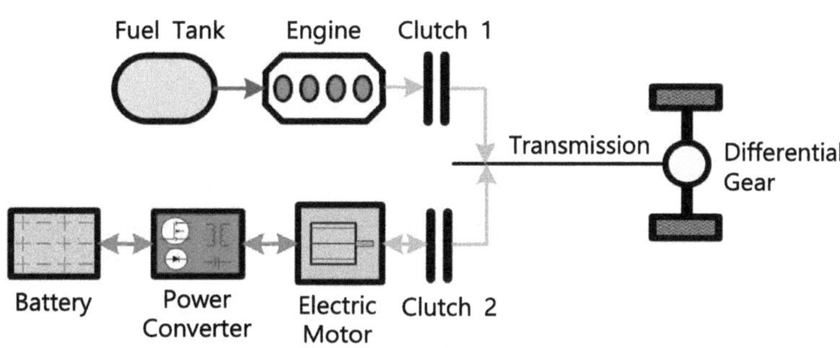

그림 10-6 Soft(Power assist) HEV

3) Hard(Full) HEV

Hard(Full) HEV은 전기 모터가 출발과 가속시에만 역할을 하는게 아니라 주행에 주되게 사용되는 방식이다. 직렬형과 혼합형(직·병렬형)이 이 방식에 속한다. 도요타의 프리우스가 대표적이며 이러한 방식이 하이브리드의 주류가 될 것으로 보이지만 기술과 비용 측면에서 모든 차량이 Hard(Full) HEV로 가려면 좀 더 기간이 필요해 보인다.

Hard 하이브리드는 토요다자동차의 프리우스처럼 엔진에 전기모터 2개를 가지고 있으며 CVT로 구성된 하이브리드 시스템이다. 이 경우 엔진, 모터, 발전기의 동력을 분할/통합하는 기구인 유성기어를 채택하여 효율적으로 동력을 배분하고 있으며 모터 2개가 유기적으로 작동하여 동력보조 역할도 수행하면서 순수 전기자동차로 작동도 가능하다.

Hard 하이브리드 시스템은 대용량 모터와 추가 모터 등 2개 이상의 모터와 제어기가 필요하고 대용량 축전지가 필요하여 Soft 타입에 비하여 전용부품이 1.5~2배 이상 고가인 단점이 있지만 회생제동 효율이 우수하고 연비가 좋은 장점도 가지고 있다.

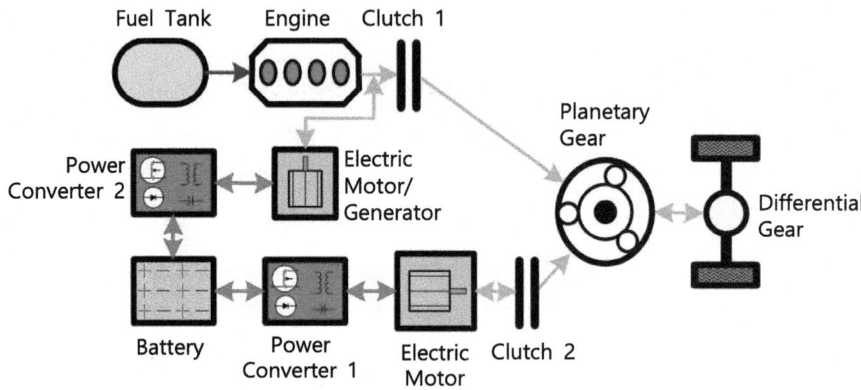

그림 10-7 Hard(Full) HEV

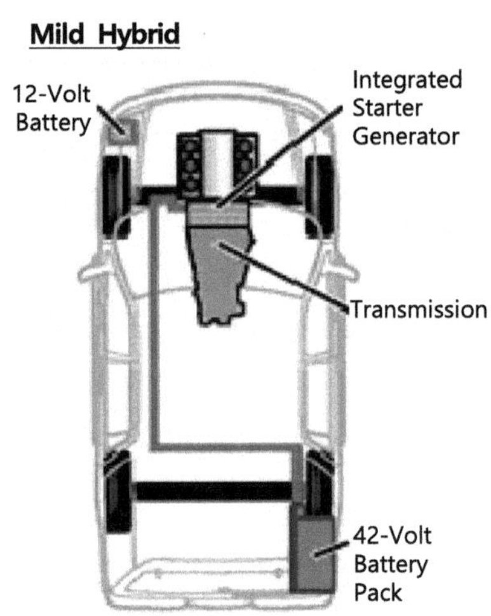

그림 10-8 Mild 하이브리드 시스템

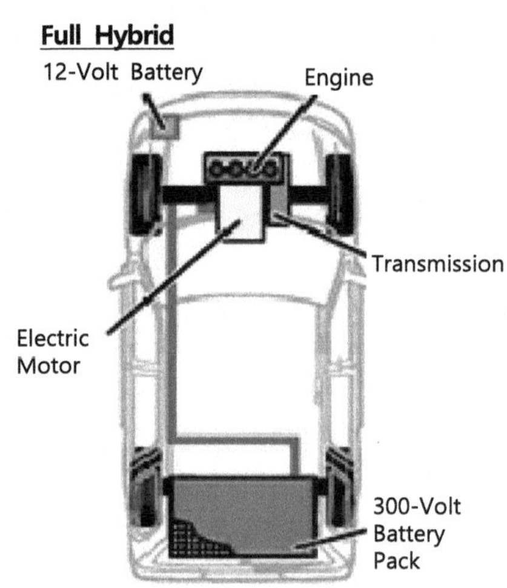

그림 10-9 Full 하이브리드 시스템

표 10-2 동력원의 전기화 정도에 따른 구분

구 분		특징	
내연기관		· 기존의 엔진과 변속기를 동력원으로 사용	· 엔진
HEV	Micro(Mild) HEV	· 공회전시 엔진이 정지 · 모터는 보조(재시동)역할만 하는 단순 시스템 · 소형차량에 적합한 방식 · Citroen C_2	· 엔진+모터(보조미비)
	Soft(Power assist) HEV	· 기존 엔진에 모터로 보조 · 전기 주행모드가 없다. · 재시동이나 가속순간에만 모터가 엔진을 보조 · 대부분의 병렬형 방식 · 현대 자동차 아반테 LPI HEV 및 혼다 자동차의 시빅	· 엔진(주) + 모터(보조)
	Hard(Full) HEV	· 전기 모터가 출발과 가속시에만 역할을 하는게 아니라 주행에 주된 역할 · (저속시)전기 주행모드가 있다. · 하이브리드의 주류가 될 것 · 직렬형/혼합형(직· 병렬형) · 도요타의 프리우스 대표적 예	· 모터(주) + 엔진(보조)
PHEV(Plug-in HEV)		· 기본적으로 전기모터로 움직이지만 축 전지 범위를 넘어서는 거리는 엔진을 이용해 발전기를 돌리는 방식 · 동력원은 전기만 쓰지만 충전에 필요한 내연기관을 내장한 자동차 · 가정용 콘센트를 이용해 자동차를 충 전시키는 구조	· 모터(주)+엔진 (배터리 충전)
BEV		· 순수 전기로만 움직이는 자동차.	· 모터(배터리)
FCEV		· 연료전지에서 발생하는 순수 전기로만 움직이는 자동차.	· 연료전지 +모터

10.2.3 HEV의 동력전달 방식에 의한 분류

HEV의 동력전달 방식에 의한 분류를 요약하면 표 10-3과 같다.

표 10-3 동력전달 방식 HEV 분류

구 분		특징	
직렬형	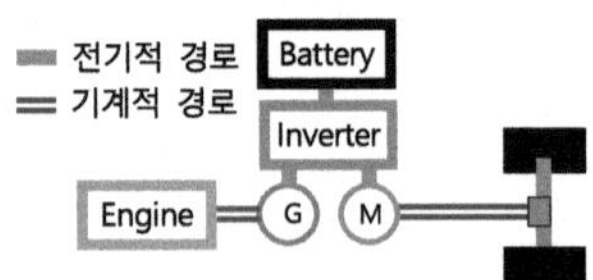 직렬형	**· 직렬형은 엔진이 발전기를 돌리고, 발생한 전기에 의해 모터가 구동축(바퀴)를 움직이는 방식** **· 엔진이 구동축에 연결되어 있지 않고 엔진과 발전기가 직접 연결되어 있어 직렬형이라고 부른다** · 최대 핵심은 전기의 힘으로만 기계적인 추진력을 얻어야 하기 때문에 대용량 축전지가 필요 · 하이브리드 트럭이나 버스와 같이 중량이나 면적에서 제약 조건이 적은 타입이 유리	· 시보레 볼트 (플러그인)
병렬형	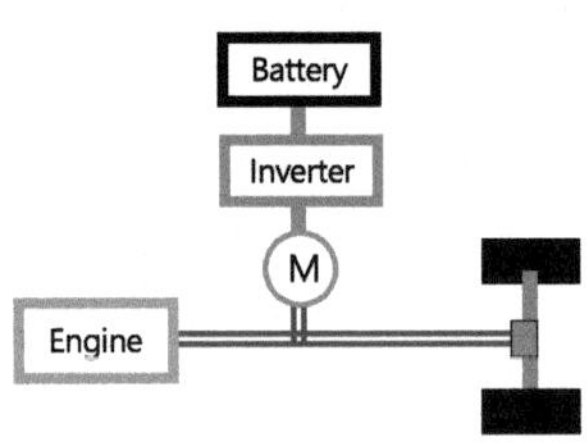	· 하이브리드 형태 중 가장 널리 적용 되는 방식 · 엔진과 전기모터가 동시에 구동축에 힘 을 전달하는 방식(엔진과 모터가 각각 독립적으로 구동) · 주행상태에 따라 엔진과 모터로 최적 상태 구동 – 큰 동력필요시 : 엔진 + 모터 – 여유 동력시 : 엔진→모터구동→전지 충전(모터는 발전기 역할).	· 혼다 시빅 · Soft 방식 · 현대차 방식
혼합형	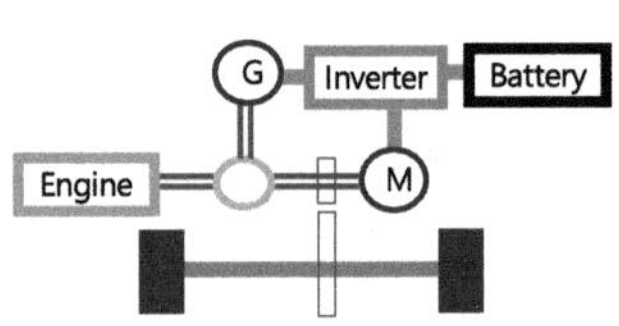 혼합형(직· 병렬형)	· 엔진과 모터가 동시에 작동되거나, 모터 단독 또는 엔진 단독으로, 그리고 엔진과 회생제동을 통해 발전기를 돌려 구동축을 움직이는 방식 · 복잡한 구조와 전장기술 때문에 비교적 비용이 높아지는 단점 · 중형급 이상의 차종에 적합한 방식 · 발진, 경부하시 : 모터주행(엔진정지) · 통상 주행시 : 엔진구동 + 모터구동 · 감속시 : 모터를 발전기로 변환 · 감속에너지 축전지충전 · 엔진효율이 좋은 주행상태에서는 엔진으로 발전기를 돌려 축전지에 충전하여 두고자함이 주요 동작과정이다.	· 도요타 프리우스 · Hard 방식

일반 자동차와 하이브리드 전기자동차의 구조 비교

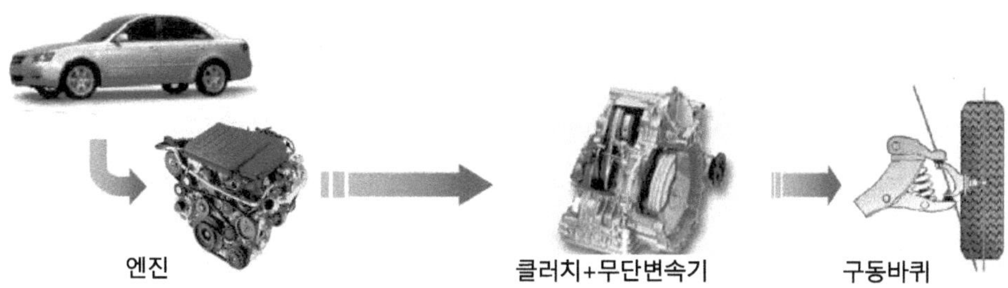

일반자동차의 구조(무단변속기 장착용)

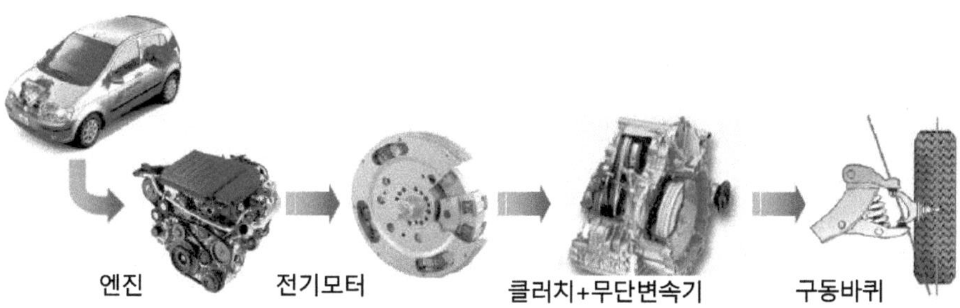

하이브리드 전기자동차의 구조

그림 10-10은 현대자동차 병렬형 하이브리드 시스템 동작특성을 보여주고 있다.

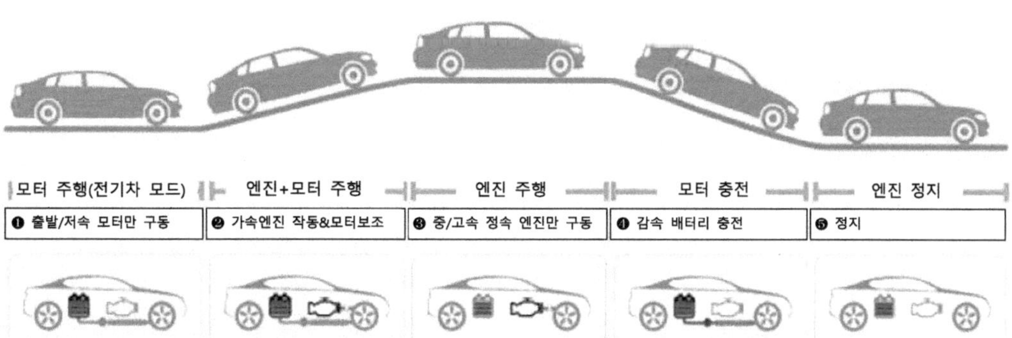

그림 10-10 현대자동차 병렬형 하이브리드 시스템 동작특성

10.3 플러그 인 하이브리드 전기자동차(PHEV)

플러그 인 하이브리드 전기자동차(PHEV)의 기본은 하이브리드 전기자동차이지만, 축전지 용량을 하이브리드 전기자동차와 전기자동차의 중간 크기로 하고, 비상시에는 다시 충전해 두는 것으로 단거리는 전기자동차로서 활용하는 형식이다.

가정 전원이 이용 가능하고 어디서도 충전 할 수 있다는 간편성을 염두해 둔 방식이다. 트럭에 비해 단거리 이용이 많은 승용차의 특성에 주목하여, 전동 주행을 단거리 이용으로 줄여서 전지 코스트를 줄인 가솔린 자동차와 전기자동차의 하이브리드 방식이다.

기존 대부분의 HEV의 경우 차량에 탑재된 축전지의 전기에너지를 이용하여 저속운전 영역에서 약 1 km~2 km 이내의 짧은 거리만 순수 전기구동이 가능했던 반면, PHEV는 전기에너지를 이용하는 운전 영역을 고속영역까지 대폭 확대시킴과 동시에 순수 전기구동 주행거리를 수십 km 이상으로 확장함으로써, 내연기관의 사용을 최소화하고 효율을 극대화하여 CO_2의 배출량 및 연료 연료소모량을 저감하고, 대기 환경부하 저감 등의 효과를 기대할 수 있는 환경 친화적인 자동차이다.

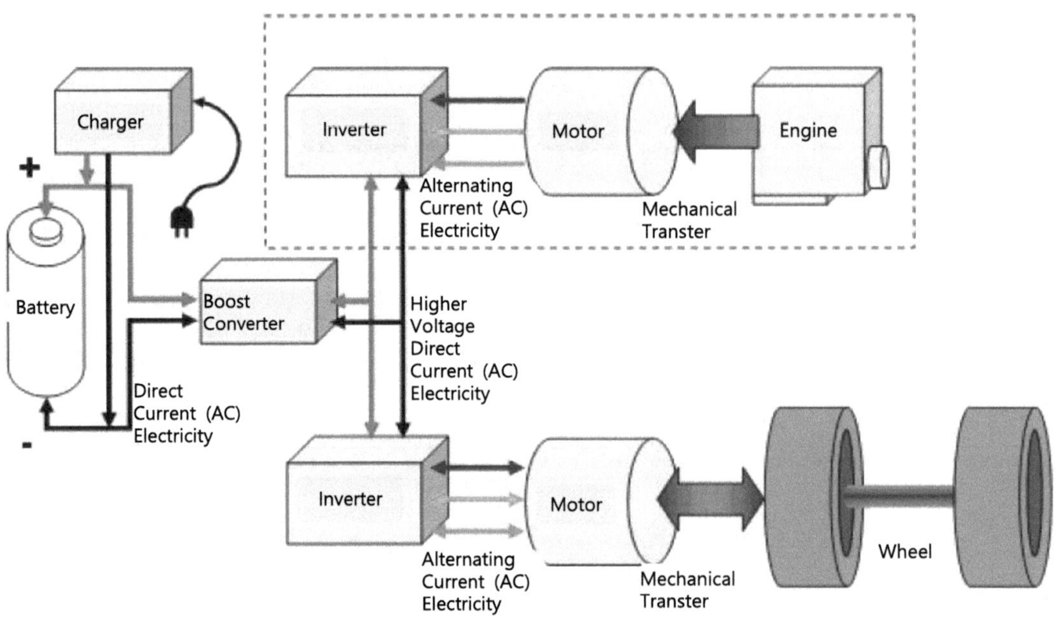

그림 10-11 PHEV의 구조

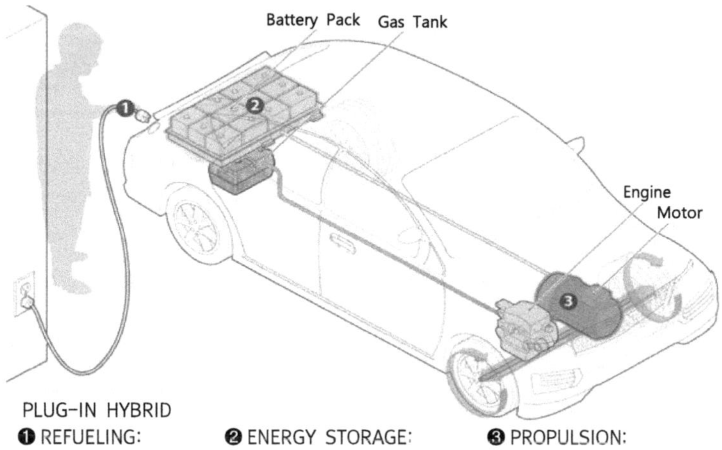

그림 10-12 PHEV 추진장치 구조

10.3.1 동력전달 방식에 의한 분류

PHEV는 하이브리드 전기자동차와 마찬가지로 동력계 구조에 따라 바퀴축과 발전기가 연결된 직렬 하이브리드 시스템(Serial Hybrid System), 병렬 하이브리드 시스템(Parallel Hybrid System), 직병렬 하이브리드 시스템(Serial Parallel Hybrid System)으로 구분된다. 각 방식의 차이는 **엔진과 전기모터가 어떤 역할을 맡고 있는지가 핵심**이다.

직렬 하이브리드 시스템은 엔진이 발전기를 돌리고, 발전기가 전기모터에 전류를 공급해 구동축을 움직이는 방식이다. 구동축을 움직이는 역할은 전기모터가 하며 엔진은 전기모터에 전력을 공급하는 역할만 한다. GM 시보레 볼트가 이 방식을 사용하고 있다.

병렬 하이브리드 시스템은 엔진과 전기모터가 동시에 구동축에 힘을 전달하는 방식이다. 엔진이 구동축에 바로 연결되기 때문에 직렬 하이브리드 시스템과 달리 엔진에서 얻어진 기계적 에너지를 전기에너지로 바꾸지 않아도 된다는 것이 장점이다. 혼다 인사이트, 시빅 하이브리드 등이 병렬 하이브리드 시스템을 사용하고 있다.

직병렬 하이브리드 시스템은 직렬방식과 병렬방식을 상황에 따라 유연하게 바꿔가며 사용할 수 있는 방식이다. 엔진 힘이 구동축에 직접 전달되기도 하고 전기모터만으로 사용할 수 있기도 해서 편리하다. **저속에서는 직렬 시스템을 사용하고, 고속에서는 병렬 시스템을 사용**하기 때문에 연비와 출력 모두 장점을 가질 수 있다. 도요타 프리우스, 렉서스 하이브리드 차량 등에 직병렬 하이브리드 시스템이 사용된다.

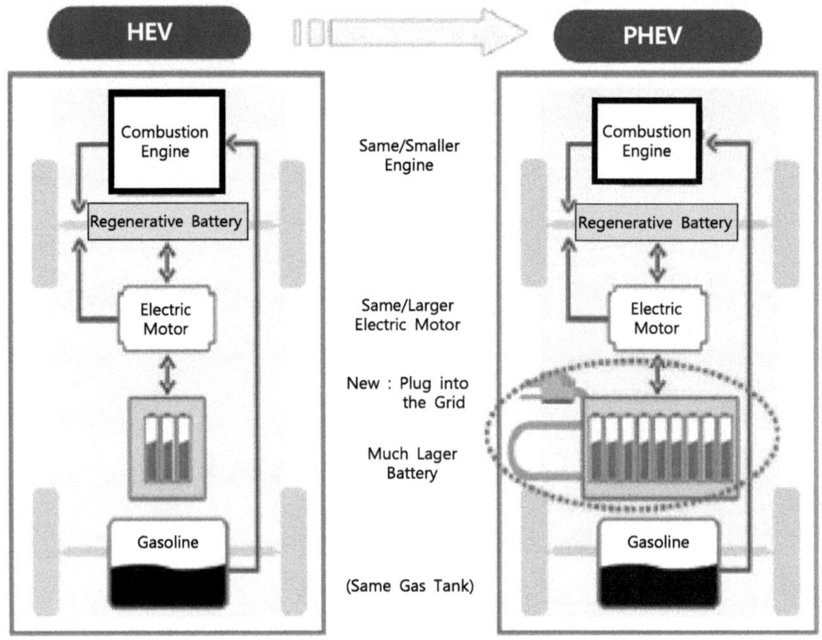

그림 10-13 HEV와 PHEV의 구성비교

하지만 각 방식은 주행상황에 따라 장단점이 존재한다. 직렬 시스템 경우에는 정지와 운행이 반복되는 도심 운전에서는 연비가 우수하지만, 고속도로 주행에서는 연비가 오히려 낮다. 병렬 시스템은 도심 운전에는 연비가 낮지만 고속도로 주행에서는 연비가 높다. 직병렬 경우 양쪽 장점을 가지고 있지만 대형 발전기와 축전지 팩이 필요하기 때문에 원가가 높다는 것이 단점이다.

플러그인 하이브리드 전기자동차는 낮은 유지비, 친환경 등 여러 가지 경쟁력을 가지고 있어 GM, 포드, 도요타 등 글로벌 자동차업계가 사활을 걸고 개발하고 있다.

이제 가까운 미래에는 일을 마치고 집에 돌아가면 휴대전화보다 자동차를 먼저 충전해야 하는 일이 발생할지도 모른다.

표 10-4 플러그인 하이브리드 전기자동차 비교

구분	구동방식	비고
직렬 PHEV	· 대표적인 구조 · 엔진이 발전기를 돌리고, 발전기가 전기모터에 전류를 공급해 구동축을 움직이는 방식 · 구동축을 움직이는 역할은 전기모터가 하며 엔진은 전기 모터에 전력을 공급하는 역할만 한다.	· 시보레 볼트
병렬 PHEV	· 엔진과 전기모터가 동시에 구동축에 힘을 전달하는 방식 · 엔진이 구동축에 바로 연결되기 때문에 직렬 하이브리드 시스템과 달리 엔진에서 얻어진 기계적 에너지를 전기 에너지로 바꾸지 않아도 된다는 것이 장점	· 혼다 인사이트 · 혼다 시빅
직병렬 PHEV	· 직렬방식과 병렬방식을 상황에 따라 유연하게 바꿔가며 사용할 수 있는 방식 · 엔진 힘이 구동축에 직접 전달되기도 하고 전기모터만 으로 사용할 수 있기도 해서 편리 · 저속에서는 직렬 시스템을 사용하고, 고속에서는 병렬 시스템을 사용하기 때문에 연비와 출력 모두 장점을 가 질 수 있다. 등에 직병렬 하이브리드 시스템이 사용	· 도요타 프리우스 · 도요타 렉서스

표 10-5 Plug-in HEV의 장단점

구 분	장 점	단 점
Plug-in HEV (PHEV)	· 기솔린 스탠드를 이용 가능히며, 충 전 스탠드 정비가 진행될 때까지는 편리하게 사용할 수 있다. · 전지로 장거리 주행을 타협하고 있으 므로, 전지 코스트/중량이 전기자동차 보다 저렴하다. 그 때문에 전지 가격 저하까지는 종합 경제적으로 유리하다. · 대형 승용차에 전기자동차보다 우월 한 연비를 보인다. · 가솔린차와 동등 이상의 항속성능을 보인다.	· 13 km정도 이상의 주행은 히이브리드 전기자동차와 비슷한 정도의 환경 부하가 있다. · 장거리 주행, 또는 지속적인 대출력이 필요한 버스, 트럭 등에는 쓸 수 없다. · 전기자동차와 가솔린 자동차의 전환 기구가 필요하고 부품 수가 많아서, 전지의 코스트 다운이 진행된 경우는 경제적 이득을 잃게 된다.

현대차 소나타 PHEV

쏘나타 PHEV의 가장 큰 특징인 두 가지 '주행 모드' 이다. 엔진 없이 모터로만 주행하는 전기자동차 모드(CD 모드)와 필요에 따라 엔진과 모터를 모두 사용하는 하이브리드 모드(CS 모드), 쏘나타 PHEV에서는 두 가지 '주행 모드'의 매력을 모두 만나볼 수 있다.

- **전기자동차 모드(CD mode: Charge Depleting): 엔진은 쉬고 모터를 이용해 주행**

LF쏘나타 PHEV는 충전된 배터리가 일정량 소진될 때까지는 모터로만 주행하는 CD 모드를 유지한다. 말 그대로 급가속 등 특별한 상황을 제외하곤, 연료를 사용하는 엔진을 쉬게 해주는 시간인 것이다.

- **하이브리드 모드(CS mode: Charge Sustaining) : 엔진과 모터로 주행**

쏘나타 PHEV는 일반적으로 시동을 걸고 출발할 때 CD모드, 즉 전기자동차 모드로 운행되다가 강한 가속이 필요하거나 배터리가 소진됐을 때 모터와 엔진, 두 개의 심장을 함께 사용하는 CS모드로 진입한다.

브랜드	토요타	쉐보레	현대차
차량명	프리우스 프라임	볼트	아이오닉 플러그인
배터리용량	8.8 kWh	18.4 kWh	8.9 kWh

그림 10-14 미국시장 PHEV 3파전 모델비교

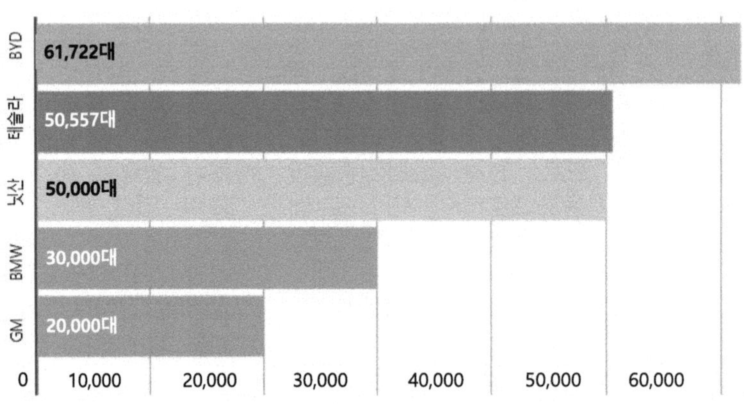

그림 10-15 전기자동차 판매량 순위(2016년)

10.4 배터리 전기자동차(BEV)

내연기관 없이 모터와 전지가 엔진과 화석연료의 역할을 대신하는 자동차를 전지 전기자동차(BEV)라고 한다. 주행 시 오염물질 및 이산화탄소 배출량이 없어 무공해차량으로 불리며 이러한 특징들 때문에 HEV, PHEV와 같은 과도기적 혹은 혼합식의 구조는 향후 축전지 기술의 발전에 따라 사라지고 BEV화 되고 있다.

전기자동차의 주요부품은 축전지, 모터, 인버터/컨버터, 회생제동장치, 축전지시스템(BMS) 등이다. 축전지는 재충전이 가능한 2차전지가 이용되며 전기자동차 품질에 가장 큰 영향을 미치며, 모터는 축전지를 통해 구동력을 발생시키며 인버터/컨버터는 직류와 교류를 변환시키는 역할을 한다. 축전지시스템은 축전지의 충전, 방전을 조절하고 보호하는 역할을 하여 축전지의 품질을 향상 시킨다.

전기자동차의 모터는 전기에너지를 기계에너지로 변환하여 드라이브 라인에 동력을 공급한다. 모터는 구동전원의 형태에 따라 직류모터와 교류모터로 구분할 수 있는데, 교류모터는 직류모터에 비해 구조가 비교적 간단하여 모터의 크기를 소형화, 경량화 할 수 있어 현재 전기자동차에는 주로 교류모터가 사용되고 있다.

전기자동차의 축전지는 핵심기술로서 기존의 납축전지에서 니켈-수소전지, 리튬이온전지, 리튬이온폴리머전지 등 성능 및 안전성 등에서 개발과 발전을 거듭해오고 있습니다. 그러나 전기자동차의 활성화를 위해서는 더욱 에너지밀도를 높이고 공급가격을 낮출 수 있는 기술개발이 필요하다.

표 10-6 내연기관차 VS 전기자동차 부품수 비교

구분	내연기관차 부품수		전기자동사 부품수	
엔진부품	**6,900 개**	**23%**	-	-
구동,전달 및 제동장치	5,700 개	19%	3,600 개	19%
차체	4,500 개	15%	4,500 개	24%
현가(서스펜션) 및 제동	4,500 개	15%	4,500 개	24%
전장품, 전자부품	3,000 개	10%	900 개	5%
기타	5,400 개	18%	5,400 개	29%
합계	**30,000 개**	**100%**	**18,900 개**	**100%**

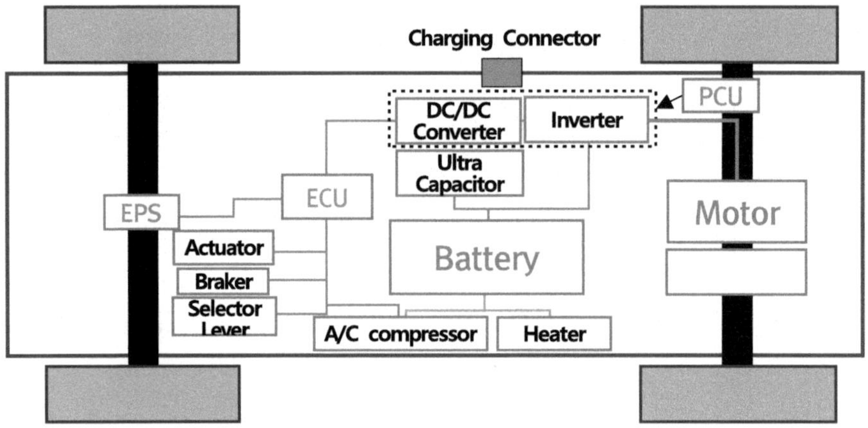

EPS: Electronic Power Steering
PCU: Power Control Unit(Converter+Inverter)
ECU: Electronic Control Unit

그림 10-16 전기자동차의 주요 부품구성도

표 10-7 전기자동차의 주요 구성품

주요 구성품	특 징
모 터	· 모터에는 직류모터와 교류모터가 있다. · 교류모터는 브러시가 필요 없으나 교류의 타이밍을 모터로 얻고 싶은 토 크나 회전수에 맞춰 조정하는 것이 어려워 효율이 낮다. · 요즘에는 회전자와 고정자의 위치관계를 정확히 알아서 교류전류를 흘리는 방식이 개발돼 마치 브러시 없는 직류모터와 같은 성능을 낼 수 있다. · 모터에 걸리는 전압은 회전수와 전류 양쪽에 관계된다. 전기자동차로 평 지를 달리며 속도를 높이려면 전압을 올리면 되고 고갯길에서 같은 속도로 달리고 싶으면 전압을 올리고 회전수를 유지한 채 전류를 증가시키면 된다. · 최근에는 브러시리스 DC모터라고 불리는 유도식 교류모터가 개발돼 각 광을 받고 있다.
축전지	· 가솔린 자동차와 달리 현재의 전기 자동차는 주행거리가 짧기 때문에 가솔린 자동차의 감각으로 운전하다가는 길거리에서 멈추기 십상이다. 그래서 남아 있는 전력량을 아는 일이 매우 중요하다. · 보통 축전지액의 비중 또는 전압을 측정하는 두 가지 방식이 있다. 그런데 축전지 중 주위 온도에 따라 남아 있는 전력량이 달라지는 것도 있어 계기를 만드는 일이 쉽지 않다.
DC/AC Converter	· 인버터는 컨버터와 같은 작용을 하면서 직류를 교류로 변환시키는 기능 · 직류를 교류로 만들기 위해 변조기가 사용 · 인버터는 컨버터에 비해 구조가 복잡

다음

↪이전

주요 구성품	특 징
모터제어기	· 엑셀 패달 조작량 및 속도를 검출해서 거기서 의도한 구동 토크 변화를 가져올 수 있도록 차속이나 부하 등의 조건에 따라 모터의 토크 및 회전 속도를 제어한다. · 직류모터라면 전류의 크기를 제어 · 교류모터는 진폭이나 주파수/위상을 바꾸어서 자동차의 주행상황 변경한다.
회생제동장치	· 전기자동차의 에너지 소비를 줄여 주는 데 있어 매우 중요한 역할을 하는 것이 회생 브레이크다. · 전기자동차 모터는 발전기와 구조가 같아 전류를 흘리면 회전하고 반대로 밖에서 힘을 걸어 회전시키면 발전기가 됨 · 차를 감속시키거나 제동을 할 때 그 힘으로 모터를 회전, 전기를 발전시켜 축전지로 보내는 장치를 만들면 전기소모량을 많이 줄일 수 있다. · 엔진차를 전기자동차로 개조하는 경우 : 엔진 위치에 모터를 장착하고 트랜스미션과 디퍼렌셜기어를 그대로 사용하는 일이 많다. · 전기 자동차에 사용되는 모터들은 저속에서 고속까지 무단으로 부드럽게 변환시킬 수 있기 때문에 반드시 변속기와 감속기가 필요하지는 않다. · 실제로 최근에 오리지널 전기자동차로 개발된 차들은 바퀴를 각각 하나씩 돌리도록 여러 개의 모터가 장착된다.

표 10-8 자동차별 주행거리 비교

구분	배터리용량(KWh)	주행거리(Km)	완충시간(예상)	배터리 공급사
BMW i3	21	132	3～5시간	삼성SDI
닛산 리프	24	132	4～5시간	AESC
현대 아이오닉	28	191	4～5시간	LG화학
BMW 뉴 i3S	33	300	4～5시간	삼성SDI
테슬라 모델3(표준)	55	354	6～8시간	파나소닉
기아 니로 EV	60	380	8～9시간	SK이노베이션
GM 볼트(Bolt)	60	383	8～9시간	LG화학
현대 코나 EV	60	390	8～9시간	LG화학
닛산 리프 2세대	60	400	8～9시간	AESC
르노 조에(ZOE)	41	400	8～9시간	LG화학
테슬라 모델3(장거리)	75	450	9～10시간	파나소닉
테슬라 모델s 90D	90	512	10～12시간	파나소닉
테슬라 모델s P100D	100	594	11～12시간	파나소닉
루시드 에어	130	643	11～12시간	삼성SDI

평균 *30 KWh/200 Km *60 KWh/400 Km *90 KWh/500 Km / 주행거리는 국가별 인정기준이 다름

많은 완성차 제조업체들과 신생 벤처기업들에서 전기자동차를 출시하거나 이를 계획하고 있다.

최근 친환경차 중 비교적 관심이 적었던 전기자동차가 내연기관을 대체할 차량으로 주목을 받게 된 가장 큰 요인은 전지 성능 및 기술발전이지만 중국의 전기자동차 개발의지도 중요한 요인 중 하나라고 할 수 있다.

현재 세계 1위의 자동차 수요시장인 중국에서 전기자동차를 중심으로 친환경차 시장이 형성된다면 선진국을 중심으로 시장이 형성되고 있는 하이브리드자동차나 클린디젤차에 비해 시장 확대가 더욱 클 것이다. 특히 자동차 수요가 신흥국 위주로 증가하고 경소형차 수요비중이 높아지는 상황에서 경소형차를 중심으로 개발되고 있는 전기자동차는 친환경차 산업에서 시장형성이 빠를 것으로 예측된다. 따라서 전기자동차 개발에 소극적이던 주요 완성차업체들은 최근 전기자동차 시장선점을 위한 전기자동차 개발에 박차를 가하고 있으며 잇달아 전기자동차 출시 계획을 발표하고 있다.

300 km 이상 주행이 가능한 전기자동차 모델이 잇달아 출시된다. 가격 면에서는 아직 내연기관차보다 비싼 편이지만, 주행거리 면에서는 내연기관차 수준에 근접하고 있다.

10.5 연료전지자동차

10.5.1 개요

전기자동차에 전기를 공급하는 방법은 연료전지와 축전지 두 가지다. 외부로부터 전기를 충전, 저장해야 하는 축전지 방식은 수백 파운드의 무거운 축전지 팩이 필요한데다 운행거리에 제한이 따르고 3~6년에 한 번씩 축전지를 교환할 때 많은 돈이 든다. 그래서 자동차 업계에서는 연료전지 방식에 더 주목하고 있다. 특히 수소연료전지는 축전지에 비해 작고 가벼우며 빠른 시간에 재충전된다는 것이 장점이다. 또 수증기만을 방출하기 때문에 가장 깨끗한 미래형 동력원이 될 것으로 보인다.

연료전지자동차의 경쟁자인 전기자동차는 주행 시 배기가스를 배출하지는 않지만 화력발전으로 전기를 생산한다면 화석 연료를 사용하기 때문에 엄밀한 의미에서 무공해차로 분류하기는 어렵다.

연료전지자동차는 화학적 축전지 대신 작은 발전소에 비유할 수 있는 연료전지(Stack)를 싣고 다닌다. 연료전지자동차는 수소를 연료로 사용하는데 아직은 수소 저장 및 운반 기술이 미

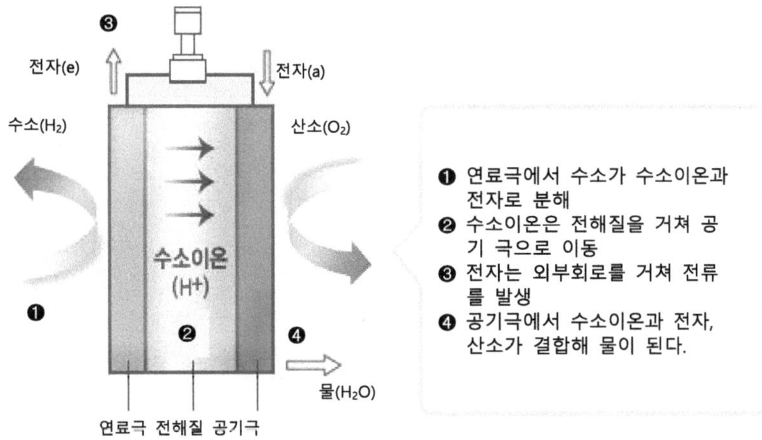

그림 10-17 연료전지의 전기발생원리

흡하고, 충전소도 많지 않아서 상용화에 어려움을 겪고 있다. 그러나 관련 연구가 활발하게 이루어지고 있어 수년 내에 대중화가 이루어질 것으로 전문가들은 내다보고 있다.

수소 연료전지자동차의 개요는 다음과 같다.

물을 전기분해하면 수소와 산소가 나온다. 이러한 과정을 역으로 수소와 산소를 결합시키면 물과 전기가 발생하는데, 이 때 발생한 전기를 이용해 모터를 구동하는 방식의 차량이 바로 수소 연료전지자동차이다.

연료전지는 연료극(Anode), 공기극(Cathode), 그리고 이온전도성 전해액으로 구성된다. 연료극에서 수소가 이온화되어 수소이온의 형태로 전해액을 통해 공기극으로 이동하고, 이온화 시 발생한 전자는 외부회로를 통하여 공기극으로 흘러가게 된다. 공기극에서 만난 산소, 수소이온 그리고 전자가 반응하여 물을 생성한다. **즉, 연료전지는 수소와 산소를 전기 화학적 방법으로 반응시켜서 전기를 생산하는 장치이다.** 이때 생성물은 물이며, 부수적으로 반응열도 생성된다.

연료전지는 수소와 공기만 공급하면 전기에너지를 끊임없이 만들어내는 반면, 물 이외에는 전혀 공해물질을 배출하지 않기 때문에 친환경성과 대체에너지의 조건을 완벽하게 만족시킨다. 세계 각국이 수소 연료전지자동차를 환경친화적 미래형자동차의 최종적인 목표로 삼고 있는 것도 이런 까닭이다.

연료전지 이외에 혁신적인 자동차를 만드는데 필요한 기술은 연료전지와 전자제어 운전기술의 통합이다. 수소 연료전지자동차는 실내 공간이 넓을 뿐만 아니라 **기존의 동력전달 장치가 없어지므로** 구조와 형상 면에서 설계의 제약이 사라진다.

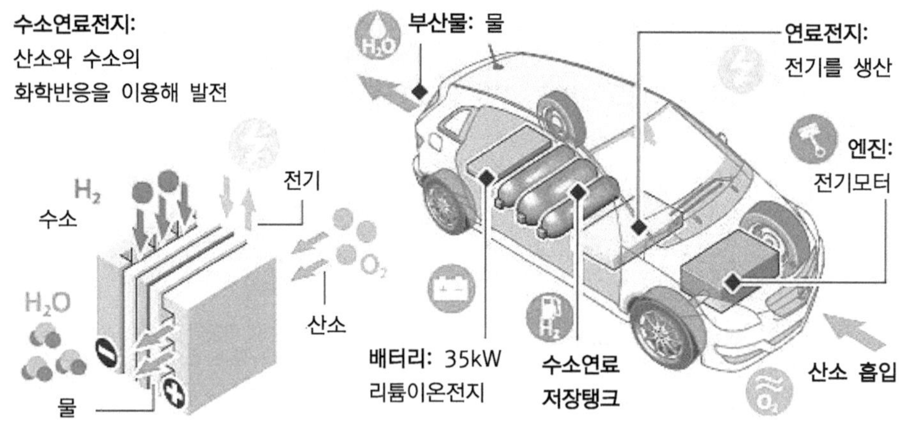

그림 10-18 수소연료전지자동차 구조

표 10-9 연료전지자동차의 특징

장 점	단 점
- 높은 효율 - 조용 - 차량의 레이아웃 설계 용이(즉, 기존 동력전달 장치가 없다) - 공해물질 배출 없음 - 부품교체 비용이 상대적 저렴 - 단 시간에 연료보급·충전 가능	- 높은 차량 가격(연료전지가격이 고가) - 수소연료 공급기반이 구축되지 않아 지금은 당장 실용화를 기대하기는 어려움 - 보급의 최대 장애는 안전하면서 효율이 좋은 수소 저장기술의 미흡

연료전지자동차의 실용화에 큰 장애 요소는 높은 차량 가격이었다. 연료전지자동차의 가격이 비싼 이유는 연료전지의 가격 때문이며, 연료전지의 화학반응에 필요한 촉매로 사용되는 백금이 상대적으로 비싸며, 차량 대당 많은 양의 백금이 사용되기 때문이다. 따라서 수소 연료전지 분야의 기술개발은 백금을 사용하지 않거나 적게 사용하지 않는 방법에 집중되고 있다.

10.5.2 수소추출방법

수소차의 연료로 쓰이는 수소는 풍부한 자원이지만 자연상태에서 단독으로 존재하는 에너지원이 아니다. 수소는 물, 화석연료, 생명체 등에 내재하지만 에너지형태로 사용되기 위해서는 추출과정을 거쳐야 한다. 수소생산기술로는 **화석연료를 활용한 개질방식과 수전해 방식(물 전기분해)이 있다.** 석탄은 가스화(Gasification)를 통해, 천연가스는 수증기개질(Vapor Reforming)을 통해 이산화탄소와 수소를 분리할 수 있다.

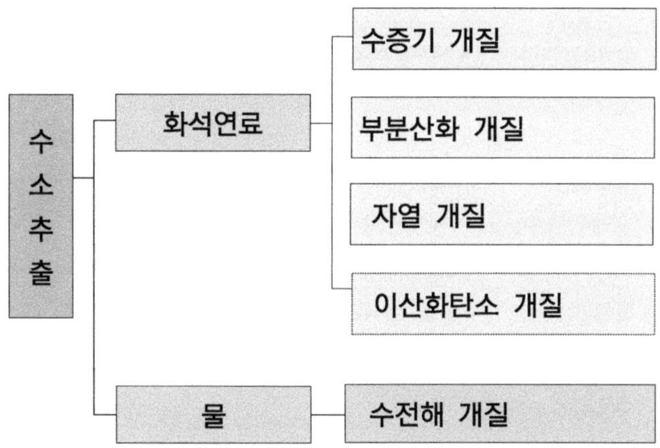

그림 10-19 수소 개질방법

그림 10-20 수소경제 개념도

현재 수소를 에너지원으로 얻는 방법 중 화석연료를 개질한 수소생산이 가장 경제적인 방법이다. 수전해기술은 물을 전기분해해 수소를 얻는 방법이다. 고순도의 수소가 생산되며 환경오염이 적다는 장점이 있지만, 고가의 전력비용이 수소제조 과정에서 발생한다는 단점이 존재하고, 에너지변환효율이 낮아 현재는 수소생산단가가 가장 높은 방식이라 할 수 있다.

FCEV의 전기생산 단계는 다음과 같다.

1단계 : 수소탱크에 저장된 수소가 수소연료전지 스택으로 공급

2단계 : 유입된 산소가 수소연료전지 스택으로 공급

3단계 : 수소연료전지 안에서 산소와 수소가 화학반응을 통해 전기생산

4단계 : 발생된 전기가 모터와 배터리로 공급 & 물을 외부로 배출

그림 10-21 수소연료전지차 상황별 구동방식

10.5.3 수소연료전지자동차의 기본구조

수소연료전지의 기본구조는 고분자전해질 막을 중심으로 양쪽에 다공질의 연료극(Anode)과 공기극(Cathode)이 부착되어 있는 형태로 되어 있다. 재료만 다를 뿐 보통의 전지 구조와 흡사하다. 양극에선 수소가 이온화되며 전자를 내놓는데, 이 전자는 중간의 전해질을 통해 음극으로 이동하고 그곳에서 공기와 반응해 물을 만듭니다. 이 때 전자가 이동하는 과정에서 우리가 얻고자 하는 전기에너지가 발생하는 것이다.

우리가 사용하는 수소연료전지는 양극, 음극, 전해질로 구성된 하나의 단위전지가 여러 개 겹쳐진 적층구조를 이루고 있다. 전류는 단위전지 면적에 따라 전압은 저장을 하고 단위전지 개수에 따라 조절되므로 수소연료전지는 전력을 자유자재로 결정할 수 있다는 장점도 있다.

1) 구성부품

연료전지자동차는 연료전지 스택, 수소저장탱크, 주변보조기기(공기압축기, 열교환기, 연료공급장치 등), 보조전지, 그리고 모터 및 모터 제어기로 구성되어 있다.

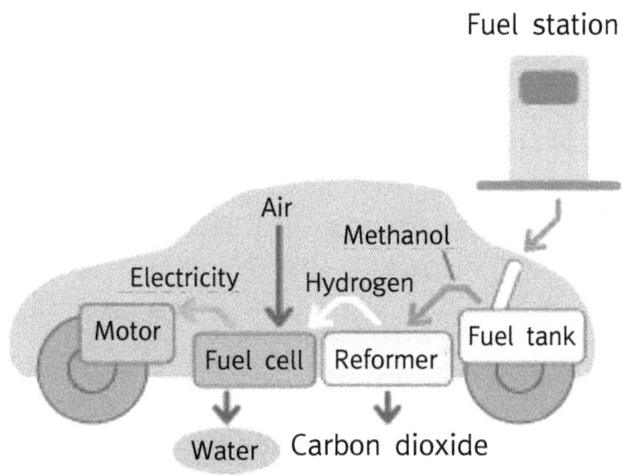

그림 10-22 연료전지자동차 구조

표 10-10 수소연료전지자동차의 주요 구성품

주요 구성품	특 징
연료전지 스택	- 수소와 산소를 화학반응시켜 전기를 생산 - 원하는 전기출력을 얻기 위해 단위전지를 수십장, 수백장 직렬로 쌓아 올린 본체 - 단위전지 제조, 단위전지 적층 및 밀봉, 수소공급과 열회수를 위한 분리판 설계·제작 등이 핵심기술임
수소저장탱크	- 충전소에서 충전한 수소를 고압으로 저장 - 수소를 자동차에 탑재하기위한 방법으로는 크게 고압수소가스 저장, 액체수소저장, 수소흡장물질에 의한 저장, 탄소나노기술에 의한 저장 등 네 가지 방법이 있다. - 고압용기 : 수소저장 용기는 가볍고, 부피가 작아야 하기 때문에 탄소섬유 복삽새로 만들어진 압력용기가 쓰임
연료변환기 (개질기)	- 화석연료(천연가스, 메탄올, 석유 등)로 부터 수소를 발생시키는 장치 - 연료변환기는 시스템에 악영향을 주는 황(10 ppb이하), 일산화탄소(10 ppm 이하) 제어 및 시스템 효율향상을 위한 Compact가 핵심기술 - 개발 초기에는 연료 변환기가 장착된 시스템의 연구가 활발하였으나 시간이 지나면서 **연료 변환장치를 자동차에 장착하지 않고 수소 충전소에서 연료 변환을 통해 생산된 수소를 충전하는 방식으로 연료 공급의 개념이 바뀌고 있다.**

주변보조기기	- 공기압축기, 열교환기, 연료, 공기, 열회수 등을 위한 펌프류, Blower, 센서 등을 말한다. - 고압밸브, 배관류 : 고압의 수소를 저장탱크에 탑재가기 위해 필요한 고압배관, 압력조절 밸드 등 - 열 & 물 관리장치 : 전기화학 반응 중 발생하는 스택의 열을 방출 - 내연기관에는 연료 및 공기 공급, 냉각, 배기를 위한 장치로 구성된 엔진 운전 장치가 있듯이, 연료전지 발전 시스템에도 같은 기능을 하는 연료전지 운전 장치가 있는데, 열 및 물질 수지 개념을 중요시하는 화학 공정에서는 이를 BOP라 한다.
구동모터	- 연료전지에서 생성된 전기로 자동차 바퀴를 구동 - 연료전지에서 나오는 직류전기는 인버터를 통하여 교류로 변환 후에 교류모터를 구동한다. - 교류모터는 브러시가 필요 없으나 교류의 타이밍을 모터로 얻고 싶은 토크나 회전수에 맞춰 조정하는 것이 어려워 효율이 낮다. - 요즘에는 회전자와 고정자의 위치관계를 정확히 알아서 교류전류를 흘리는 방식이 개발돼 마치 브러시 없는 직류모터와 같은 성능을 낼 수 있다. - 모터에 걸리는 전압은 회전수와 전류 양쪽에 관계된다. 전기자동차로 평지를 달리며 속도를 높이려면 전압을 올리면 되고 고갯길에서 같은 속도로 달리고 싶으면 전압을 올리고 회전수를 유지한 채 전류를 증가시키면 된다. - 최근에는 브러시리스 DC모터라고 불리는 유도식 교류모터가 개발돼 각광을 받고 있다.
모터제어기	- 엑셀 패달 조작량 및 속도를 검출해서 의도한 구동 토크 변화를 가져올 수 있도록 차속이나 부하 등의 조건에 따라 모터의 토크 및 회전속도를 제어 - 교류모터는 진폭이나 주파수/위상을 바꾸어서 자동차의 주행상황 변경한다.
인버터	- 연료전지에서 나오는 직류전기(DC)를 우리가 사용하는 교류(AC)로 변환시키는 장치(연료전지스택에서 생산되는 DC 전력을 모터구동 전압 수준으로 변환) - 직류를 교류로 만들기 위해 변조기가 사용 - 인버터는 컨버터에 비해 구조가 복잡
보조전지	- 연료전지에서 생산된 전기를 저장 - 연료전지자동차에서 연료전지 스택의 내구수명을 증대시키고, 주행거리와 연비향상을 위하여 **보조전원으로 이차전지나 슈퍼 캐퍼시터 등이 사용된다.** - 보통 축전지액의 비중 또는 전압을 측정하는 두 가지 방식이 있다. 그런데 축전지 중 주위 온도에 따라 남아 있는 전력량이 달라지는 것도 있어 계기를 만드는 일이 쉽지 않다.

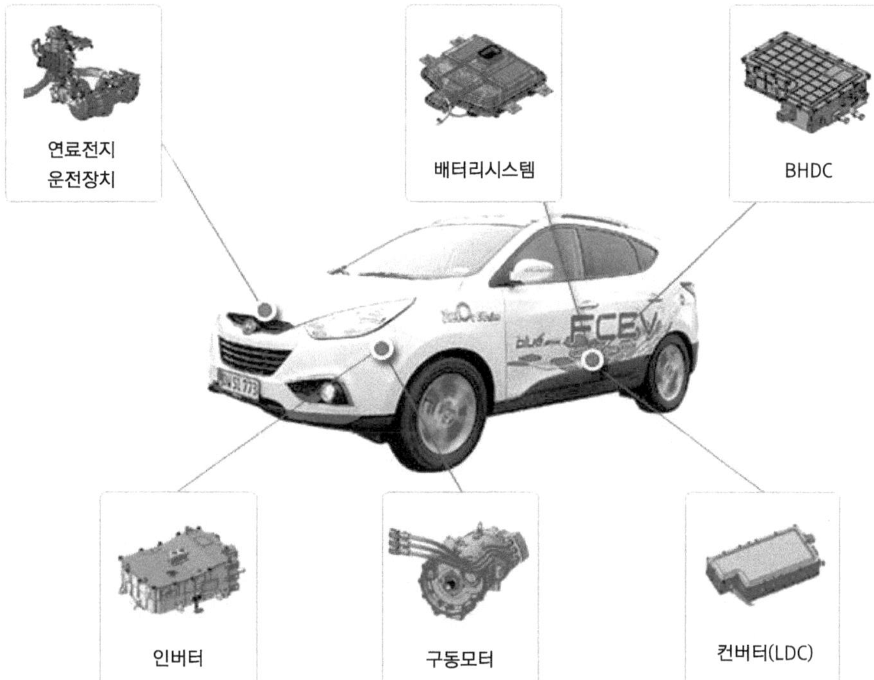

그림 10-23 수소연료전지자동차의 구조

표 10-11 동력원에 따른 효율 비교

구분	Well to Tank 연료생산효율(%)	Tank to Wheel 차량효율(%)	Overall Efficiency 총괄효율(%)
가솔린 내연기관	88	18	16
디젤	89	22	20
HEV	88	30	26
EV	26	80	31
FCEV	75	48	36
FCEV(목표치)	70	60	42

수소연료전기자동차의 구동방식은 고압으로 압축된 수소를 연료저장탱크에 충전했다가 수소연료전지에서 산소와 결합시켜 전기화학 반응을 일으킨다. 이 과정에서 전기에너지가 생성되고 전기모터를 돌려 자동차가 움직인다.

수소저장탱크와 수소연료전지가 가장 핵심 요소다. 전기자동차의 핵심이 배터리인 것과는 차이가 있다.

표 10-12 전기자동차 종류별 주요구성부품

부품명	하이브리드전기자동차	전기자동차(EV)	수소연료전기자동차
전기모터	●	●	●
배터리	●	●	●
BMS	●	●	●
인버터/컨버터	●	●	●
차량제어기	●	●	●
엔진	●	-	-
변속기	●	-	-
수소저장탱크	-	-	●
연료전지	-	-	●

10.6 친환경자동차의 비교

10.6.1 구조적인 차이

자동차에서 파워트레인은 동력장치에서 생산한 동력을 바퀴에 전달하는 과정에서 필요한 시스템을 지칭한다.

전기자동차 파워트레인은 동력을 만드는 모터와 전기의 특성을 제어하는 파워일렉트로닉스, 그리고 전기에너지를 저장하는 전지팩으로 구성된다. 연료를 저장하고 배출하는 내연기관차의 연료탱크는 파워트레인에 포함되지 않지만, 전기자동차의 전지팩은 에너지의 저장 및 효율적 관리 역할까지 하므로 파워트레인 구성 요소에 포함된다.

전기자동차와 내연기관차 파워트레인의 가장 큰 차이는 동력을 만드는 방법에 있다. 내연기관차의 동력을 엔진이 만든다면, 전기자동차의 동력은 모터가 만든다. 엔진을 구동하려면 휘발유 등 연료가 필요하고, 모터를 돌리려면 전기가 필요하다. 동력을 전달하는 방식도 전기자동차와 내연기관차는 다르다. 전기자동차가 동력을 만들고 전달하는 방식은 내연기관차에 비해 간단한 편이다. 따라서 전기자동차 파워트레인은 내연기관차보다 구조적으로 훨씬 단순하고, 부품수도 최대 80%까지 줄어든다.

내연기관차의 성능은 파워트레인 구성 부품인 엔진과 변속기의 개별 성능, 그리고 부품간 효율적 연계 수준에 달려있다. 전기자동차에서도 파워트레인의 성능은 중요한 경쟁 요소다. 원가 측면에서도 파워트레인의 비중은전기자동차 부품 중에서 가장 높다. 전기자동차 모델간 경쟁의 핵심이다.

표 10-13 구조적인 차이점 비교

	내연기관차	전기자동차	연료전지차
동력발생장치	엔진 윤활장치 연료장치 냉각장치 흡배기장치 시동, 점화, 충전장치	배터리 없음 없음 냉각장치 없음 없음	연료전지스택 없음 수소탱크 냉각장치 공기 공급, 배기장치 운전, 충전장치
동력전달장치	클러치 변속기 추진축 종감속차동장치 차축	모터 감속기 차동장치	모터 감속기 차동장치
나머지 장치	동일	동일	동일

표 10-14 친환경자동차 종류별 특징

구분	HEV	PHEV	BEV	FCEV
차량모델	도요다프리우스	GM VOLT	테슬라 모델3	현대차 넥쏘
변속기	YES	YES	NO	NO
동력원	AC 동기식	AC 동기식	AC 동기/유도	AC 동기/유도
배출가스	YES	YES	NO	NO

표 10-15 친환경자동차 종류별 주요구성부품

부품명	하이브리드전기자동차	전기자동차(EV)	수소연료전지자동차
전기모터	●	●	●
배터리	●	●	●
BMS	●	●	●
인버터/컨버터	●	●	●
차량제어기	●	●	●
엔진	●	-	-
변속기	●	-	-
수소저장탱크	-	-	●
연료전지	-	-	●

표 10-16 전기자동차의 주요 구성품과 대응되는 가솔린자동차의 부품

	전기자동차 주요 구성품	내연기관 주요 구성품
구 동 원	모터	엔진
에너지원	구동 축전지	연료탱크 및 연료
에너지변환	DC/AC Converter	알터네이터
충 전 기	충전기	-
제 어 기	모터제어기	엔진제어기(ECU)
발 전 기	회생제동장치	-
기 동	-	시동모터

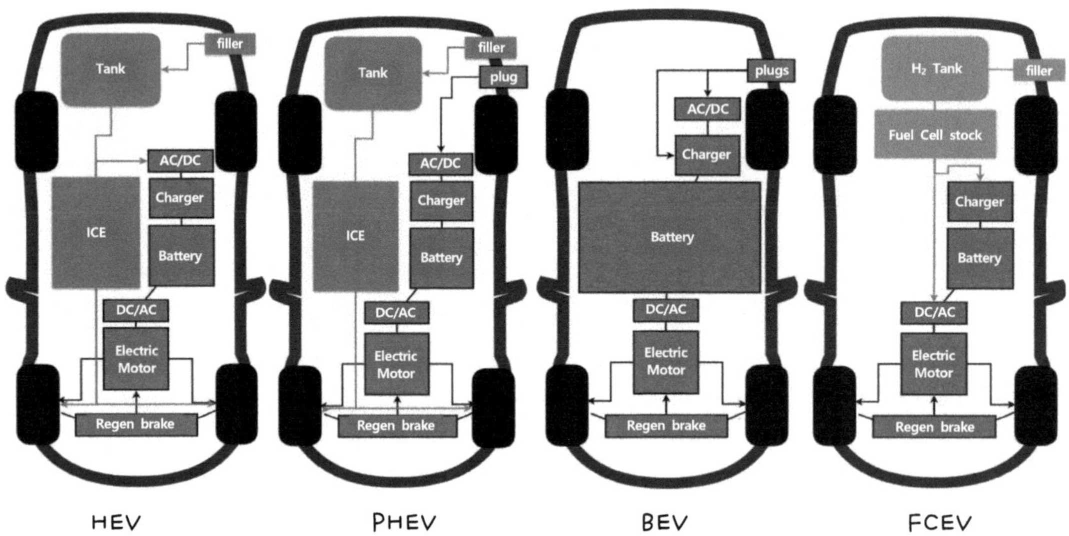

그림 10-24 친환경자동차 종류별 특징

FCEV는 EV의 배터리가 갖는 문제점을 극복하는 과정에서 나온 것이다. 사실 EV는 배터리문제만 극복되면 세상에서 가장 완벽한 자동차이다. 배터리 문제란 가볍고, 부피가 작고, 반영구적이며 값이 싼 배터리를 만들어야 한다는 것이다. 여기에 무엇보다 충전시간이 짧아야 한다. FCEV는 EV의 배터리 충전문제를 해결하기 위해 수소만 공급해 주면 계속 전기가 생산되는 연료전지를 사용한다. 말은 간단하지만 이렇게 바꾸기 위해서는 많은 부분이 달라져야 한다.

EV에는 필요 없는 연료저장용기, 연료공급 및 제어장치, 연료전지스택 제어 및 조절장치 등이 추가로 필요하다.

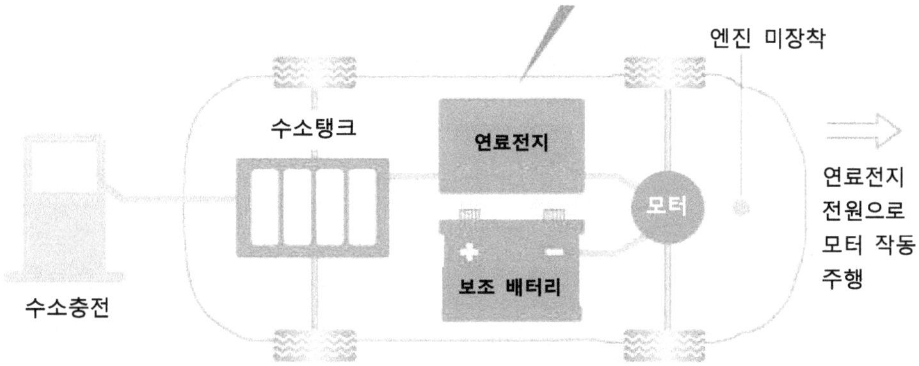

그림 10-25 수소연료전지자동차의 구조

전기자동차에 변속기가 달려 있나, 없나?

- 변속기(Transmission) : 일반적인 자동차용 내연기관은 일정한 속도에서 토크가 최대가 된다. 엔진의 회전을 일정하게 유지하기 위해 기어를 사용하여 출발할 때에는 회전속도를 줄임과 동시에 토크를 늘려 주고, 속도가 빨라짐에 따라 회전을 높이는 역할
- 전기자동차(BEV)에는 변속기가 없다
- 교류모터는 주파수제어(PWM)로 모터의 속도를 달리 할 수 있다.
- 컨트롤러를 통해 가능한데, 이를 전자 변속기라고 부르는 경우가 있음.
- 인버터는 직류전원을 교류전원으로 변환하고, 이를 속도제어에 활용.(직류방식의 경우는 속도 제어에만 사용)

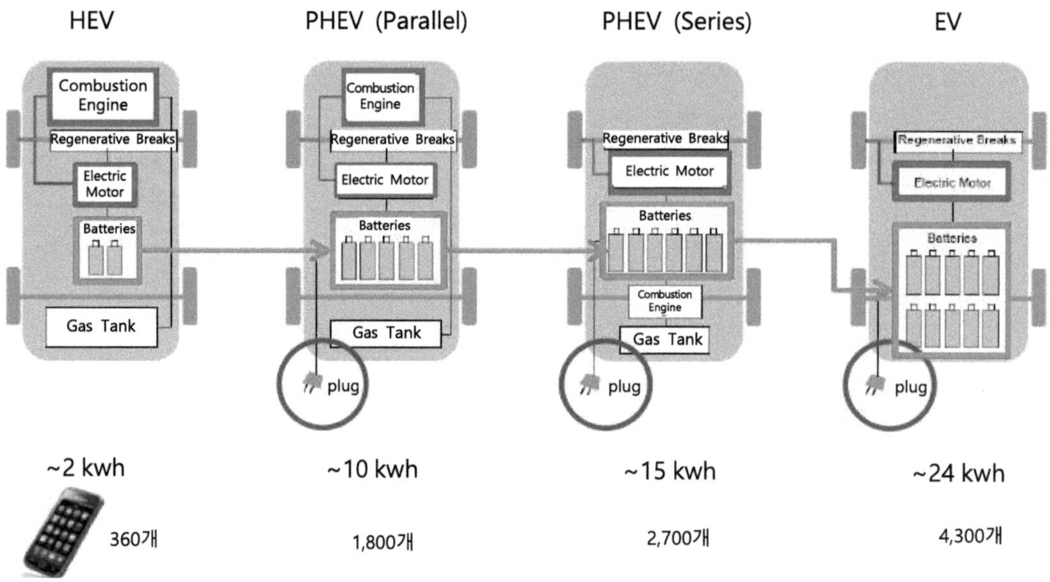

그림 10-26 전기자동차 종류 및 배터리 용량

표 10-17 자동차의 종류 및 특징

구분	내연기관자동차 (ICV)	하이브리드차 (HEV)	전기자동차 (EV)	연료전지차 (FCEV)
동력계 구조			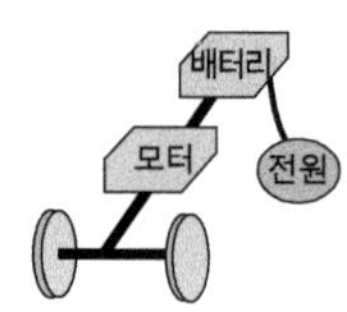	
구 동 원	· 엔진+변속기	· 엔진 + 모터	· 모터	· 모터
에너지원	· 화석연료	· 화석연료 · 전기	· 전기	· 수소
구매비용	· 다소 저가	· 다소 고가	· 고가	· 초고가
배터리 용 량	· 0.7 KWh	· 0.98 ~ 1.8 KWh	· 16 ~ 100 KWh	· 10 KWh 내외
장점	· 저렴한 가격 · 주행거리 제한없음 · 석유를 사용하기에 편리	· 주행거리 제한없음 · 연비 좋고 친환경적 · 별도 인프라 필요 없음	· 배출가스 없음 · 저렴한 가격(수소차 대비) · 충전 인프라(상대적)	· 배출가스 없음 · 짧은 충전시간 · 긴 주행거리

다음

이전

단점	· 대기오염 발생 · 석유의 유한성	· 가격이 내연기관차 보다 높음. · 대기오염 발생	· 짧은 주행거리 · 긴 충전시간 · 화석연료전력생산 · 배터리용 원자재(리튬,코발트)고가	· 높은 수소 생산단가 · 충전인프라 미비 · 고가의 차량
적용사례	· 소나타(현대) · K5(기아)	· 프리우스(도요타) · 시빅(혼다) · 소나타(현대) · K5(기아)	· BOLT(GM) · 모델S(테슬라) · ZOE(르노) · 코나(현대)	· 미라이(도요다) · 클래리티(혼다) · 넥쏘(현대)

표 10-18 전기자동차와 수소연료전지자동차의 성능비교

전기자동차(현대차 코나)		수소연료전지차(현대차 넥쏘)
390 km	**주행거리**	609 km
1시간	**완충시간**	5분
4650만원	**가격**	6890만원
25원	**Km당 유지비**	73원
7.6초	**가속성능(제로백)**	9.2초
오염물질 미배출	**친환경성**	물만배출, 미세먼지 정화기능

찾아보기

ㅇ

참고문헌

[1] M. K. Kim, S. H Yoon, B. W. Ryu and C. S. Lee, “Combustion and emission characteristics of DME as an alternative fuel for compression ignition engines with a high pressure injection system”, Fuel, Vol.87.pp.2779~2786. 2008.

[2] S. Omori, et al., "Effect of Intake Port Flow Pattern on the In-cylinder Tumbling Air Flow in Multi Valve Engines", SAE Paper 910477, 1991.

[3] J. K. Kim, C. H. Jeon, E. S. Yim, C. S.Jung, S. B. Lee, Y. J. Lee and M. J. Kang, “A Study on Fuel Quality Characteristics of F-T Diesel for Production of BTL Diesel”, J. Kor. Oil Chem. Soc., 29, 450, 2012.

[4] H. Ando. "Development of the MVV engine Employing a Novel Lean Burn Concept, Barrel-Stratification", Lean-Burn Gasoline Engine Symposium, JSME, pp. 33~41, 1992.

[5] Y. J. Hyun, “Conversion of Mixed Fat into Biodiesel in Plug Flow Reactor Using Alkali and Mixed Catalysts”, J. Kor. Oil Chem. Soc., 27, 123, 2010.

[6] J. K. Kim, E. S. Yim and C. S. Jung, “Study on Comparison of Global Biofuels Mandates Policy in Transport Sector, New & Renewable Energy”, 7, 18, 2011.

[7] http://www.jwkang7.wo.to/

[8] https://m.post.naver.com/my/series/, 자동차매커니즘-휠리

[9] 김동진외 3인 공저 내연기관, 문운당, 2014

[10] 정용욱, 정구섭, 친환경수소연료전지차 GS인터비전, 2019.

[11] 정구섭,정용욱 내연기관 및 미래형 자동차 GS인터비전, 2019.

[12] 김철수, 유종식, 차세대자동차공학 동명사 2018

[13] 공학도의 길라잡이 자동차공학기초 이성욱,문운당,2013.

[14] 현대기아차, “자동차 환경과 미래-현대기아차 친환경 자동차개발전략”, 2009.

[15] 수소전기차가 자동차의 미래가 될 수 있을까, 현대자동차 블러그, 2019.07.03.

[16] 석유 고갈 언제쯤? 100년째 써도 여전히 증가 중, GS칼텍스 공식 블로그 https://gscaltexmediahub.com

[17] 차세대에너지 연료전지의 모든 것, 한국석유공사, blog.naver.com, 2018.04.26.
[18] EV vs. FCEV, 한국전기자동차협회, http://www.keva.or.kr, 2019.02.27.
[19] 수소 경제 : 국내외 수소 · 연료전지 시장전망과 핵심기술 개발동향, Fire korea, 2019.02.14.
[20] 미세먼지 걱정 뚝! '수소차' 원리는? 장점과 단점, 수소차 충전소와 연비까, FAM타임스, 2019.02.11.
[21] 수소차, 사고나면 수소폭탄? 3가지 오해와 진실, 한국스포츠경제, 2019.01.23.
[22] 고체전해질 소재기술(1)-제3장 연료전지용 소재기술, 신소재경제신문·재료연구소, 2019.06.16.
[23] 글로벌 100만대 성장한 전기차, 배터리업계 "가격 낮춰라", 디지털타임스, 2017.12.26.
[24] 전기자동차 시장 전망, Bloomberg 뉴에너지 파이낸스, 2017.07.22.

W+ 자동차공학개론

2020년 7월 20일 초판 인쇄

2020년 7월 30일 인쇄 발행

저　　자　정구섭・정용욱

발 행 인　송기수

발 행 처　위즈덤플

편 집 처　위즈덤플

인 쇄 처　트윈벨미디어

신고번호　제 2015-000009 호

I S B N　979-11-89342-18-0(93550)

주　　소　서울 은평구 증산로 15길 69 2층

전　　화　02-976-7898

팩　　스　02-6468-7898

홈페이지　gsintervision.co.kr

E-Mail　gsinter7@gmail.com

정 가　30,000원

이 책의 무단전재, 복제, 복사는 저작권법 제 97조에 의거 5년 이하의 징역 또는 5천만원 이하의 벌금에 처하게 됩니다.